아두이노를 활용한 공학 심화 다루기

김한종 저

머리말

4차 산업 혁명 시대를 이끌어갈 기술들 중 핵심 기술로 사물인터넷(IoT)에 대한 관심이 높아지고 있다. 협의의 의미로서 사물인터넷이란 사물들을 무선통신을 이용하여 제어하는 사물간 통신(M2M)으로 정의할 수 있으며 사물간 통신 및 사물인터넷에 대한 개념을 이해하고 이를 구현해 보는 것은 4차 산업 혁명 시대에 살아남기 위해 필수적인 요구사항이라 할 수 있다.

현재의 4차 산업 시대에서는 창의적인 아이디어를 만들어 내고 가능한 빨리 이를 구현하는 것이 요구되어 지는 시대이다. 이러한 추세에 발맞추어 하드웨어 면에서는 오픈 하드웨어인 아두이노가 개발되었으며 무선통신을 통해 아두이노에 연결된 센서들을 제어할 수 있는 사용한 맞춤형 원격 제어 앱으로 로보레모(RoboRemo) 앱이 개발되었다.

사물인터넷은 센서, 디바이스, 통신, 플랫폼/서비스를 구성된다. 센서를 제어하는 디바이스로 아두이노가 많이 활용되고 있으며 디바이스와 스마트 폰이 다양한 무선통신 방법을 사용하여 연결되는 구조를 가지고 있다. 본 교재 개발에서는 통신을 통해 다양한 센서들을 제어할 수 있는 할 수 있는 능력을 학습자 스스로 실습을 통해 학습할 수 있도록 실습 교재를 개발하였으며 주요 개발 내용은 다음과 같다.

- 디지털 입출력 제어 및 아날로그 입출력 제어
- I2C 통신을 활용한 센서 제어
- SPI 통신을 활용한 센서 제어
- RFID/NFC 통신을 활용한 센서 제어
- 적외선 통신을 활용한 센서 제어
- 블루투스를 활용한 센서 제어
- WiFi를 활용한 센서 제어

• 사용자 맞춤형(customizable) 원격 제어 앱(APP)인 로보레모(RoboRemo) 앱에서 블루투스 및 WiFi을 활용한 센서 제어
• 하드웨어 및 타이머 인터럽트를 활용한 센서 제어

본 교재는 4차 산업의 핵심 기술 중 하나인 IoT에서 활용되고 있는 통신 기술들에 대하여 실험을 통하여 학습할 수 있도록 구성되어 학습을 통해 프로그램에 대한 두려움을 없애고 소프트웨어에 대한 관심을 유도하며 창의적인 아이디어 도출 및 IoT 관련 융합능력을 향상시킬 수 있을 것으로 기대된다.

끝으로 이 책이 출판되기까지 물심양면으로 많은 도움을 주신 대학특성화(CK-1) 사업단과 도서출판 가람에 감사를 드립니다.

2019년 1월

차례

제1장 아두이노 개발환경 구축

1.1 아두이노 란 ····· 1
1.2 아두이노 특징 ····· 1
1.3 아두이노 관련 모듈 ····· 2
1.4 아두이노 메가 2560 또는 메가 ADK 보드 ····· 5
1.5 개발환경 구축 ····· 9
1.6 스케치 사용법 익히기 ····· 13
1.7 IDE를 활용한 아두이노 프로그램 개발 절차 ····· 17

제2장 아두이노 문법

2.1 스케치 프로그램의 기본 구조 ····· 19
2.2 상수와 변수 ····· 30
2.3 다양한 함수들 ····· 38

제3장 디지털 출력 제어

3.1 디지털 I/O 함수 ····· 58
3.2 LED 점등 회로 ····· 60
3.3 3색 RGB LED ····· 61
3.4 피에조 부저(Piezo Buzzer) ····· 62
3.4.1 부저제어용 함수 ····· 63

제4장 디지털 입력 제어

4.1 자석스위치 ········ 73
4.2 터치센서 ········ 74
4.3 디지털 릴레이 ········ 75
4.4 키패드 ········ 78
4.4.1 키패드(Key pad) ········ 78
4.4.2 아두이노와 키패드 연결 ········ 79
4.4.3 키패드 라이브러리 ········ 79
4.4.4 키패드 라이브러리에서 제공하는 키패드 제어용 함수들 ········ 79

제5장 문자LCD 제어

5.1 문자 LCD ········ 97
5.1.1 문자 LCD ········ 97
5.1.2 문자 LCD 인터페이스 ········ 98
5.2 LiquidCrystal 클래스 라이브러리 제공 함수 ········ 99
5.3 사용자 정의문자 ········ 102

제6장 아날로그 입력 제어

6.1 아날로그 I/O 함수 ········ 111
6.2 아날로그 입력 ········ 112
6.2.1 아날로그-디지털 변환기(ADC : Analog-Digital Conveter) ··· 112

6.2.2 아날로그-디지털 변환기(ADC : Analog-Digital Conveter) 동작 ·· 113

6.3 온도센서 ···· 114

6.3.1 온도센서 ···· 114

6.3.2 온도센서를 이용하여 온도값을 계산하는 절차 ···· 115

6.4 먼지 센서 ···· 115

6.4.1 먼지 센서 ···· 115

6.4.2 먼지 센서와 아두이노 연결 ···· 116

6.4.3 먼지 센서 제어 과정 ···· 116

6.4.4 먼지 센서 먼지 밀도 측정 ···· 118

6.5 UV 센서 ···· 118

6.5.1 ML8511 UV 센서 모듈 ···· 118

제7장 아날로그 출력 제어

7.1 아날로그 출력 ···· 136

7.1.1 PWM(Pulse Width Modulation) ···· 136

7.1.2 analogWrite() 함수를 사용한 PWM 출력 ···· 137

7.2 DC 모터 ···· 139

7.2.1 DC 모터 ···· 139

7.2.2 DC 모터 제어 ···· 140

7.2.3 DC 모터의 정회전과 역회전 ···· 141

7.2.4 SN754410 H-브리지 IC를 사용한 DC 모터의 정회전과 역회전 ·· 141

7.3 서보(Servo) 모터 ···· 143

제8장 I2C 통신을 활용한 센서 제어

8.1 I2C 통신 또는 TWI 통신 ······ 154
8.1.1 I2C 통신 ······ 154
8.1.2 I2C 통신 동작원리 ······ 155
8.2 BH1750FVI 조도 센서 ······ 157
8.3 TC74A0-5.0VAT 온도 센서 ······ 158
8.4 Wire 라이브러리 ······ 159

제9장 I2C 통신을 활용한 자이로 및 가속도 센서 제어

9.1 자이로 센서 및 가속도 센서 ······ 166
9.1.1 자이로(Gyro)센서 ······ 166
9.1.2 가속도(Acceleration)센서 ······ 167
9.2 MPU6050 6축 자이로 및 가속도 센서 모듈 GY-521 ······ 167
9.2.1 MPU-6050 센서를 제어하기 위한 레지스터 맵 ······ 168
9.2.2 MPU-6050 센서를 제어하기 위한 I2C 통신 프로토콜 ······ 171

제10장 SPI 통신을 활용한 센서 제어

10.1 SPI 통신 ······ 187
10.1.1 SPI(serial Peripheral Interface) 통신 ······ 187
10.1.2 SPI 통신 데이터 전송 포맷 ······ 189

10.2 micro SD 모듈 ··· 190

10.3 디지털 가변저항 ··· 191

10.3.1 SPI 커맨드 포맷 ··· 193

10.4 SPI 라이브러리와 SD 라이브러리 ··· 193

10.4.1 SPI 클래스 라이브러리 제공 함수 ··· 193

10.4.2 SD 클래스 라이브러리 제공 함수 ··· 194

10.5 DS1307 RTC(Real-Time Clock) 모듈 ··· 196

10.5.1 RTC 라이브러리 ··· 197

10.5.2 RTC 라이브러리 제공 함수 ··· 197

제11장 RFID/NFC 통신을 활용한 센서 제어

11.1 RFID/NFC 통신 ··· 207

11.1.1 RFID(Radio Frequency IDentification) 이란? ··· 207

11.1.2 NFC(Near Field Communication : 근거리 무선통신) 이란? ··· 208

11.1.3 RFID 통신 시스템 ··· 208

11.1.4 RFID 동작원리 ··· 209

11.1.5 MIFARE RFID 태그 ··· 210

11.1.6 RFID 태그에 내장된 1K 바이트 EEPROM 메모리 구조 ··· 211

11.1.7 RFID 태그 정보 ··· 212

11.1.8 RFID-RC522 RFID 리더 모듈 ··· 212

11.1.9 RFID 리더 MFRC522 라이브러리 설치 ··· 213

11.1.10 MFRC522 클래스 라이브러리 제공 함수 ··· 214

제12장 적외선 통신을 활용한 센서 제어

12.1 적외선 통신 ········ 241
- 12.1.1 적외선(IR) 리모트 콘트롤러(적외선 리모콘)과 적외선 수신기 ········ 241
- 12.1.2 NEC 포맷 ········ 243
- 12.1.3 IR 수신기 모듈 ········ 245
- 12.1.4 적외선(IR) 통신 라이브러리 설치 ········ 246
- 12.1.5 적외선(IR) 통신 라이브러리에서 제공하는 IRrecv 클래스 라이브러리 제공 함수 ········ 248

제13장 시리얼 통신을 활용한 센서 제어

13.1 시리얼 통신 ········ 259
- 13.1.1 컴퓨터 USB와 아두이노 하드웨어 시리얼 포트간 통신 ········ 259
- 13.1.2 아두이노 메가 ADK 보드 시리얼 통신 포트 ········ 261
- 13.1.3 시리얼 통신 포트 연결 방법 ········ 261
- 13.1.4 시리얼 통신 전송 프레임 형식 ········ 262
- 13.1.5 시리얼 통신 동작 원리 ········ 263
- 13.1.6 아두이노 IDE 시리얼 모니터 창에서 아두이노로 데이터 전송 ········ 263
- 13.1.7 아두이노 IDE의 시리얼 모니터 용도 ········ 264
- 13.1.8 시리얼 객체에서 사용되는 여러 가지 함수들 ········ 265

제14장 블루투스 통신을 활용한 센서 제어

14.1 근거리무선통신 네트워크(WPAN) ····· 279

14.1.1 근거리무선통신 네트워크(WPAN : Wireless Personal Area Network) ····· 279

14.2 Bluetooth 통신 ····· 280

14.2.1 Bluetooth 통신 ····· 280

14.2.2 AT 커맨드 ····· 282

제15장 와이파이(WiFi) 통신을 활용한 센서 제어

15.1 무선랜(WLAN : Wireless Local Area Network) ····· 299

15.2 ESP8266 WiFi 모듈 ····· 301

15.2.1 명령어 종류 및 설명 ····· 302

15.2.2 기본 AT 명령 ····· 304

15.2.3 WiFi 기능 ····· 304

15.2.4 TCP/IP 관련 기능 ····· 306

제16장 RoboRemo 앱에서 블루투스 통신을 활용한 센서 제어

16.1 RoboRemo 앱 ····· 327

16.2 사용 가능한 인터페이스 항목 ····· 328

16.3 인터페이스 만들기 ····· 330

16.4 사용 가능한 인터페이스 항목에 대한 편집 옵션 ····· 331

제17장 RoboRemo 앱에서 와이파이 통신을 활용한 센서 제어

17.1 네트워크에 아두이노 연결 ········· 368

제18장 하드웨어 인터럽트를 활용한 센서 제어

18.1 인터럽트 ········· 383

18.2 하드웨어 인터럽트 ········· 386

18.2.1 하드웨어 인터럽트 처리 함수들 ········· 387

제19장 타이머 인터럽트를 활용한 센서 제어

19.1 인터럽트 ········· 397

19.1.1 인터럽트 ········· 397

19.1.2 인터럽트 처리 과정 ········· 398

19.2 타이머 인터럽트 ········· 398

19.2.1 타이머 ········· 398

19.2.2 타이머 인터럽트 ········· 399

19.2.3 TimerOne과 TimerThree 라이브러리 설치 ········· 400

19.2.4 TimerOne과 TimerThree 라이브러리에서 제공하는 함수 들 ········· 400

제1장 아두이노 개발환경 구축

1.1 아두이노 란

- 이탈리아 국왕 이름인 아두이노(Arduino)를 브랜드 명
- 아두이노(Arduino)는 프로젝트 창시자인 Massimo Banzi 교수가 2005년 이탈리아의 IDII (Interaction Design Institutelvera)에서 하드웨어에 익숙지 않은 학생들이 자신들의 디자인 작품을 손쉽게 제어할 수 있도록 고안
- 누구나 마이크로 컨트롤러(MCU)를 쉽게 다루기 위한 플랫폼으로 오픈 소스를 기반으로 한 단일 보드 마이크로 컨트롤러
- 아두이노는 보드, 관련 개발 도구 및 환경을 말함
- AVR을 기반으로 한 보드로 이루어져 있고 최근에는 Cortex-M3를 이용한 제품인 아두이노 듀이(Arduino Due)도 있으며 또한 소프트웨어 개발을 위한 통합환경(Arduino IDE)을 제공하여 보다 편리하게 하드웨어를 구동
- 아두이노는 다수의 스위치나 센서로 부터 값을 받아들여, LED나 모터와 같은 외부 전자 장치들을 제어함으로써 환경과 상호작용이 가능한 물건을 만들어낼 수 있고 또한 플래시, 프로세싱, Max/MSP와 같은 소프트웨어를 연동할 수 있음

1.2 아두이노 특징

- **저렴한 가격** : 아두이노 보드는 다른 마이크로 컨트롤러 플랫폼에 비해 상대적으로 저렴하다.
- **단순 명확한 프로그래밍 환경** : 아두이노 프로그래밍 환경은 초보자를 위해 사용하기 쉽도록 되어 있을 뿐만 아니라 고급 사용자들도 활용하기 쉽도록 설계되었다. 언어는 C++ 라이브러리를 통해 확장 할 수 있고, 만약 사용자가 원한다면 아두이노 프로그램에 AVR C코드를 추가 할 수 있다. 소프트웨어 개발을 위한 통합 개발 환경(IDE)을 제공한다.

- **크로스 플랫폼** : 아두이노 소프트웨어(IDE)는 윈도우를 비롯해 맥 OSX, 리눅스와 같은 여러 OS를 모두 지원한다.
- **오픈 소스 및 확장 가능한 하드웨어** : 오픈 소스로 누구나 직접 보드를 만들 수 있으며 확장이 용이하다.
- **오픈 소스 및 확장 가능한 소프트웨어** : 아두이노 소프트웨어(아두이노 통합 개발 환경: IDE)는 오픈 소스이며 확장이 용이하다.
- **마이크로 컨트롤러를 쉽게 동작** : 아두이노는 컴파일된 펌웨어를 USB를 통해 쉽게 업로드 할 수 있다.

1.3 아두이노 관련 모듈

- 아두이노 공식 사이트 : www.arduino.cc
- 아두이노 공식 사이트에 보면 모듈은 보드(Boards), 쉴드(Shields), 키트(Kits), 악세사리(Accessoris) 4가지로 분류

■ 보드(Board)

- 마이크로컨트롤러에 프로그래밍 및 다른 회로들과 연결을 용이하게 해 주는 부속품들로 구성되며 [그림 1.1]과 같이 여러 종류의 아두이노 보드들이 있음

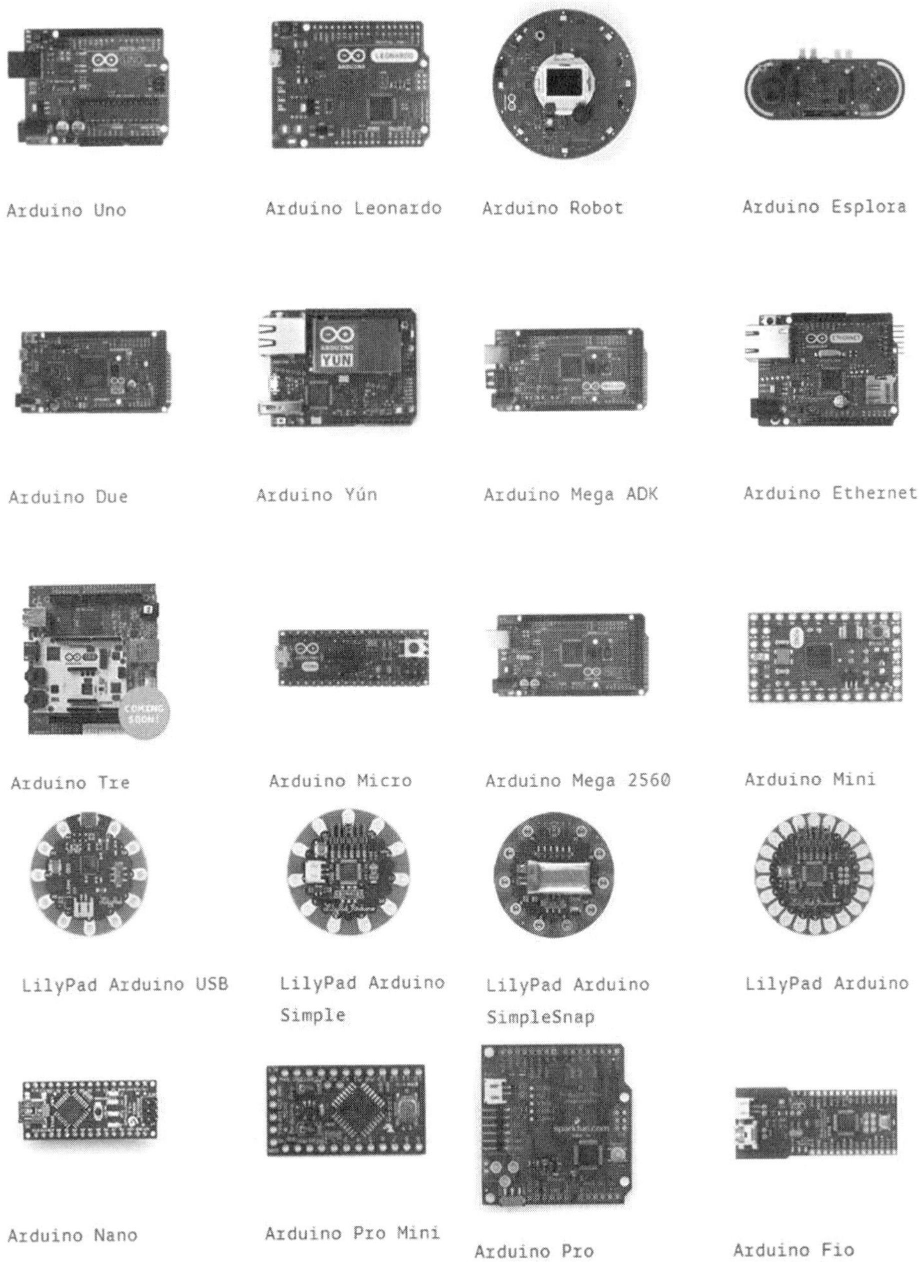
Arduino Uno
Arduino Leonardo
Arduino Robot
Arduino Esplora
Arduino Due
Arduino Yún
Arduino Mega ADK
Arduino Ethernet
Arduino Tre
Arduino Micro
Arduino Mega 2560
Arduino Mini
LilyPad Arduino USB
LilyPad Arduino Simple
LilyPad Arduino SimpleSnap
LilyPad Arduino
Arduino Nano
Arduino Pro Mini
Arduino Pro
Arduino Fio

그림 1.1 아두이노 보드

– 각 보드별 특징은 [표 1.1]과 같음

표 1.1 보드별 특징

Name	Processor	구동 전압/입력전압	CPU 속도	아날로그 입/출력	디지털 I/O /PWM	EEPROM [KB]	SRAM [KB]	플래시 [KB]	UART
Uno	ATmega328	5 V/7-12 V	16 Mhz	6/0	14/6	1	2	32	1
Due	AT91SAM3X8E	3.3 V/7-12 V	84 Mhz	12/2	54/12	-	96	512	4
Leonardo	ATmega32u4	5 V/7-12 V	16 Mhz	12/0	20/7	1	2.5	32	1
Mega 2560	ATmega2560	5 V/7-12 V	16 Mhz	16/0	54/15	4	8	256	4
Mega ADK	ATmega2560	5 V/7-12 V	16 Mhz	16/0	54/15	4	8	256	4
Micro	ATmega32u4	5 V/7-12 V	16 Mhz	12/0	20/7	1	2.5	32	1
Mini	ATmega328	5 V/7-9 V	16 Mhz	8/0	14/6	1	2	32	-
Nano	ATmega168 ATmega328	5 V/7-9 V	16 Mhz	8/0	14/6	0.512 1	1 2	16 32	1
Ethernet	ATmega328	5 V/7-12 V	16 Mhz	6/0	14/4	1	2	32	-
Esplora	ATmega32u4	5 V/7-12 V	16 Mhz	-	-	1	2.5	32	-
ArduinoBT	ATmega328	5 V/2.5-12 V	16 Mhz	6/0	14/6	1	2	32	1
Fio	ATmega328P	3.3 V/3.7-7 V	8 Mhz	8/0	14/6	1	2	32	1
Pro (168)	ATmega168	3.3 V/ 3.35-12 V32	8 Mhz	6/0	14/6	0.512	1	16	1
Pro (328)	ATmega328	5 V/5-12 V	16 Mhz	6/0	14/6	1	2	32	1
Pro Mini	ATmega168	3.3 V/3.35-12 V 5V/5-12 V	8 Mhz 16 Mhz	6/0	14/6	0.512	1	16	1
LilyPad	ATmega168V ATmega328V	2.7-5.5 V/ 2.7-5.5 V	8 Mhz	6/0	9/4	.0512	1	16	-
LilyPad USB	ATmega32u4	3.3 V/3.8-5V	8 Mhz	4/0	9/4	1	2.5	32	-
LilyPad Simple	ATmega328	2.7-5.5 V/ 2.7-5.5 V	8 Mhz	4/0	9/4	1	2	32	-
LilyPad SimpleSnap	ATmega328	2.7-5.5 V/ 2.7-5.5 V	8 Mhz	4/0	9/4	1	2	32	-

■ 쉴드(Shields)

– 아두이노 보드 위에 꽂아서 특정한 기능을 수행 할 수 있도록 만든 기능 보드

– 다양한 쉴드들이 있음(Arduino GSM shield, Arduino Ethernet shield, Arduino WiFi shield, Arduino Wireless SD shield, Arduino Motor shield, Arduino Wireless Proto shield, Arduino MP3 shield, Arduino NFC/RFID shield, Arduino CAN Bus shield 등등)

■ 키트(Kit)

– Arduino Starter kit

■ 악세사리(Accessories)

– TFT LCD screen, Mini USB/Serial Adapter 등등

1.4 아두이노 메가 2560 또는 메가 ADK 보드

(1) 아두이노 메가 보드의 개요

• 아두이노 메가 2560과 메가 ADK 보드는 ATMEGA 2560 MCU를 기반으로 하는 마이크로 컨트롤러 보드로 [그림 1.2]에 메가 2560 보드를 나타냄

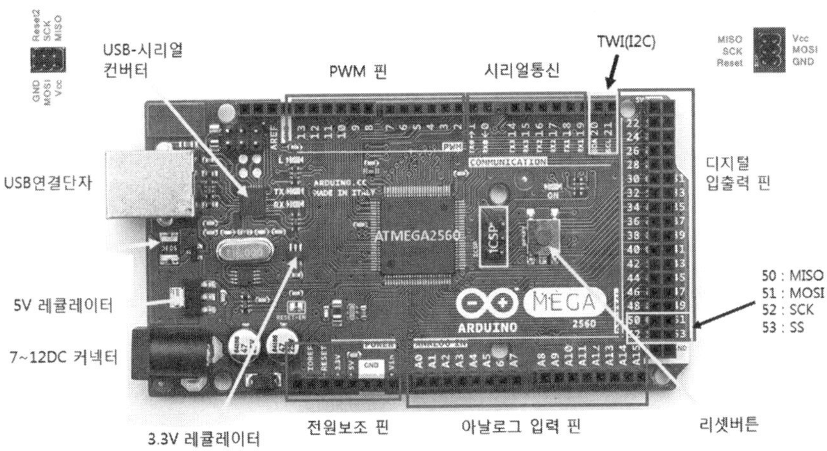

그림 1.2 아두이노 메가 2560 보드

• 아두이노 메가 2560과 메가 ADK 보드는 동일하며 한 가지 차이는 메가 ADK 보드의 경우 MAX3421E라는 IC가 있어 안드로이드 기반의 휴대폰과 연결할 수 있는 USB 호스트 인터페이스를 지원

- 메가 보드는 54개의 디지털 입/출력(15개의 PWM 출력) 핀, 16개의 아날로그 입력, 4개의 UART, 16MHz의 크리스탈 발진기, USB, 5V전원 잭, ISP헤더 및 리셋 버튼을 가지고 있으며 [표 1.2]에 메가 보드의 개요를 나타냄

표 1.2 아두이노 메가 보드의 개요

항목	ATmega2560
동작 전압	5V
입력 전압(recommended)	7~12V
입력 전압(limit)	6~20V
디지털 I/O 핀	54(15개는 PWM 출력)
아날로그 입력 핀	16(10비트 해상도)
I/O핀당 DC 전류	40mA
3.3V 핀에 대한 DC 전류	50mA
플래쉬 메모리	256KB(8KB는 부트로더용)
SRAM	8KB
EEPROM	4KB
클럭 속도	16MHz
하드웨어 시리얼포트(UART)	4개

(2) 아두이노 메가 보드의 전원

- 메가 보드는 USB 및 외부 전원으로 구동 될 수 있고 전원은 자동 선택이며 외부 전원에는 AC-DC 어댑터 또는 배터리 중 하나를 선택할 수 있음
- 권장 전압은 7~12V이며 7V 이하로 공급하는 경우 보드에 인가되는 전압이 5V미만이 될 수 있어 기판이 불안정 할 수 있음

(3) 아두이노 메가 보드 통신

- 메가 보드는 컴퓨터, 다른 아두이노 또는 다른 마이크로 컨트롤러와 통신 할 수 있는 기반을 갖추고 있으며 ATmega2560에서 지원하는 통신기능은 [표 1.3]과 같음

표 1.3 아두이노 메가 보드의 통신기능

<table>
<tr><td rowspan="8">직렬통신</td><td rowspan="2">Serial</td><td>Rx</td><td>0</td><td></td></tr>
<tr><td>Tx</td><td>1</td><td></td></tr>
<tr><td rowspan="2">Serial1</td><td>Rx</td><td>19</td><td></td></tr>
<tr><td>Tx</td><td>18</td><td></td></tr>
<tr><td rowspan="2">Serial2</td><td>Rx</td><td>17</td><td></td></tr>
<tr><td>Tx</td><td>16</td><td></td></tr>
<tr><td rowspan="2">Serial3</td><td>Rx</td><td>15</td><td></td></tr>
<tr><td>Tx</td><td>14</td><td></td></tr>
<tr><td rowspan="6">외부인터럽트</td><td>interrupt0</td><td></td><td>2</td><td rowspan="6">• Low level, 상승에지(Rising edge), 하강에지(falling edge)에서 인터럽트 발생</td></tr>
<tr><td>interrupt1</td><td></td><td>3</td></tr>
<tr><td>interrupt2</td><td></td><td>21</td></tr>
<tr><td>interrupt3</td><td></td><td>20</td></tr>
<tr><td>interrupt4</td><td></td><td>19</td></tr>
<tr><td>interrupt5</td><td></td><td>18</td></tr>
<tr><td rowspan="2">PWM</td><td></td><td></td><td>2~13</td><td rowspan="2">• 8-비트 PWM 출력</td></tr>
<tr><td></td><td></td><td>44~46</td></tr>
<tr><td rowspan="4">SPI</td><td></td><td>MISO</td><td>50</td><td rowspan="4">• SPI library 사용</td></tr>
<tr><td></td><td>MOSI</td><td>51</td></tr>
<tr><td></td><td>SCK</td><td>52</td></tr>
<tr><td></td><td>SS</td><td>53</td></tr>
<tr><td>LED</td><td></td><td></td><td>13</td><td>• 내장 LED
HIGH일 때 LED가 켜지고
LOW일 때 LED가 꺼짐</td></tr>
<tr><td rowspan="2">TWI(I2C)</td><td></td><td>SDA</td><td>20</td><td rowspan="2">• Wire library 사용</td></tr>
<tr><td></td><td>SCL</td><td>21</td></tr>
</table>

(4) 시리얼 통신을 통한 기계어 코드 업로드

- 아두이노 보드의 경우 PC에서 개발한 아두이노 프로그램을 컴파일한 기계어 코드를 아두이노 플래시 메모리에 업로드는 [그림 1.3]과 같이 시리얼 통신을 통해 이루어짐

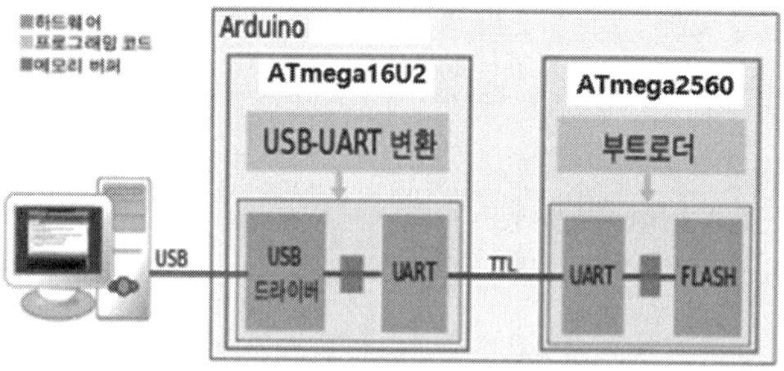

그림 1.3 시리얼 통신을 통한 기계어 코드의 플래시 메모리 업로드

- 현재 사용 중인 PC에는 시리얼 통신을 위한 시리얼 포트가 없고 USB 포트만 있으므로 우선 PC와 USB로 연결되면 ATmega16U2(초기의 FTDI FT232R과 같은 역할로 USB-Serial 변환)에 의해 시리얼로 변환
- 업로드의 전제 조건은 목표 마이크로컨트롤러(아두이노 메가 ADK의 경우 ATmega2560)에 부트로더가 장착되어 있어야 함
- 부트로더가 동작하면 시리얼 통신으로 부터 오는 기계어 코드를 플래시 메모리에 쓰게 되어, 프로그래밍에 의해 완성된 응용 프로그램 코드가 장착
- 전체적으로 보면, USB로 PC와 아두이노 보드가 연결되고 마이크로 콘트롤러의 부트로더가 동작하면 USB-시리얼 변환되어 시리얼 통신으로 부터 오는 기계어 코드를 플래시 메모리에 쓰게 되어, 프로그래밍에 의해 완성된 응용 프로그램 코드가 플래시 메모리에 장착됨

1.5 개발환경 구축

- 아두이노 통합개발환경(IDE: Integrated Development Environment)는 아두이노 홈페이지 (www.arduino.cc/)에서 무료로 다운받아 설치
- 2019년 1월 현재 최신버전은 Arduino 1.8.8
- 아두이노 통합개발환경 즉, IDE는 아두이노 플랫폼에서 동작하는 프로그램 코드를 작성하고 코드를 컴파일하고 아두이노 보드에 업로드 할 수 있는 기능을 제공
- 즉, 편집기, 컴파일러, 업로드 등이 합쳐진 환경
- 컴파일러는 avr-gcc을 사용하며, 따라서 avr-gcc가 제공하는 많은 C언어의 표준라이브러리 함수를 사용할 수 있고 또한, 시리얼통신 및 모니터 기능을 제공하여, PC와 시리얼 통신을 할 수 있는 모니터를 제공
- 이러한 아두이노 IDE를 통해 작성된 프로그램이나 코드를 "스케치(Sketch)" 프로그램이라 부름
- 다음으로 아두이노 통합개발환경(IDE)을 구축하는 실험을 해보도록 하자

실험 1-1

아두이노 통합개발환경(IDE) 구축

1) Arduino **홈페이지 접속**

- [그림 1.4]와 같이 웹브라우저 주소창에 아두이노 홈페이지 주소(arduino.cc)를 입력

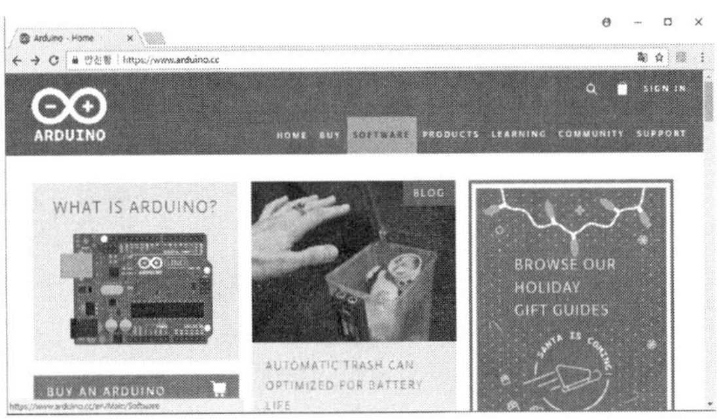

그림 1.4

2) SOFTWARE 탭 클릭

- 홈페이지에 접속 후 [그림 1.4]와 같이 SOFWARE 탭을 클릭하면 [그림 1.5]와 같이 IDE를 다운로드할 수 있는 화면이 나타남

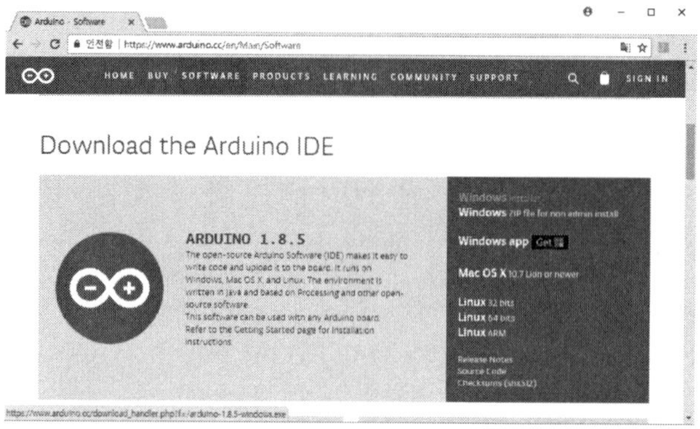

그림 1.5

3) Window용 Arduino IDE 다운로드

- [그림 1.5]와 같이 IDE 최신버전(2017.11월 기준)은 ARDUINO 1.8.5이며 우측의 Windows Installer 클릭하면 [그림 1.6]의 화면이 나타남

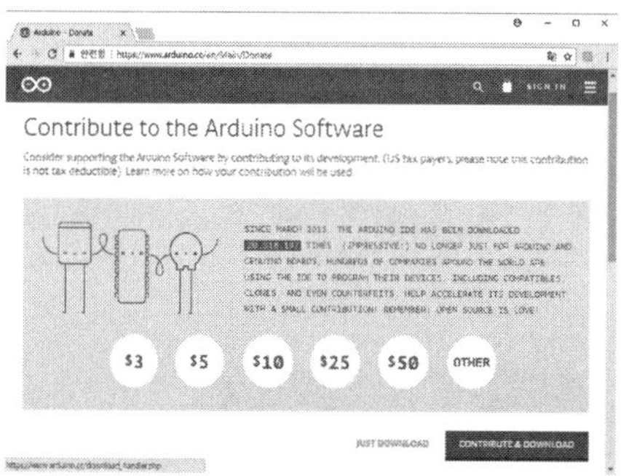

그림 1.6

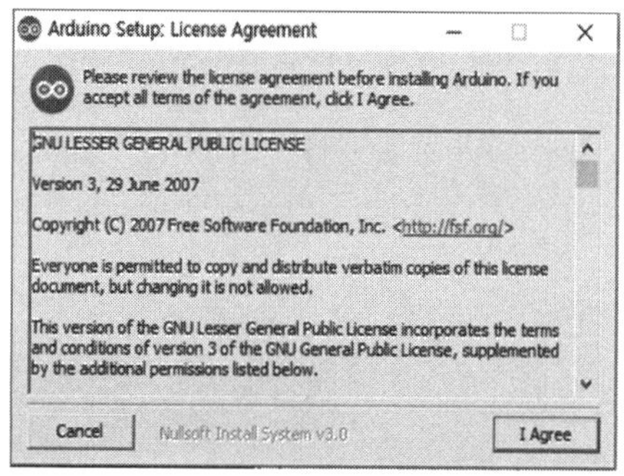

그림 1.7

4) 하단의 JUST DOWNLOAD 클릭

- [그림 1.6]의 우측 하단에 있는 JUST DOWNLOAD를 클릭

5) arduino-1.8.5-windows.exe **다운로드 받고 실행**

- [그림 1.6]의 우측 하단에 있는 JUST DOWNLOAD를 클릭하여 arduino-1.8.5-windows.exe를 다운로드 받고 실행

6) Arduino Setup: License Agreement **창이 나오면** "I Agree" **클릭**

- arduino-1.8.5-windows.exe를 다운로드 받아 실행하면 [그림 1.7]과 같이 License Agreement 창이 나타나고 "I Agree" 버튼 클릭

7) Arduino Setup: Installation Options **창이 나오면** [그림 1.8]과 같이 USB driver **등을 체크 후** Next **클릭**

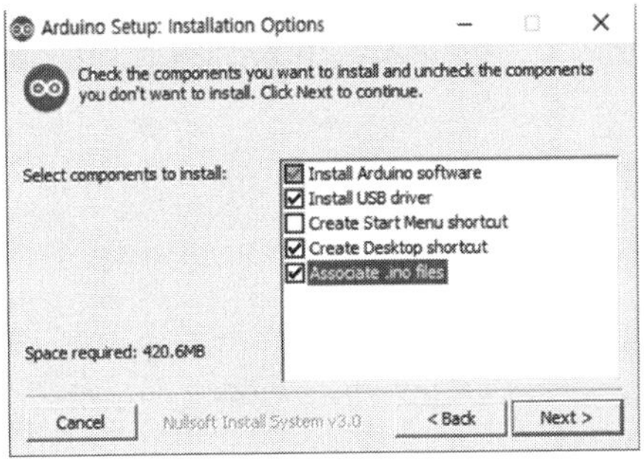

그림 1.8

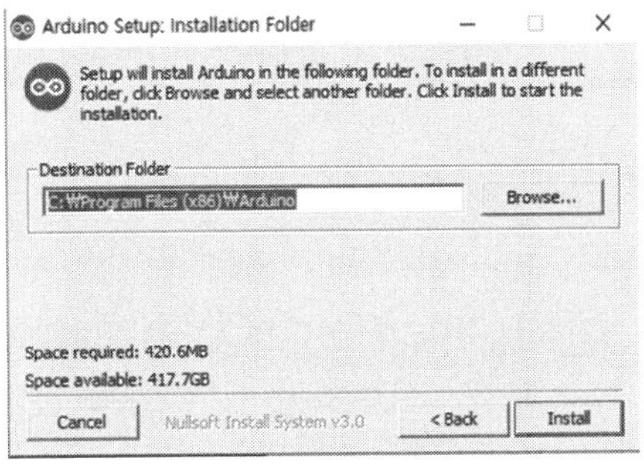

그림 1.9

8) Arduino Setup: Installation Folder **창이 나오면** [그림 1.9]와 같이 디폴트 폴더에 Arduino 설치 (또는 유저가 폴더 지정)를 위해 Install 클릭

9) [그림 1.10]과 같이 Arduino Setup: Installing 진행

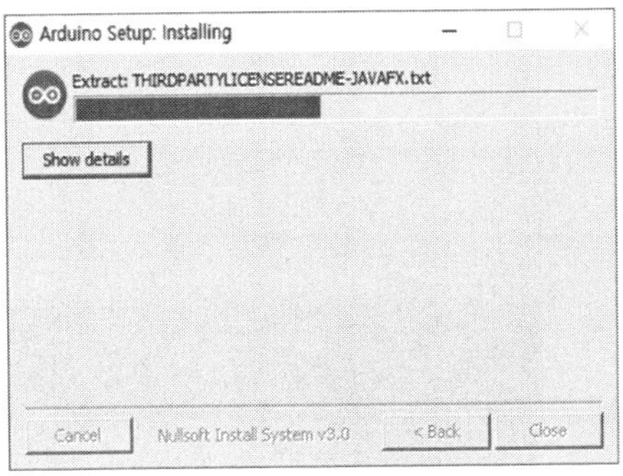

그림 1.10

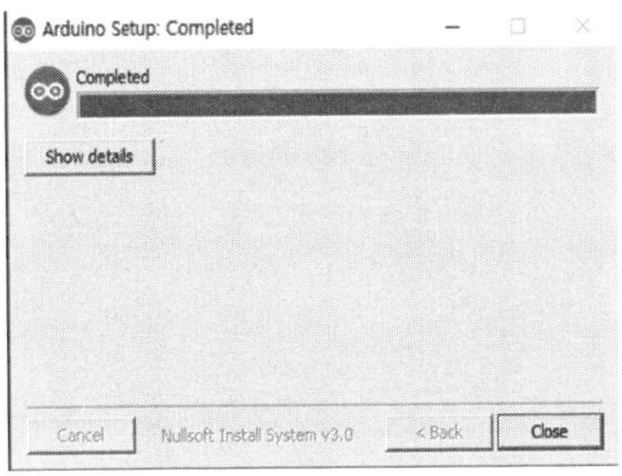

그림 1.11

10) [그림 1.11]과 같이 Arduino Setup: 완료 창이 나오면 Close 클릭

11) USB 케이블로 아두이노와 PC를 연결

- [그림 1.12] (a)에 나타낸 USB 타입 A(직사각형 형태)을 [그림 1.12] (b)와 같이 PC에 연결하고 USB 타입 B(정사각형 형태)를 아두이노에 연결

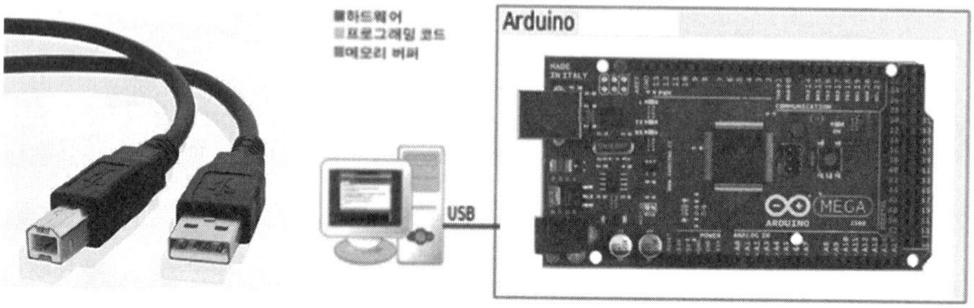

(a) (b)

그림 1.12

12) 아두이노가 연결된 COM 포트 확인

- [그림 1.13]과 같이 PC 제어판/장치관리자/포트(COM&LPT)에서 아두이노가 PC의 COM 포트 몇 번에 연결되었는지 확인
- [그림 1.13]과 같이 현재 COM3에 연결되어 있음을 확인할 수 있음
- 각 사용자의 컴퓨터 환경이 다르므로 연결된 COM 포트는 사용자 마다 다를 수 있음

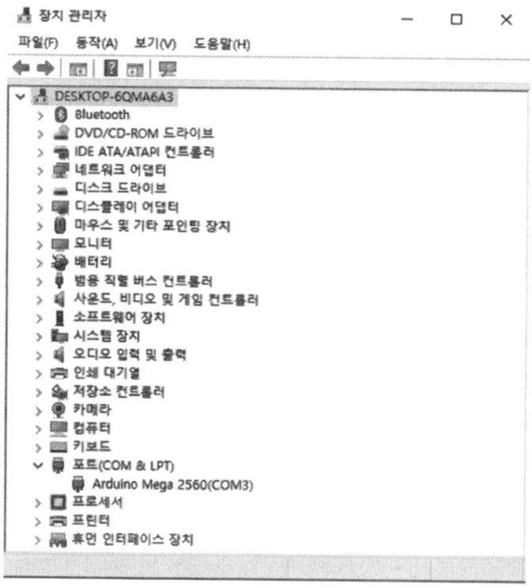

그림 1.13

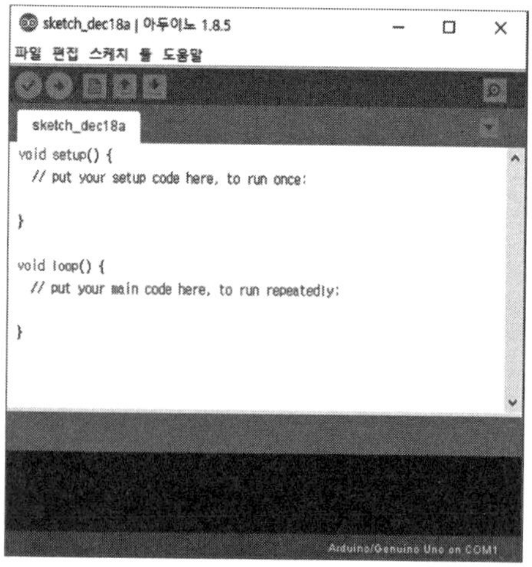

그림 1.14

13) 바탕화면에서 arduino.exe를 실행하면 [그림 1.14]와 같은 IDE가 화면에 나타남

14) Arduino IDE에서 연결된 보드 설정

- Arduino IDE에서 어떤 보드가 연결되어 있는지 설정하여야 하는데 Arduino Mega 2560 보드를 사용하는 경우 [그림 1.15]와 같이 IDE/툴/보드/Arduino Mega or Mega 2560를 선택
  - Arduino Mega ADK 보드를 사용하는 경우에는 IDE/툴/보드/Arduino Mega ADK를 선택

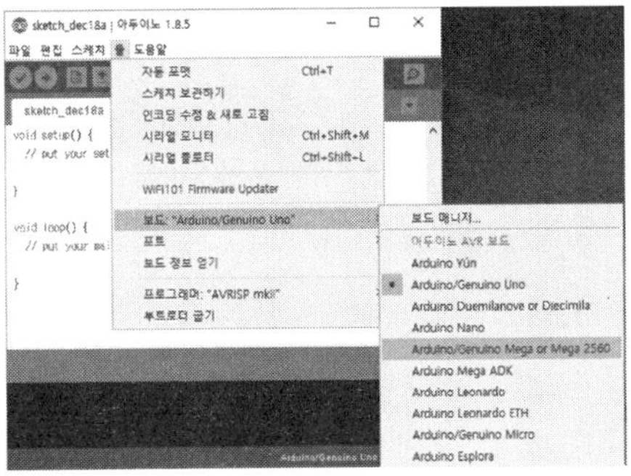

그림 1.15

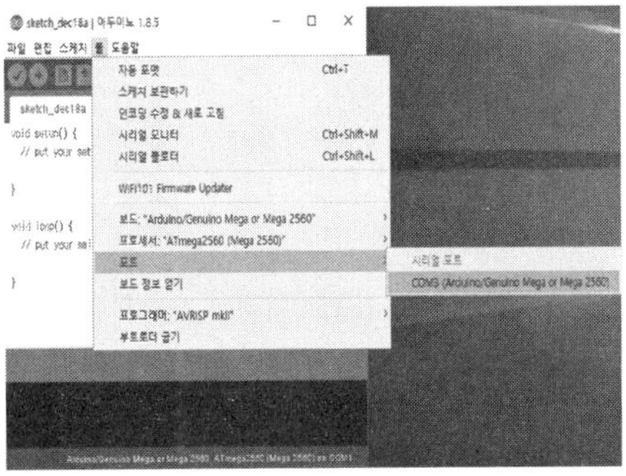

그림 1.16

15) Arduino IDE에서 아두이노 보드와 연결된 포트설정

- Arduino IDE에서 아두이노 보드와 연결된 포트를 설정하여야 하는데 [그림 1.16]과 같이 IDE/툴/포트/COM3를 선택(아두이노가 COM3에 연결되었음을 12)에서 확인하였음)

1.6 스케치 사용법 익히기

(1) 스케치(Sketch)

- 스케치는 아두이노 플랫폼에서 동작하는 프로그램 코드를 작성하고 코드를 아두이노 보드에 업로드 할 수 있는 기능을 제공하는 통합개발환경(IDE)

- arduino.exe 파일을 더블 클릭하면 [그림 1.17]과 같이 스케치 툴이 실행
- 아두이노 IDE를 통해 작성된 프로그램이나 코드를 "스케치(Sketch)" 프로그램이라 부름

(2) 스케치 IDE 사용법 익히기

- 코드 작성에 필요한 준비가 완료되었으니 실제로 아두이노 프로그램에는 어떠한 기능이 있고 어떻게 사용하는지 알아보자
- 우선 아두이노 프로그램을 실행하면 [그림 1.17]과 같은 프로그램 실행 화면을 확인

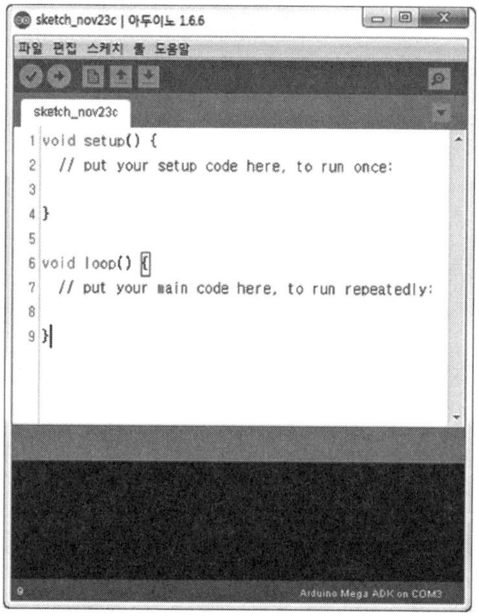

그림 1.17 아두이노 프로그램 실행

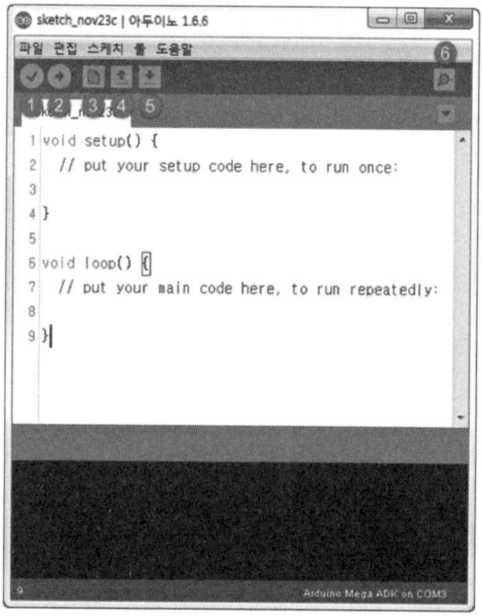

그림 1.18 아두이노 아이콘

- 스케치 IDE를 보면 [그림 1.18]과 같이 위에 5개의 메뉴와 그 아래 6개의 아이콘들이 나타나며 각 아이콘들을 살펴보면 [표 1.4]와 같음

표 1.4 스케치 IDE의 아이콘 설명

아이콘	명칭	기능
	컴파일	작성된 프로그램을 컴파일
	컴파일 및 업로드	작성된 프로그램을 컴파일 후 보드에 업 로딩
	새 파일	새로운 스케치 파일을 생성
	열기	저장된 스케치 파일을 열기
	저장	스케치 파일을 저장
	시리얼모니터	시리얼 통신 창을 띄어 시리얼 데이터 전송 및 표시

실험 1-2

아두이노 통합개발환경(IDE) 구축 테스트

- [실험 1-1]에서 구축한 통합개발환경(IDE)가 정상적으로 동작하는지 예제를 사용하여 테스트 해 보도록 하자.

1) 예제 선택하기

- [그림 1.19]와 같이 IDE의 메뉴에서 파일/예제/01.Basics/Blink를 선택

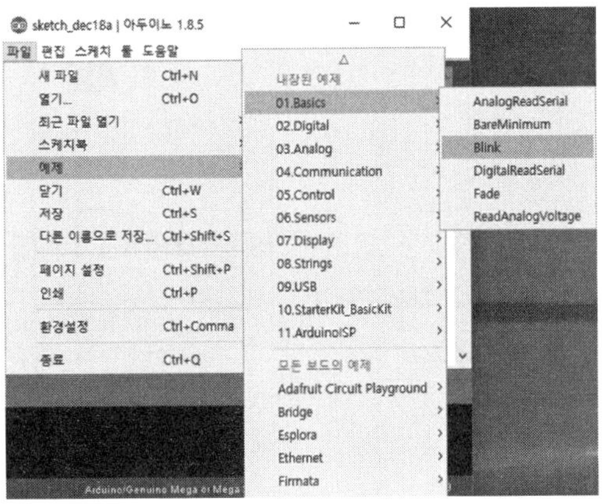

그림 1.19

2) 예제 스케치 프로그램

- Blink를 선택하면 [그림 1.20]과 같은 스케치 프로그램이 나타남
- 여기서는 프로그램 동작에 대해서는 설명하지 않고 통합개발환경(IDE)가 정상적으로 동작하는지 이 스케치 프로그램을 가지고 확인

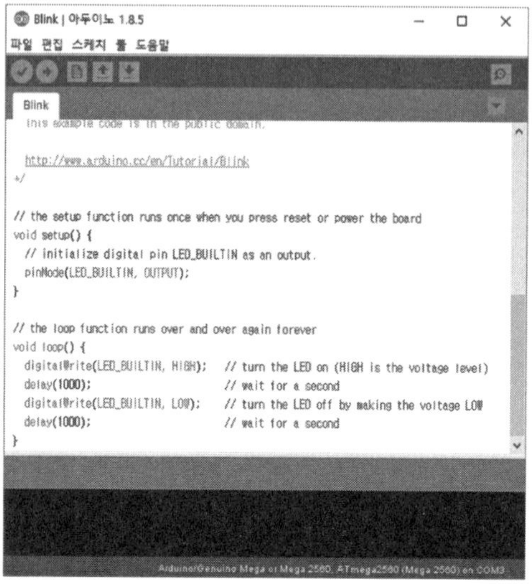

그림 1.20

3) 예제 스케치 프로그램 컴파일 및 업로드

- 컴파일 및 업로드를 위해서는 [그림 1.21]과 같이  모양의 아이콘을 클릭하면 보드에 업로딩이 시작되는 진행 bar가 나타나고 진행 bar가 끝까지 가게 되면 업로딩이 완료
- 컴파일 및 업로드를 하기 전에 [그림 1.15]와 [그림 1.16]과 같이 보드 및 포트 설정이 정상적으로 되어 있는지 확인 필요

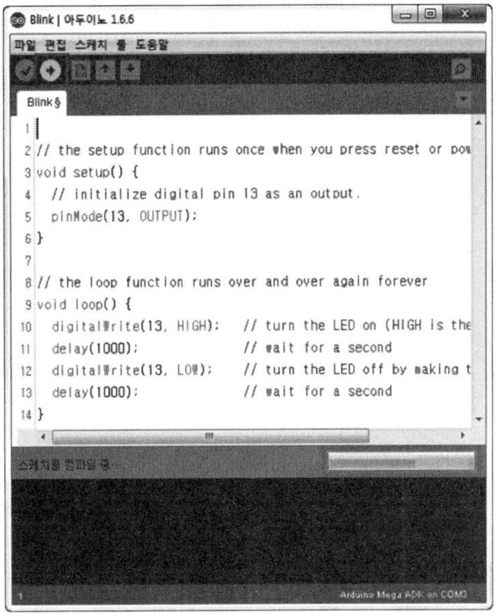

그림 1.21

4) 결과 확인
   - [표 1.3]을 보면 보드 13번에 LED가 연결되어 있음
   - 업로딩이 완료되면 보드의 13번 핀에 연결된 LED가 1초 간격으로 ON, OFF를 반복함을 확인 할 수 있음
   - 이를 확인하였다면 아두이노 개발통합환경(IDE) 구축이 정상적으로 완료 된 것 임

1.7 IDE를 활용한 아두이노 프로그램 개발 절차

- 구축된 통합개발환경(IDE)를 활용하여 아두이노 스케치 프로그램을 개발하는 절차
  1) **회로 연결** : 아두이노와 각종 장치(센서, 액추레이터 등)들을 연결
  2) **아두이노 개발환경(IDE) 실행**
  3) **스케치 프로그램 작성** : 프로그램 코드 작성

4) **컴파일** : 기계어 코드
5) **업로드** : 플래시 메모리에 씀(업로드 전에 IDE에 연결된 보드와 포트 확인)
6) **동작 확인** : 아두이노 동작 확인
7) **디버깅** : 3~6 반복
6) 다음부터는 전원만 인가하면 동작

제2장 아두이노 문법

2.1 스케치 프로그램의 기본 구조

아두이노 스케치 프로그램은 일반적인 C, C++ 프로그램과 다르게 main() 함수가 없으며 setup()과 loop()함수로 구성

■ setup()

setup() 함수는 스케치가 시작되면 호출되고 아두이노 보드의 파워 업 또는 리셋 후 한번만 실행되는데 프로그램에 필요한 변수나 핀 모드의 초기화 라이브러리를 사용하여 핀을 초기화하는데 사용

■ loop()

loop() 함수는 그 이름이 의미하는 것과 같이 연속적이고 반복적으로 실행되면서 프로그램 변경 및 응답을 통해 아두이노 보드를 제어하는데 사용

결국, [그림 2.1]과 같이 아두이노에 전원을 인가하면 setup() 함수를 한번 실행하고 그 이후 전원이 꺼질 때까지 loop() 함수를 무한히 반복하는 구조이다. C 프로그램 관점에서 보면 [그림 2.2]와 같다고 생각할 수 있고 main() 함수 부분이 제외 된 것으로 생각하면 된다.

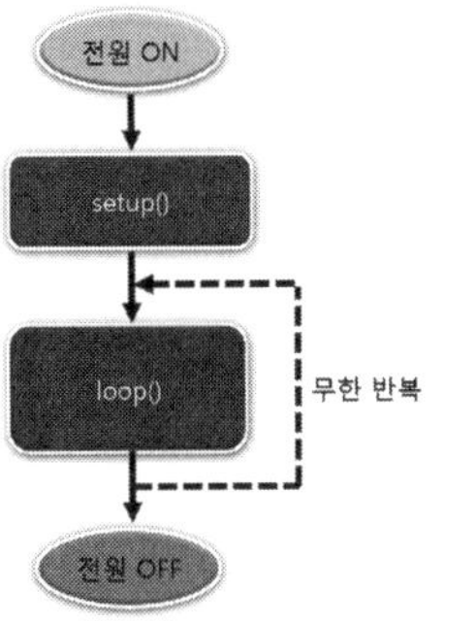

그림 2.1 아두이노 프로그램 구조

아두이노	C-언어

`void setup() {`
`}`
`void loop() {`
`}`
	`void main() {`
	`   setup();`
	
	`   while(1)   {`
	`      loop();`
	`   }`
	`}`

그림 2.2 C-언어 관점에서 아두이노 프로그램 구조

(1) 제어 구조

if 제어문

기능 비교연산자와 함께 사용되는 제어문으로 조건식의 결과가 참이면 실행할 문장을 실행하며 거짓이면 실행하지 않음. 실행 할 문장이 두 개 이상일 경우 중괄호를 사용하여 묶음.

형태 및 예

```
if (조건식)
  실행문;
```

```
if (조건식) {
  실행문;
  실행문;
}
```

```
[예]
if (x > 120) digitalWrite(LEDpin, HIGH);
if (x > 120) { digitalWrite(LEDpin, HIGH);
}
```

```
[예]
if (x > 120) {
    digitalWrite(LEDpin1, HIGH);
    digitalWrite(LEDpin2, HIGH);
}
```

if...else 제어문

기능 조건에 따라 두 개 중에서 하나를 선택하는 경우에 else를 사용하여 한 문장의 if~else문으로 작성. 만약 조건에 따라 실행할 문장이 여러 개라면 중괄호를 사용하여 묶음. 여러 개의 실행문장 중에서 하나만 선택하는 경우에는 if~else if~else 구문을 사용하여 작성. 만약 선택해야 할 부분이 더 많다면 if else 구문을 계속 이어서 사용하면 됨. 만약 조건에 따라 실행할 문장이 여러 개라면 중괄호를 사용하여 묶음.

형태

```
if (조건식) {
  실행문;
}
else {
  실행문;
}
```

```
if (조건식) {
  실행문;
}
else if (조건식) {
  실행문;
}
else {
   실행문;
}
```

<table>
<tr>
<td>
<pre>
[예]
1) if (pinFiveInput < 500) {
     digitalWrite(LEDpin, HIGH);
  }
 else {
    digitalWrite(LEDpin, LOW);
  }
</pre>
</td>
<td>
<pre>
[예]
if (pinFiveInput < 500) {
   digitalWrite(LEDpin1, HIGH);
}
else if (pinFiveInput >= 1000) {
 digitalWrite(LEDpin2, HIGH);
}
else {
digitalWrite(LEDpin2, HIGH);
}
</pre>
</td>
</tr>
</table>

switch.... case 제어문

기능 switch~case 문은 주로 선택할 문장이 많은 경우에 사용. if문과 같이 조건식을 일일이 검사하지 않고 정수 값을 비교하여 일치하는 문장만을 실행

형태

<table>
<tr>
<td>
<pre>
switch (조건변수) {
case 비교값1 :
  실행할 문장;
  break;
case 비교값2 :
  실행할 문장;
  break;
default :
  실행할 문장;
}
</pre>
</td>
<td>
• 실행과정: 조건변수 값에 해당하는 정수 값으로 분기한 후에 중간에 break가 없으면 그 이후의 모든 문장을 실행 함. default는 없어도 되며 블록의 중간에 올 수도 있음
</td>
</tr>
<tr>
<td>
<pre>
[예]
switch (value) {
case 1 :
  digitalWrite(LEDpin1, HIGH);
  break;
case 2 :
  digitalWrite(LEDpin2, HIGH);
  break;
default :
  digitalWrite(LEDpin3, HIGH);
}
</pre>
</td>
<td></td>
</tr>
</table>

for 반복문

기능 중괄호로 묶인 블록을 지정된 횟수만큼 반복하는 데 사용

형태

<table>
<tr>
<td>for (초기식; 조건식; 증감식) {
  반복할 문장;
}</td>
<td>• 실행과정: 초기식은 한번만 실행되며 조건식이 참인 동안 반복문장을 실행
1) 초기식을 수행
2) 조건식을 검사
3) 조건식이 참이며 반복문장 수행하며 거짓이면 종료
4) 증감식을 수행
5) 조건식을 검사하여 참이면 반복문장 수행하고 4) 5) 반복수행하며 거짓이면 반복종료</td>
</tr>
<tr>
<td>초기식 조건식 증감식
for(i=0; i<3; i++) {
  Serial.println(i);
}</td>
<td>[예]
for (int i=0; i <= 255; i++){
    analogWrite(PWMpin, i);
    delay(10);
  }</td>
</tr>
</table>

while 반복문

기능 조건을 검사하고 조건이 참(true)인 동안 반복 수행

형태

<table>
<tr>
<td>while (조건식) {
  반복할 문장;
}</td>
<td>• while 문으로 특정 문장을 일정 횟수만큼 반복할 때는 반복문장 안에서 반복 횟수를 세고 그 값을 조건식에 사용한다. for 반복문과의 대응 관계는 다음과 같음
i=0; ← 초기식
while(i<3) { ← 조건식
  Serial.println(i);
  i=i+1; ← 증감식
}</td>
</tr>
<tr>
<td>while(조건식) { ← 조건식이 참이면 반복을 계속하지만 거짓이면 블록을 벗어남

  반복할 문장;

} ← 반복할 문장을 모두 실행하면 조건식으로 돌아감</td>
<td>[예]
var = 0;
while(var < 200){
  var++;
}</td>
</tr>
</table>

do.... while 반복문

[기능] 일단 반복할 문장을 수행한 후 조건을 검사하고 조건이 참(true)인 동안 반복 수행

형태

do { 반복할 문장; } while (조건식);	• do~while 문은 일단 반복할 문장을 수행한 후 조건을 검사. 조건을 만족하면 계속 반복할 문장을 수행하며 그렇지 않으면 반복을 중단. 반복할 문장이 한 문장인 경우는 중괄호가 필요 없음. 마지막에 세미콜론이 붙음. do~while 문은 조건식과 관계없이 반복할 문장이 한번은 실행되므로 조건을 먼저 검사하고 반복할 문장을 수행해야 할 필요가 있을 때는 적합하지 않음

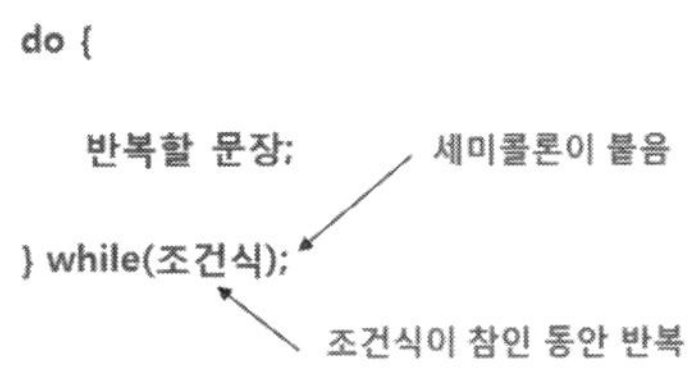	[예]
	
	do
	{
	  delay(50);
	  x = readSensors();
	} while (x < 100);

break 제어문

[기능] break 문은 자신을 포함하고 있는 가장 가까운 반복문(do.... while, for, switch, while) 하나만을 빠져나가는 제어문

형태

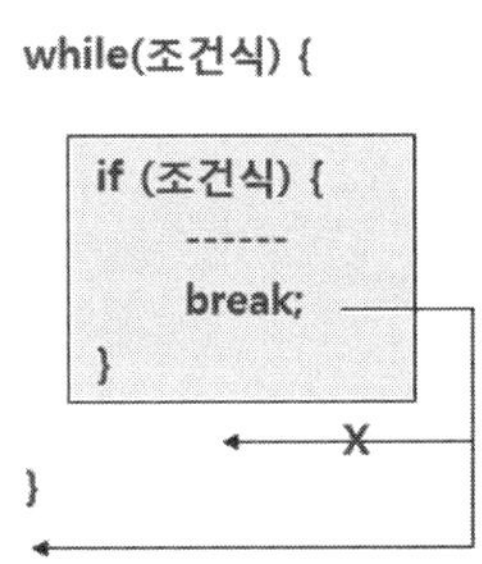	• break 문은 자신을 포함하고 있는 가장 가까운 반복문 하나만을 빠져나감. 따라서 반복문이 중첩된 경우 가장 안쪽에서 break 문을 사용해도 모든 반복문을 한 번에 빠져나갈 수는 없음

[예]

```
for (x = 0; x < 255; x ++)
{
     analogWrite(PWMpin, x);
     sens = analogRead(sensorPin);
     if (sens > threshold){
        x = 0;
        break;
     }
     delay(50);
}
```

continue

기능 continue 문은 반복문(do.... while, for, while)의 루프 내에서 어떤 특정 조건의 처리를 생략하고자 할 때 사용되는 제어문

형태

```
int i, sum=0;

for( i=1; i<=100; i++) {

    if (i%3 == 0) continue;
    sum+=i;
    Serial.println(sum);
}
```

반복문의 블록 끝으로 이동

- continue 문은 실행위치를 반복문의 블록 끝으로 이동시키므로 continue 문 이후의 문장을 건너뛰는 용도로 사용 됨. 즉 조건에 따라 반복문의 일부를 제외하고 반복할 수 있음

[예]

```
for (x = 0; x < 255; x ++)
{
     if (x > 40 && x < 120){
        continue;
     }

     analogWrite(PWMpin, x);
     delay(50);
}
```

return

기능 return 문은 함수가 기능을 종료하고 함수로부터 값 반환을 원하는 경우 사용되는 제어문

형태

• Return문은 호출한 곳으로 함수가 처리한 결과 값을 돌려주는 문장으로 리턴값의 형태와 같은 자료형의 값이어야 함	[예]
	
	`int checkSensor(){`
	`    if (analogRead(0) > 400) {`
	`        return 1;`
	`    else{`
	`        return 0;`
	`    }`
	`}`

goto

기능 프로그램의 특정 지점으로 점프하여 그 지점부터 프로그램을 실행하는 제어문

형태

• 프로그램의 특정 지점으로 점프하여 그 지점부터 프로그램을 실행하는 제어문	[예]
	
	`for(byte r = 0; r < 255; r++){`
	`    for(byte g = 255; g > -1; g--){`
	`        for(byte b = 0; b < 255; b++){`
	`            if (analogRead(0) > 250){`
	`                goto bailout;`
	`            }`
	`        }`
	`    }`
	`}`

(2) 추가적인 문법사항

; (세미콜론)

기능 문의 종료를 알리는 구문

[예] int x = 3;	• 3 뒤에 ' ; ' 이 들어가는 경우 문장의 끝을 알림

{ } (중괄호)

기능 여러 개의 명령문이 모여서 하나의 기능을 수행할 때 명령문을 묶어주는 블록

[예]

```
boolean debounce(boolean last)
{
  boolean current=digitalRead(BUTTON);
  if(last != current)
  {
    delay(5);
    current=digitalRead(BUTTON);
  }
  return current;
}
```

• debounce 함수가 하나의 블록으로 묶여 있으며 if 문도 조건이 참인 경우 수행할 명령문들이 블록으로 묶여있음

// (단일라인주석)

기능 주석이란 프로그램 작동을 자신이나 다른 사람들에게 알리는 데 사용하는 것으로 컴파일러는 주석을 포함하지 않고 컴파일. // 은 단일라인주석으로 // 이후에 있는 줄에 있는 내용을 주석으로 처리

[예]

```
digitalWrite(ledPin, HIGH); // ledPin에 HIGH 출력
```

/* .... */ (다중라인주석)

기능 이 주석은 한번에 여러 라인을 주석으로 처리해야 될 때 사용. /* 으로 시작해서 */ 이 나오기 전까지 모든 것을 주석으로 인식

```
[예]
/*
    Bluetooth 모듈을 제어하기 위한 프로그램
    스마트폰 앱을 사용하여 Bluetooth 모듈을 제어
*/
digitalWrite(ledPin, HIGH); // ledPin에 HIGH 출력
```

#define

기능 프로그래머가 컴파일 전에 값에 이름을 부여하는데 사용

[예] #define ledPin 3 digitalWrite(ledPin, HIGH);	• 3이라는 상수에 ledPin 이라는 이름을 부여. 행 끝에 세미콜론을 붙이지 않음

#include

기능 스케치 프로그램에 라이브러리를 포함하는데 사용

[예] #inlude <LiquidCrystal.h>	• LCD 라이브러리을 추가. 추가를 하여야만 LCD 관련 객체를 생성하고 메소드(함수)를 사용할 수 있음

(3) 산술연산자

기능 피연산자 값에 대한 산술연산을 수행하고 값을 반환

연산자	기호	기능	예
대입연산자	=	우측에 있는 것을 좌측에 저장	int a=10;
덧셈연산자	+	덧셈연산 수행	b=5+3; //b=8
뺄셈연산자	-	뺄셈연산 수행	b=5-3; //b=2
곱셈연산자	*	곱셈연산 수행	b=5*3; //b=15
나눗셈연산자	/	나눗셈연산 수행	b=5/3; //b=1
나머지연산자	%	나머지연산 수행	b=5%3; //b=2

(4) 관계연산자

기능 연산자의 좌우측에 있는 피연산자 값에 관계를 검사 후 true(1), false(0) 반환

	기호	기능	예
연산자	==	같은가?	`if(a == b) { .. }`
	!=	같지 않은가?	`if(a != b) { .. }`
	<	작은가?	`while(a<b) { .. }`
	<=	작거나 같은가?	`while(a<=b) { .. }`
	>	큰가?	`if(a>b) { .. }`
	>=	크거나 같은가?	`if(a>=b) { .. }`

(5) 논리연산자

기능 관계연산자와 함께 사용되며 두 개 이상의 조건식에 대한 논리연산을 수행 후 true(1), false(0) 반환

연산자	기호	기능	예
논리곱	&&	• 좌우측의 값이 모두 true 일 때만 true를 반환	`if((a>b) && (a!=b)) { .. }`
논리합	||	• 좌우측의 값 중 하나만이라도 true 이면 true를 반환	`if((a>b) || (a!=b)) { .. }`
논리부정	!	• true와 false를 값을 바꿈	`if(!pinValue) { .. }`

(6) 비트연산자

기능 기억장소의 최소단위인 비트를 대상으로 연산을 수행 후 비트 단위로 true(1), false(0) 반환

연산자	기호	기능	예

비트논리곱	&	• 좌우측의 두 개의 비트가 모두 true 일 때만 true를 반환	`a=0xFE; // 1 1 1 1 1 1 1 0`
			`b=0xC0; // 1 1 0 0 0 0 0 0`
			`c=a&b; // 1 1 0 0 0 0 0 0`

비트논리합	|	• 좌우측의 두 개의 비트 중 하나만이라도 true 이면 true를 반환	`a=0xFE; // 1 1 1 1 1 1 1 0`
			`b=0xC0; // 1 1 0 0 0 0 0 0`
			`c=a|b; // 1 1 1 1 1 1 1 0`

연산자	기호	기능	예

배타적논리합	^	• 좌우측의 두 개의 비트 중 하나만 true 이면 true를 반환	a=0xFE; // 1 1 1 1 1 1 1 0
			b=0xC0; // 1 1 0 0 0 0 0 0
			c=a^b; // 0 0 1 1 1 1 1 0

부정	~	• 각 비트를 값을 바꿈	a=0xFE; // 1 1 1 1 1 1 1 0 c=!a; // 0 0 0 0 0 0 0 1
우 쉬프트	>>	• 비트 단위로 지정된 숫자만큼 오른쪽으로 쉬프트	a=0x0a; // 0 0 0 0 1 0 1 0 c=a>>2; // 0 0 0 0 0 0 1 0
좌 쉬프트	<<	• 비트 단위로 지정된 숫자만큼 왼쪽으로 쉬프트	a=0x0a; // 0 0 0 0 1 0 1 0 c=a<<2; // 0 0 1 0 1 0 0 0

(7) 복합연산자

연산자	기호	기능	예

증가 연산자	++	• 1증가 시키는 연산자. 연산자가 변수 앞에 붙어 있을 때와 변수 뒤에 붙어 있을 때는 차이가 있음. 변수 앞에 선언되어 있으면 선 증가형 연산자이고 변수 뒤에 선언되어 있으면 후 증가형 연산자	x=2; // x=2
			y=++x; // x=3, y=3
			y=x--; // y=3, x=2

감소 연산자	--	• 1감소 시키는 연산자. 연산자가 변수 앞에 붙어 있을 때와 변수 뒤에 붙어 있을 때는 차이가 있음. 변수 앞에 선언되어 있으면 선 감소형 연산자이고 변수 뒤에 선언되어 있으면 후 감소형 연산자	

	+=	• y+=x 는 y=y+x과 동일	x=4; // x=4
			y=3; // y=3
			y+=x; // y=7

	-=	• y-=x 는 y=y-x과 동일	x=4; // x=4
			y=3; // y=3
			y-=x; // y=-1

	*=	• y*=x 는 y=y*x과 동일	x=4; // x=4
			y=3; // y=3
			y*=x; // y=12

	/=	• y/=x 는 y=y/x과 동일	x=4; // x=4
			y=3; // y=3
			y/=x; // y=0

연산자	기호	기능	예

	%=	• y%=x 는 y=y%x과 동일	x=4; // x=4
			y=3; // y=3
			y%=x; // y=3

	&=	• y&=x 는 y=y&x과 동일	x=4; // x=0 0 0 0 0 1 0 0
			y=3; // y=0 0 0 0 0 0 1 1
			y&=x; // y=0 0 0 0 0 0 0 0

	|=	• y|=x 는 y=y|x과 동일	x=4; // x=0 0 0 0 0 1 0 0
			y=3; // y=0 0 0 0 0 0 1 1
			y|=x; // y=0 0 0 0 0 1 1 1

2.2 상수와 변수

(1) 상수

프로그램에서 어떠한 숫자 값을 이해하기 쉬운 단어로 선언해 둔 것을 상수라 하며 상수는 프로그램 실행이 종료될 때까지 선언된 값을 변경할 수 없다. 상수는 프로그램 개발 시 사용자가 정의하여 사용할 수도 있으며 아두이노 스케치 프로그램 시에 미리 선언된 상수를 사용할 수도 있는데 "Program Files/Arduino/hardware/arduino/avr/cores/arduino/Arduino.h" 파일 안에 선언되어 있다.

HIGH/LOW

디지털 핀을 읽거나 쓸 때 핀이 취할 수 있는 두 개의 가능한 값

■ HIGH

HIGH의 의미는 핀이 입력 또는 출력으로 설정되어 있는지 여부에 따라 차이가 있다. 핀 설정이 입력으로 설정되고 그 핀을 읽었을 때 3V 이상의 전압이 존재하는 경우 HIGH로 인식한다. 만약 출력으로 설정하고 그 핀에 HIGH를 인가하였을 때 그 핀의 전압은 5V가 된다.

■ LOW

LOW의 의미는 핀이 입력 또는 출력으로 설정되어 있는지 여부에 따라 차이가 있다. 핀 설정이 입력으로 설정되어 있는 경우에 그 핀을 읽었을 때 2V 이하의 전압이 존재하는 경우 LOW로 인식한다. 만약 출력으로 설정하고 그 핀에 LOW를 인가하였을 경우 그 핀은 0V 이다.

INPUT/OUTPUT/INPUT_PULLUP

디지털 핀을 pinMode() 함수를 이용하여 INPUT, OUTPUT, INPUT_PULLUP으로 설정하여 전기적 동작을 변경

■ INPUT

아두이노의 핀을 pinMode() 함수로 INPUT으로 설정하면 그 핀을 신호를 받아들이는 입력용으로 사용할 것을 의미하며 하이 임피던스 상태에 있게 된다.

■ INPUT_PULLUP

아두이노의 ATmega칩은 내부 풀업 저항을 내장하고 있다. 외부 풀업 저항을 사용하는 대신에 내부 풀업저항을 사용하고자 하는 경우에 pinMode() 함수 인자로 사용할 수 있다.

■ OUTPUT

아두이노 핀을 pinMode() 함수로 OUTPUT으로 설정하면 그 핀은 신호를 내보내는 출력용으로 사용할 것을 의미하며 로우 임피던스 상태에 있다. 이것은 다른 회로에 상당량의 전류를 제공할 수 있다는 것을 의미하는데 ATMEGA 핀은 다른 장치 및 회로에 40mA까지의 전류를 공급 또는 전류를 받아들일 수 있다.

true/false

true/false는 아두이노 언어의 참과 거짓을 표현하는데 사용되는 두 가지 상수

■ false

거짓은 0으로 정의된다.

■ true

참은 거의 1로 정의 하지만 사실은 더 넓은 의미의 정의를 가지고 있다. 0이 아닌 어떤 정수든 boolean의 의미에서는 참이 된다. 즉 -1, 2, -200 등도 참이 될 수 있다.

(2) 변수

상수와 반대로 언제든지 값을 변경할 수 있는 것을 변수라 하며 변수는 프로그램 중에 사용되는 데이터를 저장하는 공간이다. 다시 말해, 변수란 프로그램 실행 도중에 사용될 값들을 임시로 저장할 기억장소에 붙여진 이름을 말한다.

데이터는 메모리라는 기억장소에 기억되는데 저장될 기억장소의 크기와 저장형태에 따라 여러 가지 자료 형들이 있다. 사용할 메모리 공간의 크기를 정하고 그 공간에 데이터를 저장하거나 꺼내 오기 위해서 이름을 붙여주어야 하는데 이것을 변수선언이라 한다.

(3) 데이터 형(type)

기본 자료 형

데이터 형		특징	예
논리형	boolean	- 크 기 : 1바이트 - 데이터 : true, false - 범 위 : 0, 1	`boolean flag=true;`
문자형	char	- 크 기 : 1바이트 - 데이터 : 한 개 문자 - 범 위 : -128~127	`char c='r';`
	unsigned char	- 크 기 : 1바이트 - 데이터 : 한 개 문자 - 범 위 : 0~255	`unsigned char c=100;`
정수형	byte	- 크 기 : 1바이트 - 데이터 : 정수 - 범 위 : 0~255	`byte c=200;`
	int 또는 short	- 크 기 : 2바이트 - 데이터 : 정수 - 범 위 : -32,768~32,767	`int ledPin=13;`
	unsigned int 또는 word	- 크 기 : 2바이트 - 데이터 : 정수 - 범 위 : 0~ $2^{16}-1$	`unsigned int a=2000;`

데이터 형		특징	예
	long	- 크 기 : 4바이트 - 데이터 : 정수 - 범 위 : -2^{31} ~ $2^{31}-1$	`long = 200000;`
	unsigned long	- 크 기 : 4바이트 - 데이터 : 정수 - 범 위 : 0 ~ $2^{32}-1$	`unsigned long time;`
실수형	float	- 크 기 : 4바이트 - 데이터 : 실수 - 범 위 : -2^{31} ~ $2^{31}-1$ (소수점이하 7)	`float temp=0.145;`
	double	- 크 기 : 4바이트 - 데이터 : 실수 - 범 위 : -2^{31} ~ $2^{31}-1$ (소수점이하 14)	`double temp= 0.1455387;`

배열(array)

동일한 자료 형의 데이터를 저장할 때 배열을 사용하면 많은 변수를 한 번에 선언할 수 있고 반복문을 사용하여 배열에 저장된 데이터를 간단히 처리할 수 있다. 배열을 선언하면 변수의 개수만큼 메모리에서 연속된 기억공간이 할당된다. 배열을 구성하는 기억공간들을 배열의 요소(element)라고 하며 각 요소가 배열에서 차지하는 위치를 첨자(index)라고 한다. 첨자는 0부터 시작하므로 배열요소의 개수가 5이면 배열의 첨자는 0부터 4까지 사용 가능하다.

```
[예]
int ages[5]={10,20,30,40,50};
int sum=0;
for(i=0;i<5;i++)
   sum+=ages[i];
```

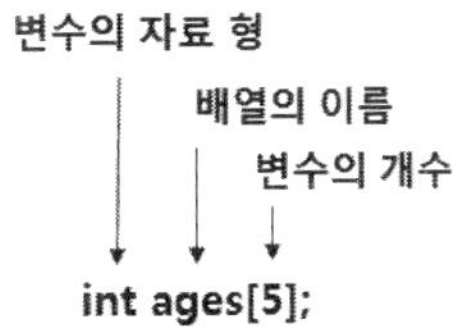

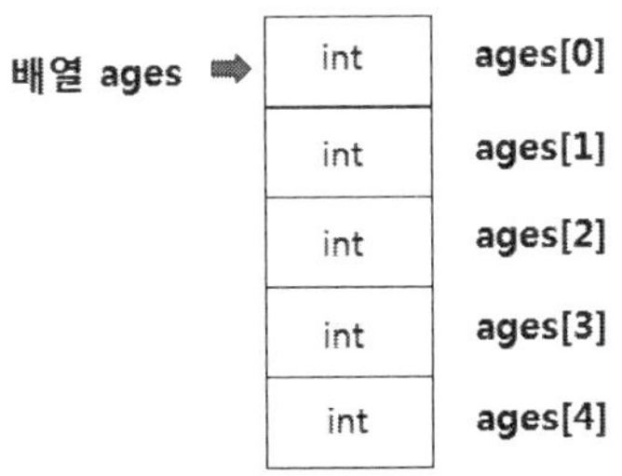

• 다섯 개의 변수(ages[0], ages[1], ages[2], ages[3], ages[4])가 연속해서 할당 됨. 배열요소의 개수가 5이므로 첨자는 0부터 4까지 사용. 배열명은 첫 번째 배열요소를 가리키는 주소(포인터)임

문자열(string)

여러 개의 문자가 모여 있는 것을 문자열이라 하는데 이중이용부호("")안에 표현한다. 문자열은 널문자가 끝에 붙어 문자열의 끝을 알리기 위해 사용되는데 널문자는 아스키코드값이 0이고 특수문자 '₩0'로 약속되어 있다.

문자열은 두 가지 방법으로 표현되는데 한 가지 방법은 문자열을 문자배열로 만드는 것으로 문자배열을 선언하고 문자상수와 널문자를 저장하거나 문자열상수를 저장하는 방법이고 다른 한 가지 방법은 다음에 설명할 String 자료 형을 사용하는 것이다.

[예] `char Str1[15];`	• 문자배열선언
`char Str2[8] = {'a', 'r', 'd', 'u', 'i', 'n', 'o'};`	• 문자배열을 선언하고 문자상수로 초기화. 초기화하고 남은 배열요소는 0으로 채워지는데 널문자의 아스키코드값이 0이므로 결국 남은 배열요소에도 널문자가 저장되는 결과
`char Str3[8] = {'a', 'r', 'd', 'u', 'i', 'n', 'o', '\0'};`	• 문자배열을 선언하고 문자상수와 널문자로 초기화
`char Str4[ ] = "arduino";`	• 문자배열을 선언하고 문자열상수로 초기화. 널문자까지 문자배열에 입력되어 문자배열의 개수는 8이 됨.
`char Str5[8] = "arduino";`	• 문자배열을 선언하고 문자열상수로 초기화. 널문자까지 문자배열의 크기를 선언
`char Str6[15] = "arduino";`	• 문자배열을 선언하고 문자열상수로 초기화. 널문자까지 문자배열에 입력되고 나머지는 0으로 채워지는데 널문자의 아스키코드값이 0이므로 결국 남은 배열요소에도 널문자가 저장되는 결과

String 객체 (String 자료 형)

String 클래스(String 자료형)은 문자배열보다 문자열을 손쉽게 다룰 수 있도록 해주는 자료형이다. 즉, 문자열을 매번 문자배열을 선언하지 않고 저장 및 사용하기 쉽도록 제공하는 것이 바로 String 객체이다.

String 객체는 문자열을 프로그램에서 쉽고 편하게 사용하기 위해서 문자열이 가지는 속성과 기능들을 하나로 묶어서 만든 자료형으로 생각하면 되고 일반 변수처럼 사용하면 된다.

String 객체 선언 및 사용
String 변수명(객체명)　　// String 클래스 타입 변수 선언(객체 생성, 인스턴스화) 변수명.함수명(메소드명)　　// String 클래스 제공 함수(메소드) 사용

String msg="koreatech"; // 문자열 대입
String masg1="100"; //문자열 대입
Serial.println(msg.substring(1)); //"koreatech" 문자열에서 인덱스가 1부터 끝까지인 문자열 "oreatech"이 출력
int a = msg1.toInt()+200; //문자열을 숫자로 바꿔주는 메소드
Serial.println(a);

String으로 선언된 객체의 경우 문자열 결합은 "+" 연산자를 사용하여 쉽게 연결할 수 있다.

```
String fruit="pine";
fruit + = "apple";
```

void

void 키워드는 함수 선언에 사용되며 void로 선언된 함수는 반환할 정보가 없다는 의미

(4) 형 변환

형식	기능
char(x)	값을 char 형으로 변환
byte(x)	값을 byte 형으로 변환
int(x)	값을 int 형으로 변환
word(x)	값을 word 형으로 변환
long(x)	값을 long 형으로 변환
float(x)	값을 float 형으로 변환

(5) 변수범위와 수식어

변수범위

변수는 선언되는 위치에 따라 사용범위가 달라지는데 전역변수와 지역변수로 나누어진다. 지역변수는 사용범위가 하나의 함수로 제한되므로 여러 함수가 데이터를 공유하기 위해서는

값을 복사해서 넘겨주거나 포인터를 사용해야 한다. 변수를 함수 밖에서 선언하면 어느 함수에서나 자유롭게 사용할 수 있으며 이러한 변수를 전역변수라고 한다.

<table>
<tr><th></th><th>전역변수</th><th>지역변수</th></tr>
<tr><td>위치</td><td>함수 블록 밖에 선언</td><td>함수 블록 안에 선언</td></tr>
<tr><td>범위</td><td>동일 파일 안에 있는 모든 함수에서 사용 가능</td><td>해당 함수 내에서만 사용 가능</td></tr>
<tr><td>예</td><td><pre>
const int doorPin=8;

void setup() {
  pinMode(doorPin,INPUT);
}

void loop() {
  boolean readValue=digitalRead(doorPin);
  if(readValue==LOW) {
    Serial.println("Door is closed");
  }
}
</pre></td><td>• 변수 doorPin은 전역변수로 파일 내 모든 부분에서 사용 가능
• 변수 realValue는 지역변수로 loop 함수 내에서만 사용 가능</td></tr>
</table>

정적(static)

지역변수는 함수가 실행될 때 기억공간이 할당되고 리턴될 때 사라진다. 따라서 함수의 호출만큼 그 기억공간의 생성과 초기화가 반복되게 된다. 반면 기억공간의 생성과 초기화가 함수의 호출횟수에 영향을 받지 않는 변수를 정적변수라 하고 자료형 앞에 "static" 예약어를 붙여서 선언한다. 정적변수는 함수의 호출과 무관하므로 기억공간은 프로그램이 시작될 때 할당되며 프로그램이 종료될 때까지 그 기억공간을 유지하나 함수내부에 존재하므로 사용범위는 선언된 함수 내부로 제한된다.

<table>
<tr><td><pre>
void loop() {
  static int i=0;
  if (i<=9) {
    Serial.println("Door is closed"+i);
    i++;
    if (i==10) i=0;
  }
}
</pre></td><td>• 변수 i는 정적변수로 loop() 함수내에서 처음 한번 초기화되고 함수를 종료하여도 값이 사라지지 않고 기억공간에 유지됨</td></tr>
</table>

휘발성(volatile)

인터럽트 서비스 루틴에 의해 변수 값이 변화될 수 있는 경우 컴파일러에게 이러한 사실을 알려주기 위해 자료형 앞에 "volatile" 예약어를 붙여서 선언

<table>
<tr>
<td>

```
int pin = 13;
volatile int state = LOW;

void setup() {
  pinMode(pin, OUTPUT);
  attachInterrupt(0, blink, CHANGE);
}

void loop() {
  digitalWrite(pin, state);
}

void blink() {
  state = !state;
}
```

</td>
<td>• 변수 state는 인터럽트서비스루틴에 의해 변경될 수 있음을 알려주기 위해 volatile 예약어를 붙임</td>
</tr>
</table>

const

"const" 예약어는 변수를 상수로 만들 때 사용

const int ledPin = 13;	• 변수 ledPin을 상수로 만드는 것으로 다음과 동일 #define ledPin 13

2.3 다양한 함수들

(1) 디지털 I/O 함수

void pinMode(pinNum, mode)		
기능	해당 핀을 입력으로 사용할지 출력으로 사용할지 설정	
매개변수	pinNum	설정하고 싶은 핀 번호
	mode	입력(INPUT), 출력(OUTPUT) 또는 내부 풀업저항을 사용하여 입력 시 내부 풀업(INPUT_PULLUP) 설정
리턴 값	void	없음

void digitalWrite(pinNum, value)		
기능	지정된 핀에 디지털 값 출력	
매개변수	pinNum	출력할 핀 번호
	value	디지털 값 0(LOW) 또는 5V(HIGH)
리턴 값	void	없음

int digitalRead(pinNum)		
기능	지정된 핀으로 입력된 디지털 값 읽어오기	
매개변수	pinNum	값을 읽어올 핀 번호
리턴 값	value	디지털 값 0(LOW) 또는 5V(HIGH)

(2) 아날로그 I/O 함수

void analogReference(type)			
기능	아날로그 핀에 입력되는 기준 전압 설정(즉, 입력 받을 수 있는 최대 접압을 설정)		
매개변수	type	DEFAULT	디폴트 기준 전압(5V 아두이노 보드의 경우 5V, 3.3V 아두이노 보드의 경우 3.3)
		INTERNAL	내장 기준 접압(아두이노 메가보드에서는 사용 불가)
		INTERVAL1V1	내장 1.1V 기준 전압(메가 전용)
		INTERNAL2V56	내장 2.56V 기준 전압(메가 전용)
		EXTERNAL	AREF 핀 인가 전압(0~5V)
리턴 값	void	없음	

void analogWrite(pinNum, value)		
기능	지정된 핀에 아날로그 값 출력	
매개변수	pinNum	출력할 핀 번호
	value	0~255 값 : PWM으로 생성할 수 있는 파형 듀티비
리턴 값	void	없음

int analogRead(pinNum)		
기능	지정된 핀으로 입력된 아날로그 값 읽어오기	
매개변수	pinNum	값을 읽어올 핀 번호
리턴 값	value	0~1023 범위 값 : 10비트 ADC 범위

(3) 고급 I/O 함수

void tone(pinNum, frequency) void tone(pinNum, frequency, duration)		
기능	지정된 핀에 지정된 주파수의 구형파(50% 듀티비)를 발생	
매개변수	pinNum	톤(구형파)이 출력되는 핀 번호
	frequency	Hz 단위의 톤 주파수 - unsigned int
	duration	millisecond 단위의 톤의 지속시간 - unsigned long
리턴 값	void	없음

unsigned long pulseIn(pinNum, value) unsigned long pulseIn(pinNum, value, timeout)		
기능	지정된 핀으로 입력된 HIGH 또는 LOW 펄스의 길이를 측정 예: HIGH 펄스인 경우, 핀이 HIGH가 되면 시간 측정이 시작되며 LOW로 되면 시간 측정이 종료됨	
매개변수	pinNum	펄스 길이를 읽고자 하는 핀 번호 - int
	value	펄스의 형태 : HIGH 또는 LOW - int
	timeout	millisecond 단위의 타임아웃
리턴 값	unsigned long	microsecond 단위의 펄스 길이 또는 0(타임아웃 전에 펄스가 완료되지 않은 경우)

void noTone(pinNum)		
기능	tone()에 의해 발생된 구형파 발생을 정지	
매개변수	pinNum	톤 발생을 정지시키는 핀 번호
리턴 값	void	없음

(4) 시간 함수

unsigned long millis(void)		
기능	프로그램 동작 후 millisecond 단위의 시간 반환 약 50일 후 오버플로우 발생	
매개변수	void	없음
리턴 값	unsigned long	millisecond 단위 시간

unsigned long micros(void)		
기능	프로그램 동작 후 microsecond 단위의 시간 반환 약 70분 후 오버플로우 발생	
매개변수	void	없음
리턴 값	unsigned long	millisecond 단위 시간

void delay(ms)		
기능	millisecond 단위의 시간동안 프로그램 멈춤	
매개변수	ms	millisecond 단위 시간 - unsigned long
리턴 값	void	없음

void delayMicroseconds(us)		
기능	microsecond 단위의 시간동안 프로그램 멈춤	
매개변수	us	microsecond 단위 시간 - unsigned int
리턴 값	void	없음

(5) 수학 함수

모든 데이터 형 constrain(x,a,b)		
기능	수를 범위내로 제한	
매개변수	x	제한할 수, 모든 데이터 형
	a	제한할 범위의 최소 값, 모든 데이터 형
	b	제한할 범위의 최대 값, 모든 데이터 형
리턴 값	x a b	x가 a, b내에 있는 경우 x가 a보다 작은 경우 x가 b보다 큰 경우

long map(value, fromLow, fromHigh, toLow, toHigh)		
기능	어느 범위의 숫자를 다른 범위의 숫자로 매핑. fromLow 값이 toLow 값으로 fromHigh 값이 toHigh 값으로 매핑되며 fromLow와 fromHigh 사이 값이 toLow와 toHigh 사이 값으로 매핑	
매개변수	value	매핑할 값
	fromLow	매핑할 범위의 최소 숫자
	fromHigh	매핑할 범위의 최대 숫자
	toLow	매핑될 범위의 최소 숫자
	toHigh	매핑될 범위의 최대 숫자
리턴 값	long	매핑된 값

(6) 비트와 바이트 함수

byte lowByte(x)		
기능	변수의 최하위(가장 오른쪽) 바이트를 추출	
매개변수	x	값
리턴 값	byte	없음

byte highByte(x)		
기능	변수의 최상위 (가장 왼쪽) 바이트를 추출	
매개변수	x	값
리턴 값	byte	없음

boolean bitRead(x, n)		
기능	변수의 해당 위치에 있는 비트 값을 읽음	
매개변수	x	값
	n	읽을 비트는 위치(LSB가 0임)
리턴 값	byte	0 또는 1

void bitWrite(x, n, b)		
기능	변수의 해당 위치에 비트 값을 씀	
매개변수	x	변수
	n	쓸 비트 위치(LSB가 0임)
	b	비트 값(0 또는 1)
리턴 값	void	없음

void bitSet(x, n)		
기능	변수의 한 비트를 1로 만듦	
매개변수	x	변수
	n	비트 위치(LSB가 0임)
리턴 값	void	없음

boolean bitClear(x, n)		
기능	변수의 한 비트를 0으로 만듦	
매개변수	x	변수
	n	비트 위치(LSB가 0임)
리턴 값	void	없음

byte bit(x)		
기능	지정된 비트 값을 계산(비트 0는 1, 비트 1은 2, 비트 2는 3..)	
매개변수	x	비트 위치
리턴 값	boolean	비트 값

(7) 통신 함수

시리얼(Serial)

시리얼은 아두이노 보드와 컴퓨터 또는 아두이노 보드와 다른 장치 사이의 통신을 위해 사용된다. 모든 아두이노 보드는 적어도 하나 이상의 시리얼(직렬) 포트(UART or USART)를 가지고 있는데 시리얼(Serial)은 [그림 2.3]과 같이 USB를 통해 디지털 핀 0(Rx)와 1(Tx)을 통해 컴퓨터와 통신한다. 사용자는 이러한 시리얼을 두 가지 용도로 사용하는데 한 가지 용도는 스케치 프로그램을 아두이노에 업로드 하는 용도이며 다른 한 가지는 이러한 시리얼을 통하여 PC 아두이노 IDE에 내장된 시리얼 모니터(Serial Monitor)를 통해 원하는 데이터를 시리얼 모니터 창에 출력하여 확인을 하는 것이다. 본 장에서는 후자와 관련하여 실험을 수행해 보도록 한다.

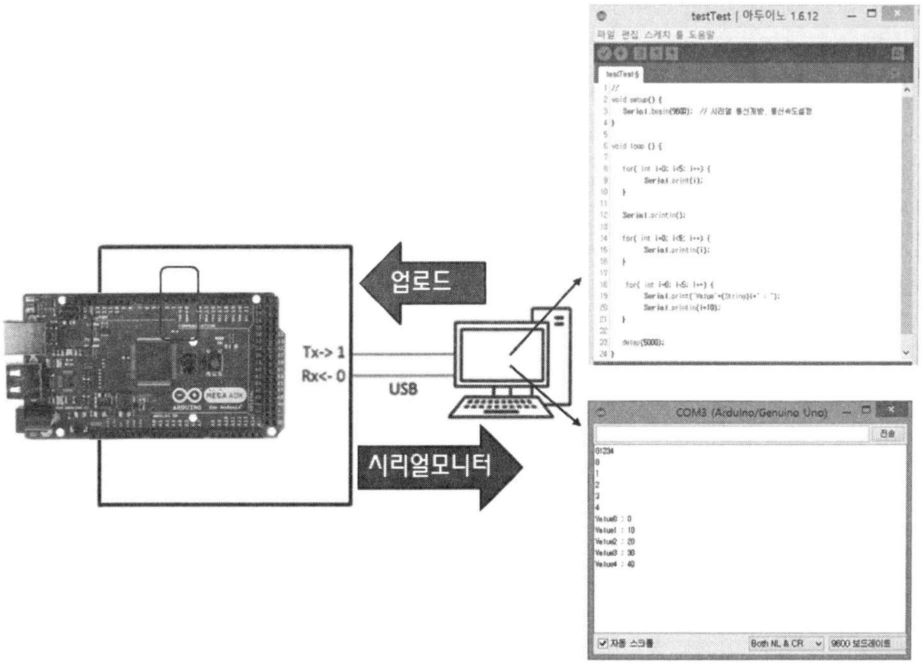

그림 2.3

아두이노 메가보드에는 총 4개의 시리얼 포트가 있으며 송신(Tx)와 수신(Rx) 핀 번호는 다음과 같다.

시리얼변수명	포트번호	Tx 핀	Rx 핀	비고
Serial	0	1	0	Serial0가 아님
Serial1	1	18	19	
Serial2	2	16	17	
Serial3	3	14	15	

시리얼 객체에서 사용되는 여러 가지 메소드(함수)들에 대해서는 13장에서 자세하게 다룰 예정이며 여기에서는 시리얼 모니터에 데이터를 출력하기 위하여 필요한 함수들에 대해서만 알아본다.

<table>
<tr><th colspan="3">void Serial.begin(speed)
void Serial.begin(speed, config)</th></tr>
<tr><td>기능</td><td colspan="2">시리얼 통신의 데이터 전송 속도 설정, 시리얼 포트 개방, 통신 시작</td></tr>
<tr><td rowspan="2">매개변수</td><td>speed</td><td>bits/sec(bps) 단위 전송 속도 설정 - long
(가능한 속도 : 300, 600, 1200, 2400, 4800, 9600, 14400, 19200, 28800, 38200, 57600, 115200)</td></tr>
<tr><td>config</td><td>데이터비트, 패리티, 정지비트 설정
8 데이터비트, 패리티없음, 1 정지비트 (SERIAL_8N1)이 default 값
(가능한 값: SERIAL_5N1, SERIAL_6N1, SERIAL_7N1, SERIAL_8N1, SERIAL_5N2, SERIAL_6N2, SERIAL_7N2, SERIAL_8N2, SERIAL_5E1, SERIAL_6E1, SERIAL_7E1, SERIAL_8E1, SERIAL_5E2, SERIAL_6E2, SERIAL_7E2, SERIAL_8E2,
SERIAL_5O1, SERIAL_6O1, SERIAL_7O1, SERIAL_8O1, SERIAL_5O2, SERIAL_6O2, SERIAL_7O2, SERIAL_8OE2,</td></tr>
<tr><td>리턴 값</td><td>void</td><td>없음</td></tr>
</table>

<table>
<tr><th colspan="3">long Serial.print(val)
long Serial.print(val, format)</th></tr>
<tr><td>기능</td><td colspan="2">데이터 또는 문자열을 ASCII 형태로 시리얼 포트로 전송</td></tr>
<tr><td>매개변수</td><td>val</td><td>전송 할 데이터 값, 문자 또는 문자열을 문자열로 취급
- Serial.print(78) gives "78"
- Serial.print(1.23456) gives "1.23"
- Serial.print('N') gives "N"
- Serial.print("Hello world.") gives "Hello world."</td></tr>
</table>

매개변수	format	전송할 값이 문자열이 아닌 경우 출력 형식 지정 2진수 형태(BIN), 8진수형태(OCT), 10진수 형태(DEC), 16진수 형태(HEX) - Serial.print(78, BIN) gives "1001110" - Serial.print(78, OCT) gives "116" - Serial.print(78, DEC) gives "78" - Serial.print(78, HEX) gives "4E" - Serial.println(1.23456, 0) gives "1" - Serial.println(1.23456, 2) gives "1.23" - Serial.println(1.23456, 4) gives "1.2346" 플래쉬 메모리를 사용하기 위해서는 F()을 사용가능 (Serial.print(F("Hello World"))
리턴 값	long	전송한 바이트 수

long Serial.println(val) long Serial.println(val, format)		
기능	데이터 또는 문자열을 ASCII 형태로 시리얼 포트로 전송 데이터의 마지막에 carriage return을 의미하는 '₩r'과 new line을 의미하는 '₩n'이 붙어서 출력 출력 후 자동으로 다음 줄 맨 앞으로 이동	
매개변수	val	Serial.print() 함수와 동일
	format	Serial.print() 함수와 동일
리턴 값	long	Serial.print() 함수와 동일

int Serial.write(val) int Serial.write(str) int Serial.write(buf, len)		
기능	바이너리 데이터를 시리얼 포트로 전송	
매개변수	val	단일 바이트로 전송하는 값
	str	스트링
	buf	배열
	len	버퍼 길이
리턴 값	int	전송한 바이트 수

아두이노 IDE 시리얼 모니터

- 시리얼의 두 가지 용도 중에서 PC 아두이노 IDE에 내장된 시리얼 모니터(Serial Monitor)를 통해 원하는 데이터를 시리얼 모니터 창에 출력하는 것에 대하여 자세히 살펴보자
- 아두이노 IDE 창에서 우측 상단에 있는 시리얼모니터 아이콘 을 클릭하면 시리얼 데이터를 전송하고 표시해주는 [그림 2.4]와 같은 시리얼 모니터가 나타남
- 아두이노 IDE의 시리얼 모니터 용도는 아두이노 보드로부터 값을 받아 시리얼 모니터에 값 출력하는 것임

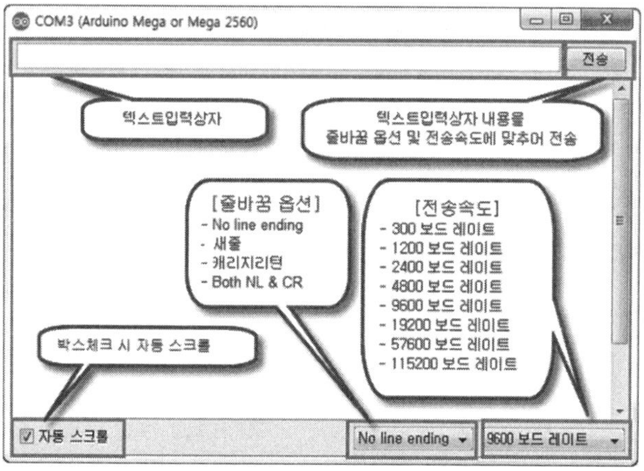

그림 2.4 IDE의 시리얼 모니터

아두이노 IDE의 시리얼 모니터 사용방법

1) 통신속도 설정

- [그림 2.4]의 전송속도는 아두이노와 통신하는 속도로 아두이노 스케치 프로그램에서 Serial.begin() 함수에서 설정한 통신속도와 일치시켜야 함
- [그림 2.5] 예 참조

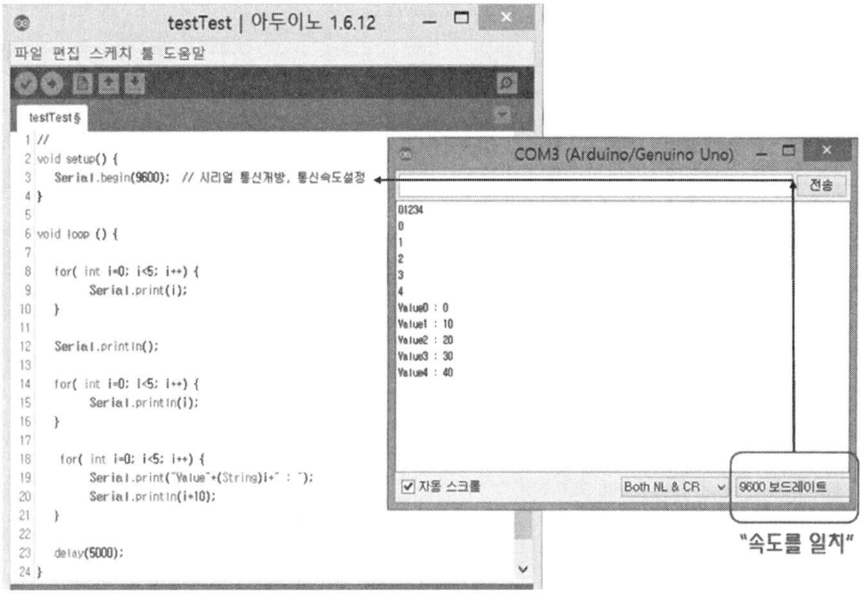

그림 2.4

2) 시리얼 모니터에 값 출력

- Serial.print(문자열) 함수를 이용하여 문자열을 시리얼 모니터에 출력
- Serial.println(문자열) 함수를 이용하여 문자열을 시리얼 모니터에 출력하고 다음 줄로 이동
- [그림 2.5] 예 참조

실험 2-1

시리얼모니터에 문자열 출력

- 아두이노 입장에서 시리얼 모니터는 단순하게 정보를 표시하는 모니터라고 생각하면 됨
- 아래의 스케치 프로그램을 업로드하고 시리얼 모니터에 나타나는 출력 결과를 예측

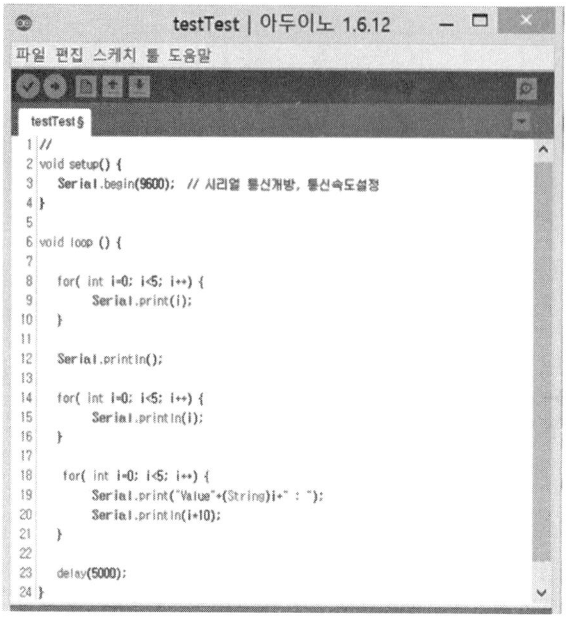

[결과]

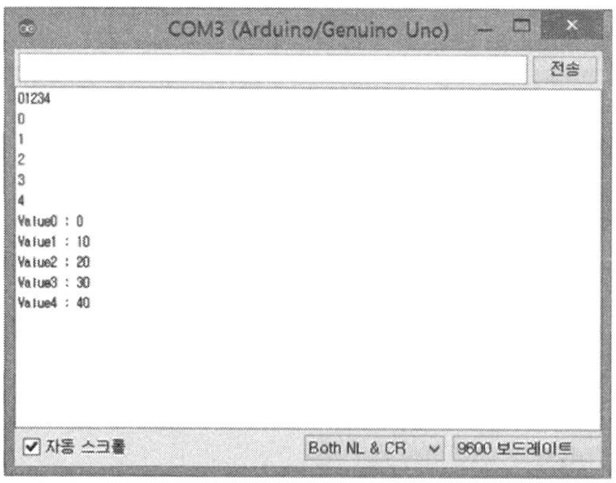

실험 2-2

스케치 프로그램의 기본 구조 (1)

- 아두이노 입장에서 시리얼 모니터는 단순하게 정보를 표시하는 모니터라고 생각하면 됨
- 아래의 스케치 프로그램을 업로드하고 시리얼 모니터에 나타나는 출력 결과를 예측

```
void setup() {
	Serial.begin(9600); //시리얼 통신개방, 통신속도설정
	Serial.println("KOREATECH"); // 문자열 출력
}

void loop() {
}
```

[결과]

- seup() 함수는 단지 한번 실행되므로 문자열이 한번만 출력

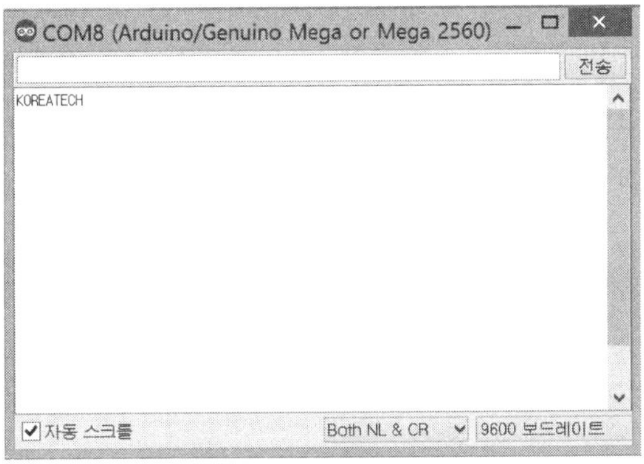

실험 2-3

스케치 프로그램의 기본 구조 (2)

• 아래의 스케치 프로그램을 업로드하고 시리얼 모니터에 나타나는 출력 결과를 예측

```
void setup() {
	Serial.begin(9600); //시리얼 통신개방, 통신속도설정
}

void loop() {
	Serial.println("KOREATECH"); // 문자열 출력
	delay(1000); //1초 지연
}
```

[결과]

• loop() 함수는 무한 반복되므로 1초마다 문자열이 출력

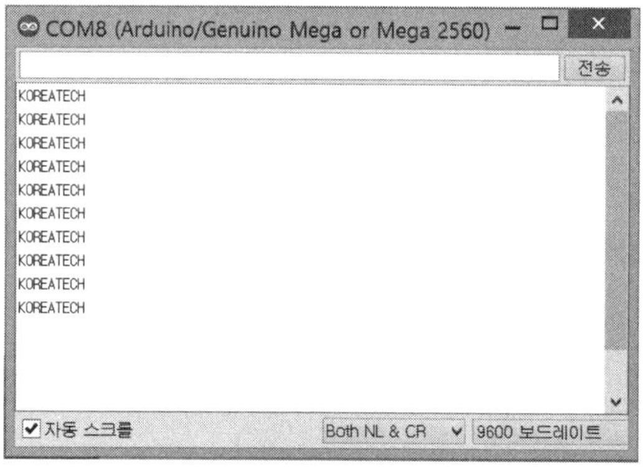

실험 2-4

if 제어문 + for 반복문

• 아래의 스케치 프로그램을 업로드하고 시리얼 모니터에 나타나는 출력 결과를 예측

```
boolean doorStatus=true; // 전역변수

void setup() {
       Serial.begin(9600); //시리얼 통신개방, 통신속도설정
}

void loop() {
       if (doorStatus) {
              for(int i=0; i<3; i++) {
                     Serial.println(“KOREATECH”); // 문자열 출력
              }
              doorStatus=false;
       }
}
```

[결과]

• loop() 함수는 무한 반복되나 doorStatus가 참인 동안 문자열을 3번 출력

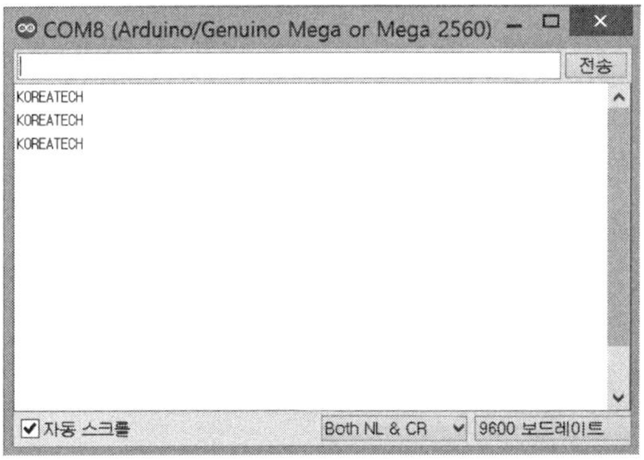

실험 2-5

while 반복문

• 아래의 스케치 프로그램을 업로드하고 시리얼 모니터에 나타나는 출력 결과를 예측

```
int numMax=3; // 전역변수

void setup() {
	Serial.begin(9600); //시리얼 통신개방, 통신속도설정
}

void loop() {
	while(numMax) {
		Serial.println("KOREATECH"); // 문자열 출력
		numMax--;
	}

}
```

[결과]

• loop() 함수는 무한 반복되나 numMax가 참인 동안 문자열을 3번 출력

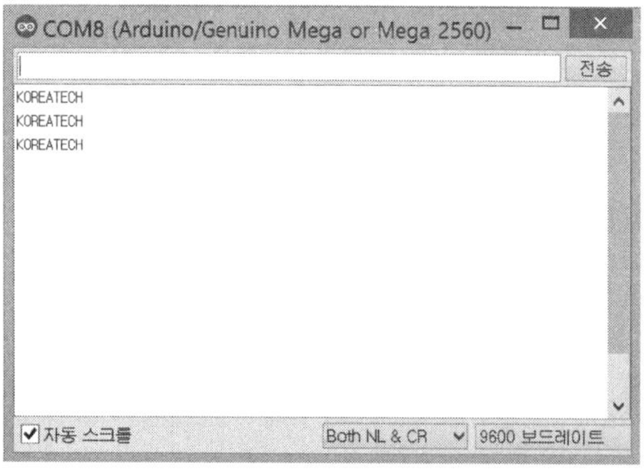

실험 2-6

switch~case 제어문

- 아래의 스케치 프로그램을 업로드하고 시리얼 모니터에 나타나는 출력 결과를 예측

```
int num=0; // 전역변수

void setup() {
       Serial.begin(9600); //시리얼 통신개방, 통신속도설정
}

void loop() {
   switch (num) {
       case 0 :
              Serial.println("KOREATECH"); // 문자열 출력
              num++;
              break;
       case 1 :
              Serial.print("Department of "); // 문자열 출력
              num++;
              break;
       case 2 :
              Serial.println("Information and Communication Eng."); // 문자열 출력
              num++;
              break;
       case 3 :
              Serial.println("Fighting !!!!!"); // 문자열 출력
              num++;
              break;
   }
}
```

[결과]

- loop() 함수는 무한 반복되어 num이 1씩 증가되고 num이 4가 되면 출력문자열이 없음

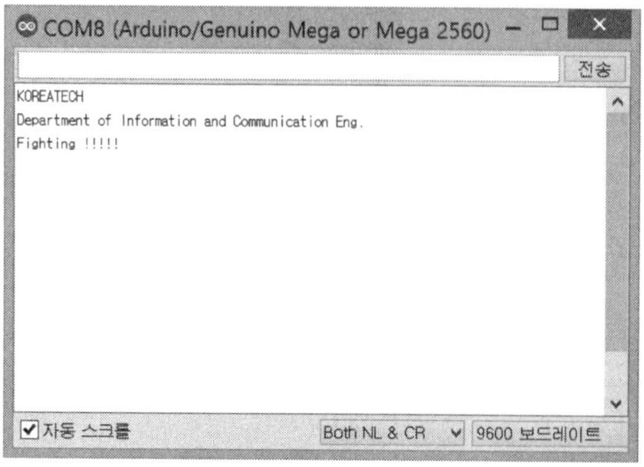

실험 2-7

1바이트 값을 8비트로 표현

- 아래의 스케치 프로그램을 업로드하고 시리얼 모니터에 나타나는 출력 결과를 예측

```
unsigned char num=158; // 전역변수
boolean doorStatus=true; // 전역변수

void setup() {
        Serial.begin(9600); //시리얼 통신개방, 통신속도설정
}

void loop() {
        if (doorStatus) {
                Serial.print((String)num+“ ===> B”);
                for(int i=7; i>=0; i--) {
                        boolean Bit=bitRead(num,i);//해당위치 비트값을 읽음
                        if (Bit) Serial.print(“1”); //비트값이 1이면 1 출력
                        else Serial.print(“0”); //비트값이 0이면 0 출력
                }
                Serial.println(); //줄바꿈
                doorStatus=false;
        }
}
```

[결과]

- loop() 함수는 무한 반복되나 doorStatus가 참인 동안 1바이트 값을 8비트로 출력

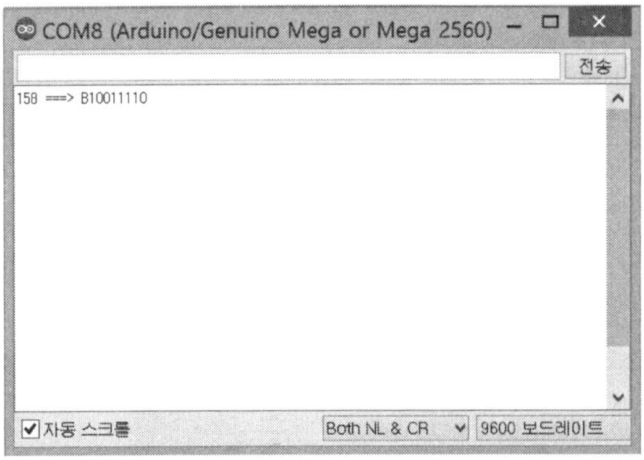

실험 2-8

문자배열 및 Sting 객체를 활용한 문자 출력

- 아래의 스케치 프로그램을 업로드하고 시리얼 모니터에 나타나는 출력 결과를 예측

```
char initMsg[]="KOREATECH"; // 전역변수
boolean doorStatus=true; // 전역변수

void setup() {
      Serial.begin(9600); //시리얼 통신개방, 통신속도설정
}

void loop() {
      if (doorStatus) {
            for(int i=0; i<3; i++) {
                  Serial.println(initMsg); // 문자열 출력
            }
            doorStatus=false;
      }
}
```

```
String initMsg="KOREATECH"; // 전역변수
boolean doorStatus=true; // 전역변수

void setup() {
	Serial.begin(9600); //시리얼 통신개방, 통신속도설정
}

void loop() {
	if (doorStatus) {
		for(int i=0; i<3; i++) {
			Serial.println(initMsg); // 문자열 출력
		}
		doorStatus=false;
	}
}
```

[결과]

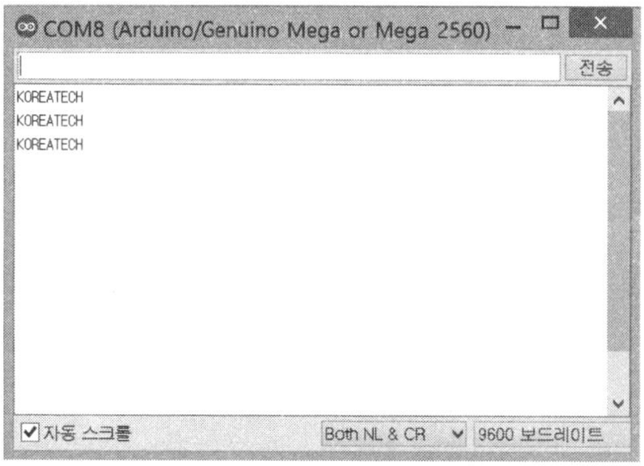

실험 2-9

Sting 객체를 활용한 문자 출력

• 아래의 스케치 프로그램을 업로드하고 시리얼 모니터에 나타나는 출력 결과를 예측

```
String LedColor[]={"NO", "Red(R)", "Green(G)", "Blue(B)"}; // 전역변수
boolean doorStatus=true; // 전역변수

void setup() {
	Serial.begin(9600); //시리얼 통신개방, 통신속도설정
}

void loop() {
	if (doorStatus) {
		for(int i=0; i<4; i++) {
			Serial.println(LedColor[i]); // 문자열 출력
		}
		doorStatus=false;
	}
}
```

[결과]

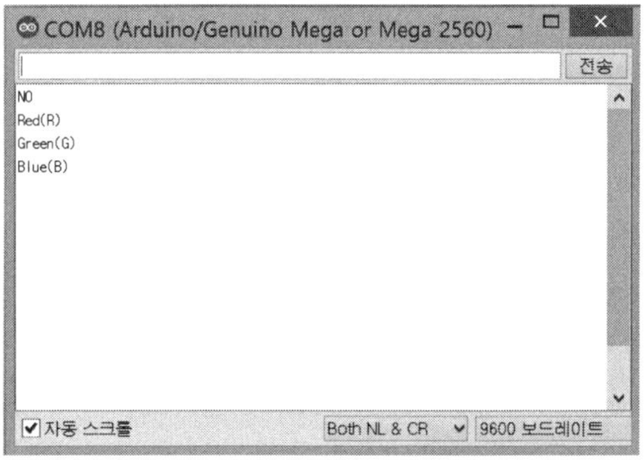

제3장 디지털 출력 제어

실험에 필요한 부품

LED	캐소드 공통형 3색 RGB LED	부저 (SM-1212C)	1KΩ 저항	
4개	1개	1개	7개	

아두이노와 같은 마이크로 콘트롤러는 많은 수의 핀으로 구성되어 있으며 각 핀은 디지털 신호를 입력 받고 출력할 수 있는 기능을 가지고 있다. 아날로그 신호 입출력을 위해 지정된 핀도 기본 설정이 아날로그 데이터 입출력일 뿐 이 역시 디지털 입출력 기능을 갖는다. 이렇게 마이크로 콘트롤러 핀은 개발자 의도에 따라 입력 또는 출력(Input/Output, I/O)으로 사용할 수 있으므로 GPIO(General Purpose Input Output: 범용 입출력) 핀이라 한다. 본 장에서는 GPIO 핀을 디지털 출력으로 사용하는 방법에 대하여 학습한다.

3.1 디지털 I/O 함수

GPIO 핀을 디지털 입출력(I/O)으로 사용하기 위해서는 [그림 3.1], [표 3.1]과 같이 pinMode() 함수를 통하여 핀의 용도를 설정하고 digitalRead() 함수와 digitalWrite() 함수를 사용하여 디지털 데이터를 입출력한다.

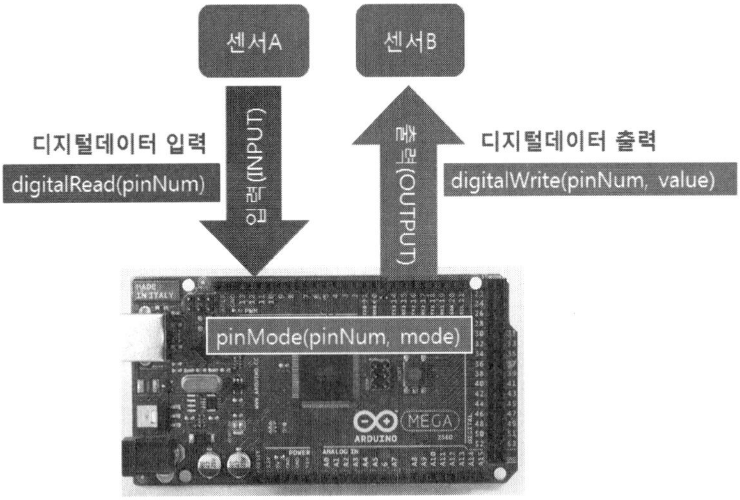

그림 3.1 디지털 I/O 함수

표 3.1 디지털 I/O 함수

void pinMode(pinNum, mode)		
기능	해당 핀을 입력으로 사용할지 출력으로 사용할지 설정	
매개변수	pinNum	설정하고 싶은 핀 번호
	mode	입력(INPUT), 출력(OUTPUT) 또는 내부 풀업저항을 사용하여 입력 시 내부 풀업(INPUT_PULLUP) 설정
리턴 값	void	없음

void digitalWrite(pinNum, value)		
기능	지정된 핀에 디지털 값 출력	
매개변수	pinNum	출력할 핀 번호
	value	디지털 값 0(LOW) 또는 5V(HIGH)
리턴 값	void	없음

int digitalRead(pinNum)		
기능	지정된 핀으로 입력된 디지털 값 읽어오기	
매개변수	pinNum	값을 읽어올 핀 번호
리턴 값	value	디지털 값 0(LOW) 또는 5V(HIGH)

3.2 LED 점등 회로

LED 점등 회로를 고려하여 보자. LED는 Light Emitted Diode의 약자로 전류가 흐르면 점등되는 다이오드이다. 입출력 장치로 LED를 구동할 때 두 가지 회로로 구성할 수 있다.

첫 번째는 출력 장치(GPIO 핀)을 [그림 3.2]와 같이 전류의 싱크(Sink)로 사용하는 것이다.

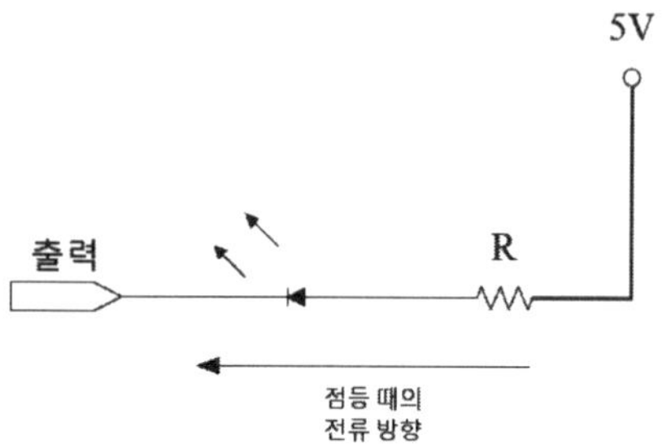

출력	LED
LOW(0V)	켜짐
HIGH(5V)	꺼짐

그림 3.2 부논리 LED 점등

- 마이크로컨트롤러에서 GPIO 핀에 LOW(논리 0)을 출력하면 출력 단의 전압은 0V이고 따라서 다이오드에 순방향 바이어스가 걸리고 전류가 흘러 LED가 켜진다.
- HIGH(논리 1)을 출력하면 출력 단의 전압은 5V가 되어 전류가 흐르지 않아 LED가 꺼진다.
- 이와 같은 논리를 부논리로 동작한다고 한다.

두 번째 방법은 [그림 3.3]과 같이 출력 장치(GPIO 핀)을 전류의 소스(Source)로 사용하는 것이다.

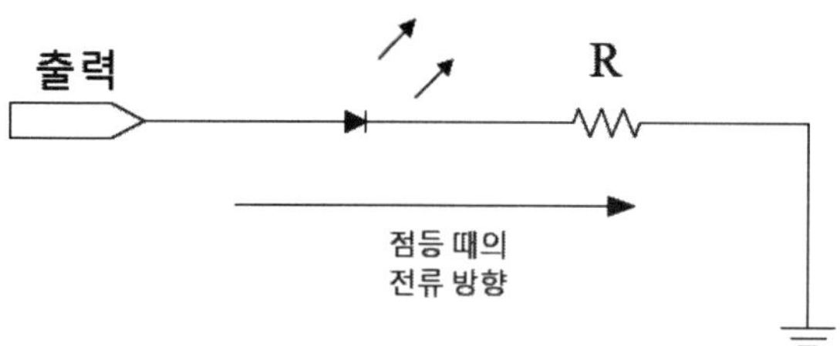

출력	LED
LOW(0V)	꺼짐
HIGH(5V)	켜짐

그림 3.3 정논리 LED 점등

- 마이크로컨트롤러에서 GPIO 핀에 LOW(논리 0)을 출력하면 출력 단의 전압은 0V이어서 전류가 흐르지 않고 LED가 꺼진다.
- HIGH(논리 1)을 출력하면 출력 단의 전압은 5V가 되어 순방향 바이어스가 걸려 LED가 켜진다.
- 이와 같은 논리를 정논리로 동작한다고 한다.

LED의 밝기는 전류에 비례하는데 LED의 전압 강하(약 1.5V)를 고려하면

$$i = \frac{5 - 1.5}{R}$$

이므로 저항이 작을수록 밝아진다. R=1KΩ을 사용하면 흐르는 전류는 약 3.5mA이다.

- 아두이노 메가 ADK 보드의 ATmega2560 마이크로 콘트롤러는 각 I/O 최대 싱크/소스 전류가 40mA이므로 LED를 구동할 수 있다.

3.3 3색 RGB LED

- RGB LED는 다양한 색의 빛을 한 개의 LED로 표현할 수 있으며 빨간색(Red), 초록색(Green), 파란색(Blue)의 밝기를 변경하여 색을 조합
- RGB LED는 다리가 4개이며 3개의 다리는 RGB 색상에 연결되며 나머지 하나는 공통단자
- [그림 3.4]와 같이 공통단자를 GND에 연결하는 것이 캐소드 공통형(Common Cathode)이며 정논리로 동작하며 공통단자를 Vcc에 연결하는 것이 애노드 공통형(Common Anode)이며 부논리로 동작

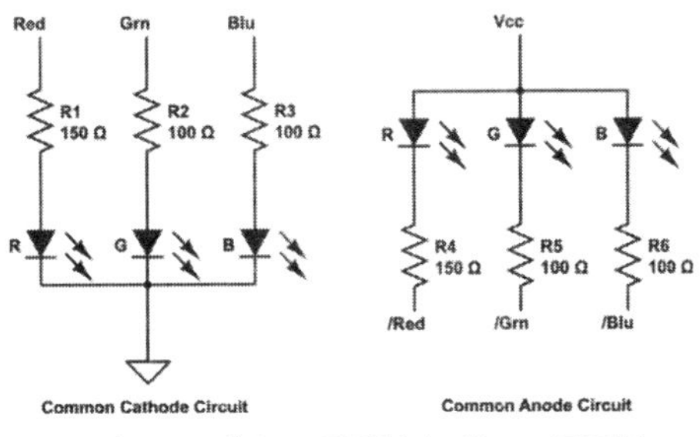

그림 3.4 캐소드 공통형과 애노드 공통형

- 본 실험에서는 [그림 3.5]와 같은 핀 구성을 갖는 캐소드 공통형을 사용

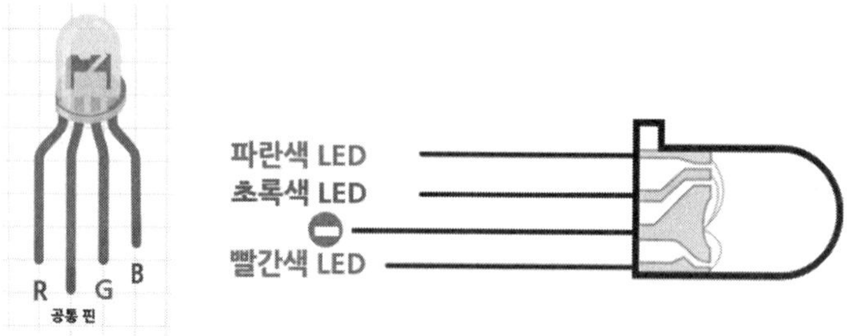

그림 3.5 캐소드 공통형 3색 RGB LED의 핀 구성

3.4 피에조 부저(Piezo Buzzer)

- 피에조(Piezo)란 외부의 압력 변화에 전압이 발생하고, 반대로 전압이 걸리면 물리변형이 발생하는 것을 말한다. 전자를 압전 효과, 후자를 역압전 효과라고 하며, 이런 성질을 활용하여 피에조 부저(Buzzer)는 전기신호를 받아 음파(진동)을 발생시켜 소리를 내도록 하는 장치로 사용
- 이 부저는 얼마만큼의 주파수를 전달해 주는가에 따라 출력되는 소리가 달라짐
- 실험에서 사용하는 피에조 부저는 [표 3.2]의 계이름에 따른 주파수를 활용

표 3.2 계이름에 따른 주파수

계이름	주파수(Hz)	계이름	주파수(Hz)	계이름	주파수(Hz)
도	262	도	523	도	1047
도#	277	도#	554	도#	1109
레	294	레	587	레	1175
레#	311	레#	622	레#	1245
미	330	미	659	미	1319
파	349	파	698	파	1397
파#	370	파#	740	파#	1480
솔	392	솔	784	솔	1568
솔#	415	솔#	831	솔#	1661
라	440	라	880	라	1760
라#	466	라#	932	라#	1864
시	494	시	988	시	1975
				도	2093

• 아두이노 보드의 디지털 입출력 핀을 사용하여 주파수 신호를 만들어 내려면, 주파수와 주기 간의 개념을 이해하고 신호를 발생시켜야 하며 주파수와 주기 간의 관계는 다음과 같음

$$T = 1/f$$

• 위 식에서 T는 주기(시간)이며 f는 주파수. 예를 들어 위의 표에서 4옥타브 솔 음은 392Hz 이다. 이 주파수는

T=1/392Hz=2551.02[μsec]

2551.02 μs의 주기를 가지며 이 주기 마다 파형을 한 번씩 출력하여야만 4옥타브 솔 음을 피에조 부저를 통해 낼 수 있음

3.4.1 부저제어용 함수

void tone(pinNum, frequency) void tone(pinNum, frequency, duration)		
기능	지정된 핀에 지정된 주파수의 구형파(50% 듀티비)를 발생	
매개변수	pinNum	톤(구형파)이 출력되는 핀 번호
	frequency	Hz 단위의 톤 주파수 - unsigned int
	duration	millisecond 단위의 톤의 지속시간 - unsigned long
리턴 값	void	없음

void noTone(pinNum)		
기능	tone()에 의해 발생된 구형파 발생을 정지	
매개변수	pinNum	톤 발생을 정지시키는 핀 번호
리턴 값	void	없음

실험 3-1

LED켜기

- 아두이노 보드에 LED를 연결하고 켜기
- [그림 3.6]과 같이 회로를 연결하고 아래의 스케치 프로그램을 업로드

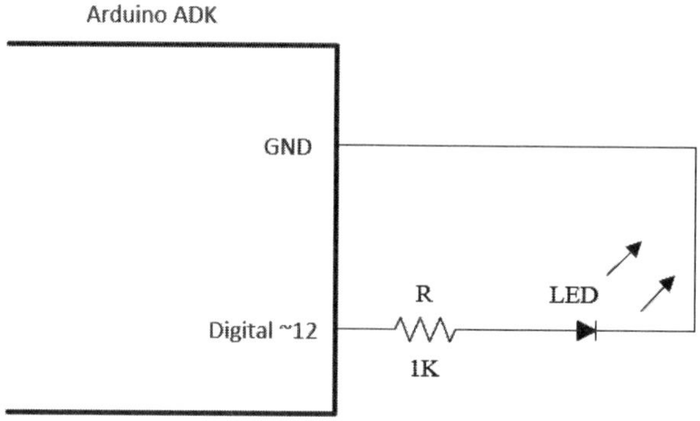

그림 3.6 실험 3-1 회로 연결

소스 프로그램 LED_On

```
const int ledPin=12; // LED에 연결된 핀 번호 변수 정의

void setup() {
  pinMode(ledPin, OUTPUT); // LED를 출력으로 설정
  digitalWrite(ledPin, HIGH); // LED(3번)에 HIGH 출력(LED 켜기)
}

void loop() {
```

실험 3-2

LED 깜빡이기

- 아두이노 보드에 LED를 연결하고 1초 간격으로 켜고 끄기를 반복
- [그림 3.6]의 회로를 사용하고 아래의 스케치 프로그램을 업로드

소스 프로그램 LED_Blink

```
const int ledPin=12; // LED에 연결된 핀 번호 변수 정의

void setup() {
  pinMode(ledPin, OUTPUT); // LED를 출력으로 설정
}

void loop() {
    digitalWrite(ledPin, HIGH); // LED(3번)에 HIGH 출력(LED 켜기)
    delay(1000);                // 1000ms 지연
    digitalWrite(ledPin, LOW);  // LED(3번)에 LOW 출력(LED 끄기)
    delay(1000);                // 1000ms 지연
}
```

실험 3-3

LED 깜빡이 속도조절

- 아두이노 보드에 LED를 연결하고 켜고 끄기를 반복하는 시간을 제어
- 켜고 끄는 간격 : 100ms → 300ms → 500ms → 700ms → 900ms → 1100ms → 100ms → ....
- [그림 3.6]의 회로를 사용하고 아래의 스케치 프로그램을 업로드 .

소스 프로그램 LED_BlinkCtrl

```
const int ledPin=12; // LED에 연결된 핀 번호 변수 정의

void setup() {
  pinMode(ledPin, OUTPUT); // LED를 출력으로 설정
}

void loop() {
    for (int i=100;i<=1100;i+=200) {
        digitalWrite(ledPin, HIGH); // LED(3번)에 HIGH 출력(LED 켜기)
        delay(i);                   // i ms지연
        digitalWrite(ledPin, LOW);  // LED(3번)에 LOW 출력(LED 끄기)
        delay(i);                   // i ms지연
    }
}
```

실험 3-4

다중 LED 제어

- 아두이노 보드에 LED 4개를 연결하고 1초 간격으로 켜고 끄기를 순차적으로 반복
- [그림 3.7]과 같이 회로를 연결하고 아래의 스케치 프로그램을 업로드

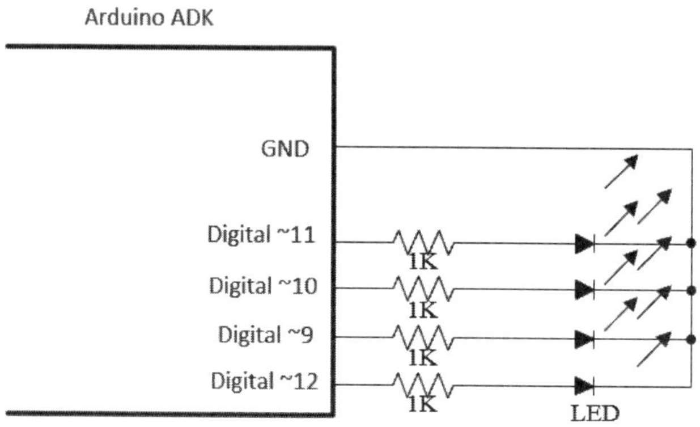

그림 3.7 실험 3-4 회로 연결

소스 프로그램 MultiLED_Blink

```
const int ledPin[4]={9,10,11,12}; //LED와 연결된 핀 번호 변수를 배열로 정의

void setup() {
  for(int i=0;i<4;i++)
    pinMode(ledPin[i], OUTPUT); // for 문을 이용하여 LED와 연결된 핀을 출력으로 설정
}

void loop() {

    for (int i=0;i<4;i++) { // for 문을 이용하여 LED와 연결된 핀에 HIGH, LOW를 출력
      digitalWrite(ledPin[i], HIGH); // i번째 LED핀에 HIGH 출력
      delay(1000);                   // 1000ms 지연
      digitalWrite(ledPin[i], LOW);  // i번째 LED핀에 LOW 출력
      delay(1000);                   // 1000ms 지연
    }
}
```

실험 3-5

3색 RGB LED 제어하기

- 3색 RGB LED에 연결하고 꺼짐 → 빨간색 → 초록색 → 파란색 → 꺼짐 → 빨간색.... 순서로 1초 간격으로 순차적으로 반복
- 3색 RGB LED로는 캐소드 공통형을 사용
- [그림 3.8]과 같이 회로를 연결하고 아래의 스케치 프로그램을 업로드

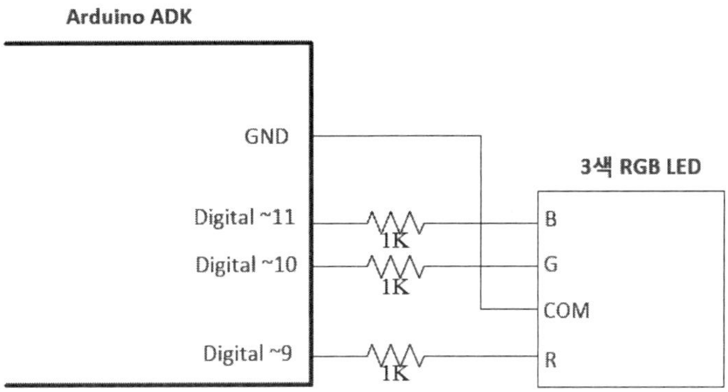

그림 3.8 실험 3-5 회로 연결

소스 프로그램 RGBLED_Ctrl

```
const int rLedPin = 9; //3색 LED 중 빨간색 LED와 연결된 핀 번호 변수 정의
const int gLedPin = 10; //3색 LED 중 초록색 LED와 연결된 핀 번호 변수 정의
const int bLedPin = 11; //3색 LED 중 파란색 LED와 연결된 핀 번호 변수 정의

void setup() {
  pinMode(rLedPin, OUTPUT); // rLED를 출력으로 설정
  pinMode(gLedPin, OUTPUT); // gLED를 출력으로 설정
  pinMode(bLedPin, OUTPUT); // bLED를 출력으로 설정

  digitalWrite(rLedPin, LOW);  //rLED에 LOW 출력(rLED 끄기)
  digitalWrite(gLedPin, LOW);  //gLED에 LOW 출력(gLED 끄기)
  digitalWrite(bLedPin, LOW);  //bLED에 LOW 출력(bLED 끄기)
}
```

```
void RGBLED_Display(int Num){

  switch (Num) {
    case 0 :
        digitalWrite(rLedPin, LOW);  //rLED 끄기
        digitalWrite(gLedPin, LOW);  //gLED 끄기
        digitalWrite(bLedPin, LOW);  //bLED 끄기
      break;
    case 1 :
        digitalWrite(rLedPin, HIGH);  //rLED 켜기
        digitalWrite(gLedPin, LOW);  //gLED 끄기
        digitalWrite(bLedPin, LOW);  //bLED 끄기
      break;
    case 2 :
        digitalWrite(rLedPin, LOW);  //rLED 끄기
        digitalWrite(gLedPin, HIGH);  //gLED 켜기
        digitalWrite(bLedPin, LOW);  //bLED 끄기
      break;
    case 3 :
        digitalWrite(rLedPin, LOW);  //rLED 끄기
        digitalWrite(gLedPin, LOW);  //gLED 끄기
        digitalWrite(bLedPin, HIGH);  //bLED 켜기
      break;
  }
}

void loop() {

    for (int i=0;i<4;i++) { //for 문을 이용하여 3색 LED에 순차적으로 HIGH, LOW를 출력
      RGBLED_Display(i); //RGB LED에 순차적으로 HIGH 출력(0: 꺼짐, 1:빨간색, 2:초록색, 3:파란색)
      delay(1000);       // 1000ms 지연
    }
}
```

실험 3-6

부저소리 출력

- 도~도까지를 500ms 간격으로 3번 반복하기
- [그림 3.9]와 같이 회로를 연결하고 아래의 스케치 프로그램을 업로드

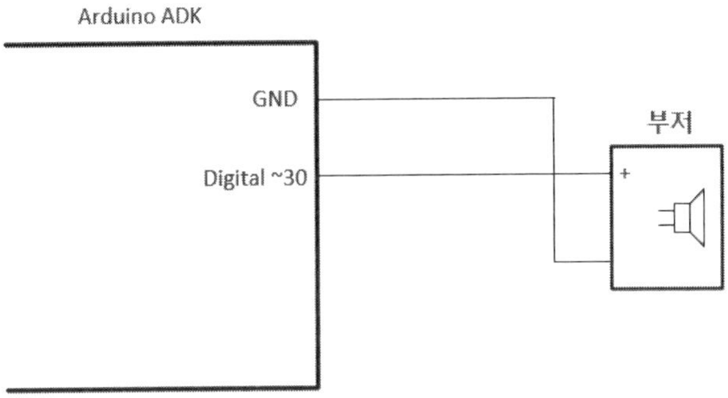

그림 3.9 실험 3-6 회로 연결

소스 프로그램 Speaker

```
const int speakerPin=30; //부저와 연결된 핀 번호 변수 정의

int Do=262; //계이름 도 주파수
int Re=294; //계이름 레 주파수
int Mi=330; //계이름 미 주파수
int Pa=349; //계이름 파 주파수
int Sol=392; //계이름 솔 주파수
int Ra=440; //계이름 라 주파수
int Si=494; //계이름 시 주파수
int Do1=523; //계이름 도 주파수

int numMax=3; // 총 반복횟수를 저장하는 변수 선언

void setup() {
  pinMode(speakerPin,OUTPUT); // 부저(30번)을 출력으로 설정
  Serial.begin(9600);
}
```

```
void loop() {
  while (numMax) {
    tone(speakerPin,Do,500); // 500ms 동안 도 출력
    delay(500); // 500ms 지연
    tone(speakerPin,Re,500); // 500ms 동안 레 출력
    delay(500);
    tone(speakerPin,Mi,500); // 500ms 동안 미 출력
    delay(500);
    tone(speakerPin,Pa,500); // 500ms 동안 파 출력
    delay(500);
    tone(speakerPin,Sol,500); // 500ms 동안 솔 출력
    delay(500);
    tone(speakerPin,Ra,500); // 500ms 동안 라 출력
    delay(500);
    tone(speakerPin,Si,500); // 500ms 동안 시 출력
    delay(500);
    tone(speakerPin,Do1,500); // 500ms 동안 도 출력
    delay(500);
    numMax--;
    Serial.println(numMax);
  }
}
```

실험 3-7

부저소리 출력

- 배열을 사용하여 도~도까지를 500ms 간격으로 3번 반복하기
- [그림 3.9]의 회로를 사용하고 아래의 스케치 프로그램을 업로드

소스 프로그램 **Speaker1**

```
const int speakerPin=30; //부저와 연결된 핀 번호 변수 정의

int Do=262; //계이름 도 주파수
int Re=294; //계이름 레 주파수
int Mi=330; //계이름 미 주파수
int Pa=349; //계이름 파 주파수
```

```
int Sol=392; //계이름 솔 주파수
int Ra=440; //계이름 라 주파수
int Si=494; //계이름 시 주파수
int Do1=523; //계이름 도 주파수

int Notes[]={Do,Re,Mi,Pa,Sol,Ra,Si,Do1}; //계이름을 배열로 저장

int numMax=3; // 총 반복횟수를 저장하는 변수 선언

void setup() {
  pinMode(speakerPin,OUTPUT); // 부저(30번)을 출력으로 설정
  Serial.begin(9600);
}

void loop() {
  while (numMax) { // numMax번 반복
    for(int i=0;i<8;i++) { // 도~도 까지 8번 반복
      tone(speakerPin,Notes[i],500); // 500ms 동안 지정된 음 출력
      delay(500); // 500ms 지연
    }
    numMax--;  // 횟수를 일회 감소
    Serial.println(numMax);
  }
}
```

제4장 디지털 입력 제어

실험에 필요한 부품

자석스위치	터치스위치 IM120710023	디지털릴레이 모듈 DFR0017	DC 12V 팬 DF0501512SEU2F	9V 전원
1개	1개	1개	1개	1개

LED	**캐소드 공통형 3색 RGB LED**	**1KΩ 저항**	**4.7KΩ 저항**	**9V 전원 커넥터**
1개	1개	4개	1개	1개
	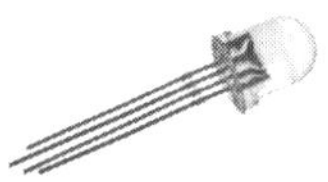			
키패드 (4행×4열)				
1개				
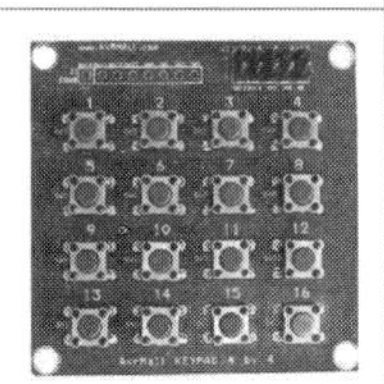				

본 장에서는 GPIO 핀을 디지털 입력으로 사용하여 자석스위치, 터치스위치와 푸쉬 버튼 스위치들이 행렬 형태로 배열 된 키패드를 제어하는 방법과 GPIO 핀을 디지털 출력으로 사용하여 디지털릴레이를 제어하는 방법에 대하여 학습한다.

4.1 자석스위치

- [그림 4.1]과 같은 DC용 자석스위치는 주로 문이나 창문 등에 설치되어 개폐여부를 확인하는데 이용

붙으면 ON (두 개의 연결 단자가 연결)	떨어지면 OFF (두 개의 연결 단자가 분리)

그림 4.1 자석스위치

- 2가지 형태의 자석스위치 : [그림 4.2]에 나타낸 것과 같이 붙었을 때 스위치가 OFF이고 떨어졌을 때 ON이 되는 자석스위치와 붙어 있을 때가 스위치 ON이고 떨어졌을 때가 스위치 OFF가 되는 형태

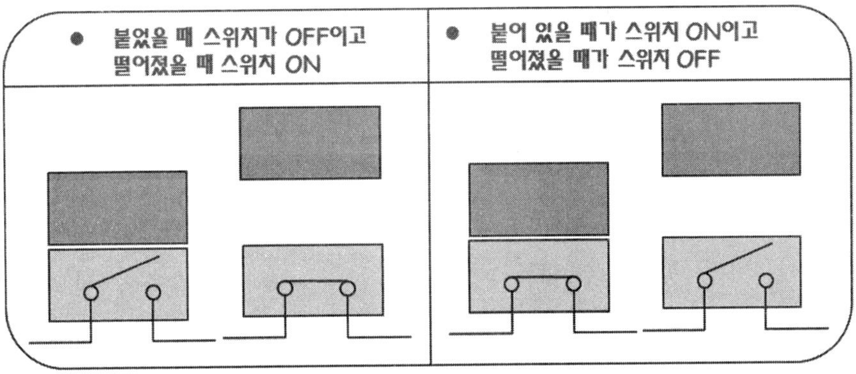

그림 4.2 자석스위치

- 실험에서는 붙어 있으면 ON이고 떨어져 있으면 OFF가 되는 자석스위치를 이용

- 실험에서는 [그림 4.3]과 같이 자석스위치가 붙어 있으면 ON이 되어 아두이노 디지털 입력 핀으로 LOW값이 입력되고 자석스위치가 떨어져 있으면 OFF가 되어 아두이노 디지털 입력 핀으로 HIGH 값이 입력되도록 회로 구성

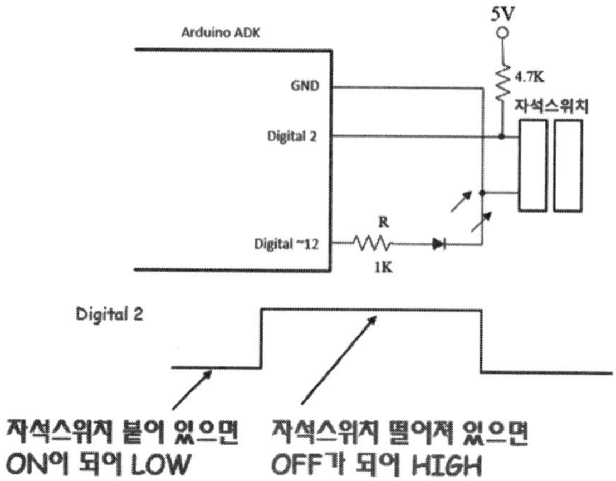

그림 4.3 자석스위치

4.2 터치센서

- 터치가 없을 때는 HIGH 상태이고 터치가 있으면 LOW 상태로 변화하는 센서 이용
- [그림 4.4]는 실험에 사용할 터치센서(IM120710023)

		S : 디지털 출력 V : 5V G : GND

그림 4.4 터치센서

- 실험에서는 [그림 4.5]와 같이 터치가 없을 때는 아두이노 디지털 입력 핀으로 HIGH값이 입력되고 터치가 있으면 아두이노 디지털 입력 핀으로 LOW 값이 입력

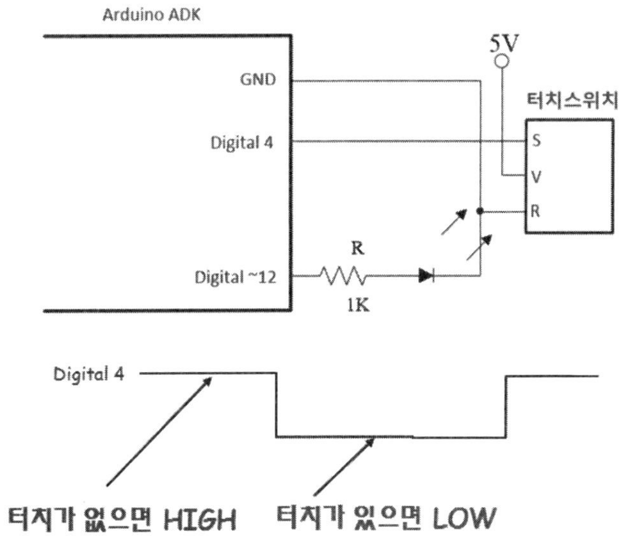

그림 4.5 터치센서

4.3 디지털 릴레이

- 코일을 이용하여 자기장을 발생시키고 발생된 자기장으로 금속 물체를 움직이게 하여 ON, OFF 스위칭 동작을 하는 장치
- 일반적으로 스위치는 사람에 의해 수동으로 ON, OFF 동작되는데 반해 릴레이는 전기 흐름을 제어하여 스위칭 되도록 하는 소자로 [그림 4.6]에 릴레이를 사용한 예를 나타낸 것으로 선풍기나 전구에 220V의 전원을 공급하거나 차단하기 위하여 릴레이를 사용하여 스위칭

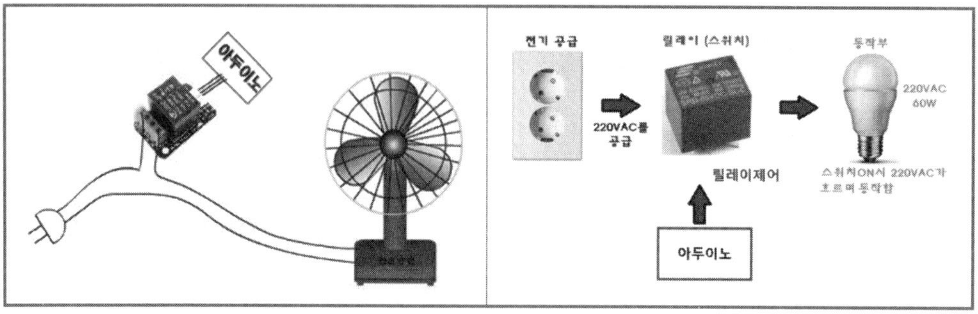

그림 4.6 릴레이 사용 예

- 실험에서는 9V~12V로 동작하는 팬(Fan)을 구동하기 위해서는 아두이노 전원으로 불충분하므로 외부 전원을 사용하여야 하고 팬을 켜고 끄기 위해서는 릴레이를 사용하여 스위칭
- [그림 4.7]은 실험에 사용할 1채널 릴레이 모듈(DFR0017)

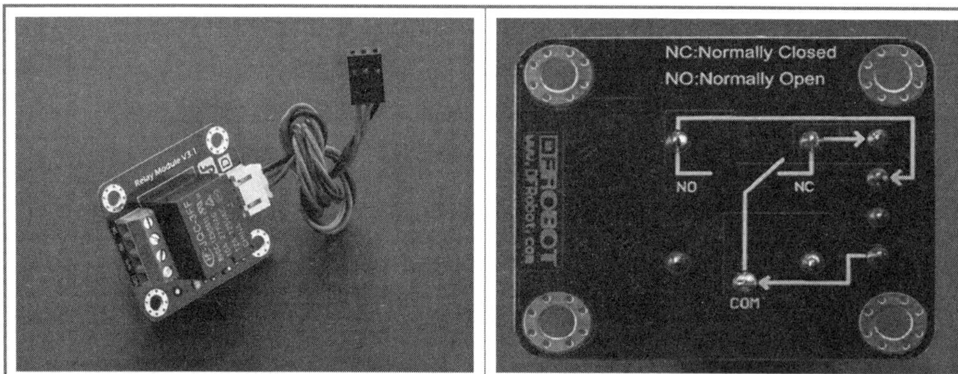

빨간색 : 5V
검은색 : GND
초록색 : 디지털 입력

NC : Normal Closed
NO : Normal Open
COM : 공통 단자

그림 4.7 1채널 릴레이

• 릴레이 동작 : 아두이노에서 LOW를 출력하면 전류가 흐르지 않아 b접점(NC : Normal Closed)에 붙게 되고 아두이노에서 HIGH를 출력하면 전류가 흘러 a접점(NO : Normal Open)으로 붙게 됨

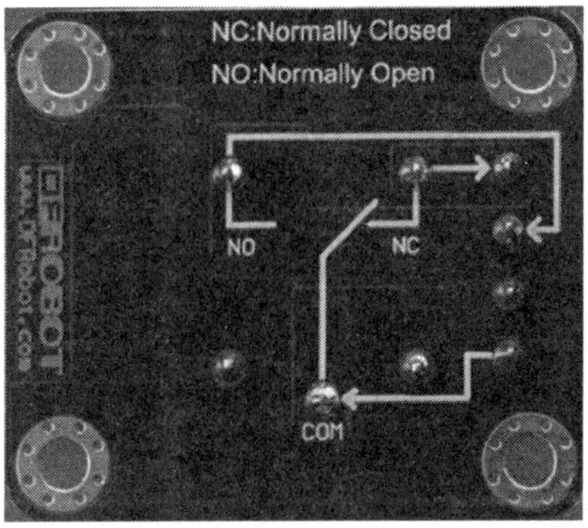

그림 4.8 릴레이 동작

• 실험에서는 [그림 4.9]와 같이 아두이노에서 LOW를 출력하면 전류가 흐르지 않아 b접점(NC : Normal Closed)에 붙게 되어 DC 팬이 정지하고, 아두이노에서 HIGH를 출력하면 전류가 흘러 a접점(NO : Normal Open)으로 붙게 되며 폐회로가 구성되어 DC 팬이 구동 됨

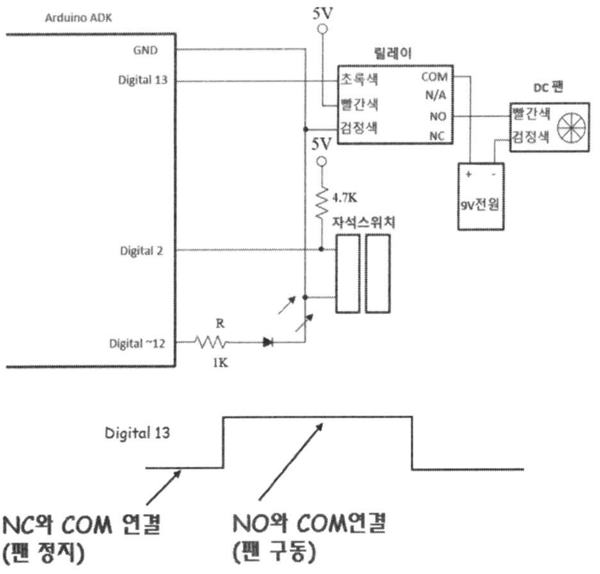

그림 4.9 릴레이 동작을 통한 팬 제어

4.4 키패드

4.4.1 키패드(Key pad)

- 키패드는 푸시버튼 스위치를 행렬로 배열한 것이며 [그림 4.10]은 실험에 사용할 4행×4열 키패드를 보여줌
- 스위치를 제어하기 위해서는 MCU의 디지털 핀과 연결을 시켜야 한다. 실습 키패드는 4행×4열의 16개 스위치로 구성되어 있으므로 16개의 디지털 핀이 있어야 하지만 MCU에 다른 센서들도 연결하여야 하므로 최소한의 핀을 사용해서 제어할 수 있도록 해야 한다. [그림 4.11]은 키패드 회로를 보여주는데 8개의 핀으로 행과 열 방식으로 연결하여 16개의 스위치를 제어 할 수 있음

그림 4.10 4행×4열 키패드

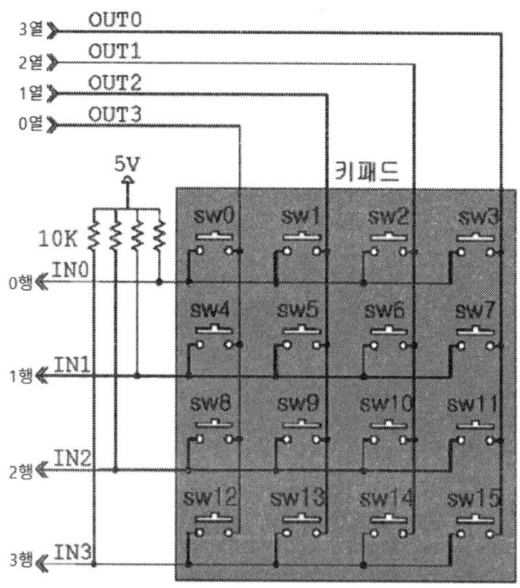

그림 4.11 4행×4열 키패드 구성 회로도

4.4.2 아두이노와 키패드 연결

- 4행×4열 키패드 핀을 아두이노 디지털 핀과 [표 4.1]과 같이 연결

표 4.1 아두이노와 키패드 연결

아두이노 핀	키패드 핀	행 번호	열 번호
39번	OUT3		0열
41번	OUT2		1열
43번	OUT1		2열
45번	OUT0		3열
37번	IN0	0행	
35번	IN1	1행	
33번	IN2	2행	
31번	IN3	3행	

4.4.3 키패드 라이브러리

- 키패드 라이브러리를 사용하기 위해서는 아래의 사이트에서 Keypad.zip을 다운받아 압축을 풀고
  - https://playground.arduino.cc/Code/Keypad#Download
- 폴더 그대로 아래의 아두이노 라이브러리 폴더로 복사하고 아두이노 IDE를 재 시작해야 설치한 라이브러리를 사용할 수 있음
  - 문서₩Arduino₩libraries

4.4.4 키패드 라이브러리에서 제공하는 키패드 제어용 함수들

Keypad(char *userKeymap, byte *row, byte *col, byte numRows, byte numCols)		
기능	keypad 객체 생성 및 초기화	
매개변수	userKeymap	키패드 키 값 설정 테이블
	row	키패드 행과 연결될 아두이노 핀 리스트
	col	키패드 열과 연결될 아두이노 핀 리스트
	numRows	행 개수
	numCols	열 개수
리턴 값	–	없음

void begin(char *userKeymap)		
기능	사용자가 지정한 키 맵으로 설정	
매개변수	userKeymap	각 키에 설정될 키 값
리턴 값	void	없음

char getKey(void)		
기능	눌려진 키 값 반환	
매개변수	void	없음
리턴 값	char	눌려진 키 값
※ 키 패드는 기계적 스위치인 푸쉬 버튼 스위치들로 이루어 졌으므로 스위치을 누르면 채터링 현상이 벌어지게 되고 이를 피하기 위하여 디바운싱 처리를 하여야 하는데 getKey() 함수는 내부적으로 디바운싱을 처리하고 눌려진 키 값 만을 반환		

bool isPressed(char keyChar)		
기능	해당 키가 눌려졌는지 확인	
매개변수	keyChar	조사하고 싶은 키 값
리턴 값	bool	true : 눌려진 상태 false : 눌려지지 않음

void Keypad::addEventListener(void (*listener)(char))		
기능	키패드에 이벤트 감지 및 처리 리스너 설정	
매개변수	char	이벤트 발생 감지 및 처리 함수 설정
리턴 값	void	없음

KeyState getState(void)		
기능	키패드 각 키의 상태 조회	
매개변수	void	없음
리턴 값	KeyState	IDLE, PRESSED, HOLD, RELEASED의 4가지 상태 중 현재 상태 리턴

실험 4-1

터치스위치를 이용하여 LED 점멸하기

- 터치스위치를 누르고 있는 동안 LED를 켜고 터치스위치를 떼면 LED를 끄기
- [그림 4.12]와 같이 회로를 연결하고 아래의 스케치 프로그램을 업로드

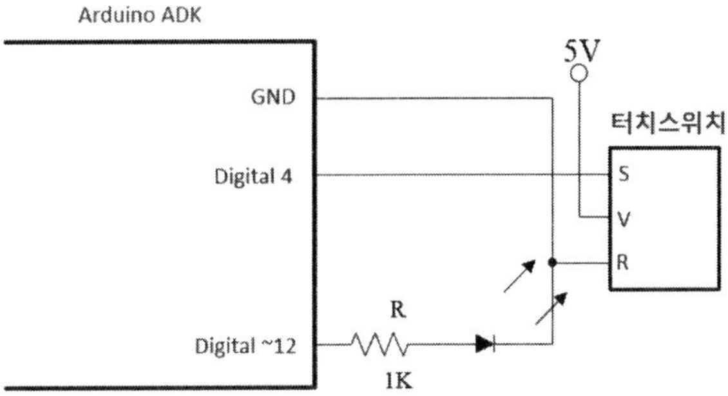

그림 4.12 실험 4-1 회로 연결

소스 프로그램 TouchSensor

```
const int touchSensorPin=4; // 터치센서에 연결된 핀 번호 변수 정의
const int ledPin=12; // LED에 연결된 핀 번호 변수 정의

void setup()
{
   pinMode(touchSensorPin, INPUT); // 터치센서를 입력으로 설정
   pinMode(ledPin, OUTPUT); // LED를 출력으로 설정
}

void loop()
{
   if(digitalRead(touchSensorPin)==HIGH) //터치센서가 눌러지지 않았는지 확인
   {
      digitalWrite(ledPin, LOW); // LED(12번)에 LOW 출력(LED 끄기)
   }

   if(digitalRead(touchSensorPin)==LOW)  //터치센서가 눌러졌는지 확인
   {
      digitalWrite(ledPin, HIGH); // LED(12번)에 HIGH 출력(LED 켜기)
   }
}
```

실험 4-2

터치스위치를 이용하여 3색 RGB LED를 순차적으로 켜기

- 캐소드 공통형 3색 RGB LED를 연결하고 터치스위치 입력이 발생할 때 마다 끄기 → 빨간색 → 초록색 → 파란색 → 끄기 → 빨간색.... 순서로 순차적으로 반복
- 터치스위치 입력은 HIGH에서 LOW로 변할 때 발생한 것으로 간주
- [그림 4.13]과 같이 회로를 연결하고 아래의 스케치 프로그램을 업로드

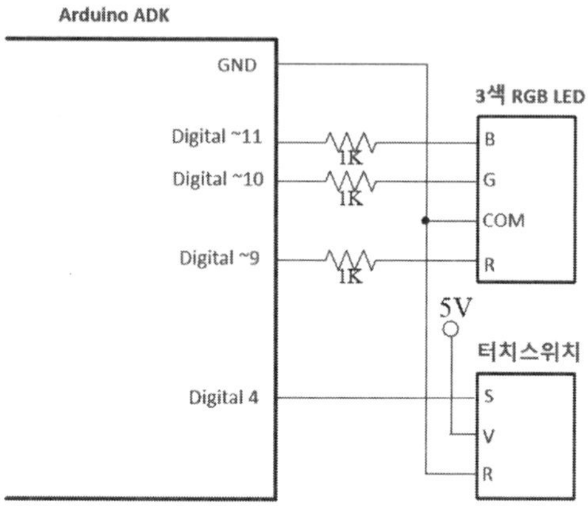

그림 4.13 실험 4-2 회로 연결

소스 프로그램 RGBLED_TouchSensor

```
const int touchSensorPin=4; // 터치센서에 연결된 핀 번호 변수 정의
const int rLedPin = 9; //3색 LED 중 빨간색 LED와 연결된 핀 번호 변수 정의
const int gLedPin = 10; //3색 LED 중 초록색 LED와 연결된 핀 번호 변수 정의
const int bLedPin = 11; //3색 LED 중 파란색 LED와 연결된 핀 번호 변수 정의

boolean lastTouch=LOW; //이전 터치스위치 상태
boolean currentTouch=LOW; //현재 터치스위치 상태
int touchInputNum=0; //터치센서 입력 횟수를 저장하는 변수 선언

void setup() {
  pinMode(touchSensorPin, INPUT); // 터치센서를 입력으로 설정
  pinMode(rLedPin, OUTPUT); // rLED를 출력으로 설정
  pinMode(gLedPin, OUTPUT); // gLED를 출력으로 설정
  pinMode(bLedPin, OUTPUT); // bLED를 출력으로 설정
```

```
  digitalWrite(rLedPin, LOW);  //rLED에 LOW 출력(rLED 끄기)
  digitalWrite(gLedPin, LOW);  //gLED에 LOW 출력(gLED 끄기)
  digitalWrite(bLedPin, LOW);  //bLED에 LOW 출력(bLED 끄기)
}

void RGBLED_Display(int Num){

  switch (Num) {
   case 0 :
      digitalWrite(rLedPin, LOW);  //rLED 끄기
      digitalWrite(gLedPin, LOW);  //gLED 끄기
      digitalWrite(bLedPin, LOW);  //bLED 끄기
    break;
   case 1 :
      digitalWrite(rLedPin, HIGH);  //rLED 켜기
      digitalWrite(gLedPin, LOW);  //gLED 끄기
      digitalWrite(bLedPin, LOW);  //bLED 끄기
    break;
   case 2 :
      digitalWrite(rLedPin, LOW);  //rLED 끄기
      digitalWrite(gLedPin, HIGH);  //gLED 켜기
      digitalWrite(bLedPin, LOW);  //bLED 끄기
    break;
   case 3 :
      digitalWrite(rLedPin, LOW);  //rLED 끄기
      digitalWrite(gLedPin, LOW);  //gLED 끄기
      digitalWrite(bLedPin, HIGH);  //bLED 켜기
    break;
  }
}

void loop() {

  currentTouch=digitalRead(touchSensorPin); //현재 터치스위치 상태 읽음

  if(lastTouch==HIGH && currentTouch==LOW) { //터치스위치가 눌려 졌음
   touchInputNum++;
   if(touchInputNum == 4) touchInputNum=0; // 터치입력이 4의 배수이면 초기화
  }
  RGBLED_Display(touchInputNum); //RGB LED에 순차적으로 HIGH 출력(0:끄기, 1:빨간색, 2:초록색, 3:파란색)

  lastTouch=currentTouch; //이전 터치스위치 상태를 현재 터치스위치 상태로 변경
}
```

실험 4-3

자석스위치를 이용하여 LED 점멸하기

- [그림 4.3]과 같이 붙어 있으면 ON이 되어 LOW가 출력되며 떨어져 있으면 OFF가 되어 HIGH가 출력되는 자석스위치를 이용
- 자석스위치가 붙어 있으면 LED를 끄고 떨어져 있으면 LED를 켜기
- [그림 4.14]와 같이 회로를 연결하고 아래의 스케치 프로그램을 업로드

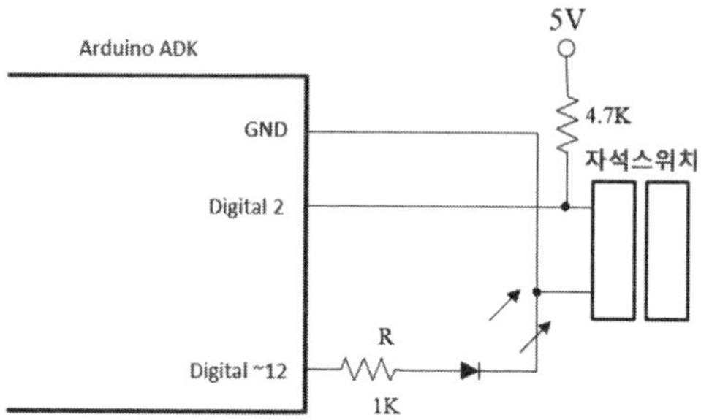

그림 4.14 실험 4-3 회로 연결

소스 프로그램 MagneticSensor

```
const int doorPin=2; // 자석스위치에 연결된 핀 번호 변수 정의
const int ledPin=12; // LED에 연결된 핀 번호 변수 정의

void setup() {
  pinMode(doorPin,INPUT); // 자석스위치를 입력으로 설정
  pinMode(ledPin,OUTPUT); // LED를 출력으로 설정
  Serial.begin(9600); // 시리얼 개방, 통신속도 설정
}

void loop() {
  boolean doorStatus=digitalRead(doorPin); //자석스위치 상태를 읽음
  if(doorStatus) { // 자석스위치가 떨어져 있으면
     digitalWrite(ledPin,HIGH); // LED(12번)에 HIGH 출력(LED 켜기)
     Serial.println("Door is open !!!");
  }
  else // 자석스위치가 붙어 있으면
  {
     digitalWrite(ledPin,LOW); // LED(12번)에 LOW 출력(LED 끄기)
     Serial.println("Door is closed !!!");
  }
}
```

실험 4-4

자석스위치를 이용하여 LED 점멸하기

- [그림 4.3]과 같이 붙어 있으면 ON이 되어 LOW가 출력되며 떨어져 있으면 OFF가 되어 HIGH가 출력되는 자석스위치를 이용
- 자석스위치가 붙어 있으면 LED를 끄고 떨어져 있으면 LED를 0.5초 간격으로 점멸하기
- [그림 4.14]의 회로를 사용하고 아래의 스케치 프로그램을 업로드

소스 프로그램 MagneticSensor_LedOnOff_NotWorking

```
const int doorPin=2; // 자석스위치에 연결된 핀 번호 변수 정의
const int ledPin=12; // LED에 연결된 핀 번호 변수 정의

boolean ledBlinking; //LED 점멸 여부를 결정하는 변수

void setup() {
  pinMode(doorPin,INPUT); // 자석스위치를 입력으로 설정
  pinMode(ledPin,OUTPUT); // LED를 출력으로 설정
  Serial.begin(9600); // 시리얼 개방, 통신속도 설정
}

void loop() {
  boolean doorStatus=digitalRead(doorPin); //자석스위치 상태를 읽음
  if(doorStatus) { // 자석스위치가 떨어져 있으면
     Serial.println("Door is open !!!");
     ledBlinking = true; //LED 점멸 허용
  }
  else // 자석스위치가 붙어 있으면
  {
     digitalWrite(ledPin,LOW); // LED(12번)에 LOW 출력(LED 끄기)
     Serial.println("Door is closed !!!");
     ledBlinking = false; //LED 점멸 불허
  }

  if(ledBlinking) //LED 점멸이 허용되었다면
  {
    digitalWrite(ledPin,HIGH); // LED(12번)에 HIGH 출력(LED 켜기)
    delay(500);               // 0.5초 지연
    digitalWrite(ledPin,LOW); // LED(12번)에 LOW 출력(LED 끄기)
    delay(500);               // 0.5초 지연
  }
}
```

[실험결과 관찰]

- [실험 4-4]를 수행하면 자석스위치가 떨어져서 LED가 점멸하는 동안에는 delay() 함수에 의해 지정된 시간 동안 아두이노는 작업을 중단하므로 이 시간동안 자석스위치가 붙게 되어도 delay() 함수가 수행을 완료하기 전에는 바로 동작을 하지 못하는 문제점이 발생
- LED가 점멸하는 동안에도 자석스위치의 상태를 확인하여야 하므로 delay() 함수를 사용할 수 없고 시간을 ms 단위로 반환해 주는 millis() 함수를 사용하여 구현
- millis() 함수는 백그라운드에서 동작하므로 다른 작업을 중단하지 않고도 millis() 함수가 호출되면 아두이노 스케치 프로그램이 시작한 이후 지나간 시간을 ms 단위로 알려줌

실험 4-5

자석스위치를 이용하여 LED 점멸하기 + millis() 함수 사용

- [그림 4.3]과 같이 붙어 있으면 ON이 되어 LOW가 출력되며 떨어져 있으면 OFF가 되어 HIGH가 출력되는 자석스위치를 이용
- 자석스위치가 붙어 있으면 LED를 끄고 떨어져 있으면 LED를 0.5초 간격으로 점멸하기
- millis() 함수를 사용하여 LED를 0.5초 간격으로 점멸하기
- [그림 4.14]의 회로를 사용하고 아래의 스케치 프로그램을 업로드

소스 프로그램 MagneticSensor_LedOnOff

```
const int doorPin=2; // 자석스위치에 연결된 핀 번호 변수 정의
const int ledPin=12; // LED에 연결된 핀 번호 변수 정의

boolean ledBlinking; //LED 점멸 여부를 결정하는 변수
boolean ledValue=LOW; //LED 점멸 시 값을 저장하는 변수, 초기값 LOW
unsigned long time; //millis() 함수가 리턴한 이전 시간을 저장하는 변수

void setup() {
  pinMode(doorPin,INPUT); // 자석스위치를 입력으로 설정
  pinMode(ledPin,OUTPUT); // LED를 출력으로 설정
  Serial.begin(9600); // 시리얼 개방, 통신속도 설정
}

void loop() {
  boolean doorStatus=digitalRead(doorPin); //자석스위치 상태를 읽음
  if(doorStatus) { // 자석스위치가 떨어져 있으면
     Serial.println("Door is open !!!");
     ledBlinking = true; //LED 점멸 허용
```

```
  }
  else // 자석스위치가 붙어 있으면
  {
    digitalWrite(ledPin,LOW); // LED(12번)에 LOW 출력(LED 끄기)
    Serial.println("Door is closed !!!");
    ledBlinking = false; //LED 점멸 불허
  }

  if(ledBlinking) //LED 점멸이 허용되었다면
  {
   if(millis()-time>=500) { //millis()함수가 리턴한 시간과 이전시간의 차가 0.5초이상이면
      time=millis(); // 현재시간을 이전시간에 저장
      ledValue=!ledValue; // LED 값을 반전
      digitalWrite(ledPin,ledValue); // LED(12번)에 값을 출력
   }
  }
}
```

실험 4-6

자석스위치를 이용하여 LED 점멸하고 릴레이를 이용하여 팬을 켜고 끄기

- [그림 4.3]과 같이 붙어 있으면 ON이 되어 LOW가 출력되며 떨어져 있으면 OFF가 되어 HIGH가 출력되는 자석스위치를 이용
- 자석스위치가 붙어 있으면 LED를 끄고 떨어져 있으면 LED를 켜기
- 자석스위치가 붙어 있으면 팬을 끄고 떨어져 있으면 팬을 켜기
- [그림 4.15]와 같이 회로를 연결하고 아래의 스케치 프로그램을 업로드

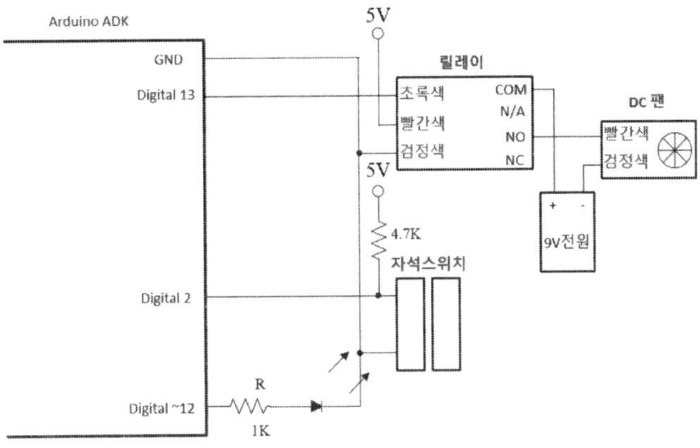

그림 4.15 실험 4-6 회로 연결

소스 프로그램 MagneticSensor_Relay

```
const int doorPin=2; // 자석스위치에 연결된 핀 번호 변수 정의
const int ledPin=12; // LED에 연결된 핀 번호 변수 정의
const int relayPin=13; // 릴레이에 연결된 핀 번호 변수 정의

void setup() {
  pinMode(doorPin,INPUT); // 자석스위치를 입력으로 설정
  pinMode(ledPin,OUTPUT); // LED를 출력으로 설정
  pinMode(relayPin, OUTPUT); // 릴레이를 출력으로 설정

  digitalWrite(ledPin,LOW); // LED에 LOW 출력(LED 끄기)
  digitalWrite(relayPin,LOW); // 릴레이에 LOW 출력(릴레이 끄기)
  Serial.begin(9600); // 시리얼 개방, 통신속도 설정
}

void loop() {
  boolean doorStatus=digitalRead(doorPin); //자석스위치 상태를 읽음
  if(doorStatus) { // 자석스위치가 떨어져 있으면
     digitalWrite(ledPin,HIGH); // LED(12번)에 HIGH 출력(LED 켜기)
     digitalWrite(relayPin,HIGH); // 릴레이에 HIGH 출력(릴레이 켜기)
     Serial.println("Door is open !!!");
  }
  else // 자석스위치가 붙어 있으면
  {
     digitalWrite(ledPin,LOW); // LED(12번)에 LOW 출력(LED 끄기)
     digitalWrite(relayPin,LOW); // 릴레이에 LOW 출력(릴레이 끄기)
     Serial.println("Door is closed !!!");
  }
}
```

실험 4-7

키 패드의 눌려진 키 값을 시리얼 모니터에 표시

- 4행×4열 키 보드의 키 값을 [그림 4.16]과 같이 설정

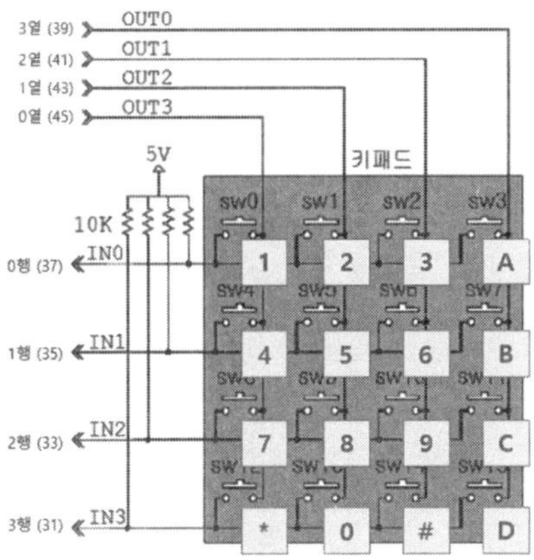

그림 4.16

- 시리얼 모니터에 눌려진 키 값을 다음과 같이 출력

  Pressed Key : 눌려진 키 값

- [그림 4.17]과 같이 회로를 연결하고 아래의 스케치 프로그램을 업로드

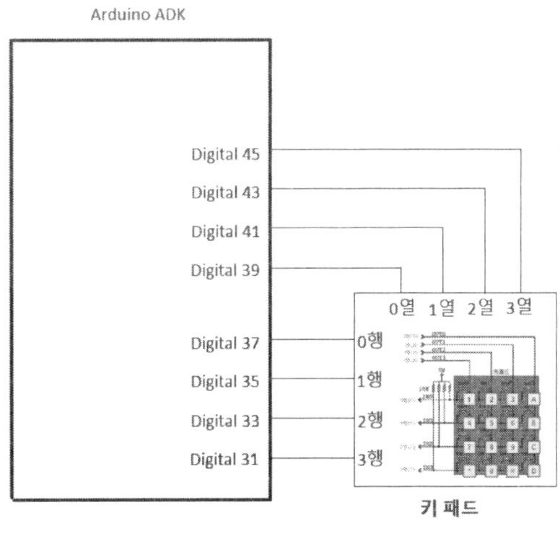

그림 4.17 실험 4-7 회로 연결

소스 프로그램 keypadTest

```
#include <Keypad.h> //키패드 라이브러리 삽입

const byte ROWS = 4; //키패드 행 크기 상수
const byte COLS = 4; //키패드 열 크기 상수

//키패드 키에 대응되는 값 설정
char myKeys[ROWS][COLS] = {
  {'1','2','3','A'},
  {'4','5','6','B'},
  {'7','8','9','C'},
  {'*','0','#','D'}
};

byte rowPins[ROWS] = {37, 35, 33, 31}; //키패드 행 핀에 연결된 아두이노 핀 번호
byte colPins[COLS] = {39, 41, 43, 45}; //키패드 열 핀에 연결된 아두이노 핀 번호

//Keypad 객체 생성 및 초기화
Keypad myKeypad = Keypad(makeKeymap(myKeys), rowPins, colPins, ROWS, COLS);

void setup(){
  Serial.begin(9600); // 시리얼 개방, 통신속도 설정
}

void loop(){
  char customKey = myKeypad.getKey(); //키 값 읽어오기

  if (customKey){ //눌러진 키 값이 있는지 확인
    Serial.println("Pressed Key : "+(String)customKey); // 문자열 출력
  }
}
```

실험 4-8

키 패드로 4자리 비밀번호 입력받아 시리얼 모니터에 표시하고 설정한 비밀번호와 일치하는지 확인하기

- 4행×4열 키 보드의 키 값으로 [그림 4.16]을 사용
- 4자리 비밀번호를 입력받아 시리얼 모니터에 다음과 같이 * 문자 출력

  Enter PIN Code : [****]

- 입력 비밀번호가 설정한 비밀번호와 일치한 경우
  - 3색 RGB LED의 초록색 LED 켜기
  - 시리얼 모니터 출력 : Match Success !!!
- 입력 비밀번호가 설정한 비밀번호와 불일치한 경우
  - 3색 RGB LED의 빨간색 LED 켜기
  - 시리얼 모니터 출력 : Match Failure !!!
- [그림 4.18]과 같이 회로를 연결하고 아래의 스케치 프로그램을 업로드

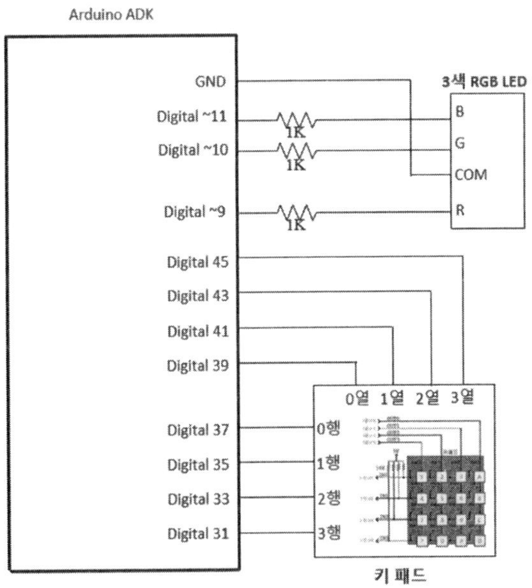

그림 4.18 실험 4-8 회로 연결

소스 프로그램 keypad_PinCode_SerialMonitor

```
#include <Keypad.h>  //Keypad 라이브러리 삽입

const int rLedPin = 9; //3색 LED중 빨간색 LED와 연결된 핀 번호 변수 정의
const int gLedPin = 10; //3색 LED중 초록색 LED와 연결된 핀 번호 변수 정의
const int bLedPin = 11; //3색 LED중 파란색 LED와 연결된 핀 번호 변수 정의

const byte ROWS = 4; //키패드 행 크기 상수
const byte COLS = 4; //키패드 열 크기 상수

//키패드 키에 대응되는 값 설정
char myKeys[ROWS][COLS] = {
  {'1','2','3','A'},
  {'4','5','6','B'},
  {'7','8','9','C'},
  {'*','0','#','D'}
};

byte rowPins[ROWS] = {37, 35, 33, 31}; //키패드 행 핀에 연결된 아두이노 핀 번호
byte colPins[COLS] = {39, 41, 43, 45}; //키패드 열 핀에 연결된 아두이노 핀 번호

//Keypad 객체 생성 및 초기화
Keypad myKeypad = Keypad(makeKeymap(myKeys), rowPins, colPins, ROWS, COLS);

String pinCode="1234";  //비밀번호를 저장하는 변수설정
String enterPinCode=""; //입력 비밀번호를 저장하는 변수설정
int currentPosition=0;  //입력 비밀번호 개수를 저장하는 변수설정

void displayCodeEntry() {

  Serial.print("Enter PIN Code : "); //초기메시지 문자열 출력
  Serial.print('['); //문자 출력
}

void setup(){

  pinMode(rLedPin, OUTPUT); // rLED를 출력으로 설정
  pinMode(gLedPin, OUTPUT); // gLED를 출력으로 설정
  pinMode(bLedPin, OUTPUT); // bLED를 출력으로 설정

  digitalWrite(rLedPin, LOW);  //rLED에 LOW 출력(rLED 끄기)
  digitalWrite(gLedPin, LOW);  //gLED에 LOW 출력(gLED 끄기)
  digitalWrite(bLedPin, LOW);  //bLED에 LOW 출력(bLED 끄기)
```

```
  Serial.begin(9600); // 시리얼 개방, 통신속도 설정
  displayCodeEntry();
}

void loop(){

  char customKey = myKeypad.getKey(); //키 값 읽어오기

  if (customKey){ //눌러진 키 값이 있는지 확인

    Serial.print('*'); // * 표시
    currentPosition++; //입력 비밀번호 개수 증가
    enterPinCode += customKey; //입력문자를 입력 비밀번호 문자열에 추가

    if (currentPosition == 4) { //비밀번호 4자리가 입력되었는지 확인

      Serial.println(']'); //문자 출력
      if (!enterPinCode.compareTo(pinCode)) { //입력된 비밀번호가 설정된 비밀번호와 같은지 확인
        Serial.println(" Match Success  "); // 문자열 표시
        Serial.println("-------------------------");
        digitalWrite(rLedPin, LOW);  //rLED에 LOW 출력(rLED 끄기)
        digitalWrite(gLedPin, HIGH); //gLED에 HIGH 출력(gLED 켜기)
        digitalWrite(bLedPin, LOW); //bLED에 LOW 출력(bLED 끄기)
      }
      else {
        Serial.println(" Match Failure  "); //문자열 표시
        Serial.println("-------------------------");
        digitalWrite(rLedPin, HIGH);  //rLED에 HIGH 출력(rLED 켜기)
        digitalWrite(gLedPin, LOW); //gLED에 LOW 출력(gLED 끄기)
        digitalWrite(bLedPin, LOW); //bLED에 LOW 출력(bLED 끄기)
      }

      delay(3000); //3초 지연

      displayCodeEntry();
      enterPinCode=""; //입력 비밀번호 초기화
      currentPosition=0; //입력 비밀번호 개수 초기화
      digitalWrite(rLedPin, LOW);  //rLED에 LOW 출력(rLED 끄기)
      digitalWrite(gLedPin, LOW);  //gLED에 LOW 출력(gLED 끄기)
      digitalWrite(bLedPin, LOW);  //bLED에 LOW 출력(bLED 끄기)
    }
  }
}
```

실험 4-9

키 패드 및 시리얼 모니터를 이용하여 간단 계산기 만들기

- 4행×4열 키 보드의 키 값으로 [그림 4.19]와 같이 설정

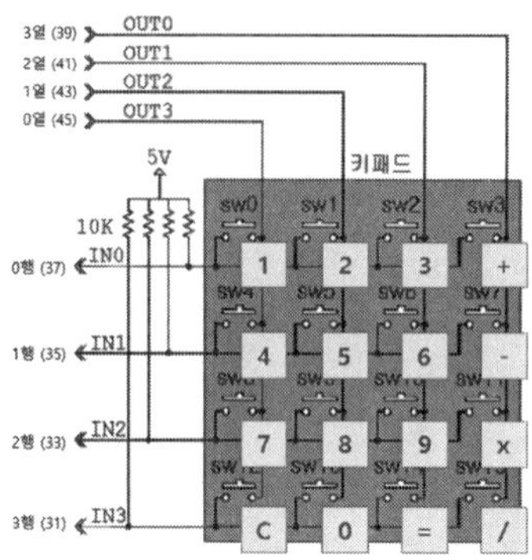

그림 4.19

- 첫 번째 입력 숫자, 연산자(+, -, x, /), 두 번째 입력 숫자, 등호(=)를 입력할 때까지 키 입력을 바로 시리얼 모니터에 출력
- 등호(=)를 입력하면 결과 값을 시리얼 모니터에 출력
- 문자 C는 입력을 모두 지우는 기능
- [그림 4.20]과 같이 회로를 연결하고 아래의 스케치 프로그램을 업로드

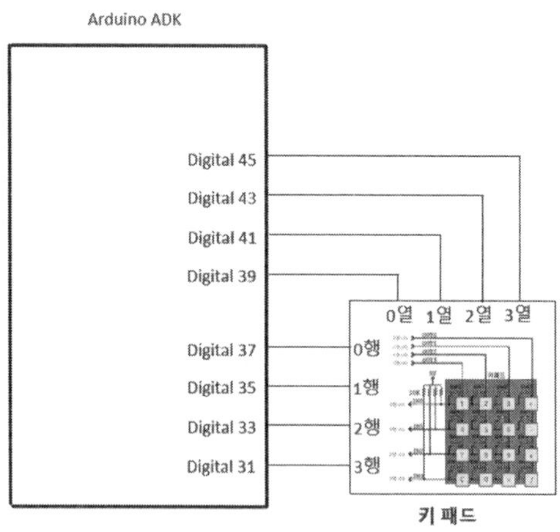

그림 4.20 실험 4-9 회로 연결

소스 프로그램 keypad_Calculator_SerialMonitor

```
#include <Keypad.h>  //Keypad 라이브러리 삽입

const byte ROWS = 4; //키패드 행 크기 상수
const byte COLS = 4; //키패드 열 크기 상수

//키패드 키에 대응되는 값 설정
char myKeys[ROWS][COLS] = {
  {'1','2','3','+'},
  {'4','5','6','-'},
  {'7','8','9','*'},
  {'C','0','=','/'}
};

byte rowPins[ROWS] = {37, 35, 33, 31}; //키패드 행 핀에 연결된 아두이노 핀 번호
byte colPins[COLS] = {39, 41, 43, 45}; //키패드 열 핀에 연결된 아두이노 핀 번호

//Keypad 객체 생성 및 초기화
Keypad myKeypad = Keypad(makeKeymap(myKeys), rowPins, colPins, ROWS, COLS);

String firstNum=""; //첫번째 숫자를 저장하는 변수설정
String secondNum=""; //두번째 숫자를 저장하는 변수설정
char sign; //부호를 저장하는 변수
boolean makeFirstNum=false; //첫번째 숫자 입력이 완료되었는지 나타내는 변수
long calResult=0; // 덧셈, 뺄셈, 곱셈 결과값을 저장하는 변수
double calResult1=0.0; // 나눗셈 결과값을 저장하는 변수

void setup(){

  Serial.begin(9600); // 시리얼 개방, 통신속도 설정
}

void loop(){

  char customKey = myKeypad.getKey(); //키 값 읽어오기

  if (customKey){ //눌러진 키 값이 있는지 확인

    Serial.print(customKey); // 눌러진 값 표시
    if (customKey>='0' && customKey<='9') { // 숫자인지 확인
```

```
      if(!makeFirstNum) firstNum+=customKey;
      else secondNum+=customKey;
    }

    if (customKey=='+' || customKey=='-' || customKey=='*' || customKey=='/') { //부호인지 확인
      sign = customKey; // 부호 저장
      makeFirstNum=true;  // 첫번째 숫자 입력 완료
    }

    if (customKey == '=') { // 등호인지 확인

      switch (sign) {
        case '+' :
          calResult=firstNum.toInt()+secondNum.toInt();
          break;
        case '-' :
          calResult=firstNum.toInt()-secondNum.toInt();
          break;
        case '*' :
          calResult=firstNum.toInt()*secondNum.toInt();
          break;
        case '/' :
          calResult1=(float)firstNum.toInt()/secondNum.toInt();
      }

      if(sign == '/')   Serial.print(calResult1);
      else              Serial.print(calResult);
    }

    if (customKey == 'C' || customKey == '=') {
      Serial.println();
      firstNum="";
      secondNum="";
      makeFirstNum=false;
    }
  }
}
```

제5장 문자LCD 제어

실험에 필요한 부품

16×2 문자LCD	터치스위치 IM120710023	캐소드 공통형 3색 RGB LED	1KΩ 저항	10KΩ 가변저항
1개	1개	1개	3개	1개

5.1 문자 LCD

5.1.1 문자 LCD

- LCD는 Liquid Crystal Display의 약자로 모든 아스키문자를 표현할 수 있어서 마이크로컨트롤러를 사용하는 많은 기기에서 문자 출력에 널리 사용
- LCD 표시 장치는 크게 문자형과 그래픽형 두 가지로 분류. 문자형은 드라이버 내에 글꼴을 가지고 있어 영문자나 숫자를 쉽게 표시할 수 있고 그래픽 형은 문자형에 폰트가 없는 한글 또는 그래픽을 표시할 수 있으나 문자형보다는 사용하기 어려움
- LCD 모듈은 디스플레이 드라이버와 디스플레이가 합쳐진 것인데 현재 시판되는 문자형 LCD 표시 장치의 드라이버로 Hitachi사의 HD44780가 주로 사용

5.1.2 문자 LCD 인터페이스

- 실습에서는 핀 16개가 있는 16×2(16문자×2줄) 문자형 LCD를 사용
- 각 문자는 5×8 픽셀로 구성되며 모든 아스키문자를 지원하고 부가적으로 8개의 사용자 정의 문자를 만들어 사용 가능
- 마이크로 컨트롤러와 LCD의 인터페이스는 4비트 인터페이스와 8비트 인터페이스 두 가지가 있으나 실습에서는 4비트 인터페이스를 사용하여 아두이노와 연결
- 16개 핀을 갖는 16×2 문자형 LCD를 4비트 인터페이스를 통해 아두이노에 연결하는 핀 배열로 [표 5.1]을 사용

표 5.1 4비트 인터페이스를 갖는 문자형 LCD와 아두이노에 연결

LCD 핀번호	이름	기능	아두이노 연결
1	V_{SS}	GND	GND
2	V_{DD}	5V	5V
3	V_o	가변저항으로 밝기 조절	가변저항 가운데 핀에 연결
4	RS	레지스터선택(문자/명령)	22번핀
5	R/W	읽기/쓰기	GND(쓰기 전용)
6	EN	인에이블	23번핀
7	D0	데이터라인 0	
8	D1	데이터라인 1	
9	D2	데이터라인 2	
10	D3	데이터라인 3	
11	D4	데이터라인 4	24번핀
12	D5	데이터라인 5	25번핀
13	D6	데이터라인 6	26번핀
14	D7	데이터라인 7	27번핀
15	A	백라이트 애노드	5V
16	K	백라이트 캐소드	GND

5.2 LiquidCrystal 클래스 라이브러리 제공 함수

- 아두이노 IDE는 LCD를 편리하게 제어하기 위한 다양한 함수를 LiquidCrystal 라이브러리에 내장하고 있으므로 프로그램 맨 윗부분에 LiquidCrystal.h를 추가

```
#include <LiquidCrystal.h>  //LCD 라이브러리 삽입
```

- 다음과 같은 다양한 함수를 사용

LiquidCrystal(rs, enable, d4, d5, d6, d7) LiquidCrystal(rs, rw, enable, d4, d5, d6, d7) LiquidCrystal(rs, enable, d0, d1, d2, d3, d4, d5, d6, d7) LiquidCrystal(rs, rw, enable, d0, d1, d2, d3, d4, d5, d6, d7)		
기능	LiquidCrystal 형의 변수를 생성 (lcd 객체 생성 및 초기화)	
매개변수	rs	LCD RS핀에 연결되는 아두이노 핀 번호
	rw	LCD RW핀에 연결되는 아두이노 핀 번호
	enable	LCD enable에 연결되는 아두이노 핀 번호
	d0,d1,d2,d3, d4,d5,d6,d7	LCD D0, D1, D2, D3, D4, D5, D6, D7에 연결되는 아두이노 핀 번호
리턴 값	void	없음

(예) 4비트 인터페이스를 사용하여 객체명 lcd를 생성하는 2가지 방법

```
① LiquidCrystal lcd(22,23,24,25,26,27); // 이 방법을 선호
② LiquidCrystal lcd = LiquidCrystal(22,23,24,25,26,27);
```

void *lcd*.begin(cols, rows)		
기능	LCD 화면 인터페이스를 초기화, 행과 열을 지정	
변수	*lcd*	LiquidCrystal 타입의 변수
매개변수	cols	열의 수
	rows	행의 수
리턴 값	void	없음

(예) 2행 16열 설정 : lcd.begin(16,2);

void *lcd*.clear(void)		
기능	LCD 화면을 지우고 커서를 상단 좌측에 위치	
변수	*lcd*	LiquidCrystal 타입의 변수
매개변수	void	없음
리턴 값	void	없음

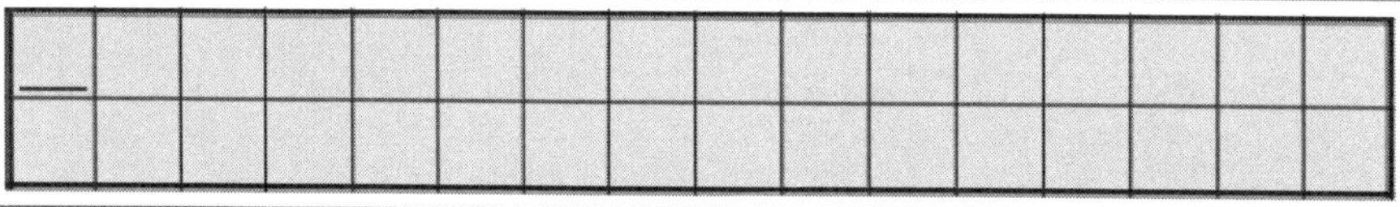

void *lcd*.home()		
기능	커서를 상단 좌측으로 이동	
변수	*lcd*	LiquidCrystal 타입의 변수
매개변수	void	없음
리턴 값	void	없음

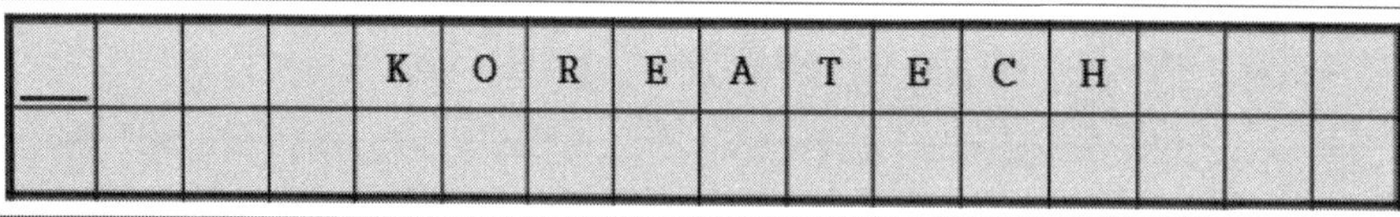

void *lcd*.setCursor(col, row)		
기능	커서를 지정된 열과 행으로 이동. 이동된 자리부터 데이터를 출력	
변수	*lcd*	LiquidCrystal 타입의 변수
매개변수	col	열(칸) 위치(첫 번째 열은 0, 마지막 열은 15)
	row	행(줄) 위치(첫 번째 행은 0, 두 번째 행은 1)
리턴 값	void	없음

(예) `lcd.setCursor(4,0);`

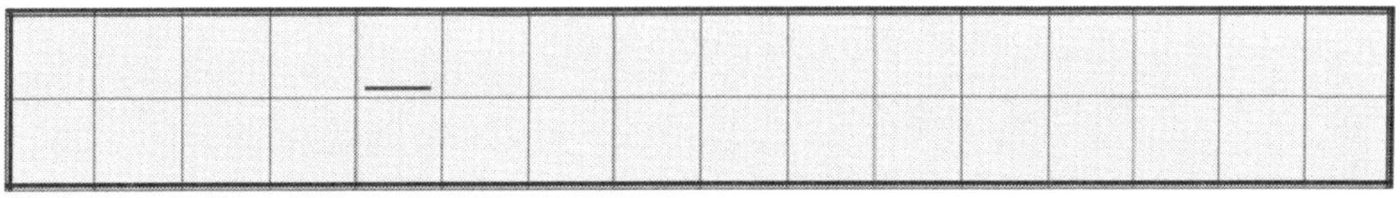

byte *lcd*.write(data)		
기능	LCD에 문자를 출력	
변수	*lcd*	LiquidCrystal 타입의 변수
매개변수	data	출력할 문자
리턴 값	byte	출력한 바이트 수

(예) `lcd.setCursor(4,0); lcd.write(97) // 97에 해당하는 문자 a 출력`

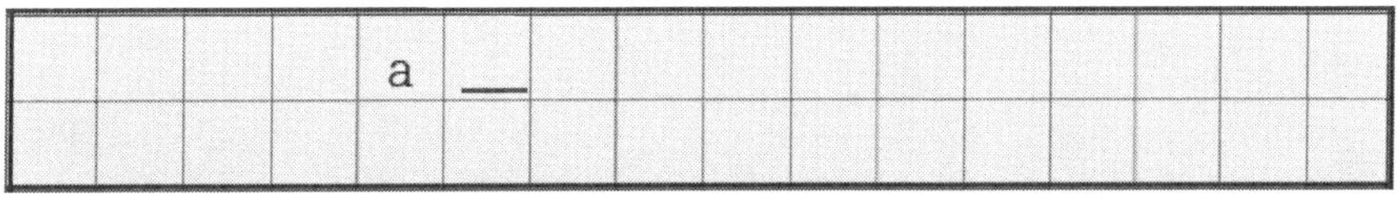

byte *lcd*.print(data) byte *lcd*.print(data, BASE)		
기능	LCD에 텍스트를 출력	
변수	*lcd*	LiquidCrystal 타입의 변수
매개변수	data	출력할 데이터(char, byte, int, long, string)
	BASE	출력할 진수, 2진수(BIN) 10진수(DEC) 8진수(OCT) 16진수(HEX)
리턴 값	byte	출력한 바이트 수

(예) `lcd.setCursor(4,0); lcd.print(97) // 문자열 97 출력`

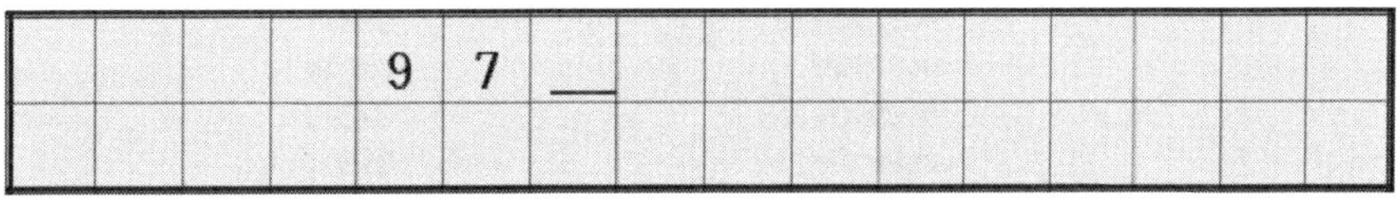

void *lcd*.cursor()		
기능	커서를 표시. 다음 문자가 출력될 위치에서 밑줄로 표시	
변수	*lcd*	LiquidCrystal 타입의 변수
매개변수	void	없음
리턴 값	void	없음

void *lcd*.noCursor()		
기능	커서를 숨김	
변수	*lcd*	LiquidCrystal 타입의 변수
매개변수	void	없음
리턴 값	void	없음

byte *lcd*.createChar(num, data)		
기능	사용자 정의문자 생성. 8개까지의 5×8 픽셀 문자를 지원하며 사용자 정의문자 ID에 0~7까지 할당. 사용자 정의 문자 출력은 사용자 정의문자 ID(0~7)를 사용하여 write() 함수로 출력	
변수	*lcd*	LiquidCrystal 타입의 변수
매개변수	num	사용자 정의문자 ID(0~7)
	data	문자 픽셀 데이터
리턴 값	void	없음

5.3 사용자 정의문자

- LCD에는 8자의 새로운 사용자 정의문자(글꼴)을 생성 가능
- 사용자 정의문자는 5×8 픽셀로 구성되며 [그림 5.1]과 같이 8개의 byte형 배열로 표시

UpArrow 문자	2진수로 표현	16진수로 표현
0 0 1 0 0 0 1 1 1 0 1 1 1 1 1 0 0 1 0 0 0 0 1 0 0 0 0 1 0 0 0 0 1 0 0 0 0 1 0 0	byte UpArrow[]={ 0b00100, 0b01110, 0b11111, 0b00100, 0b00100, 0b00100, 0b00100, 0b00100};	byte UpArrow[]={ 0x04, 0x0e, 0x1f, 0x04, 0x04, 0x04, 0x04, 0x04};

그림 5.1 사용자 정의문자

- setup() 함수에서 createChar() 함수를 호출하여 byte 배열을 0~7까지의 사용자 정의문자 ID에 할당. 위쪽 화살표를 정의문자 ID 0에 할당하는 경우 아래와 같이 표현

```
lcd.createChar(0, UpArrow);
```

- 사용자 정의 문자 출력은 사용자 정의문자 ID(0~7)를 사용하여 write() 함수로 출력. 정의문자 ID 0에 할당된 위쪽 화살표를 출력하는 경우 아래와 같이 (byte)를 꼭 붙여야 함

```
lcd.write((byte)0);
```

실험 5-1

LCD에 문자 출력

- LCD에 텍스트 표시 및 1초에 1씩 증가시켜 0~100을 반복 표시
- LCD에 다음과 같이 표시

W	e	l	c	o	m	e		a	r	d	u	i	n	o	
0															

- [그림 5.2]와 같이 회로를 연결하고 아래의 스케치 프로그램을 업로드

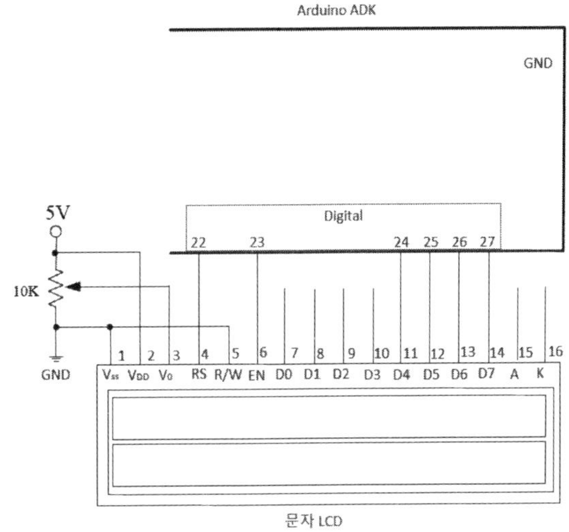

그림 5.2 실험 5-1 회로 연결

소스 프로그램 LCD_Text

```
#include <LiquidCrystal.h>  //LCD 라이브러리 삽입

int numValue=0; //시작 숫자를 저장하는 변수 선언

// 회로에 연결된 핀 번호를 사용하여 lcd 객체 생성
LiquidCrystal lcd(22,23,24,25,26,27);

char InitMessage[]="Welcome Arduino"; // 초기메시지

void setup() {
  lcd.begin(16,2);  //2행 16열 설정
  lcd.print(InitMessage); //초기메시지 문자열 출력
}

void loop() {
  lcd.setCursor(0,1); // 커서를 2행 1열로 이동
  lcd.print(numValue);    //값을 출력
  delay(1000);        // 1초 지연
  if(++numValue == 101) { // 값이 101이 되었는지 확인
    numValue=0; // 값을 0으로 초기화
    lcd.setCursor(0,1); // 커서를 2행 1열로 이동
    lcd.print("                "); //2행을 모두 지우기
  }
}
```

실험 5-2

터치스위치 입력이 발생할 때마다 입력숫자를 LCD에 출력

- 터치스위치 입력이 발생할 때 마다 1씩 증가시켜 LCD에 입력 숫자를 0~100을 반복 표시
- 터치스위치 입력은 HIGH에서 LOW로 변할 때 발생한 것으로 간주
- LCD에 다음과 같이 표시

W	e	l	c	o	m	e		a	r	d	u	i	n	o	
T	o	u	c	h		N	u	m		:		0			

• [그림 5.3]과 같이 회로를 연결하고 아래의 스케치 프로그램을 업로드

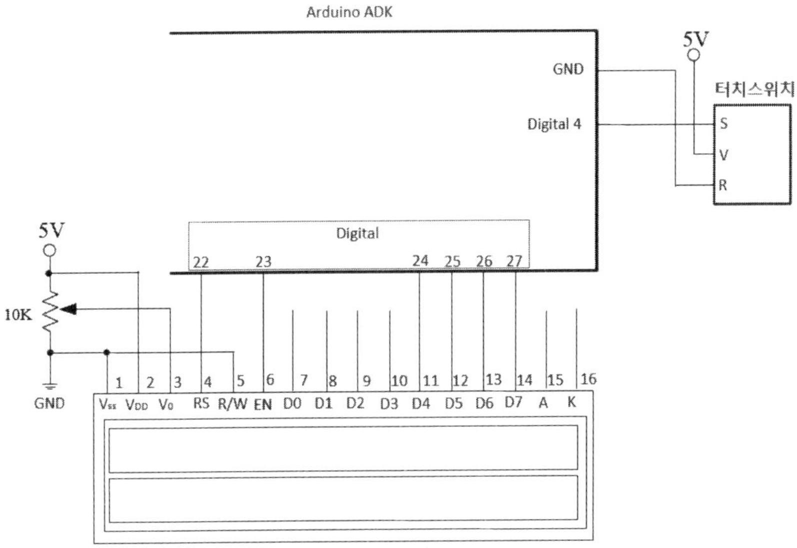

그림 5.3 실험 5-2 회로 연결

소스 프로그램 LCD_TouchSensor

```
#include <LiquidCrystal.h>  //LCD 라이브러리 삽입

const int touchSensorPin=4; // 터치센서에 연결된 핀 번호 변수 정의

// 회로에 연결된 핀 번호를 사용하여 lcd 객체 생성
LiquidCrystal lcd(22,23,24,25,26,27);

boolean lastTouch=LOW; //이전 터치스위치 상태
boolean currentTouch=LOW; //현재 터치스위치 상태
int touchInputNum=0; //터치센서 입력 횟수를 저장하는 변수 선언

char firstRowInitMessage[]="Welcome Arduino"; // 첫 번째 행 초기메시지
char secondRowInitMessage[]="Touch Num :     "; // 두 번째 행 초기메시지

void setup() {
  lcd.begin(16,2);  //2행 16열 설정
  lcd.print(firstRowInitMessage); //첫 번째 행 문자열 출력
```

```
  lcd.setCursor(0,1); // 커서를 2행 1열로 이동
  lcd.print(secondRowInitMessage); //두 번째 행 문자열 출력
  pinMode(touchSensorPin, INPUT); // 터치센서를 입력으로 설정
}

void loop() {
  currentTouch=digitalRead(touchSensorPin); //현재 터치스위치 상태 읽음

  if(lastTouch==HIGH && currentTouch==LOW) { //터치스위치가 눌려 졌음

        if(++touchInputNum == 101) { // 터치 횟수가 101이 되었는지 확인
               touchInputNum=0; // 터치입력 횟수를 초기화
               lcd.setCursor(0,1); // 커서를 2행 1열로 이동
               lcd.print(secondRowInitMessage); //두 번째 행 초기메시지
        }
  }
  lcd.setCursor(12,1); // 커서를 2행 13열로 이동
  lcd.print(touchInputNum);     //터치입력 횟수 출력
  lastTouch=currentTouch; //이전 터치스위치 상태를 현재 터치스위치 상태로 변경
}
```

실험 5-3

문자열 출력과 스크롤하기

- 문자 메시지를 20ms 간격으로 우측으로 스크롤하고 끝까지 갔으면 다시 좌측으로 스크롤시켜 좌측으로 끝까지 도착했으면 다시 우측으로 스크롤하는 동작을 무한 반복
- 초기 문자 메시지 내용

W	E	L	C	O	M	E		!							
K	O	R	E	A	T	E	C	H							

- [그림 5.2]의 회로를 사용하고 아래의 스케치 프로그램을 업로드

소스 프로그램 LCD_Scroll

```
#include <LiquidCrystal.h>  //LCD 라이브러리 삽입

// 회로에 연결된 핀 번호를 사용하여 lcd 객체 생성
LiquidCrystal lcd(22,23,24,25,26,27);

char firstRowInitMessage[]="WELCOME !"; // 첫 번째 행 초기메시지
char secondRowInitMessage[]="KOREATECH"; // 두 번째 행 초기메시지

void setup() {
  lcd.begin(16,2);  //2행 16열 설정
  lcd.print(firstRowInitMessage); //첫 번째 행 문자열 출력
  lcd.setCursor(0,1); // 커서를 2행 1열로 이동
  lcd.print(secondRowInitMessage); //두 번째 행 문자열 출력
}

void loop() {

  for(int i=0;i<15;i++) { // 15회 반복
    lcd.scrollDisplayRight(); //우측으로 한번 이동
    delay(200); // 200ms 지연
  }

  for(int i=0;i<23;i++) { // 23회 반복
    lcd.scrollDisplayLeft(); //좌측으로 한번 이동
    delay(200); // 200ms 지연
  }

  for(int i=0;i<8;i++) { // 8회 반복
    lcd.scrollDisplayRight(); //우측으로 한번 이동
    delay(200); // 200ms 지연
  }
}
```

실험 5-4

사용자 정의문자 생성

- 사용자 정의문자로 8개까지의 5×8 픽셀 문자를 생성할 수 있으므로 위쪽 화살표(↑)와 아래쪽 화살표(↓)를 생성하여 사용자 정의문자 ID 0, 1에 할당
- 1초 간격으로 100까지 카운트를 하고 짝수이면 위쪽 화살표(↑), 홀수이면 아래쪽 화살표(↓)를 표시
- LCD에 다음과 같이 표시

W	e	l	c	o	m	e		a	r	d	u	i	n	o	
0	-	-	>	↑											

- [그림 5.2]의 회로를 사용하고 아래의 스케치 프로그램을 업로드

소스 프로그램 LCD_SChar

```
#include <LiquidCrystal.h>  //LCD 라이브러리 삽입

int numValue=0; //시작 숫자를 저장하는 변수 선언

// 회로에 연결된 핀 번호를 사용하여 lcd 객체 생성
LiquidCrystal lcd(22,23,24,25,26,27);

char InitMessage[]="Welcome Arduino"; // 초기메시지
String numDisplay=""; //"숫자 -->"를 표시하기 위하여 문자열 변수 선언

byte UpArrow[]={  //5×8 위쪽 화살표 문자 생성
  0b00100,
  0b01110,
  0b11111,
  0b00100,
  0b00100,
  0b00100,
  0b00100,
  0b00100};

byte DownArrow[]={ //5×8 아래쪽 화살표 문자 생성
```

```
  0b00100,
  0b00100,
  0b00100,
  0b00100,
  0b00100,
  0b11111,
  0b01110,
  0b00100};

void setup() {
  lcd.begin(16,2);  //2행 16열 설정
  lcd.print(InitMessage); //초기메시지 문자열 출력
  lcd.createChar(0, UpArrow); // 위쪽 화살표를 정의문자 ID 0에 할당
  lcd.createChar(1, DownArrow); // 아래쪽 화살표를 정의문자 ID 1에 할당
}

void loop() {

  lcd.setCursor(0,1); // 커서를 2행 1열로 이동
  numDisplay=(String)numValue+"-->"; // LCD에 표시할 문자열 생성
  lcd.print(numDisplay); // "숫자 -->"을 LCD에 표시

  if(numValue%2) lcd.write((byte)1); // 홀수이면 아래쪽 화살표 출력
  else lcd.write((byte)0); // 짝수이면 위쪽 화살표 출력

  delay(1000); // 1초 지연

  if(++numValue == 101) { // 값이 101이 되었는지 확인
    numValue=0; // 값을 0으로 초기화
    lcd.setCursor(0,1); // 커서를 2행 1열로 이동
    lcd.print("                "); //2행을 모두 지우기
  }
}
```

제6장 아날로그 입력 제어

실험에 필요한 부품

온도센서 (LM35DZ)	먼지센서 (샤프 GP2Y1010AU0F)	ML8511 UV 센서 모듈 (DFROBOT)	UV/UVA 400nm Purple LED 5mm Clear Lens	디지털릴레이 모듈 DFR0017
1개	1개	1개	1개	1개

16×2 문자LCD	**DC 12V 팬 DF0501512SEU2F**	**캐소드 공통형 3색 RGB LED**	**LED**	**10KΩ 가변저항**
1개		1개	1개	1개

1KΩ 저항 가변저항	**9V 전원**	**9V 전원 커넥터**	**220uF 캐패시터**	**1KΩ 저항**
1개	1개	1개	1개	4개

150Ω 저항	**68Ω 저항**			
1개	1개			

본 장에서는 GPIO 핀을 아날로그 입력으로 사용하여 온도센서, 먼지센서, UV센서와 같은 아날로그 센서를 제어하는 방법에 대하여 학습한다.

6.1 아날로그 I/O 함수

GPIO 핀을 아날로그 입출력으로 사용하기 위해서는 [그림 6.1], [표 6.1]과 같이 analogRead() 함수와 analogWrite() 함수를 사용하여 아날로그 데이터를 입출력한다. 아날로그 입출력의 경우 입력핀과 출력핀이 정해져 있기 때문에 pinMode() 함수를 통하여 핀의 용도를 설정할 필요는 없다.

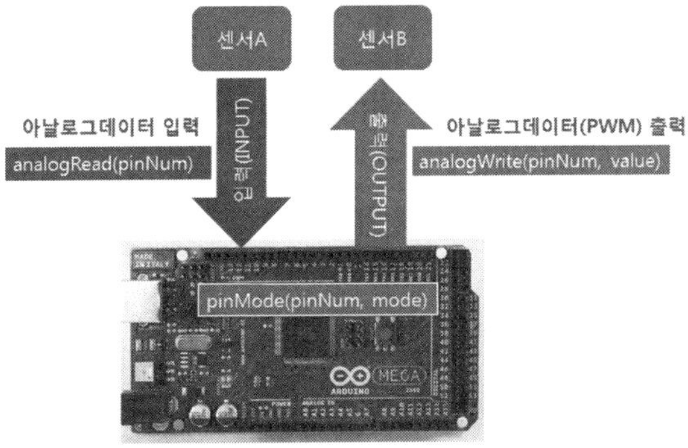

그림 6.1 아날로그 I/O 함수

표 6.1 아날로그 I/O 함수

<table>
<tr><th colspan="4">void analogReference(type)</th></tr>
<tr><td>기능</td><td colspan="3">아날로그 핀에 입력되는 기준 전압 설정(즉, 입력 받을 수 있는 최대 전압을 설정)</td></tr>
<tr><td rowspan="5">매개변수</td><td rowspan="5">type</td><td>DEFAULT</td><td>디폴트 기준 전압(5V 아두이노 보드의 경우 5V, 3.3V 아두이노 보드의 경우 3.3)</td></tr>
<tr><td>INTERNAL</td><td>내장 기준 접압(아두이노 메가보드에서는 사용 불가)</td></tr>
<tr><td>INTERVAL1V1</td><td>내장 1.1V 기준 전압(메가 전용)</td></tr>
<tr><td>INTERNAL2V56</td><td>내장 2.56V 기준 전압(메가 전용)</td></tr>
<tr><td>EXTERNAL</td><td>AREF 핀 인가 전압(0~5V)</td></tr>
<tr><td>리턴 값</td><td>void</td><td colspan="2">없음</td></tr>
</table>

void analogWrite(pinNum, value)		
기능	지정된 핀에 아날로그 값 출력	
매개변수	pinNum	출력할 핀 번호
	value	0~255 값 : PWM으로 생성할 수 있는 파형 듀티비
리턴 값	void	없음

int analogRead(pinNum)		
기능	지정된 핀으로 입력된 아날로그 값 읽어오기	
매개변수	pinNum	값을 읽어올 핀 번호
리턴 값	value	0~1023 범위 값 : 10비트 ADC 범위

6.2 아날로그 입력

6.2.1 아날로그-디지털 변환기(ADC : Analog-Digital Conveter)

- 먼지센서의 먼지밀도, UV 센서의 UV 강도 값, 온도센서의 온도 값, 조도센서의 조도 값, 거리센서의 거리 값은 최소 값에서 최대 값 사이에 어떠한 값도 가질 수 있는 연속적인 아날로그 신호
- 아두이노와 같은 마이크로컨트롤러는 불연속적인 디지털 신호만을 처리할 수 있는 장치
- [그림 6.2]와 같이 아날로그-디지털 변환기(Analog-Digital Conveter)는 이름 그대로 아날로그 전압 신호를 받아 마이크로컨트롤러가 인지할 수 있는 디지털 값으로 변환하는 장치이며, 줄여서 영문 약자로 ADC라고 표기
- 아두이노에는 아날로그 값을 디지털 값으로 변환해 주는 ADC를 내장

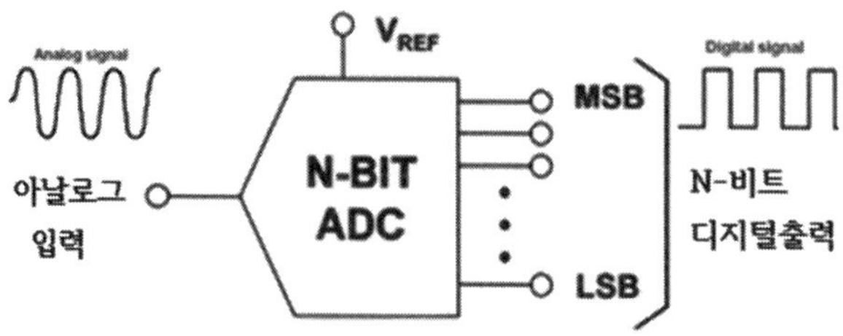

그림 6.2 아날로그-디지털 변환

6.2.2 아날로그-디지털 변환기(ADC : Analog-Digital Conveter) 동작

- 연속적인 아날로그 값을 디지털 값으로 변환하기 위해서는 [그림 6.3]과 같이 표본화, 양자화, 부호화의 과정을 거쳐 변환

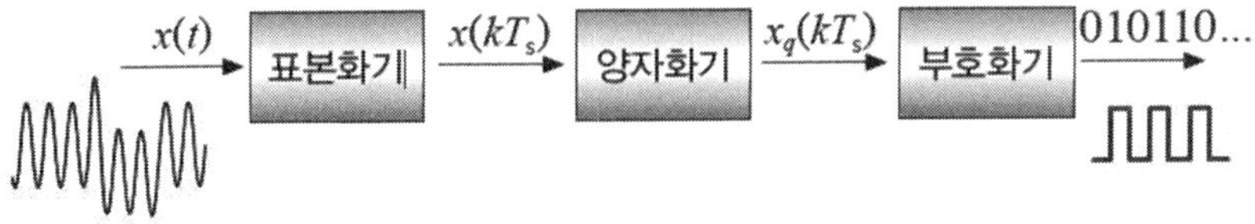

그림 6.3 표본화, 양자화, 부호화의 과정

- 아날로그 신호는 시간과 진폭이 모두 연속적인 신호이므로 불연속적인 시간에서 아날로그 신호를 샘플하는 것을 표본화라 함. 즉, 표본화란 샘플할 시간을 결정하는 것
- 표본화 과정을 거쳐 표본화된 샘플은 진폭 축에서 연속이므로 연속적인 진폭을 불연속인 진폭으로 변환해 주기 위해 양자화를 거치는데 진폭을 2^v개로 균일하게 나눈다고 하면 양자화된 값은 0 ~ $(2^v - 1)$일 것 임
- 양자환된 값은 0 ~ $(2^v - 1)$의 값을 가지므로 부호화 과정에 의해 양자화된 값들은 v비트로 변환되고 이러한 과정을 v비트 ADC 또는 v비트 해상도를 갖는 ADC라 부름. 즉, 각 샘플을 v비트로 변환하기 위해서는 2^v개의 양자화 레벨이 필요하다는 것을 알 수 있으며 v가 클수록 양자화 레벨 수가 많아지므로 정밀도가 높아지게 됨
- 2비트 ADC 또는 2비트 해상도를 갖는 ADC는 [그림 6.4]와 같음

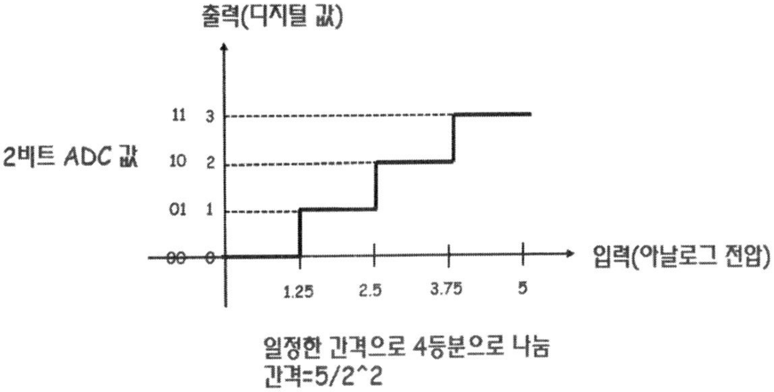

그림 6.4 2비트 ADC

- 아두이노에서는 10비트 해상도를 갖는 10비트 ADC가 내장되어 아날로그 신호를 디지털 신호로 변환
- 10비트를 사용하여 나타낼 수 있는 수의 개수는 2^{10}(=1024)이므로 10비트 ADC는 기준 전압을 1024(=2^{10})등분하여 1024개의 디지털 값으로 표시
- [그림 6.5]는 10비트 ADC가 아날로그 전압을 디지털값으로 변환하는 방법을 보여주는데 기준 전압을 1024등분하여 계단 형태로 아날로그 전압을 0(0000000000)~1023 (1111111111)의 디지털값으로 변환. 우리는 기준 전압으로 5V를 사용하므로 5V 신호는 1023으로 변환되고 0V 신호는 0 값으로 2.5V 신호는 512로 변환 될 것임

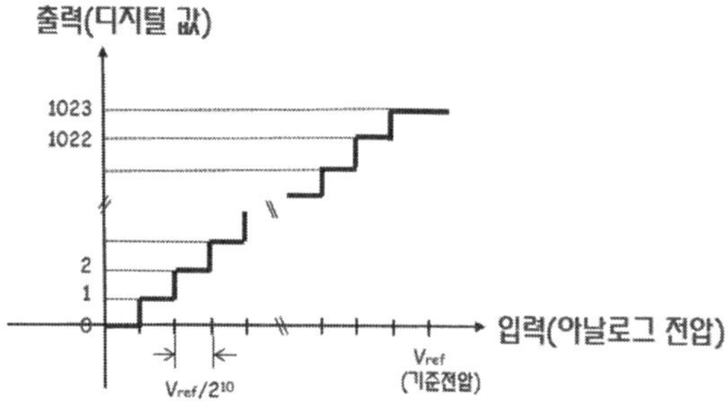

그림 6.5 10비트 ADC

6.3 온도센서

6.3.1 온도센서

- [그림 6.6]은 −55℃~150℃의 측정범위를 갖는 온도센서 LM35DZ의 외관과 핀 구성 및 주요 특징을 나타냄

핀 구성	주요 특징
• 1. Vcc • 2. 출력 • 3. GND	- 섭씨 온도 측정 - +10mV/℃의 선형특성 - 25℃에서 0.5℃의 정확도 - -55℃~150℃의 측정범위 - 원격응용에 적합 - 4V~30V 범위에서 동작 - 60uA보다 적은 소모 전류

그림 6.6 LM35DZ의 외관, 핀 구성 및 주요특징

6.3.2 온도센서를 이용하여 온도값을 계산하는 절차

1) anlogRead() 함수를 이용하여 AD 값을 읽어와 변수 getTempC에 저장하였다고 가정
2) getTempC에는 0~1023의 값이 들어 있을 것임. 이 값에 대한 실제 전압 값을 다음과 같이 계산

```
x[V]= (getTempC* 5)/1023
```

3) 이 온도 센서는 1℃당 10mV의 선형 특성을 가지므로 2)에서 계산한 전압 값에 대한 온도 값은 다음과 같이 환산

```
tempC = x[V]*100 = (getTempC* 5*100)/1023
```

6.4 먼지 센서

6.4.1 먼지 센서

• 먼지센서는 공기 중 담배연기와 같은 미세먼지를 측정할 수 있도록 만들어졌으며 공기청정기, 미세먼지 검출기 등에 주로 사용
• 먼지센서는 적외선(IR) LED와 포토트랜지스터가 내장되어서 먼지에 의해 반사된 빛을 감지하여 미세 먼지를 측정
• [그림 6.7]은 실험에 사용할 샤프사의 광학먼지센서 (GP2Y1010AU0F) 모듈을 보여주며 [표 6.2]와 같은 주요특징을 가짐

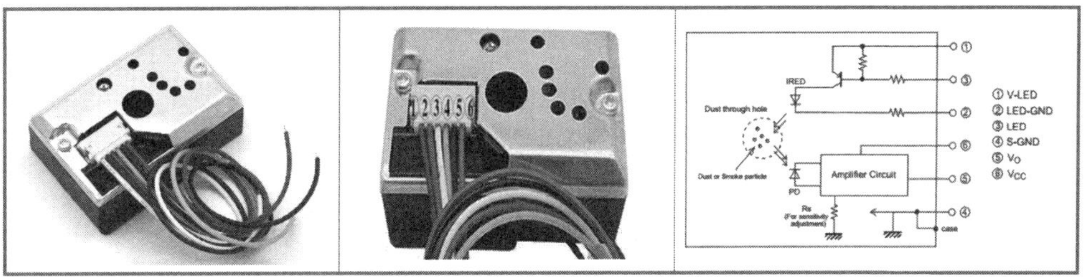

그림 6.7 샤프사의 광학먼지센서 모듈

표 6.2 샤프사의 광학먼지센서 (GP2Y1010AU0F) 모듈 주요특징

- 광학식 공기 품질 센서
- PM2.5 미만의 초 미세먼지 검출
- 동작전류 : 저전력으로 구동되며 (20mA max, 11mA typical)
- 동작전압 : 5~7V
- 출력 : 아날로그 값을 출력하며 값은 먼지의 농도에 비례

6.4.2 먼지 센서와 아두이노 연결

- 먼지센서를 아두이노에 연결하는 핀 배열로 [표 6.3]을 사용
- 먼지 센서의 ③ LED 핀 값에 따라 적외선 송출이 결정, 즉 ③ LED 핀 값이 LOW 일 때 적외선이 발생되고 HIGH 일 때 멈추게 됨. 이를 제어하기 위하여 아두이노 디지털 28번 핀(D28)에 연결
- ③ LED 핀 값이 LOW 일 때 송출 된 적외선은 먼지에 의해 반사되고 PD에서 감지되며 ⑤ V_0를 샘플하여 미세 먼지를 측정하게 되는데 이 값을 읽어 들이기 위하여 아두이노 아날로그 2번 핀(A2)에 연결

6.4.3 먼지 센서 제어 과정

1) 아두이노 디지털 28번 핀(D28)에 연결된 먼지센서 LED 핀에 LOW 출력 → 적외선 LED가 ON되고 포토트랜지스터에서 먼지에 의해 반사된 빛 검파 ([그림 6.8] (a) 참조)
2) 0.28ms 후에 먼지센서 V_0 핀에 연결된 아날로그 핀 A2를 샘플링 ([그림 6.8] (a) 참조)
3) 0.04ms 후에 아두이노 28번 핀(D28)에 연결된 먼지센서 LED 핀에 HIGH 출력 → 적외선 LED가 OFF 됨 ([그림 6.8] (a) 참조)
4) 10ms 단위로 반복하기 위하여 9.680ms를 기다림 ([그림 6.8] (b) 참조)

표 6.3 먼지 센서와 아두이노 연결

먼지센서	아두이노
① V-LED	5V (150Ω 저항을 연결)
② LED-GND	GND
③ LED	디지털 핀 28 (D28)
④ S-GND	GND
⑤ V_0	아날로그 핀 2 (A2)
⑥ V_{cc}	5V

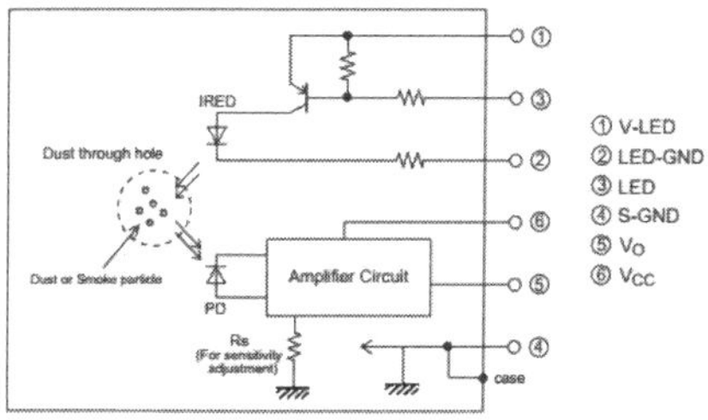

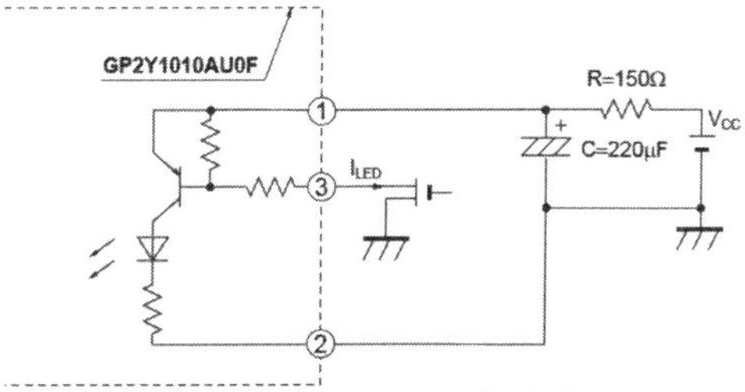

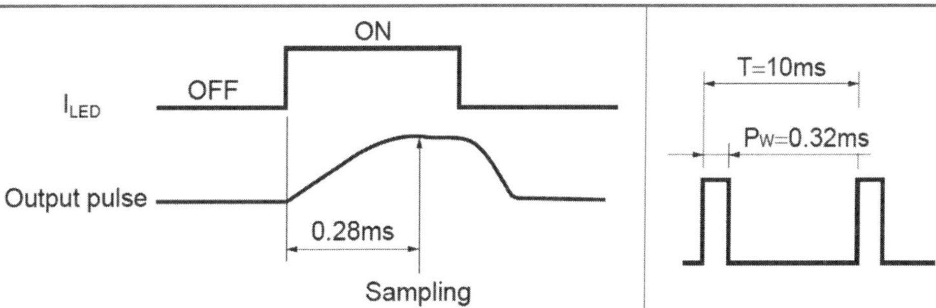

(a) (b)

그림 6.8 적외선 거리 센서 제어

6.4.4 먼지 센서 먼지 밀도 측정

- 먼지 센서의 출력은 [그림 6.9]와 같으며 먼지 센서의 출력전압(V: (v))과 먼지밀도(D: (mg/m^3))는 다음과 같은 관계를 가짐

$$D = 0.17 * V - 0.1$$

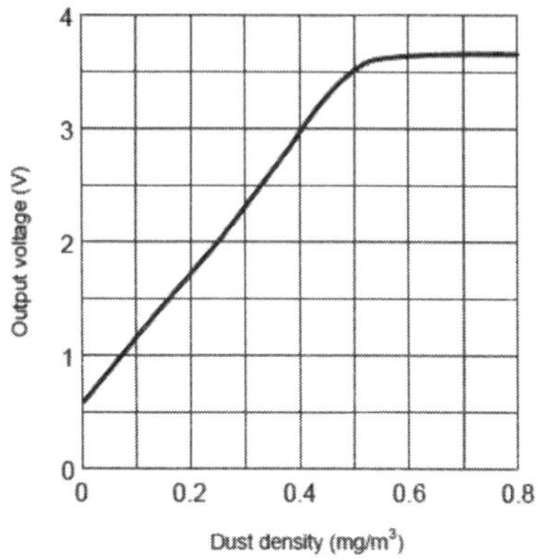

그림 6.9 적외선 거리 센서 출력

6.5 UV 센서

6.5.1 ML8511 UV 센서 모듈

- DFROBOT의 ML8511은 실내 또는 실외에서 자외선 강도를 측정하는 데 적합한 자외선 센서
- 자외선 강도에 따라 광 전류를 전압으로 변환하는 내부 앰프가 장착되어 있어 ADC와 같은 외부 회로에 대한 쉬운 인터페이스를 제공
- 이 센서는 280-390nm의 빛을 가장 효과적으로 감지
- 이것은 UVB (burning rays : 연소 광선) 스펙트럼의 일부와 UVA (tanning rays : 유제 광선) 스펙트럼의 대부분을 차지

• [그림 6.10]과 같이 측정 된 UV 강도 (mW/cm^2)에 선형특성을 갖는 아날로그 전압 출력

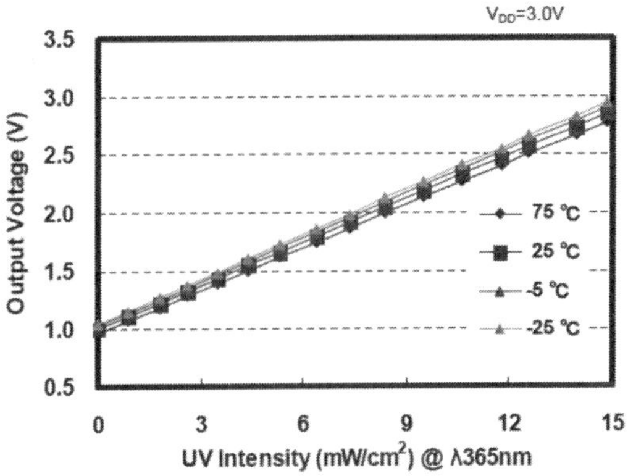

그림 6.10 UV 강도 (mW/cm^2)에 대한 아날로그 전압 출력

• [그림 6.11]은 실험에 사용할 DFROBOT의 ML8511 UV 센서 모듈을 보여주며 [표 6.4]와 같은 주요 특징을 가짐

① OUT
② Vcc (5V)
③ GND

그림 6.11 DFROBOT의 ML8511 UV 센서 모듈

표 6.4 DFROBOT의 ML8511 UV 센서 모듈 주요특징

• UV-A 및 UV-B에 민감한 포토 다이오드
• 아날로그 전압 출력
• 공급 전압 : DC 5V
• 작동 온도 : -20~70℃
• 감도 지역 : UV-A 및 UV-B
• 감도 파장 : 280-390nm

실험 6-1

가변저항을 연결하고 10비트 ADC한 값 및 실제저항 값을 0.5초 간격으로 LCD 및 시리얼 모니터에 출력

- 10KΩ 가변저항을 아날로그 입력단자에 연결
- 0.5초 간격으로 가변저항 값을 읽어들임
- AD값 및 실제가변 저항 값을 LCD 및 시리얼 모니터에 출력
- LCD에 다음과 같이 표시

A	D	C		V	a	l	u	e	:						
P	O	T		V	a	l	u	e	:						

- 시리얼 모니터에 다음과 같이 출력

  Resistor Value : **ADC값** ADC값을 2진수로 출력 ⇒ **실제저항값** ohm
- (예) 시리얼 모니터에 출력

  Resistor Value : 110 B0001101110 ⇒ 1075 ohm
- [그림 6.12]와 같이 회로를 연결하고 아래의 스케치 프로그램을 업로드

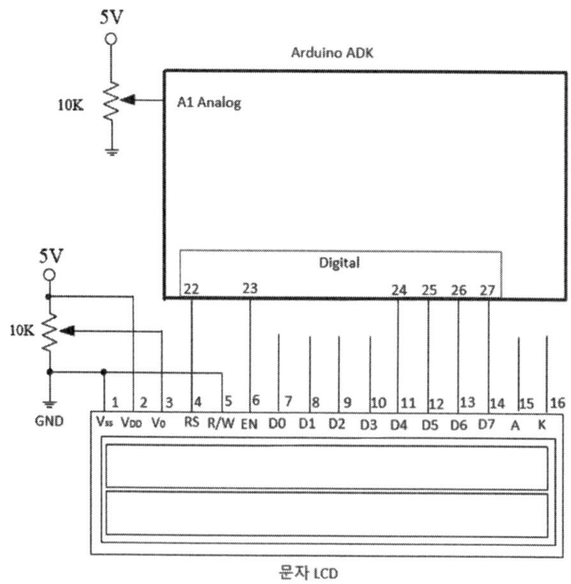

그림 6.12 실험 6-1 회로 연결

소스 프로그램 VarR_Read_Lcd

```
#include <LiquidCrystal.h>  //LCD 라이브러리 삽입

const int varR=A1; // 가변저항에 연결된 핀 번호 변수 정의

int adcRead=0; // 가변저항 값을 ADC한 값을 저장하는 변수 선언
int varRValue=0; // 실제 가변저항 값을 저장하는 변수 선언

// 회로에 연결된 핀 번호를 사용하여 lcd 객체 생성
LiquidCrystal lcd(22,23,24,25,26,27);

char firstRowInitMessage[]="ADC Value: "; // 첫 번째 행 초기메시지
char secondRowInitMessage[]="POT Value: "; // 두 번째 행 초기메시지

void setup() {
  lcd.begin(16,2);  //2행 16열 설정
  lcd.print(firstRowInitMessage); //첫 번째 행 문자열 출력
  lcd.setCursor(0,1); // 커서를 2행 1열로 이동
  lcd.print(secondRowInitMessage); //두 번째 행 문자열 출력
  Serial.begin(9600); // 시리얼 개방, 통신속도 설정
}

void loop() {
  adcRead=analogRead(varR); //아날로그 입력 0번 핀의 가변저항 값 읽음
  varRValue=map(adcRead,0,1023,0,10000); //읽어들인 값을 0~10K 사이로 매핑

  Serial.print("Resistor Value: "+(String)adcRead+" B"); //ADC로 읽어들인 값 출력
  for(int i=9;i>=0;i--) { //10비트 값을 2진수로 출력하기 위해 10번 반복
    boolean Bit=bitRead(adcRead,i); // 해당위치의 비트값을 읽음
    if (Bit) Serial.print("1"); //비트값이 1이면 1 출력
    else Serial.print("0");  // 비트값이 0이면 0 출력
  }
  Serial.print(" ==> "+(String)varRValue+" ohm"); //실제 가변저항 값을 출력
  Serial.println(); //줄바꿈

  lcd.clear(); // LCD를 지움
  lcd.print(firstRowInitMessage); //첫 번째 행 문자열 출력
  lcd.print(adcRead); //LCD에 ADC로 읽어들인 값 출력

  lcd.setCursor(0,1); // 커서를 2행 1열로 이동
  lcd.print(secondRowInitMessage); //두 번째 행 문자열 출력
  lcd.print(varRValue); //LCD에 실제 가변저항 값을 출력

  delay(500); // 500ms 지연
}
```

실험 6-2

온도센서 값을 LCD 및 시리얼 모니터에 출력

- LM35 온도센서를 아날로그 입력단자에 연결
- 3초마다 온도 값을 읽어 LCD 및 시리얼 모니터에 출력
- LCD에 다음과 같이 표시

T	e	m	p	.		:		2	6	°	C				

- LCD에 표시할 사용자 정의문자로 섭씨온도 단위의 (°) 문자를 생성하여 사용자 정의 문자 ID 0에 할당
- 시리얼 모니터에 다음과 같이 출력
  Current Temp. : 온도값 C
- [그림 6.13]과 같이 회로를 연결하고 아래의 스케치 프로그램을 업로드

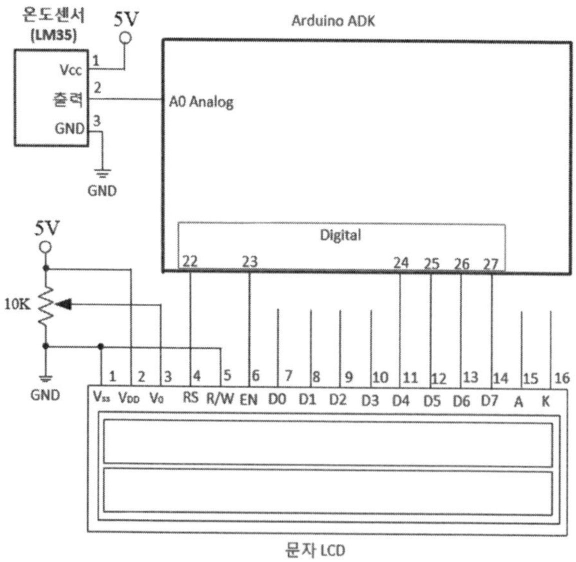

그림 6.13 실험 6-2 회로 연결

소스 프로그램 LM35_LCD

```
#include <LiquidCrystal.h>  //LCD 라이브러리 삽입

const int tempPin=0; //온도센서와 연결된 핀 번호 변수 정의

// 회로에 연결된 핀 번호를 사용하여 lcd 객체 생성
LiquidCrystal lcd(22,23,24,25,26,27);

int tempC; //온도 값을 저장하는 변수 선언

byte degree[]={  //5×8 온도 ( ° ) 문자 생성
  0b00110,
  0b01001,
  0b01001,
  0b00110,
  0b00000,
  0b00000,
  0b00000,
  0b00000};

void setup() {
  lcd.begin(16,2);  //2행 16열 설정
  lcd.print("Temp. : "); // LCD에 초기메시지 문자열 출력
  lcd.createChar(0, degree); // 온도 ( ° ) 를 정의문자 ID 0에 할당
  Serial.begin(9600); // 시리얼 개방, 통신속도 설정
}

void loop() {

  int getTempC=analogRead(tempPin); //아날로그 입력 핀의 값 읽음
  tempC=(int) ((5.0*getTempC*100.0)/1023.0); // 값을 온도로 환산
  Serial.println("Current Temp. : "+(String)tempC+" C"); // 온도를 출력

  lcd.setCursor(8,0); // 커서를 1행 9열로 이동
  lcd.print(tempC); // 온도를 LCD에 출력
  lcd.write((byte)0); // 온도 ( ° ) 를 출력
  lcd.write('C');  // 문자 C를 출력

  delay(3000); // 3초 지연
}
```

실험 6-3

온도센서 값을 LCD 및 시리얼 모니터에 출력하고 설정한 온도보다 높은 경우 LED와 팬을 동작

- [실험 6-2]와 동일
- 희망 온도를 설정
- 설정 온도 이상일 때 LED를 켜고 릴레이에 연결된 팬을 동작
- 설정 온도 이하일 때 LED를 끄고 릴레이에 연결된 팬을 정지
- LCD에 다음과 같이 표시

T	e	m	p	.		:		2	6	°	C				
F	a	n		O	N										

- [그림 6.14]와 같이 회로를 연결하고 아래의 스케치 프로그램을 업로드

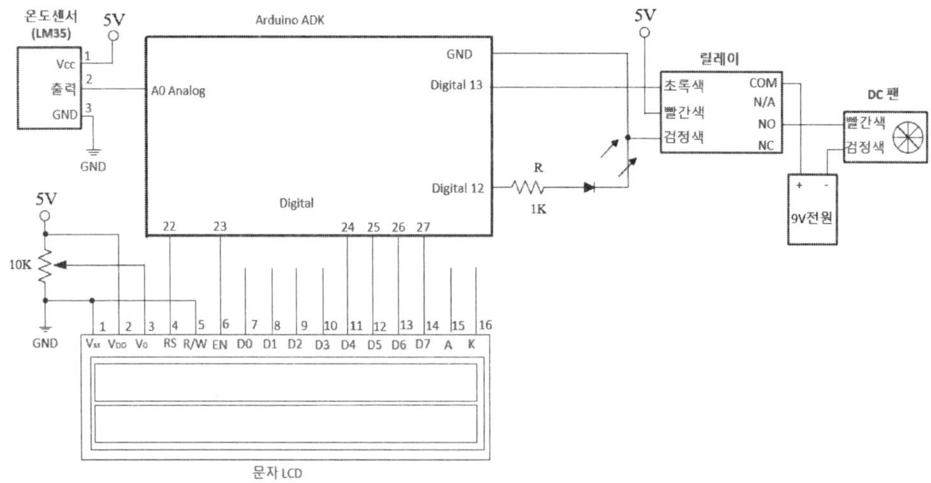

그림 6.14 실험 6-3 회로 연결

소스 프로그램 LM35_LCD_Fan

```
#include <LiquidCrystal.h>  //LCD 라이브러리 삽입

const int tempPin=0; //온도센서와 연결된 핀 번호 변수 정의
const int relayPin=13; // 릴레이에 연결된 핀 번호 변수 정의
const int ledPin=12;  //LED에 연결된 핀 번호 변수 정의

// 회로에 연결된 핀 번호를 사용하여 lcd 객체 생성
LiquidCrystal lcd(22,23,24,25,26,27);

int tempC; //온도 값을 저장하는 변수 선언
const int setTempC=25; //희망 온도를 설정

byte degree[]={  //5×8 온도 ( ° ) 문자 생성
  0b00110,
  0b01001,
  0b01001,
  0b00110,
  0b00000,
  0b00000,
  0b00000,
  0b00000};

void setup() {
  lcd.begin(16,2);  //2행 16열 설정
  lcd.print("Temp. : "); // LCD에 초기메시지 문자열 출력
  lcd.setCursor(0,1);  //2행 1열 설정
  lcd.print("Fan "); // LCD에 초기메시지 문자열 출력
  lcd.createChar(0, degree); // 온도 ( ° ) 를 정의문자 ID 0에 할당
  Serial.begin(9600); // 시리얼 개방, 통신속도 설정

  pinMode(ledPin, OUTPUT);  // LED를 출력으로 설정
  pinMode(relayPin, OUTPUT); // 릴레이를 출력으로 설정
}

void loop() {


  int getTempC=analogRead(tempPin); //아날로그 입력 핀의 값 읽음
  tempC=(int) ((5.0*getTempC*100.0)/1023.0); // 값을 온도로 환산
  Serial.println("Current Temp. : "+(String)tempC+" C"); // 온도를 출력
```

```
  lcd.setCursor(8,0); // 커서를 1행 9열로 이동
  lcd.print(tempC); // 온도를 LCD에 출력
  lcd.write((byte)0); // 온도 ( ° ) 를 출력
  lcd.write('C');  // 문자 C를 출력

  if(tempC > setTempC) //설정온도 보다 높은지 확인
  {
    digitalWrite(ledPin,HIGH); // LED 켜기
    digitalWrite(relayPin,HIGH); // 릴레이 켜기
    lcd.setCursor(4,1);  //2행 5열 설정
    lcd.print("ON "); // LCD에 ON 문자열 출력
  }
  else //설정온도 이하 이면
  {
    digitalWrite(ledPin,LOW);  // LED 끄기
    digitalWrite(relayPin,LOW);  // 릴레이 끄기
    lcd.setCursor(4,1);  //2행 5열 설정
    lcd.print("OFF"); // LCD에 OFF 문자열 출력
  }

  delay(3000); // 3초 지연
}
```

실험 6-4

먼지센서로부터 미세먼지(PM2.5)의 값을 읽어 값 범위에 따라 시리얼 모니터와 3색 LED에 공기상태 표시

- 1초 간격으로 먼지센서 값을 읽어 들임
- 미세먼지 값 범위에 따라 다음과 같이 공기 상태를 시리얼 모니터에 출력하고 RGB LED 색을 제어

먼지밀도(mg/m^3)	0~0.015	0.016~0.05	0.051~0.1	0.101
공기 상태	Good	Fair	Poor	Very Poor
공기 상태 LED 표시	파란색	초록색	노란색	빨간색

- [그림 6.15]와 같이 회로를 연결하고 아래의 스케치 프로그램을 업로드

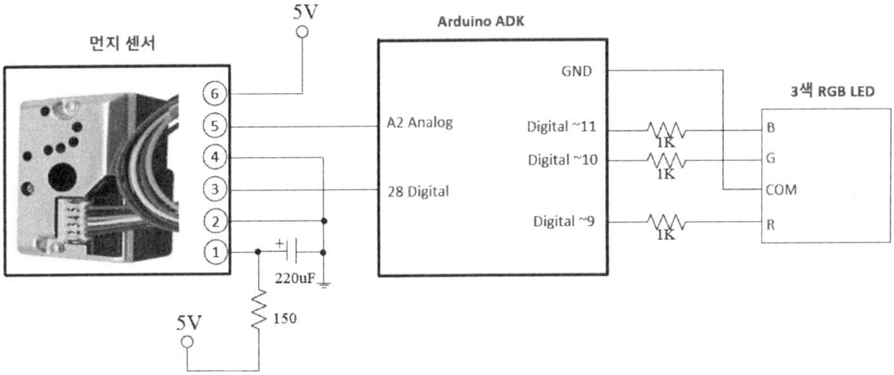

그림 6.15 실험 6-4 회로 연결

소스 프로그램 dustSensorLedCtrl

```
const int measurePin = A2; // 먼지센서 출력(5번 핀)에 연결된 핀 번호 변수 정의 (A2)
const int ledPower = 28;   // 먼지센서 적외선 LED 드라이버(3번 핀)에 연결된 핀 번호
                           // 변수 정의 (D28)
const int rLedPin = 9; //3색 LED 중 빨간색 LED와 연결된 핀 번호 변수 정의
const int gLedPin = 10; //3색 LED 중 초록색 LED와 연결된 핀 번호 변수 정의
const int bLedPin = 11; //3색 LED 중 파란색 LED와 연결된 핀 번호 변수 정의

int samplingTime = 280; // 0.28ms 후 출력을 샘플링하기 위한 시간 값을 저장하는 변수
int deltaTime = 40;  // 0.04ms 후 LED를 끄기 위한 시간 값을 저장하는 변수
int sleepTime = 9680; // 10ms 마다 반복하기 위해 9.68ms를 기다리는 시간 값을 저장하는 변수

float dustSensorValue = 0; // 먼지센서의 ADC 한 값을 저장하는 변수 선언
float dustSensorVolValue = 0; // ADC 값을 전압 값으로 환산한 값을 저장하는 변수 선언
float dustDensity = 0; // 먼지밀도 값을 저장하는 변수 선언

void setup(){
  Serial.begin(9600); //시리얼 개방, 통신속도 설정
  pinMode(ledPower,OUTPUT); // Led Power를 출력으로 설정
  pinMode(rLedPin, OUTPUT); // rLED를 출력으로 설정
  pinMode(gLedPin, OUTPUT); // gLED를 출력으로 설정
  pinMode(bLedPin, OUTPUT); // bLED를 출력으로 설정
```

```
  digitalWrite(rLedPin, LOW);  //rLED에 LOW 출력(rLED 끄기)
  digitalWrite(gLedPin, LOW);  //gLED에 LOW 출력(gLED 끄기)
  digitalWrite(bLedPin, LOW);  //bLED에 LOW 출력(bLED 끄기)
}

void RGBLED_Display(int Num){

  switch (Num) {
    case 0 :
        digitalWrite(rLedPin, LOW);  //rLED 끄기
        digitalWrite(gLedPin, LOW);  //gLED 끄기
        digitalWrite(bLedPin, LOW);  //bLED 끄기
      break;
    case 1 :
        digitalWrite(rLedPin, HIGH);  //rLED 켜기
        digitalWrite(gLedPin, LOW);  //gLED 끄기
        digitalWrite(bLedPin, LOW);  //bLED 끄기
      break;
    case 2 :
        digitalWrite(rLedPin, LOW);  //rLED 끄기
        digitalWrite(gLedPin, HIGH);  //gLED 켜기
        digitalWrite(bLedPin, LOW);  //bLED 끄기
      break;
    case 3 :
        digitalWrite(rLedPin, LOW);  //rLED 끄기
        digitalWrite(gLedPin, LOW);  //gLED 끄기
        digitalWrite(bLedPin, HIGH);  //bLED 켜기
        break;
    case 4 : //노란색
        digitalWrite(rLedPin, HIGH);  //rLED 켜기
        digitalWrite(gLedPin, HIGH);  //gLED 켜기
        digitalWrite(bLedPin, LOW);  //bLED 끄기
      break;
  }
}

void loop(){
  digitalWrite(ledPower,LOW); // 적외선 LED를 켬 power on the LED
  delayMicroseconds(samplingTime); // 0.28ms 후 출력을 샘플링하기 위해 지연

  dustSensorValue = analogRead(measurePin); // 먼지센서 출력값을 읽음 (AD값:0~1023)
```

```
  delayMicroseconds(deltaTime); // 0.04ms 지연
  digitalWrite(ledPower,HIGH); // 적외선 LED를 끔
  delayMicroseconds(sleepTime); // 9.68ms 지연

  // 먼지 센서 출력 AD 값을 전압 값으로 환산
  dustSensorVolValue = dustSensorValue * (5.0 / 1023.0);

  // 접압 값을 먼지밀도(mg/m^3) 값으로 환산
  dustDensity = 0.17 * dustSensorVolValue - 0.1;

  Serial.print("Dust AD Value (0-1023): ");
  Serial.print(dustSensorValue);

  Serial.print(" - Voltage: ");
  Serial.print(dustSensorVolValue);

  Serial.print(" - Dust Density: ");
  Serial.print(dustDensity); // unit: mg/m^3

  if (dustDensity <= 0.015) {
    Serial.println(" ==> Good !! ");
    RGBLED_Display(3);
  }
  else if (dustDensity > 0.015 && dustDensity <= 0.05) {
    Serial.println(" ==> Fair !! ");
    RGBLED_Display(2) ;
  }
  else if (dustDensity > 0.05 && dustDensity <= 0.1) {
    Serial.println(" ==> Poor !! ");
    RGBLED_Display(4);
  }
  else {
    Serial.println(" ==> Very Poor !! ");
    RGBLED_Display(1);
  }

  delay(1000);
}
```

실험 6-5

UV LED를 UV 센서에 비춰가며 UV 세기를 시리얼 모니터에 출력하고 값 범위에 따라 3색 LED에 UV 상태 표시

- UV LED와 UV 센서를 아두이노에 연결
- UV LED는 자외선과 적외선(UV/UVA 400nm)을 발산하는 자주색의 투명 5mm LED 사용
- UV LED를 UV 센서에 비춰가며 0.1초 간격으로 UV 세기를 시리얼 모니터에 출력
- UV 세기 값에 따라 다음과 같이 RGB LED 색을 제어

UV 세기 (mW/m^2)	0~3	3~6	6~9	9~12	12~15
UV 상태 LED 표시	끄기(OFF)	파란색	초록색	노란색	빨간색

- [그림 6.16]과 같이 회로를 연결하고 아래의 스케치 프로그램을 업로드

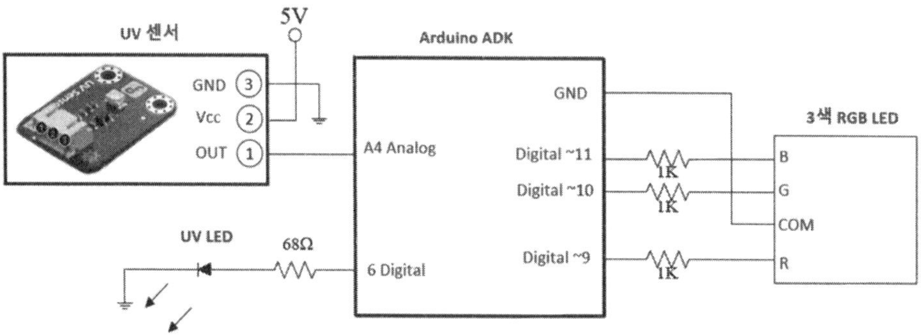

그림 6.16 실험 6-5 회로 연결

소스 프로그램 uvSensorLedCtrl

```
const int uvIntensityPin = A4; //UV 센서에 연결된 핀 번호 정의
const int uvLedPin = 6; //UV LED에 연결된 핀 번호 정의
const int rLedPin = 9; //3색 LED 중 빨간색 LED와 연결된 핀 번호 변수 정의
const int gLedPin = 10; //3색 LED 중 초록색 LED와 연결된 핀 번호 변수 정의
const int bLedPin = 11; //3색 LED 중 파란색 LED와 연결된 핀 번호 변수 정의

float uvIntensity = 0.; //UV 세기를 저장하는 변수 정의

void setup()
```

```
{
  pinMode(rLedPin, OUTPUT); // rLED를 출력으로 설정
  pinMode(gLedPin, OUTPUT); // gLED를 출력으로 설정
  pinMode(bLedPin, OUTPUT); // bLED를 출력으로 설정

  digitalWrite(rLedPin, LOW);  //rLED에 LOW 출력(rLED 끄기)
  digitalWrite(gLedPin, LOW);  //gLED에 LOW 출력(gLED 끄기)
  digitalWrite(bLedPin, LOW);  //bLED에 LOW 출력(bLED 끄기)

  pinMode(uvLedPin, OUTPUT); // UV LED를 출력으로 설정
  digitalWrite(uvLedPin, HIGH); // uvLedPin에 HIGH 출력 (전원 공급)

  Serial.begin(9600); // 시리얼 개방, 통신속도 설정
  Serial.println("Starting up..."); // 문자열 출력
}

void RGBLED_Display(int Num){

  switch (Num) {
    case 0 :
        digitalWrite(rLedPin, LOW);  //rLED 끄기
        digitalWrite(gLedPin, LOW);  //gLED 끄기
        digitalWrite(bLedPin, LOW);  //bLED 끄기
      break;
    case 1 :
        digitalWrite(rLedPin, HIGH);  //rLED 켜기
        digitalWrite(gLedPin, LOW);  //gLED 끄기
        digitalWrite(bLedPin, LOW);  //bLED 끄기
      break;
    case 2 :
        digitalWrite(rLedPin, LOW);  //rLED 끄기
        digitalWrite(gLedPin, HIGH);  //gLED 켜기
        digitalWrite(bLedPin, LOW);  //bLED 끄기
      break;
    case 3 :
        digitalWrite(rLedPin, LOW);  //rLED 끄기
        digitalWrite(gLedPin, LOW);  //gLED 끄기
        digitalWrite(bLedPin, HIGH);  //bLED 켜기
        break;
```

```
    case 4 : //노란색
        digitalWrite(rLedPin, HIGH);  //rLED 켜기
        digitalWrite(gLedPin, HIGH);  //gLED 켜기
        digitalWrite(bLedPin, LOW);  //bLED 끄기
      break;
  }
}

void ledCtrl(void) {

  if (uvIntensity <= 3) {
    RGBLED_Display(0);
  }
  else if (uvIntensity > 3 && uvIntensity <= 6) {
    RGBLED_Display(3);
  }
  else if (uvIntensity > 6 && uvIntensity <= 9) {
    RGBLED_Display(2);
  }
  else if (uvIntensity > 9 && uvIntensity <= 12) {
    RGBLED_Display(4);
  }
  else {
    RGBLED_Display(1);
  }
}

// UV 센서값을 읽어들여(AD값) 평균을 취하고 평균 값을 리턴
int averageAnalogRead(int pinToRead)
{
  byte numberOfReadings = 8; // 평균을 취하기 위한 횟수를 정의하는 변수
  unsigned int runningValue = 0; // 각 횟수마다 값을 누적하는 변수

  for(int i = 0 ; i < numberOfReadings ; i++)
    runningValue += analogRead(pinToRead); // 값을 읽어 드려 누적

  runningValue /= numberOfReadings; // 평균 값 계산

  return(runningValue);  // 평균 값을 반환
}
```

```
// 실수 값에 대한 매핑 함수 (map함수는 정수 값에만 적용 됨)
float mapfloat(float x, float in_min, float in_max, float out_min, float out_max)
{
  return (x - in_min) * (out_max - out_min) / (in_max - in_min) + out_min;
}


void loop()
{
  // UV 센서값을 읽어들여(AD값) 평균을 취함
  int uvLevel = averageAnalogRead(uvIntensityPin);

  float outputVoltage = 5.0 * uvLevel/1023; // UV 센서값을 전압으로 변환

  // 0~15 mW/cm^2 의 UV 세기로 매핑
  uvIntensity = mapfloat(outputVoltage, 0.99, 2.9, 0.0, 15.0);

  Serial.print("UVAnalogOutput: ");
  Serial.print(uvLevel); // AD 값 출력

  Serial.print(" OutputVoltage: ");
  Serial.print(outputVoltage); // 전압 값 출력

  Serial.print(" UV Intensity: ");
  Serial.print(uvIntensity); // UV 세기 값 출력
  Serial.print(" mW/cm^2");

  Serial.println(); // 다음 줄로 이동

  ledCtrl();

  delay(100); // 100ms 지연
}
```

[결과]

- UV LED를 UV 센서에 멀리에서부터 가까이 가져가면 [그림 6.17]과 같이 가까이 갈수록 UV 세시가 커지는 것을 확인 할 수 있음
- 출력 전압과 측정 된 UV 강도 (mW/cm^2)가 [그림 6.10]의 특성을 만족함을 확인할 수 있음

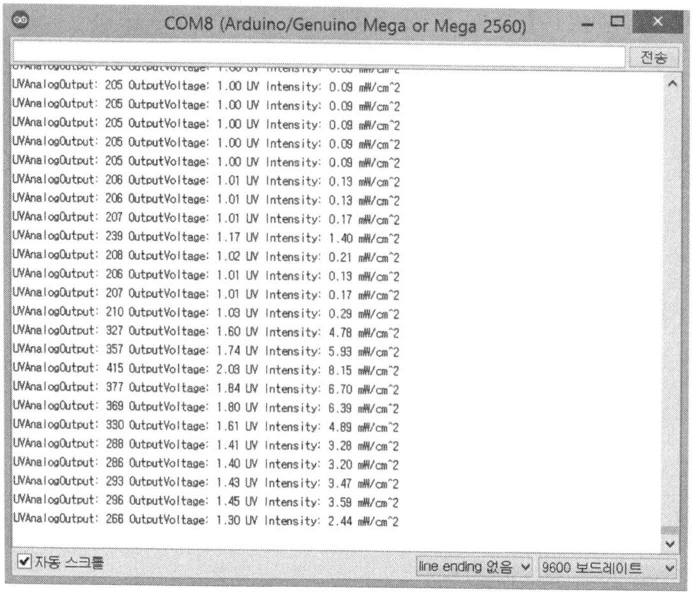
COM8 (Arduino/Genuino Mega or Mega 2560)
전송
UVAnalogOutput: 205 OutputVoltage: 1.00 UV Intensity: 0.09 mW/cm^2
UVAnalogOutput: 205 OutputVoltage: 1.00 UV Intensity: 0.09 mW/cm^2
UVAnalogOutput: 205 OutputVoltage: 1.00 UV Intensity: 0.09 mW/cm^2
UVAnalogOutput: 205 OutputVoltage: 1.00 UV Intensity: 0.09 mW/cm^2
UVAnalogOutput: 205 OutputVoltage: 1.00 UV Intensity: 0.09 mW/cm^2
UVAnalogOutput: 206 OutputVoltage: 1.01 UV Intensity: 0.13 mW/cm^2
UVAnalogOutput: 206 OutputVoltage: 1.01 UV Intensity: 0.13 mW/cm^2
UVAnalogOutput: 207 OutputVoltage: 1.01 UV Intensity: 0.17 mW/cm^2
UVAnalogOutput: 239 OutputVoltage: 1.17 UV Intensity: 1.40 mW/cm^2
UVAnalogOutput: 208 OutputVoltage: 1.02 UV Intensity: 0.21 mW/cm^2
UVAnalogOutput: 206 OutputVoltage: 1.01 UV Intensity: 0.13 mW/cm^2
UVAnalogOutput: 207 OutputVoltage: 1.01 UV Intensity: 0.17 mW/cm^2
UVAnalogOutput: 210 OutputVoltage: 1.03 UV Intensity: 0.29 mW/cm^2
UVAnalogOutput: 327 OutputVoltage: 1.60 UV Intensity: 4.78 mW/cm^2
UVAnalogOutput: 357 OutputVoltage: 1.74 UV Intensity: 5.93 mW/cm^2
UVAnalogOutput: 415 OutputVoltage: 2.03 UV Intensity: 8.15 mW/cm^2
UVAnalogOutput: 377 OutputVoltage: 1.84 UV Intensity: 6.70 mW/cm^2
UVAnalogOutput: 369 OutputVoltage: 1.80 UV Intensity: 6.39 mW/cm^2
UVAnalogOutput: 330 OutputVoltage: 1.61 UV Intensity: 4.89 mW/cm^2
UVAnalogOutput: 288 OutputVoltage: 1.41 UV Intensity: 3.28 mW/cm^2
UVAnalogOutput: 286 OutputVoltage: 1.40 UV Intensity: 3.20 mW/cm^2
UVAnalogOutput: 293 OutputVoltage: 1.43 UV Intensity: 3.47 mW/cm^2
UVAnalogOutput: 296 OutputVoltage: 1.45 UV Intensity: 3.59 mW/cm^2
UVAnalogOutput: 266 OutputVoltage: 1.30 UV Intensity: 2.44 mW/cm^2
자동 스크롤
line ending 없음
9600 보드레이트

그림 6.17

제7장 아날로그 출력 제어

실험에 필요한 부품

DC 모터	npn TR (PN2222A)	1KΩ 저항	다이오드 (1N4004)	서보모터 (HES-288 플라스틱)
1개	1개	2개	1개	1개
	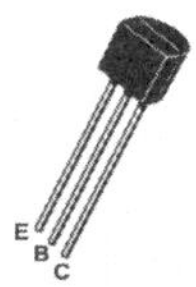			
H-브리지 (SN754410)	온도센서 (LM35DZ)	디지털릴레이 모듈 (DFR0017)	0.1uF 캐패시터	LED
1개	1개	1개	1개	1개

16X2 문자LCD	푸쉬버튼 스위치	10KΩ 저항	10KΩ 가변저항	10KΩ 가변저항
1개	1개	1개	1개	1개

DC 12V 팬 (DF0501512SEU2F)	9V 전원	9V 전원 커넥터		
1개	1개	1개		

7.1 아날로그 출력

7.1.1 PWM(Pulse Width Modulation)

- 디지털 출력에서는 HIGH 또는 LOW 상태에 따라 5V 또는 0V 전압 한 가지만 출력
- LED 밝기를 조절한다거나 모터 속도 조절을 하고 싶다면 5V 또는 0V 전압 외에 다른 아날로그 출력 전압을 사용하여야 하는데 이를 위해 디지털-아날로그 변화기(DAC : Digital-Analog Converter)를 사용해야 하나 아두이노 듀이(Arduino Due) 보드를 제외한 대부분의 아두이노에는 DAC가 내장되어 있지 않음
- 아두이노에서는 디지털 신호 값으로 아날로그 신호 값과 유사한 효과를 만들어내는 기술로 PWM 방식을 사용. PWM은 Pulse Width Modulation의 약자로 펄스 폭 변조라고 함
- PWM에서는 반복되는 펄스의 1주기 내에서 5V(HIGH) 전압의 시간 폭과 0V(LOW) 전압의 시간 폭 비율을 변경하면서 평균 직류 전압의 크기를 변화시키는 방법으로 아날로그 출력 전압을 만드는 효과를 이용
- [그림 7.1]과 같이 반복되는 펄스의 1주기 시간 T 중에 5V(HIGH) 전압의 시간 T_{on}의 비를 듀티비(duty cycle)이라 하며 단위는 %를 사용

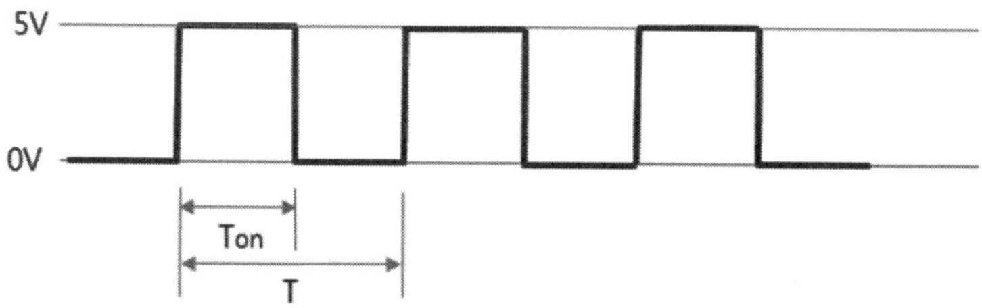

그림 7.1 듀티비

$$\text{듀티비}(\%) = T_{on}/T \times 100\ [\%]$$

- 반복되는 펄스의 1주기 시간 (T)의 역수는 주파수 임

7.1.2 analogWrite() 함수를 사용한 PWM 출력

void analogWrite(pinNum, value)		
기능	지정된 핀에 아날로그 값 출력	
매개변수	pinNum	출력할 핀 번호
	value	0~255 값 : PWM으로 생성할 수 있는 파형 듀티비
리턴 값	void	없음

- analogWrite() 함수는 지정된 듀티비의 사각파를 발생하며 제어할 핀 번호와 출력 값 두 개의 인수로 구성
- 메가 ADK 보드의 경우 핀 2~13, 핀 44~46을 PWM 출력 핀으로 사용할 수 있으며 이 경우 pinMode() 함수를 통해 핀을 출력으로 설정하지 않아도 됨
- PWM 주파수는 약 488Hz의 주파수를 가지며 2ms 마다 1 주기의 펄스 파형이 만들어 짐
- 출력 값은 8비트로 0~255 사이의 숫자를 지정하여 0~5V 사이의 다양한 직류전압 값이 비례 변환하여 표현. 출력 값에 따른 듀티비는 다음과 같으며 [그림 7.2]와 같음

```
듀티비(%) = (출력 값+1)/256 × 100%
```

- 출력 값에 0을 지정하면 듀티비는 0%에 가깝고 평균직류전압은 0V 출력
- 출력 값에 63을 지정하면 듀티비는 25%이고 평균직류전압은 1.25V 출력
- 출력 값에 127을 지정하면 듀티비는 50%이고 평균직류전압은 2.5V 출력
- 출력 값에 191을 지정하면 듀티비는 75%이고 평균직류전압은 3.75V 출력
- 출력 값에 255를 지정하면 듀티비는 100%이고 평균직류전압은 5V 출력

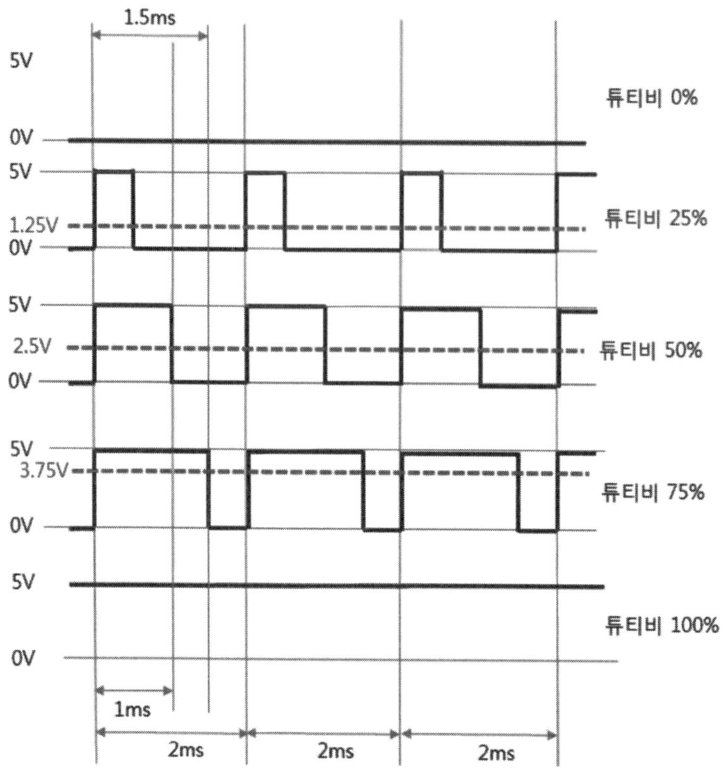
1.5ms
5V
0V
듀티비 0%
5V
1.25V
0V
듀티비 25%
5V
2.5V
0V
듀티비 50%
5V
3.75V
0V
듀티비 75%
5V
0V
듀티비 100%
1ms
2ms
2ms
2ms

그림 7.2 PWM 신호

7.2 DC 모터

7.2.1 DC 모터

- DC 모터는 직류 전동기라고 불리며 건전지와 같은 직류 전원에서 동작하는 모터
- 가해지는 전압에 따라서 속도가 달라지는 특징을 가지고 있는 이 모터는 작은 크기와 간단한 사용법으로 인하여 휴대용 선풍기나 전기 면도기, 드라이기 등의 일상생활에서 널리 사용
- 모터는 자석이 같은 극끼리 서로 밀어내고, 다른 극끼리는 끌어당기는 성질을 이용한 것으로 원형으로 자석을 배열하고 그 안에 전기를 흘려주어 전자석을 만들면 자석의 힘을 회전 운동으로 바꿀 수 있음
- DC모터의 구동 원리는 자기장 속에 전류가 흐르면 전류가 흐르는 도선은 힘을 받아 움직인다는 사실을 이용한 것으로 자기장의 방향은 N극에서 S극으로 향하며, 전류의 방향은 +극에서 -극으로 향한다. 자기장의 방향과 전류의 방향에 따라 플레밍의 왼손 법칙에 의해 도선이 받게 되는 힘의 방향이 결정
- 아래의 [그림 7.3]에서 자석의 S극 근처에 있는 도선에 전류와 자기장의 방향을 플레밍의 왼손 법칙을 적용해 보면 그 도선은 아래쪽으로 힘을 받게 되고 N극 근처의 도선에도 적용해보면 위쪽으로 힘을 받게 되어 도선은 반 시계 방향으로 회전 운동을 하게 됨. 전류가 반대 방향으로 흐른다면 도선은 시계방향으로 회전

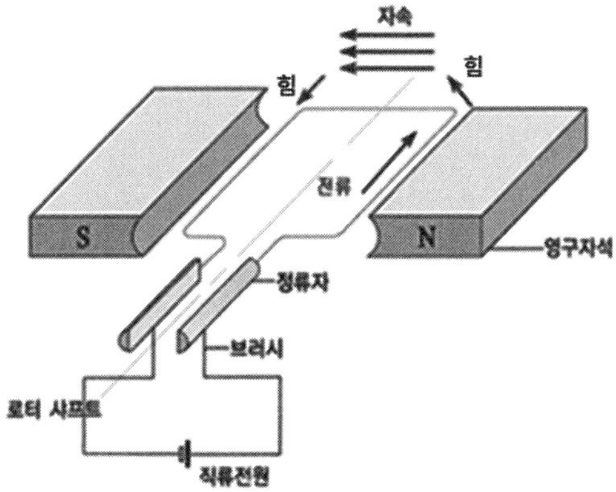

그림 7.3 DC모터 동작원리

7.2.2 DC 모터 제어

- DC 모터는 아두이노가 제공하는 전원보다 더 많은 전류가 필요하여 외부 전원을 사용하여 구동
- DC 모터를 외부 전원과 연결하고 아두이노로 모터를 제어하는 회로는 [그림 7.4]와 같음

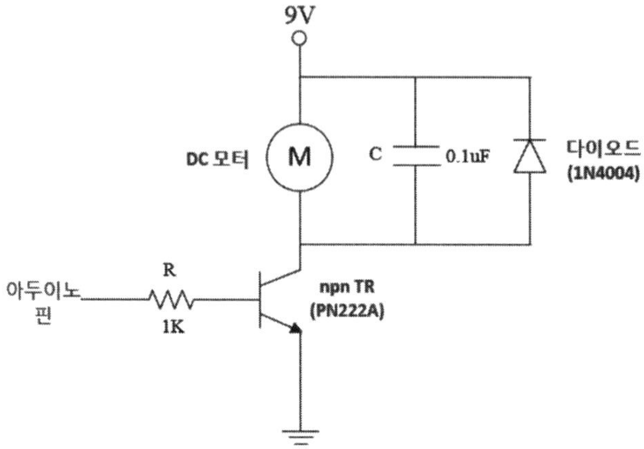

그림 7.4 DC모터 제어회로

- npn형 트랜지스터는 회로에 9V 전원을 공급하는 스위치로 동작(베이스 핀이 HIGH이면 베이스에서 에미터로 전류가 흐르고(트랜지스터 ON) 콜렉터에서 에미터로 전류를 흐르게 해 모터가 회전되며, 만약 베이스 핀이 LOW이면 베이스에서 에미터로 전류가 흐르지 못하여(트랜지스터 OFF) 콜렉터에서 에미터로 전류가 흘러가지 못해 모터는 정지. 아두이노의 PWM 신호를 베이스에 걸어주면 트랜지스터를 빠르게 켜고 꺼서 모터 속도 조절 가능
- 1KΩ 저항은 트랜지스터의 베이스 핀을 아두이노 출력 핀과 분리하는 역할
- 0.1uF 캐패시터는 모터에서 발생하는 노이즈를 필터링하는 기능
- 1N4004 다이오드는 모터가 역전류를 발생시키는 것을 막아 전원공급기를 보호하는 역할

7.2.3 DC 모터의 정회전과 역회전

- npn 트랜지스터로 DC 모터를 한 방향으로 회전 시키는 것을 살펴보았으며 [그림 7.5]와 같이 pnp, npn 트랜지스터 각 2개로 H-브리지를 구성하면 단일 전원으로 DC모터를 정회전/역회전시킬 수 있음

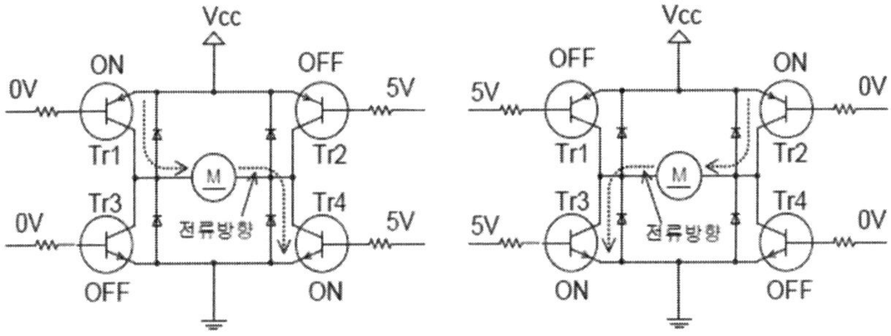

(a) 정회전 (b) 역회전

그림 7.5 H-브리지 회로를 사용한 DC모터 정회전/역회전

- 위의 두 트랜지스터는 pnp형이고 아래 두 트랜지스터는 npn형이다. [그림 7.5](a)는 정회전할 때 신호로, Tr1은 pnp형이므로 베이스에 0V를 가해 Tr1을 켜고, Tr4는 npn형이므로 베이스에 5V를 가해 Tr4를 켜고 Tr2와 Tr3는 꺼짐. 따라서 전류는 [그림 7.5](a)방향으로 흐르게 되어 모터가 정회전
- [그림 7.5](b)는 정회전할 때 와는 반대로 역회전할 때 신호로 Tr1과 Tr4를 끄고 Tr2와 Tr3를 켬. 따라서 전류는 정회전과는 반대로 흐르게 되고 모터는 역회전

7.2.4 SN754410 H-브리지 IC를 사용한 DC 모터의 정회전과 역회전

- SN754410 H-브리지 IC에는 4개의 반 H-브리지가 내장되어 있어 반 H-브리지 두 개로 H-브리지 회로를 구성할 수 있음
- SN754410의 핀 배열과 용도는 [그림 7.6]과 같음

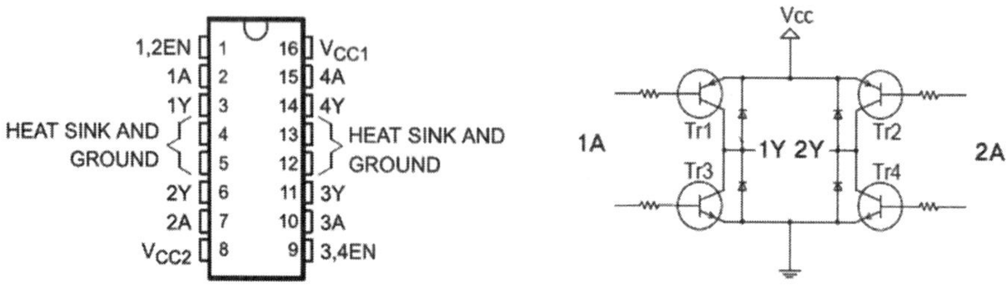

그림 7.6 SN754410 H-브리지 IC의 핀 배열과 용도

- 1A, 2A : 트랜지스터의 베이스에 연결되어 모터의 회전 방향을 결정. 아두이노 입출력 핀에 연결
- 1Y, 2Y : 출력단자로 모터에 연결
- 1,2EN : 하나의 H-브리지 인에이블 단자로 HIGH인 경우 H-브리지가 동작 함. 인에이블 단자가 LOW인 경우 H-브리지가 동작 하지 않음. 그러므로 이 단자에 아두이노 PWM 출력 핀을 연결하여 모터의 회전 속도를 조절
- V_{CC1} : IC 로직에 전원 공급. 5V에 연결
- V_{CC2} : 모터에 전류공급. 9V에 연결
- GND : 4, 5 ,12, 13 핀을 GND에 연결
- 3A, 4A, 3Y, 4Y, 3,4EN 은 또 다른 H-브리지 용으로 용도는 위와 동일

• 1A, 2A, EN 핀 값과 동작상태 관계는 [표 7.1]과 같음

표 7.1 SN754410 H-브리지 동작상태

1A	2A	EN	동작
HIGH	LOW	HIGH	정회전
LOW	HIGH	HIGH	역회전
LOW	LOW	HIGH	브레이크
X	X	LOW	정지

7.3 서보(Servo) 모터

- 서보모터는 값에 따라 특정 위치로 이동하고 새로운 값을 받기 전에 그 위치에 머무르는 모터로 회전 범위는 0^0~180^0로 고정되어 있음
- 서보모터는 위치를 제어하는 시스템으로 입력선은 [그림 7.7]과 같이 전원선 2개와 신호선 1개로 구성되어 있음

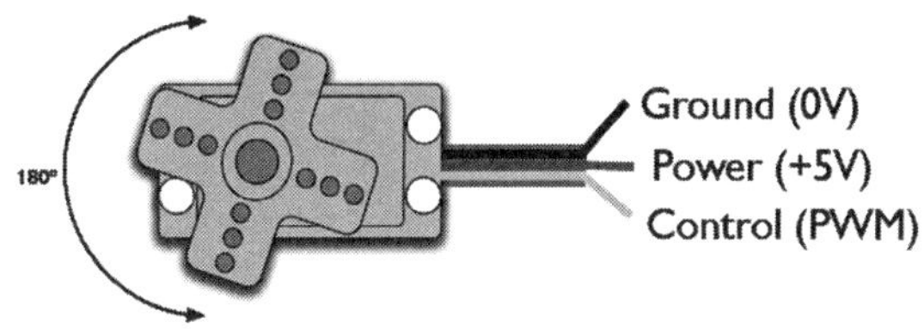

그림 7.7 서보모터

- 서보모터의 위치는 신호선에 가해지는 PWM 신호의 펄스폭으로 설정
- 서보모터는 20ms의 반송주기를 갖는 PWM 신호의 펄스폭을 조절하여 [그림 7.8]과 같이 각도를 제어

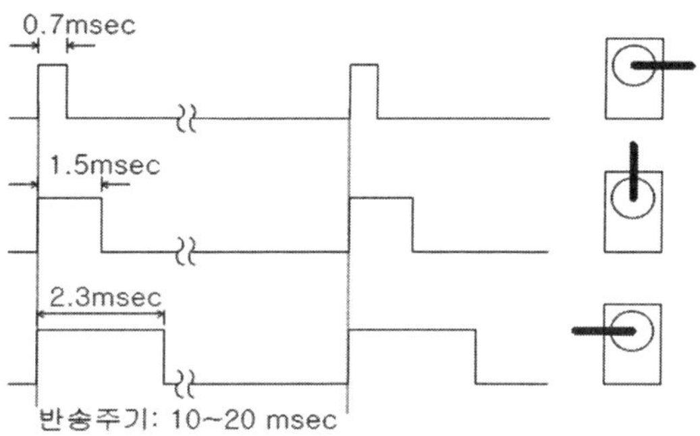

그림 7.8 서보모터 제어

- ON 시간이 0.7msec일 때 서보모터는 0^0에 위치하고 1.5msec일 때 90^0로 이동하며 2.3msec일 때 왼쪽으로 180^0로 이동 즉, 서보의 변위는 펄스의 ON 시간에 비례

실험 7-1

PWM 신호를 사용하여 DC 모터 속도 제어

- [그림 7.4] DC모터 제어회로와 PWM 신호의 듀티비를 조절하여 DC 모터의 속도 조절
- PWM의 출력 값(8비트) : 0~255
- analogWrite() 함수를 사용하여 0~255까지 증가시키고 255~0까지 감소시키고 이를 반복
- [그림 7.9]과 같이 회로를 연결하고 아래의 스케치 프로그램을 업로드

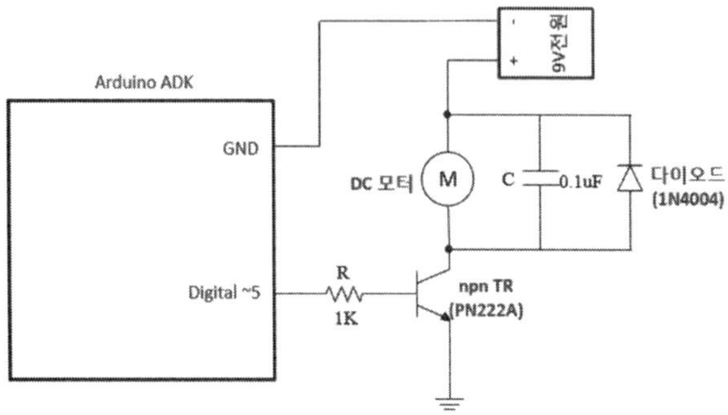

그림 7.9 실험 7-1 회로 연결

소스 프로그램 DC_Motor

```
const int motorPin=5; // 모터에 연결된 핀 번호 변수 정의

void setup() {
  pinMode(motorPin, OUTPUT); // 모터를 출력으로 설정

}

void loop() {
  for(int i=0;i<256; i++) // PWM의 듀티비 조절 (최소에서 최대로 증가)
  {
    analogWrite(motorPin, i); // PWM의 듀티비 출력
    delay(10); // 10ms 지연
  }
  for(int i=255;i>0; i--) // PWM의 듀티비 조절 (최대에서 최소로 감소)
  {
    analogWrite(motorPin, i); // PWM의 듀티비 출력
    delay(10); // 10ms 지연
  }
  delay(2000); // 2초 지연
}
```

실험 7-2

가변저항 값에 따라 모터 속도 제어

- 10KΩ 가변저항을 아날로그 입력 단자에 연결하고 가변저항 값에 따라 모터의 속도를 조절
- 가변저항 값이 0 위치에 있으면 모터를 정지하고 저항 값이 최대가 될 때까지 속도를 증가
- 저항 값을 AD한 범위(10비트 AD) : 0~1023
- PWM의 출력 값(8비트) : 0~255
- [그림 7.10]과 같이 회로를 연결하고 아래의 스케치 프로그램을 업로드

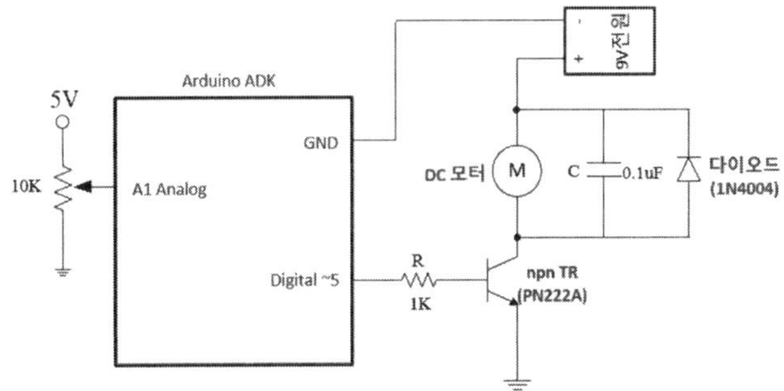

그림 7.10 실험 7-2 회로 연결

소스 프로그램 DC_Motor_Pot

```
const int motorPin=5; // 모터에 연결된 핀 번호 변수 정의
const int varR=A1; // 가변저항에 연결된 핀 번호 변수 정의

int adcRValue; // 가변저항 값을 ADC한 값을 저장하는 변수 선언
int pwmValue=0; // PWM 듀티 비 값을 저장하는 변수 선언

void setup() {
  pinMode(motorPin, OUTPUT); // 모터를 출력으로 설정

}

void loop() {
  adcRValue=analogRead(varR); //아날로그 입력 0번 핀의 가변저항 값 읽음
  pwmValue=map(adcRValue,0,1023,0,255); //읽어들인 값을 0~255사이로 매핑
  analogWrite(motorPin, pwmValue); // PWM의 듀티비 출력
}
```

실험 7-3

가변저항 값에 따라 모터 속도 제어 및 LCD에 속도를 막대로 표시

- [실험 7-2]에서 PWM의 출력 값 0~255를 LCD에 1~16까지 막대(아스키코드 219)로 선형 매핑하여 표시
- LCD에 다음과 같이 표시

1				[	S	P	E	E	D	]				1	6
■	■	■	■	■	■	■									

- [그림 7.11]과 같이 회로를 연결하고 아래의 스케치 프로그램을 업로드

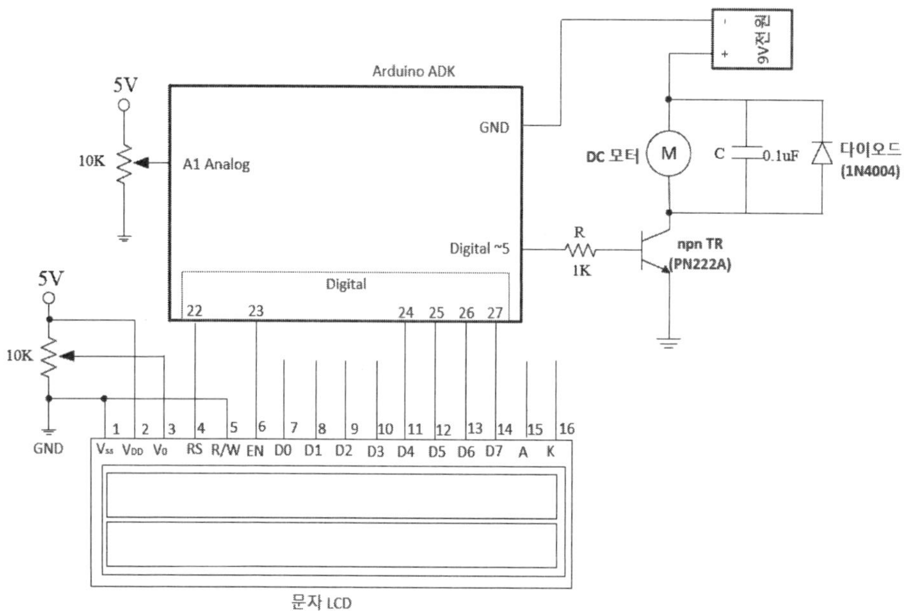

그림 7.11 실험 7-3 회로 연결

소스 프로그램 DC_Motor_Pot_Lcd

```
#include <LiquidCrystal.h>  //LCD 라이브러리 삽입

const int motorPin=5; // 모터에 연결된 핀 번호 변수 정의
const int varR=A1; // 가변저항에 연결된 핀 번호 변수 정의

// 회로에 연결된 핀 번호를 사용하여 lcd 객체 생성
LiquidCrystal lcd(22,23,24,25,26,27);

int adcRValue; // 가변저항 값을 ADC한 값을 저장하는 변수 선언
int pwmValue=0; // PWM 듀티 비 값을 저장하는 변수 선언

void setup() {
  pinMode(motorPin, OUTPUT); // 모터를 출력으로 설정
  Serial.begin(9600); // 시리얼 개방, 통신속도 설정

  lcd.begin(16,2);  //2행 16열 설정
  lcd.print("1   [SPEED]   16"); //초기메시지 문자열 출력
}

void LcdDisplay(int barNum) {

  lcd.setCursor(0,1); // 커서를 2행 1열로 이동
  lcd.print("                "); // 2행을 모두 지움

  lcd.setCursor(0,1); // 커서를 2행 1열로 이동
  for(int i=0;i<barNum;i++) // 막대의 개수만큼 반복
      lcd.write(219); //막대를 출력
}

void loop() {
  adcRValue=analogRead(varR); //아날로그 입력 0번 핀의 가변저항 값 읽음
  pwmValue=map(adcRValue,0,1023,0,255); //읽어들인 값을 0~255사이로 매핑
  analogWrite(motorPin, pwmValue); // PWM의 듀티비 출력

  int bar=map(pwmValue,0,255,1,16); //PWM 듀티비 0~255값을 1~16 사이로 매핑
  LcdDisplay(bar); // 막대의 개수를 출력하기 위해 함수 호출
  delay(100); // 100ms 지연
}
```

실험 7-4

가변저항 값에 따라 모터 속도 제어, LCD에 속도를 막대로 표시 및 H-브리지를 사용하여 DC 모터 회전방향제어

- H-브리지에는 정지(Open), 브레이크(Brake), 정방향(Forward), 역방향(Backward)의 4 가지 모드가 있음
- 가변저항 값에 따라 다음과 같이 정지(Open), 정방향(Forward), 역방향(Backward)을 제어

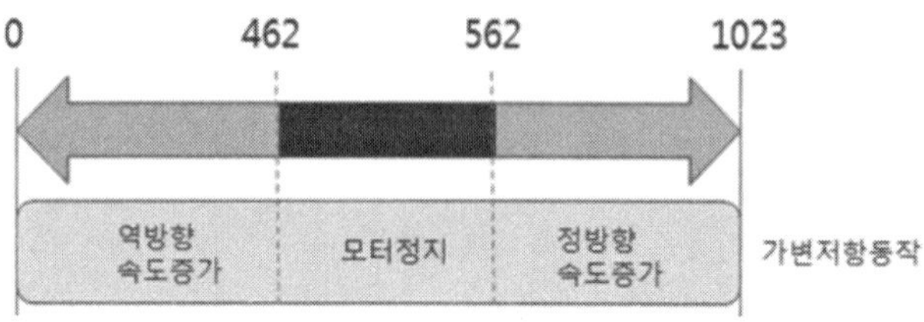

- [그림 7.12]와 같이 회로를 연결하고 아래의 스케치 프로그램을 업로드

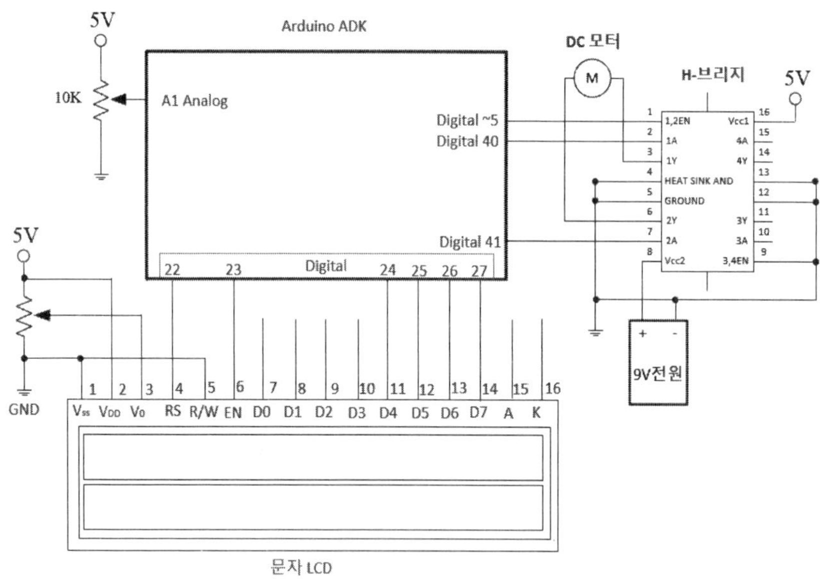

그림 7.12 실험 7-4 회로 연결

소스 프로그램 DC_Motor_Pot_Lcd_Hbridge_SW

```
#include <LiquidCrystal.h>  //LCD 라이브러리 삽입

const int motorEnPin=5; // H-브리지 인에이블에 연결된 핀 번호 변수 정의
const int motorCtrlPin1=40; // H-브리지 모터 회전 방향 결정(1A)에 연결된 핀 번호 변수 정의
const int motorCtrlPin2=41; // H-브리지 모터 회전 방향 결정(2A)에 연결된 핀 번호 변수 정의
const int varR=A1; // 가변저항에 연결된 핀 번호 변수 정의

// 회로에 연결된 핀 번호를 사용하여 lcd 객체 생성
LiquidCrystal lcd(22,23,24,25,26,27);

int adcRValue; // 가변저항 값을 ADC한 값을 저장하는 변수 선언
int speed; // 정방향, 역방향에 대해 PWM 듀티 비 값을 저장하는 변수 선언
int bar; //PWM 듀티비 0~255값을 1~16 사이로 매핑하는 값을 저장하는 변수 선언

void setup() {
  pinMode(motorEnPin, OUTPUT); // H-브리지 인에이블 핀을 출력으로 설정
  pinMode(motorCtrlPin1, OUTPUT); // H-브리지 모터 회전 방향 결정(1A) 핀을 출력으로 설정
  pinMode(motorCtrlPin2, OUTPUT); // H-브리지 모터 회전 방향 결정(2A) 핀을 출력으로 설정
  Serial.begin(9600); // 시리얼 개방, 통신속도 설정

  lcd.begin(16,2);  //2행 16열 설정

  Open(); // 모터의 초기상태를 정지상태로 설정
}

void DisplayBar(String a, int barNum) {

  lcd.clear(); // lcd를 지우기

  lcd.setCursor(0,0); //커서를 1행 1열로 이동
  lcd.print("    "+a); // 문자열 출력

  lcd.setCursor(0,1); // 커서를 2행 1열로 이동
  for(int i=0;i<barNum;i++) // 막대의 개수만큼 반복
     lcd.write(219); //막대를 출력
}

void loop() {
  adcRValue=analogRead(varR); //아날로그 입력 1번 핀의 가변저항 값 읽음

  if(adcRValue>562) {
     speed=map(adcRValue, 563, 1023, 0, 255);
```

```
        Forward(speed);
    }
    else if(adcRValue<462) {
        speed=map(adcRValue, 461, 0, 0, 255);
        Backward(speed);
        Serial.println((String)adcRValue+"  ==> "+(String)speed);
    }
    else {
        Open();
    }
    delay(100);
}

void Forward(int rate)
{
  digitalWrite(motorEnPin, LOW);
  digitalWrite(motorCtrlPin1, HIGH);
  digitalWrite(motorCtrlPin2, LOW);
  analogWrite(motorEnPin, rate);

  bar=map(rate,0,255,1,16);

  DisplayBar("[Forward]",bar);
}

void Backward(int rate)
{
  digitalWrite(motorEnPin, LOW);
  digitalWrite(motorCtrlPin1, LOW);
  digitalWrite(motorCtrlPin2, HIGH);
  analogWrite(motorEnPin, rate);

  bar=map(rate,0,255,1,16);

  DisplayBar("[Backward]",bar);
}

void Open(void)
{
  digitalWrite(motorEnPin, LOW);

  DisplayBar("[Open]",0);
}
```

실험 7-5

온도센서 값을 LCD 및 시리얼 모니터에 출력하고 설정한 온도보다 높은 경우 LED, 팬, 서보모터 제어

- [실험 6-2]와 동일
- 희망 온도를 설정
- 설정 온도 이상일 때 LED를 켜고 릴레이에 연결된 팬을 동작시키며 서보모터를 동작시켜 창문을 열기
- 설정 온도 이하일 때 LED를 끄고 릴레이에 연결된 팬을 정지시키며 서보모터를 동작시켜 창문을 닫기
- LCD에 다음과 같이 표시

T	e	m	p	.		:		2	6	°	C				
F	a	n		O	N			W	:	O	P	E	N		

- [그림 7.13]과 같이 회로를 연결하고 아래의 스케치 프로그램을 업로드

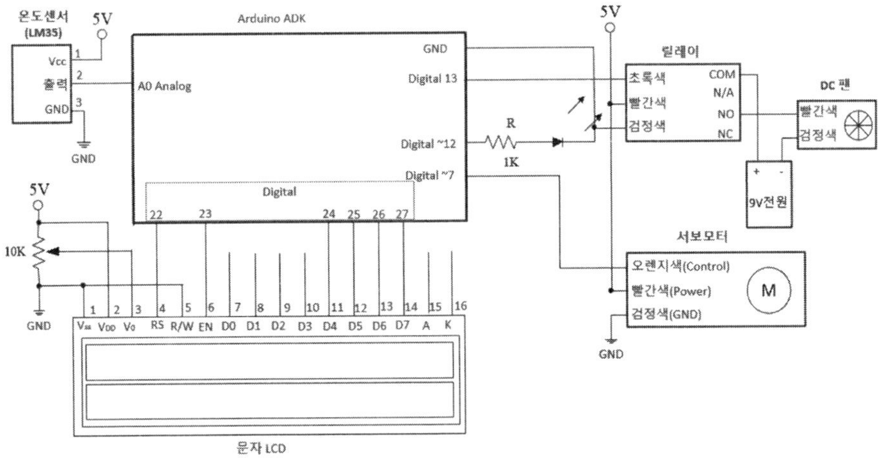

그림 7.13 실험 7-5 회로 연결

소스 프로그램 LM35_LCD_Fan_Servo

```
#include <LiquidCrystal.h>  //LCD 라이브러리 삽입
#include <Servo.h> //서보 라이브러리 삽입
Servo myServo; // myServo 객체 생성

const int tempPin=A0; //온도센서와 연결된 핀 번호 변수 정의
const int relayPin=13; // 릴레이에 연결된 핀 번호 변수 정의
const int ledPin=12;  //LED에 연결된 핀 번호 변수 정의
const int servoPin=7; //서보에 연결된 핀 번호 변수 정의

// 회로에 연결된 핀 번호를 사용하여 lcd 객체 생성
LiquidCrystal lcd(22,23,24,25,26,27);

int tempC; //온도 값을 저장하는 변수 선언
const int setTempC=25; //희망 온도를 설정
int pos=0; //서보 위치 값을 저장하는 변수 선언(문이 닫힘)

byte degree[]={  //5×8 온도 ( ° ) 문자 생성
  0b00110,
  0b01001,
  0b01001,
  0b00110,
  0b00000,
  0b00000,
  0b00000,
  0b00000};

void setup() {
  lcd.begin(16,2);  //2행 16열 설정
  lcd.print("Temp. : "); // LCD에 초기메시지 문자열 출력
  lcd.setCursor(0,1);  //2행 1열 설정
  lcd.print("Fan "); // LCD에 초기메시지 문자열 출력
  lcd.createChar(0, degree); // 온도 ( ° ) 를 정의문자 ID 0에 할당
  Serial.begin(9600); // 시리얼 개방, 통신속도 설정

  pinMode(ledPin, OUTPUT);  // LED를 출력으로 설정
  pinMode(relayPin, OUTPUT); // 릴레이를 출력으로 설정
  myServo.attach(servoPin); // servoPin에 연결된 서보모터를 초기화

}
```

```
void loop() {

  int getTempC=analogRead(tempPin); //아날로그 입력 핀의 값 읽음
  tempC=(int) ((5.0*getTempC*100.0)/1023.0); // 값을 온도로 환산
  Serial.println("Current Temp. : "+(String)tempC+" C"); // 온도를 출력

  lcd.setCursor(8,0); // 커서를 1행 9열로 이동
  lcd.print(tempC); // 온도를 LCD에 출력
  lcd.write((byte)0); // 온도 ( ° ) 를 출력
  lcd.write('C');  // 문자 C를 출력

  if(tempC > setTempC) //설정온도 보다 높은지 확인
  {
    digitalWrite(ledPin,HIGH); // LED 켜기
    digitalWrite(relayPin,HIGH); // 릴레이 켜기
    pos=180; //서보 위치를 180도로 위치(문이 열림)
    myServo.write(pos); // 지정된 위치로 서보 이동
    lcd.setCursor(4,1);  //2행 5열 설정
    lcd.print("ON "); // LCD에 ON 문자열 출력
    lcd.setCursor(8,1);  //2행 9열 설정
    lcd.print("W:"); // LCD에 ON 문자열 출력
    lcd.print("OPEN"); // LCD에 ON 문자열 출력
  }
  else //설정온도 이하 이면
  {
    digitalWrite(ledPin,LOW);  // LED 끄기
    digitalWrite(relayPin,LOW);  // 릴레이 끄기
    pos=0; //서보 위치를 0도로 위치(문이 닫힘)
    myServo.write(pos); // 지정된 위치로 서보 이동
    lcd.setCursor(4,1);  //2행 5열 설정
    lcd.print("OFF"); // LCD에 OFF 문자열 출력
    lcd.setCursor(8,1);  //2행 9열 설정
    lcd.print("W:"); // LCD에 ON 문자열 출력
    lcd.print("CLOSED"); // LCD에 ON 문자열 출력
  }

  delay(3000); // 3초 지연
}
```

제8장 I2C 통신을 활용한 센서 제어

실험에 필요한 부품

조도 센서 (BH1750FVI)	온도 센서 (TC74A0–5.0VAT)	4.7KΩ 저항		
1개	1개	2개		

8.1 I2C 통신 또는 TWI 통신

8.1.1 I2C 통신

- I2C 인터페이스는 IC(집적 회로) 사이에 데이터 통신을 목적으로 1980년대 초반 필립스에서 개발한 직렬 통신 방식
- 2개의 선(DATA 선, CLOCK 선)만을 사용하여 통신이 이루어지기 때문에 TWI(Two Wire Serial Interface)라고도 부름
- 2개의 선을 사용하기 때문에 회로가 간단하고 PCB 등을 제작할 때 비용이 적게 들고, 잡음 등의 문제도 줄어들게 되는 장점
- I2C 인터페이스는 DATA 선(SDA)과 CLOCK 선(SCL) 2개의 선을 사용하여 통신
- 데이터를 보내는 칩 혹은 마이크로 프로세서를 마스터(Master)라고 하고, 데이터를 받는 칩 혹은 마이크로 프로세서를 슬레이브(Slave)라고 함
- 마스터는 하나만 존재하고 슬레이브는 하나 혹은 두개 이상이 될 수 있음
- [그림 8.1]은 I2C 인터페이스 통신 구성 예로, 1개의 마스터와 2개의 슬레이브로 구성

- 아두이노 메가 ADK 보드가 마스터이며 **SDA는 20번 핀**이고 **SCL은 21번** 핀임
- 슬레이브는 제어하고하는 센서들로 각 슬레이브는 7비트의 서로 다른 주소를 가져야 하고 두 회선에 풀업저항을 연결해 주어야 함

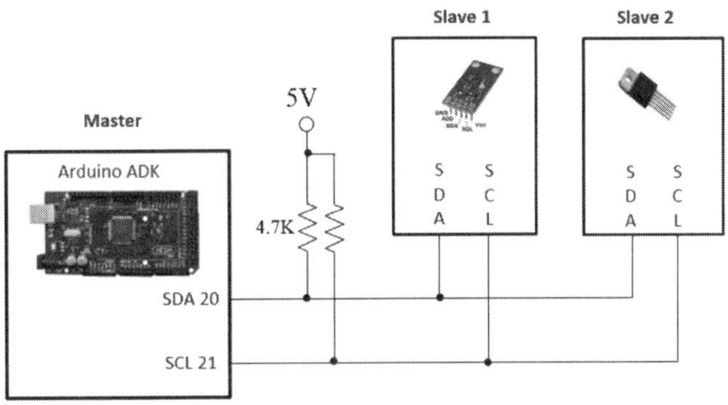

그림 8.1 I2C 인터페이스 통신 구성도

8.1.2 I2C 통신 동작원리

(1) 스타트조건 및 스톱조건

SDA와 **SCL** 2개의 선을 사용하여 통신이 이루어지기 위해 스타트조건(Start Condition)과 스톱조건(Stop Condition)을 다음과 같이 정의

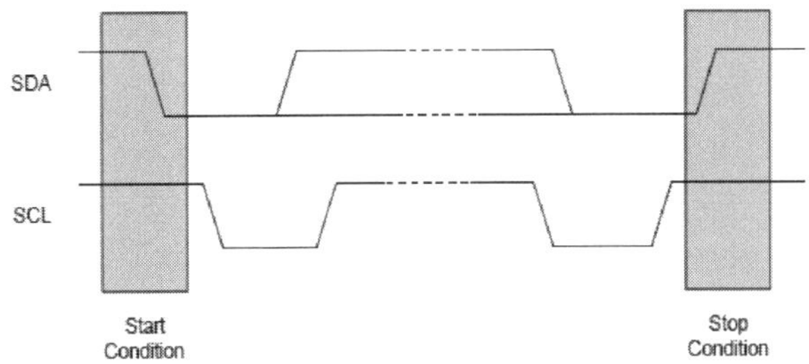

그림 8.2 스타트조건 및 스톱조건

■ **스타트조건:** 마스터가 슬레이브에게 '통신을 시작하겠다'라는 의미의 상태로 SCL의 상태가 High일 때, SDA의 상태가 High에서 Low로 바뀜으로써 슬레이브는 통신 시작을 감지

■ **스톱조건:** 마스터가 슬레이브에게 '통신을 종료하겠다'라는 의미의 상태로 SCL의 상태가 High일 때, SDA의 상태가 Low에서 High로 바뀜으로써 슬레이브는 통신 종료를 감지

(2) 데이터 전송 포맷

SDA와 **SCL** 2개의 선을 사용하여 마스터가 슬레이브에 데이터를 쓰기 위한 데이터 전송 포맷과 마스터가 슬레이브로부터 데이터를 읽어오기 위한 데이터 전송 포맷을 [그림 8.3]에 나타냄. 데이터 전송 포맷은 칩 제조사마다 약간씩 상이할 수 있으므로 사용하고자 하는 칩의 데이터시트를 꼭 참조 필요

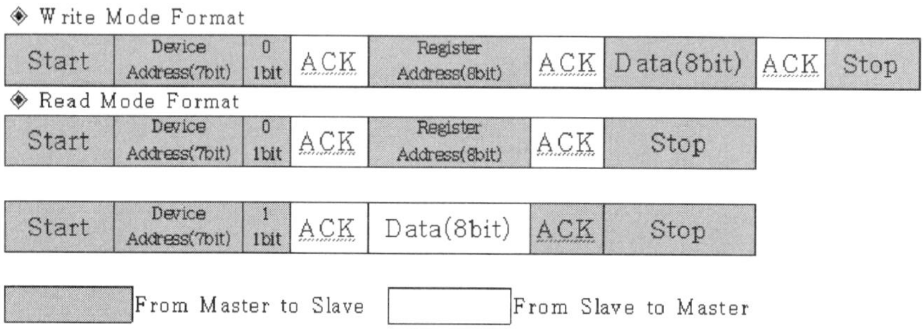

그림 8.3 데이터 전송 포맷

■ 마스터 프로세서가 슬레이브에 데이터를 쓰기 위한 방법

① 마스터는 시작조건(Start Condition) 신호를 발생

② 슬레이브의 7비트 주소와 R/W 플래그에 '0'(1bit)을 전송

③ 슬레이브가 신호를 제대로 수신하였다면 슬레이브는 마스터에게 ACK신호(LOW '0')를 발생

④ ACK 신호를 수신한 마스터는 Register Address(데이터를 쓸 장소)를 슬레이브에게 전송하고 슬레이브로부터 ACK 신호를 수신

⑤ 마스터는 ACK를 확인하고 쓰고자 하는 데이터를 전송

⑥ 마스터는 슬레이브로부터 ACK신호를 수신하고 스톱조건(Stop Condition)신호를 발생

■ 마스터가 슬레이브로부터 데이터를 읽기 위한 방법

① 마스터는 시작조건(Start Condition) 신호를 발생

② 슬레이브의 7비트 주소와 R/W 플래그에 '0'(1bit)을 전송

③ 슬레이브가 신호를 제대로 수신하였다면 슬레이브는 마스터에게 ACK신호(LOW '0')를 발생

④ ACK 신호를 수신한 마스터는 Register Address(데이터를 읽을 장소, 또는 명령어)를 슬레이브에게 전송하고 슬레이브로부터 ACK 신호를 수신

⑤ 마스터는 슬레이브로부터 ACK신호를 수신하고 스톱조건(Stop Condition)신호를 발생

⑥ 마스터는 시작조건(Start Condition) 신호를 발생

⑦ 슬레이브의 7비트 주소와 R/W 플래그에 '1'(1bit)을 전송

⑧ 슬레이브가 신호를 제대로 수신하였다면 슬레이브는 마스터에게 ACK신호(LOW '0')를 발생

⑨ 슬레이브는 ACK신호를 발생하고 이어서 데이터를 전송

⑩ 마스터는 슬레이브가 보낸 데이터를 받고 ACK신호를 발생

⑪ 마스터는 스톱조건(Stop Condition)신호를 발생

8.2 BH1750FVI 조도 센서

[그림 8.4]는 실험에 사용할 BH1750FVI 조도 센서를 보여주며 [표 8.1]과 같은 주요특징을 갖음

- GND : 접지
- ADD : HIGH, LOW에 따라 주소가 다름
- SDA : 아두이노 메가보드 SDA(20번 핀)에 연결
- SCL : 아두이노 메가보드 SCL(21번 핀)에 연결
- VCC : 5V

그림 8.4 BH1750FVI 조더 센서

표 8.1 BH1750FVI 조더 센서 주요특징

- I2C 인터페이스로 동작
- ADD 핀 값에 따라 2가지 형태의 I2C 슬레이브 주소
  - ADD 핀이 HIGH 일 때 7비트 슬레이브 주소 값 : 1011100 (0x5C)
  - ADD 핀이 LOW 일 때 7비트 슬레이브 주소 값 : 0100011 (0x23)
- 높은 resolution(0~65535 lux)의 넓은 범위를 검파
- 16비트 조도 값 출력(초기 값 0x00 0x00)
- 6가지의 모드를 지원. "continously H-resolution mode"의 경우 1 lux의 resolution을 갖음

8.3 TC74A0-5.0VAT 온도 센서

[그림 8.5]는 실험에서 사용할 TC74A0-5.0VAT 온도 센서를 보여주며 [표 8.2]와 같은 주요특징을 가짐

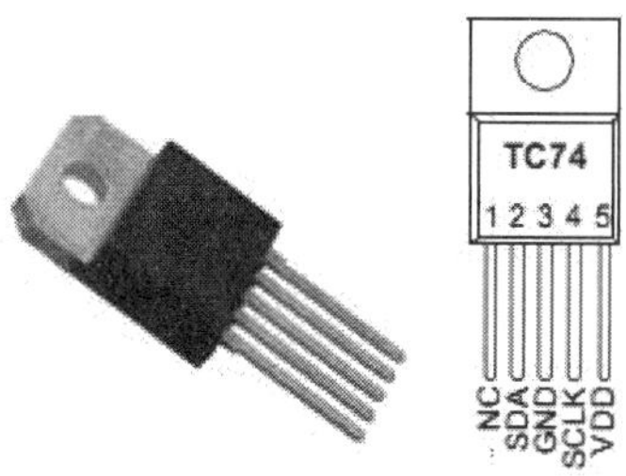

- NC : No Connection
- SDA : 아두이노 메가보드 SDA(20번 핀)에 연결
- GND : 접지
- SCLK : 아두이노 메가보드 SCL(21번 핀)에 연결
- VDD : 5V

그림 8.5 TC74A0–5.0VAT 온도 센서

표 8.2 TC74A0–5.0VAT 온도 센서 주요특징

- I2C 인터페이스로 동작
- 7비트 슬레이브 주소 값 : 1001000 (0x48)
- 8비트 온도 값 출력
- 동작온도 : $-40^0 C \leq T_A \leq 125^0 C$
- 동작전원 : 2.7~5.5V

8.4 Wire 라이브러리

- Wire 라이브러리는 I2C/TWI 다비이스와 통신을 하는데 유용한 함수를 제공

void Wire.begin(address)		
기능	Wire 라이브러리 초기화(I2C 통신을 위한 초기화). 마스터 또는 슬레이브로 I2C 통신에 참여	
매개변수	address	7비트 슬레이브 주소 주소가 없는 경우 마스터로서 I2C 통신에 참여
리턴 값	void	없음

void Wire.beginTransmission(address)		
기능	주어진 주소를 갖는 슬레이브 디바이스에 전송을 시작. write()함수로 전송한 바이트는 큐(버퍼)에 쌓이고 endTransmission() 함수를 호출하면 버퍼에 저장된 바이트를 전송	
매개변수	address	7비트 슬레이브 주소
리턴 값	void	없음

byte Wire.write(value) byte Wire.write(string) byte Wire.write(data, length)		
기능	마스터에 대한 요청으로 슬레이브가 데이터를 씀 또는 마스터로부터 슬레이브에 전송할 바이트 데이터를 큐(버퍼)에 저장	
매개변수	value	1바이트로 전송할 값
	string	일련의 바이트로 전송할 스트링
	data	바이트들로 전송할 데이터 배열
	length	전송할 바이트 수
리턴 값	byte	쓰여진 바이트 수를 반환

byte Wire.endTransmission() byte Wire.endTransmission(stop)		
기능	beginTransmission()함수에 의해 시작되고 write() 함수에 의해 버퍼에 저장된 바이트를 전송	
매개변수	stop	true : 데이터 요청 후 stop 메시지를 보내고 I2C 버스를 해제 false : 데이터 요청 후 restart 메시지를 보내고 I2C 버스는 연결된 상태를 유지
리턴 값	byte	0: 성공 1: 송신데이터가 너무 길어 송신 버퍼에 맞지 않음 2: 주소 전송에 대한 NACK 수신 3: 데이터 전송에 대한 NACK 수신 4: 다른 오류

byte Wire.requestFrom(address, quantity) byte Wire.requestFrom(address, quantity, stop)		
기능	마스터가 슬레이브에 바이트 단위의 데이터를 요청하는데 사용. 데이터는 available()과 read() 함수에 의해 읽힘.	
매개변수	address	7비트 슬레이브 주소
	quantity	요청된 바이트 수
	stop	true : 데이터 요청 후 stop 메시지를 보내고 I2C 버스를 해제 false : 데이터 요청 후 restart 메시지를 보내고 I2C 버스는 연결된 상태를 유지
리턴 값	byte	슬레이브로부터 반환된 바이트 수

byte Wire.available()		
기능	read() 함수로 읽어 들일 수 있는 바이트 수를 반환	
매개변수	void	없음
리턴 값	byte	읽어 들일 수 있는 바이트 수

byte Wire.read()		
기능	requestFrom() 함수에 의해 슬레이브가 마스터에게 전송한 데이터가 버퍼가 쌓여 available() 함수에 의해 읽을 수 있는 바이트가 존재 시 데이터를 읽어옴	
매개변수	void	없음
리턴 값	byte	읽어들인 바이트

실험 8-1

BH1750FVI 조더 센서와 I2C 통신

- I2C 인터페이스를 갖는 BH1750FVI 조도 센서를 사용하여 5초마다 조도 값을 읽어 시리얼 모니터에 출력
- I2C 조도 센서의 SDA와 SCL 핀을 아두이노 메가 ADK 보드 SDA(20번 핀)와 SCL(21번 핀)에 연결
- SDA와 SCL 라인에 4.7KΩ의 풀업 저항 사용
- BH1750FVI 조도 센서 데이터시트를 보면 ADD에 HIGH를 인가하느냐 LOW를 인가하느냐에 따라 주소 값이 상이
- ADD에 LOW를 인가 한 경우 주소는 “0100011”로 16진수 0x23에 해당

- 센서에서 데이터를 가져오기 위해서는 [그림 8.6]과 같은 절차를 수행

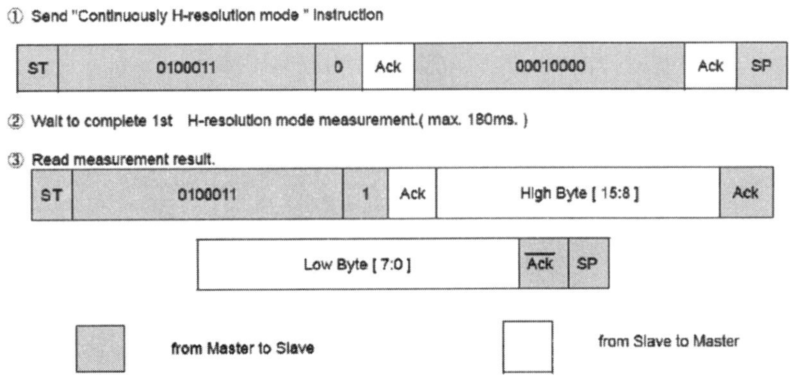

그림 8.6 BH1750FVI 조도 센서에서 데이터를 가져오는 절차

- 쓰기 모드에서 7비트 주소 0x23에 0(쓰기)을 붙인 값을 슬레이브에 보내고 "continously H-resolution mode"을 나타내는 0x10을 보냄
- 이후 7비트 주소 0x23에 1(읽기)을 붙인 바이트를 슬레이브에 보내고 2바이트의 조도 값을 읽음
- 읽은 2바이트로부터 조도 계산 : (firstByte*256+secondByte)/1.2

- [그림 8.7]과 같이 회로를 연결하고 아래의 스케치 프로그램을 업로드

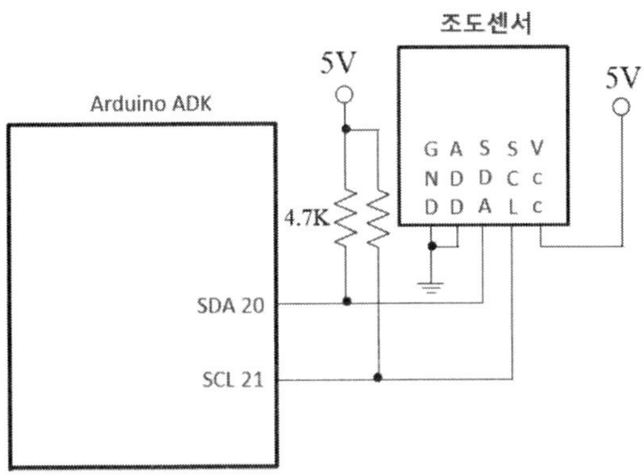

그림 8.7 실험 8-1 회로 연결

소스 프로그램 I2C_illumination_Read

```
#include <Wire.h> //I2C 라이브러리 삽입

byte lightSensorAddress=0x23; //7비트 조도센서 주소(0x00100011)
byte lightSensorCmd=0x10; //continously H-resolution mode 지정
byte numReadByte; // 조도센서로부터 읽을 바이트 수를 저장하는 변수 선언
byte firstByte, secondByte; // 조도센서로부터 읽을 2바이트를 저장할 변수 선언

void setup() {
  Serial.begin(9600); // 시리얼 모니터와 시리얼 개방, 통신속도 설정
  Wire.begin(); //I2C 객체 시작
}

void loop() {

  // H resolution mode instruction
  Serial.println("H resolution mode"); // 시리얼 모니터에 문자열 출력

  //조도센서 주소 0x23에 0(쓰기)을 붙인 값을 슬레이브에 전달
  Wire.beginTransmission(lightSensorAddress);
  Wire.write(lightSensorCmd); //"continously H-resolution mode"을 나타내는 커맨드 전달
  Wire.endTransmission(); //write() 함수에 의해버퍼에 저장된 바이트를 전송

  numReadByte=2; // 슬레이브 장치로부터 읽을 바이트 수 설정
  Wire.requestFrom(lightSensorAddress, numReadByte); //마스터가 슬레이브에 바이트
                                                     // 수 만큼의 데이터 요청

  if(Wire.available()) { // 슬레이브로부터 온 데이터가 있는지 확인
    firstByte=Wire.read(); // 첫 번째 바이트를 읽음
    secondByte=Wire.read(); // 두 번째 바이트를 읽음
  }

  float lux = (firstByte*256 + secondByte)/1.2; // 조도 값 계산

  Serial.print("illumination value : "); // 시리얼 모니터에 문자열 출력
  Serial.println(lux); // 시리얼 모니터에 조도 값 출력

  delay(5000); // 5초 지연
}
```

실험 8-2

BH1750FVI 조더 센서와 TC74A0-5.0VAT 온도 센서와 I2C 통신

- [그림 8.8]과 같이 2개의 I2C 슬레이브(조도센서, 온도센서)가 버스 형태로 통신 회선을 공유 즉, I2C 조도 센서와 온도센서의 SDA와 SCL 핀을 아두이노 메가보드 SDA(20번 핀)와 SCL(21번 핀)에 연결

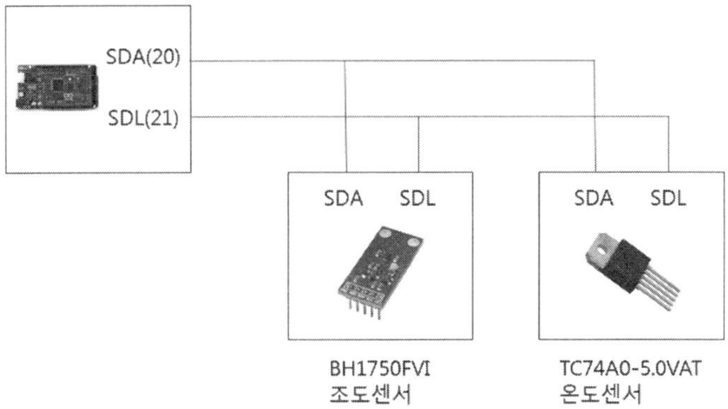

그림 8.8 조도센서와 온도센서 I2C 통신

- 공유된 SDA와 SCL 라인에 4.7KΩ의 풀업 저항 사용
- I2C 인터페이스를 갖는 BH1750FVI 조도 센서와 TC74A0-5.0VAT 온도 센서값을 5초마다 읽어 시리얼 모니터에 출력
- TC74A0-5.0VAT 온도 센서는 BH1750FVI 조도 센서는 데이터를 읽는 과정이 동일하나 TC74A0-5.0VAT 온도 센서 경우 7-비트 주소는 "1001000"로 16진수 0x48에 해당하고 센서에서 데이터를 가져오기 위해서는 [그림 8.9]와 같은 절차를 수행
  - 쓰기 모드에서 7비트 주소 0x48에 0(쓰기)을 붙인 값을 슬레이브에 보내고 섭씨 온도를 읽기 위해 커맨드로 0x00을 보냄
  - 이후 7비트 주소 0x48에 1(읽기)을 붙인 바이트를 슬레이브에 보내고 1바이트의 온도 값을 읽음

Read Byte Format

S	Address	WR	ACK	Command	ACK	S	Address	RD	ACK	Data	NACK	P
	7 Bits			8 Bits			7 Bits			8 Bits		

Slave Address

Command Byte: selects which register you are reading from.

Slave Address: repeated due to change in data-flow direction.

Data Byte: reads from the register set by the command byte.

Receive Byte Format

S	Address	RD	ACK	Data	NACK	P
	7 Bits			8 Bits		

S = START Condition
P = STOP Condition
Shaded = Slave Transmission

Data Byte: reads data from the register commanded by the last Read Byte or Write Byte transmission.

그림 8.9 TC74A0–5.0VAT 온도 센서에서 데이터를 가져오는 절차

- [그림 8.10]과 같이 회로를 연결하고 아래의 스케치 프로그램을 업로드

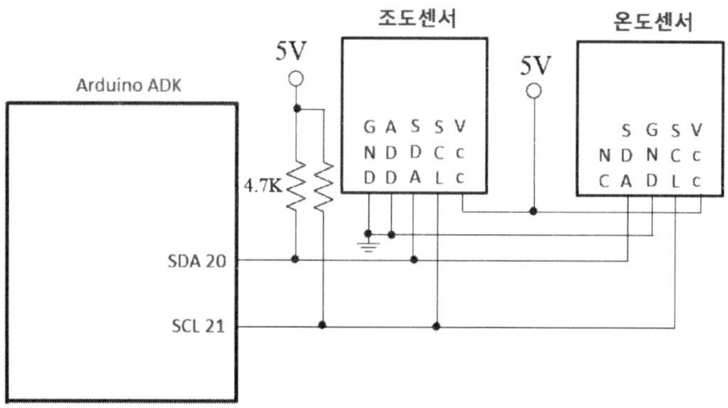

그림 8.10 실험 8-2 회로 연결

소스 프로그램 I2C_Temp_illumination_Ctrl

```
#include <Wire.h> //I2C 라이브러리 삽입

byte tempSensorAddress=0x48; //7비트 온도센서 주소 (0x01001000)
byte tempSensorCmd=0x00; // 섭씨온도를 읽어오기 위한 커맨드

byte lightSensorAddress=0x23; //7비트 조도센서 주소(0x00100011)
byte lightSensorCmd=0x10; //continously H-resolution mode 지정
```

```
byte numReadByte; // 슬레이브 장치로부터 읽을 바이트 수를 저장하는 변수 선언
byte readByte[2];  // 슬레이브 장치로부터 읽을 바이트를 저장할 변수 선언(최대2바이트)

void setup() {
  Serial.begin(9600); // 시리얼 모니터와 시리얼 개방, 통신속도 설정
  Wire.begin(); //I2C 객체 시작
}

// 지정된 슬레이브로부터 바이트 수 만큼 데이터를 읽어오기 위한 함수
void wireSensorCtrl(byte SensorAddress, byte SensorCmd, byte numByte, byte *dataByte) {
  //슬레이브 7비트 주소에 0(쓰기)을 붙인 값을 슬레이브에 전달
  Wire.beginTransmission(SensorAddress);
  Wire.write(SensorCmd); //커맨드를 슬레이브에 전달하기 위해 큐(버퍼)에 쓰기
  Wire.endTransmission(); //write() 함수에 의해 버퍼에 저장된 바이트를 전송

  //마스터가 슬레이브에 numByte 수 만큼의 데이터 요청
  Wire.requestFrom(SensorAddress, numByte);
  int i=0; // 반복해서 데이터를 저장하기 위한 변수 초기값
  while(Wire.available()) { // 슬레이브로부터 온 데이터가 있는지 확인
    *(dataByte+i)=Wire.read(); // 슬레이브로부터 온 데이터를 읽음
    i++; // 다음번 데이터를 저장하기 위해 1증가
  }
}

void loop() {
  numReadByte=1; // 슬레이브 장치로부터 읽을 바이트 수 설정

  // 온도센서로부터 온도 값을 읽어 오기 위한 함수 호출
  wireSensorCtrl(tempSensorAddress, tempSensorCmd, numReadByte, readByte);
  int Celsius=readByte[0]; //읽어온 1 바이트 온도 값을 변수에 저장

  Serial.print("Temperature : "); // 시리얼 모니터에 문자열 출력
  Serial.println((String)Celsius+ " C"); // 시리얼 모니터에 온도 값 출력

  // ------------------------------------
  numReadByte=2; // 슬레이브 장치로부터 읽을 바이트 수 설정
  // 조도센서로부터 조도 값을 읽어 오기 위한 함수 호출
  wireSensorCtrl(lightSensorAddress, lightSensorCmd, numReadByte, readByte);
  float lux = (readByte[0]*256 + readByte[1])/1.2; // 조도 값 계산
  Serial.print("illumination value : "); // 시리얼 모니터에 문자열 출력
  Serial.println(lux); // 시리얼 모니터에 조도 값 출력
  Serial.println(); // 한줄 띄우기

  delay(5000); // 5초 지연
}
```

제9장 I2C 통신을 활용한 자이로 및 가속도 센서 제어

실험에 필요한 부품

자이로 및 가속도 센서 모듈 (GY-521)	서보모터 (HES-288 플라스틱)	LED	1KΩ 저항	
1개	1개	4개	4개	
	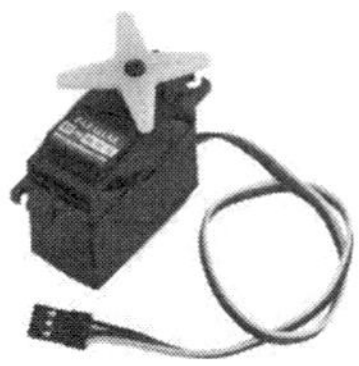			

9.1 자이로 센서 및 가속도 센서

9.1.1 자이로(Gyro)센서

- 자이로(Gyro) 센서 또는 자이로스코프(Gyroscope)라 불리며 운동하고 있는 물체의 한 축을 기준으로 1초 동안 물체가 회전한 각도 값을 검출하는 센서
- 예를 들어, 지구가 하루에 한 바퀴를 회전하므로 지구의 각속도는 360도/(60초×60분×24시간) = 약 0.004로 초당 0.004deg/sec 각속도를 가짐
- 물체를 나타내기 위하여 3가지 축이 있으며 명칭은 [그림 9.1]과 같음

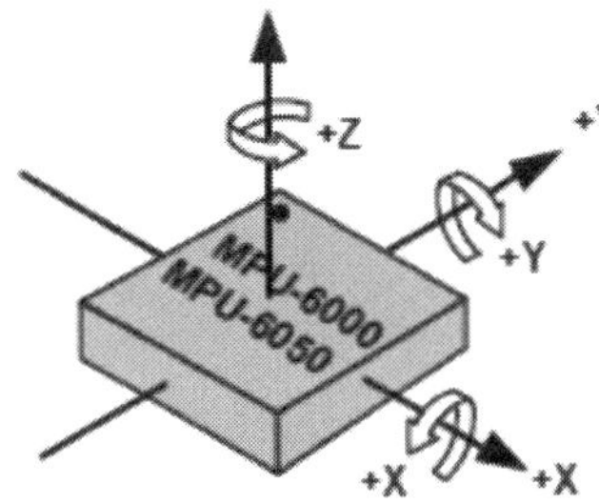

- Roll : 좌우 방향의 x축
- Pitch : 앞뒤방향의 y축
- Yaw : 상하방향의 z축

그림 9.1 3가지 축

- 자이로 센서는 운동 시 3축 각각에 대해 초당 회전각을 구해서 방향을 측정할 수 있음

9.1.2 가속도(Acceleration)센서

- 가속도센서는 물체가 특정 방향으로 직선운동을 할 경우 속도의 증감비를 측정하는 센서
- 모든 물체는 중력이 가해지는데 중력도 가속도의 하나이기 때문에 가속도센서는 기본적으로 항상 z축 방향으로 -g(중력가속도)값을 가지고 시작
- 만약 센서가 정지해 있는 상태에서 x축에서도 가속도 값이 나온다면 x축으로 기울어져 있다는 것을 알 수 있음
- 일반적으로 자이로센서는 단독으로 사용되기 보다는 가속도센서와 함께 사용되어 물체의 이동, 방향, 움직임을 감지하는데 활용

9.2 MPU6050 6축 자이로 및 가속도 센서 모듈 GY-521

- MPU6050은 가속도와 자이로센서가 1개의 센서에 모두 포함하고 있는 6축(DOF: Degrees of Freedom) 센서
- 6축인 이유는 자이로 3축과 가속도 3축이 더해 저 6축임
- MPU6050은 I2C 통신 프로토콜을 통해서 데이터를 추출
- 각 축의 아날로그 값을 내부 16비트 ADC를 사용해서 디지털 값으로 변환하여 출력

- 내부적으로 온도 센서가 포함되어 있어 온도 값도 측정해서 출력
- [그림 9.2]는 실험에 사용할 6축 자이로 및 가속도 센서 모듈 GY-521을 보여주며 [표 9.1]과 같은 주요특징을 갖음

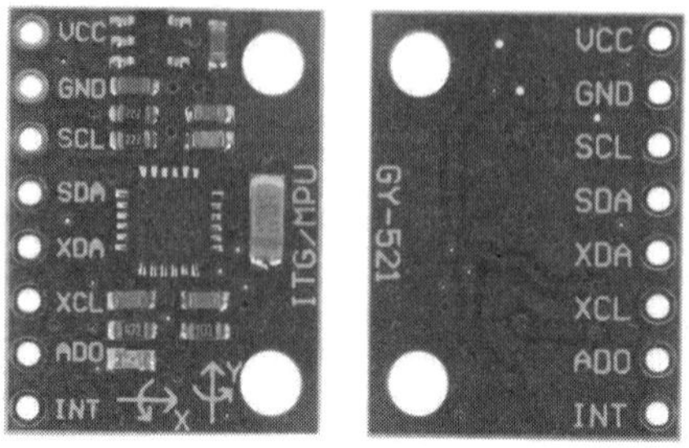

- VCC : 2.375V~3.46V (3.3V 연결)
- GND : 접지
- SCL : 아두이노 메가보드 SCL(21번 핀)에 연결
- SDA : 아두이노 메가보드 SDA(20번 핀)에 연결
- XDA : NC
- XCL : NC
- AD0 : HIGH, LOW에 따라 주소가 다름
- INT : NC

그림 9.2 GY-521 모듈

표 9.1 GY-521 모듈 주요특징

- I2C 인터페이스로 동작
- AD0 핀 값에 따라 2가지 형태의 I2C 슬레이브 주소
  - ADD 핀이 HIGH 일 때 7비트 슬레이브 주소 값 : 1101001 (0x69)
  - ADD 핀이 LOW 일 때 7비트 슬레이브 주소 값 : 1101000 (0x68)
- 디지털 3축 자이로 출력 (±250°/sec, ±500°/sec, ±1000°/sec, ±2000°/sec 범위로 프로그램 가능)
- 디지털 3축 가속도 출력 (±2g, ±4g, ±8g, ±16g 범위로 프로그램 가능)
- 16비트 ADC 내장 (가속도 및 자이로 값을 디지털 값으로 변환하여 출력)
- 온도 센서 내장

9.2.1 MPU-6050 센서를 제어하기 위한 레지스터 맵

■ 전력관리 레지스터

Register (Hex)	Register (Decimal)	Bit7	Bit6	Bit5	Bit4	Bit3	Bit2	Bit1	Bit0
6B	107	DEVICE_RESET	SLEEP	CYCLE	-	TEMP_DIS	CLKSEL[2:0]		

- 이 레지스터는 전력모드 및 클럭 소스를 설정하는데 이용되며 Bit6 (SLEEP)을 1로 설정하면 MPU-6050은 저전력 슬립모드로 들어 가고 0으로 설정하면 저전력 슬립모드가 비활성화 됨

■ 자이로스코프 구성 레지스터

Register (Hex)	Register (Decimal)	Bit7	Bit6	Bit5	Bit4	Bit3	Bit2	Bit1	Bit0
1B	27	XG_ST	YG_ST	ZG_ST	FS_SEL[1:0]		-	-	-

- 이 레지스터는 자이로스코프 자기 테스트(self-test) 수행 및 자이로스코프 출력 범위를 설정하는데 이용
  - Bit7 (XG_ST)을 1로 설정하면 X 축 자이로스코우프 자기 테스트를 실행
  - Bit6 (YG_ST)을 1로 설정하면 Y 축 자이로스코우프 자기 테스트를 실행
  - Bit5 (ZG_ST)을 1로 설정하면 Z 축 자이로스코우프 자기 테스트를 실행
  - FS_SEL은 2비트 부호 없는 값으로 자이로스코우프 출력 범위를 선택

FS_SEL	출력 범위
0	±250°/s
1	±500°/s
2	±1000°/s
3	±2000°/s

■ 가속도센서 구성 레지스터

Register (Hex)	Register (Decimal)	Bit7	Bit6	Bit5	Bit4	Bit3	Bit2	Bit1	Bit0
1C	28	XA_ST	YA_ST	ZA_ST	AFS_SEL[1:0]		-		

- 이 레지스터는 가속도 센서 자기 테스트(self-test) 수행 및 가속도 센서 출력 범위를 설정하는데 이용
  - Bit7 (XA_ST)을 1로 설정하면 X 축 가속도 센서 자기 테스트를 실행
  - Bit6 (YA_ST)을 1로 설정하면 Y 축 가속도 센서 자기 테스트를 실행
  - Bit5 (ZA_ST)을 1로 설정하면 Z 축 가속도 센서 자기 테스트를 실행
  - AFS_SEL은 2비트 부호 없는 값으로 가속도 센서 출력 범위를 선택

AFS_SEL	출력 범위
0	±2g
1	±4g
2	±8g
3	±16g

■ 온도측정 레지스터

Register (Hex)	Register (Decimal)	Bit7	Bit6	Bit5	Bit4	Bit3	Bit2	Bit1	Bit0
41	65	TEMP_OUT[15:8]							
42	66	TEMP_OUT[7:0]							

- 이 레지스터는 가장 최근의 온도 센서 측정 값을 저장. 41H에 위치한 레지스터에 상위바이트가 저장되며 42H에 위치한 레지스터에 하위바이트가 저장
- 읽은 2바이트로부터 온도 계산 방법
  - TEMP_OUT 레지스터 값 = TEMP_OUT[15:8] × 256 + TEMP_OUT[7:0]
  - 온도 값 [C] = (TEMP_OUT 레지스터 값)/340.0 + 36.53;

■ 가속도측정 레지스터

Register (Hex)	Register (Decimal)	Bit7	Bit6	Bit5	Bit4	Bit3	Bit2	Bit1	Bit0
3B	59	ACCEL_XOUT[15:8]							
3C	60	ACCEL_XOUT[7:0]							
3D	61	ACCEL_YOUT[15:8]							
3E	62	ACCEL_YOUT[7:0]							
3F	63	ACCEL_ZOUT[15:8]							
40	64	ACCEL_ZOUT[7:0]							

- 이 레지스터는 가장 최근의 가속도 측정 값을 저장
- x축 가속도 값 ACCEL_XOUT은 3BH에 위치한 레지스터에 상위바이트가 저장되며 3CH에 위치한 레지스터에 하위바이트가 저장
- y축 가속도 값 ACCEL_YOUT은 3DH에 위치한 레지스터에 상위바이트가 저장되며 3EH에 위치한 레지스터에 하위바이트가 저장
- z축 가속도 값 ACCEL_ZOUT은 3FH에 위치한 레지스터에 상위바이트가 저장되며 40H에 위치한 레지스터에 하위바이트가 저장
- 출력 범위에 따른 민감도는 다음과 같음

AFS_SEL	출력 범위	LSB 민감도
0	±2g	16384 LSB/g
1	±4g	8192 LSB/g
2	±8g	4096 LSB/g
3	±16g	2048 LSB/g

■ 자이로측정 레지스터

Register (Hex)	Register (Decimal)	Bit7	Bit6	Bit5	Bit4	Bit3	Bit2	Bit1	Bit0
43	67	GYRO_XOUT[15:8]							
44	68	GYRO_XOUT[7:0]							
45	69	GYRO_YOUT[15:8]							
46	70	GYRO_YOUT[7:0]							
47	71	GYRO_ZOUT[15:8]							
48	72	GYRO_ZOUT[7:0]							

- 이 레지스터는 가장 최근의 자이로 측정 값을 저장
- x축 자이로 값 GYRO_XOUT은 43H에 위치한 레지스터에 상위바이트가 저장되며 44H에 위치한 레지스터에 하위바이트가 저장
- y축 자이로 값 GYRO_YOUT은 45H에 위치한 레지스터에 상위바이트가 저장되며 46H에 위치한 레지스터에 하위바이트가 저장
- z축 자이로 값 GYRO_ZOUT은 47H에 위치한 레지스터에 상위바이트가 저장되며 48H에 위치한 레지스터에 하위바이트가 저장
- 출력 범위에 따른 민감도는 다음과 같음

FS_SEL	출력 범위	LSB 민감도
0	±250°/s	131 LSB/°/s
1	±500°/s	65.5 LSB/°/s
2	±1000°/s	32.8 LSB/°/s
3	±2000°/s	16.4 LSB/°/s

9.2.2 MPU-6050 센서를 제어하기 위한 I2C 통신 프로토콜

■ 쓰기 모드

- 단일 바이트 쓰기

Master	S	AD+W		RA		DATA		P
Slave			ACK		ACK		ACK	

① 마스터는 시작조건(Start Condition) 신호를 발생

② 슬레이브의 7비트 주소와 R/W 플래그에 '0'(1bit)을 전송

③ 슬레이브가 신호를 제대로 수신하였다면 슬레이브는 마스터에게 ACK신호(LOW '0')를 발생

④ ACK 신호를 수신한 마스터는 Register Address(데이터를 쓸 장소)를 슬레이브에게 전송하고 슬레이브로부터 ACK 신호를 수신

⑤ 마스터는 ACK를 확인하고 쓰고자 하는 데이터를 전송

⑥ 마스터는 슬레이브로부터 ACK신호를 수신하고 스톱조건(Stop Condition)신호를 발생

- 다중 바이트 쓰기

Master	S	AD+W		RA		DATA		DATA		P
Slave			ACK		ACK		ACK		ACK	

■ 읽기 모드

- 단일 바이트 읽기

Master	S	AD+W		RA		S	AD+R			NACK	P
Slave			ACK		ACK			ACK	DATA		

① 마스터는 시작조건(Start Condition) 신호를 발생

② 슬레이브의 7비트 주소와 R/W 플래그에 '0'(1bit)을 전송

③ 슬레이브가 신호를 제대로 수신하였다면 슬레이브는 마스터에게 ACK신호(LOW '0')를 발생

④ ACK 신호를 수신한 마스터는 Register Address(데이터를 읽을 장소, 또는 명령어)를 슬레이브에게 전송하고 슬레이브로부터 ACK 신호를 수신

⑤ 마스터는 슬레이브로부터 ACK신호를 수신하고 스톱조건(Stop Condition)신호를 발생

⑥ 마스터는 시작조건(Start Condition) 신호를 발생

⑦ 슬레이브의 7비트 주소와 R/W 플래그에 '1'(1bit)을 전송

⑧ 슬레이브가 신호를 제대로 수신하였다면 슬레이브는 마스터에게 ACK신호(LOW '0')를 발생

⑨ 슬레이브는 ACK신호를 발생하고 이어서 데이터를 전송

⑩ 마스터는 슬레이브가 보낸 데이터를 받고 ACK신호를 발생

⑪ 마스터는 스톱조건(Stop Condition)신호를 발생

- 다중 바이트 읽기

Master	S	AD+W		RA		S	AD+R			ACK		NACK	P
Slave			ACK		ACK			ACK	DATA		DATA		

■ 각 모드에서 사용한 용어는 [표 9.2]와 같음

표 9.2 사용한 용어 정리

신호	설명
S	스타트조건
AD	슬레이브 I2C 주소
W	쓰기 비트 (0)
R	읽기 비트 (1)
ACK	acknowledge
NACK	Not-acknowledge
RA	MPU-6050 내부 레지스터 주소
DATA	송신 또는 수신 데이터
P	스톱조건

실험 9-1

GY521 모듈로부터 온도 값을 읽어와 시리얼 모니터에 출력

- I2C 인터페이스를 갖는 6축 자이로 및 가속도 센서 모듈 GY521에 내장된 온도센서 값을 5초마다 읽어 시리얼 모니터에 출력
- GY521 모듈의 SDA와 SCL 핀을 아두이노 메가 ADK 보드 SDA(20번 핀)와 SCL(21번 핀)에 연결
- SDA와 SCL 라인에 4.7KΩ의 풀업 저항 사용
- GY521 모듈의 AD0 핀에 HIGH를 인가하느냐 LOW를 인가하느냐에 따라 I2C 슬레이브 주소는 상이한데 ADD 핀에 LOW을 인가하여 7비트 슬레이브 주소 1101000 (0x68)을 이용
- [그림 9.3]과 같이 회로를 연결하고 아래의 스케치 프로그램을 업로드

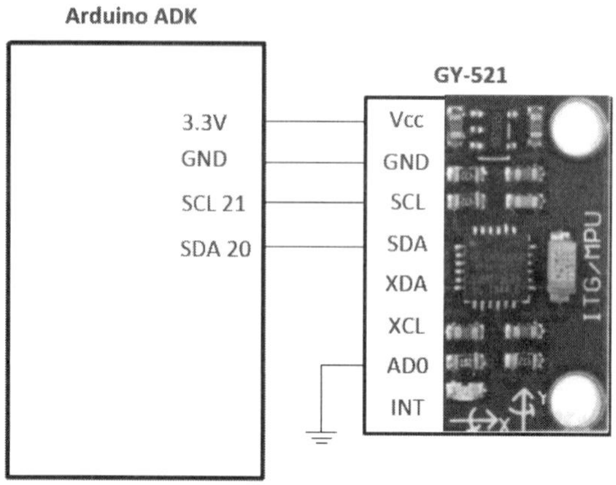

그림 9.3 실험 9-1 회로 연결

소스 프로그램 GY521_TempReading

```
#include <Wire.h> //I2C 라이브러리 삽입

long tempData; // 2바이트 레지스터 값 저장 변수
float currentTemp; // 온도값 저장 변수

void setup() {
  Serial.begin(9600); // 시리얼 모니터와 시리얼 개방, 통신속도 설정
  Wire.begin(); //I2C 객체 시작
  setupMPU(); //MPU6050 설정
}

void loop() {
  recordTempRegisters(); //MPU6050 내장 온도센서에서 온도값 읽어 오기
  printData(); // 온도값을 시리얼모니터에 출력
  delay(2000); // 2초 지연
}

void setupMPU(){
  // I2C 슬레이브 주소로 AD0가 LOW이면 0x68, HIGH이면 0x69
  Wire.beginTransmission(0b1101000);
  Wire.write(0x6B); // 레지스터 주소 선택 (6B - Power Management)
  Wire.write(0b00000000); // 그 주소에 데이터 전송 : SLEEP register to 0.
```

```
  Wire.endTransmission(); //write() 함수에 의해 버퍼에 저장된 바이트를 전송

  // I2C 슬레이브 주소로 AD0가 LOW이면 0x68, HIGH이면 0x69
  Wire.beginTransmission(0b1101000);
  Wire.write(0x1B); // 레지스터 주소 선택 (1B - Gyroscope Configuration)
  Wire.write(0x00000000); // 그 주소에 데이터 전송 (자이로센서를 ±250°/s 로 설정)
  Wire.endTransmission(); //write() 함수에 의해 버퍼에 저장된 바이트를 전송
  // I2C 슬레이브 주소로 AD0가 LOW이면 0x68, HIGH이면 0x69
  Wire.beginTransmission(0b1101000);
  Wire.write(0x1C); // 레지스터 주소 선택 (1C - Acccelerometer Configuration)
  Wire.write(0b00000000); //그 주소에 데이터 전송 (가속도 센서를 ±2g로 설정)
  Wire.endTransmission(); //write() 함수에 의해 버퍼에 저장된 바이트를 전송
}

void recordTempRegisters() {
  // I2C 슬레이브 주소로 AD0가 LOW이면 0x68, HIGH이면 0x69
  Wire.beginTransmission(0b1101000);
  Wire.write(0x41); // 온도를 읽기위한 시작 레지스터
  Wire.endTransmission(); //write() 함수에 의해 버퍼에 저장된 바이트를 전송
  Wire.requestFrom(0b1101000,2); //마스터가 슬레이브에 2 바이트 데이터 요청
  while(Wire.available() < 2); // 2바이트 수신 대기
  tempData = (Wire.read() << 8) | Wire.read(); // 2바이트 레지스터 값 계산
  processTempData(); // 온도값 계산
}

void processTempData(){
  currentTemp = tempData/340.0 + 36.53; // 온도값 계산
}

void printData() {
  Serial.print(" Current Temperature : "); // 시리얼모니터에 값 출력
  Serial.println(currentTemp); // 시리얼모니터에 값 출력
}
```

[결과]

- 프로그램을 업로드 하면 [그림 9.4]와 같이 현재 온도가 시리얼모니터에 출력 됨

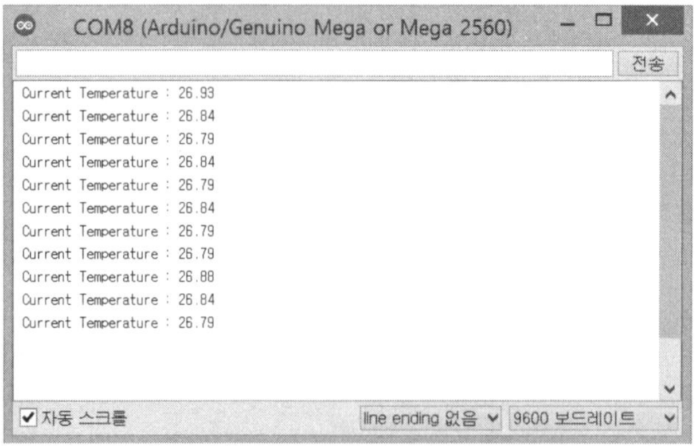

그림 9.4 GY521에 내장된 온도센서 값 출력

실험 9-2

GY521 모듈 X축을 기울이며 서보모터 제어

- 초기 서보모터는 0°에 위치
- 평평한 위치에 있는 GY521 모듈 +X축을 위로 올리면 [그림 9.5]와 같이 x축의 가속도 민감도 값이 0에서 1까지 증가

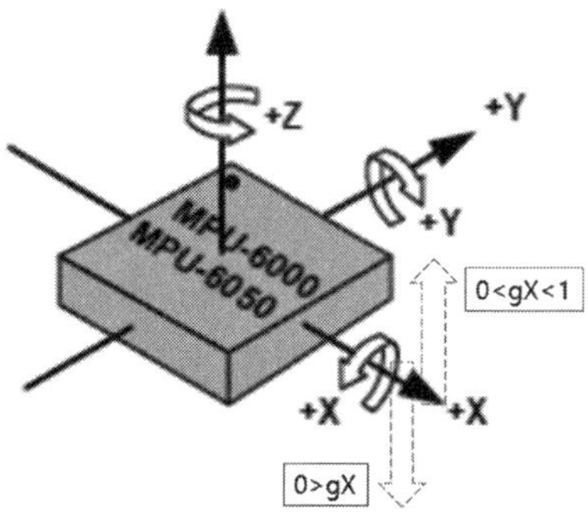

그림 9.5

- 이 값을 가지고 서보모터의 위치를 제어하기 위하여 x축의 가속도 민감도 값 0~1까지를 0에서 100까지로 만들기 위해 100배 증가
- +X축을 아래 방향으로 기울이면 음수 값을 가질 수 있으므로 constrain 함수를 사용하여 크기 값을 0~100까지로 제한

constrain(x,a,b)		
기능	값을 범위 내로 제한해주는 함수	
매개변수	x	제한하려는 값, 모든 데이터 형 가능
	a	하한 범위, 모든 데이터 형 가능
	b	상한 범위, 모든 데이터 형 가능
리턴 값	모든 데이터 형 가능	x : x가 a와 b 사이인 경우 a : x가 a보다 작은 경우 b : x가 b보다 큰 경우

• 0~100까지의 값을 0~180 값으로 map 함수를 사용하여 매핑하고 서보모터 위치를 제어

Int map(value, fromLow, fromHigh, toLow, toHigh)		
기능	한 범위의 수를 다른 범위의 수로 매핑해주는 함수 fromLow와 fromHigh사이의 값은 toLow와 toHigh사이 값으로 매핑 (선형으로 매핑되며 입력 값을 제한하지는 않음)	
매개변수	value	매핑할값
	fromLow,fromHIGH	입력 값의 범위(하한 값, 상한 값)
	toLow, toHigh	매핑 값의 범위(하한 값, 상한 값)
리턴 값	int	매핑된값

• [그림 9.6]과 같이 회로를 연결하고 아래의 스케치 프로그램을 업로드

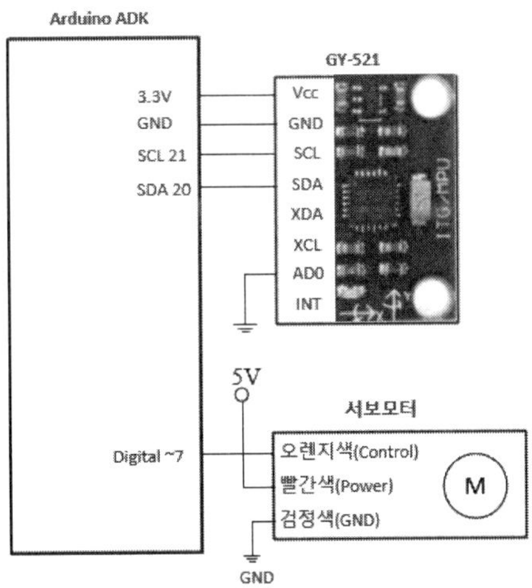

그림 9.6 실험 9-2 회로 연결

소스 프로그램 GY521_ServoCtrl

```
#include <Wire.h> //I2C 라이브러리 삽입
#include <Servo.h> //서보 라이브러리 삽입

const int servoPin=7; //서보에 연결된 핀 번호 변수 정의

Servo myServo; // myServo 객체 생성
int pos=0; // 서보 위치 값을 저장하는 변수 (초기값 0)

long accelX, accelY, accelZ; // X축, Y축, Z축 가속도 값을 저장하는 변수 정의
float gForceX, gForceY, gForceZ; // X축, Y축, Z축 민감도 (중력가속도 1g에 대한 값)를
                                  // 저장하는 변수 정의

long gyroX, gyroY, gyroZ; // X축, Y축, Z축 자이로 값을 저장하는 변수 정의
float rotX, rotY, rotZ; // 자이로 X축, Y축, Z축 민감도 (초당 1도에 대한 값)를 저장하는 변수 정의

void setup() {
  Serial.begin(9600); // 시리얼 모니터와 시리얼 개방, 통신속도 설정
  Wire.begin(); //I2C 객체 시작
  setupMPU(); //MPU6050 설정
  myServo.attach(servoPin); // servoPin에 연결된 서보모터를 초기화
  myServo.write(pos); // 지정된 위치로 서보 이동
}

void loop() {
  recordAccelRegisters(); //MPU6050 가속도측정 레지스터에서 가속도 민감도 값 읽어 오기
  recordGyroRegisters(); //MPU6050 자이로측정 레지스터에서 자이로 민감도 값 읽어 오기
  int scaledgForceX = (int) (gForceX * 100); // gForceX의 값을 100배 키움
  scaledgForceX = constrain(scaledgForceX, 0, 100); // 0~100 사이 값으로 제한
  pos = map(scaledgForceX, 0, 100, 0, 180); // 0~100을 0~180으로 매핑
  myServo.write(pos); // 지정된 위치로 서보 이동
  printData(); // 자이로와 가속도 민감도 값을 출력
  Serial.print(" ==> ");
  Serial.println(pos); // 서보 위치 값을 출력

  delay(10); // 10ms 지연
}

void setupMPU(){
  // I2C 슬레이브 주소로 AD0가 LOW이면 0x68, HIGH이면 0x69
```

```
  Wire.beginTransmission(0b1101000);
  Wire.write(0x6B); // 레지스터 주소 선택 (6B - Power Management)
  Wire.write(0b00000000); // 그 주소에 데이터 전송 : SLEEP register to 0.
  Wire.endTransmission(); //write() 함수에 의해 버퍼에 저장된 바이트를 전송

  // I2C 슬레이브 주소로 AD0가 LOW이면 0x68, HIGH이면 0x69
  Wire.beginTransmission(0b1101000);
  Wire.write(0x1B); // 레지스터 주소 선택 (1B - Gyroscope Configuration)
  Wire.write(0x00000000); // 그 주소에 데이터 전송 (자이로센서를 +/- 250deg./s 로 설정)
  Wire.endTransmission(); //write() 함수에 의해 버퍼에 저장된 바이트를 전송

  // I2C 슬레이브 주소로 AD0가 LOW이면 0x68, HIGH이면 0x69
  Wire.beginTransmission(0b1101000);
  Wire.write(0x1C); // 레지스터 주소 선택 (1C - Acccelerometer Configuration)
  Wire.write(0b00000000); //그 주소에 데이터 전송 (가속도 센서를 +/- 2g로 설정)
  Wire.endTransmission(); //write() 함수에 의해 버퍼에 저장된 바이트를 전송
}

void recordAccelRegisters() {
  // I2C 슬레이브 주소로 AD0가 LOW이면 0x68, HIGH이면 0x69
  Wire.beginTransmission(0b1101000);
  Wire.write(0x3B); // 가속도를 읽어 내기 위한 시작 레지스터
  Wire.endTransmission(); //write() 함수에 의해 버퍼에 저장된 바이트를 전송
  Wire.requestFrom(0b1101000,6); // 가속도 레지스터의 6바이트 데이터를 요청 (3B - 40)
  while(Wire.available() < 6); // 6바이트 수신을 기다림
  accelX = Wire.read()<<8|Wire.read(); // 처음 두 바이트를 accelX에 저장
  accelY = Wire.read()<<8|Wire.read(); // 다음 두 바이트를 accelY에 저장
  accelZ = Wire.read()<<8|Wire.read(); // 마지막 두 바이트를 accelZ에 저장
  processAccelData(); // 출력 범위에 따른 민감도 계산
}

void processAccelData(){
  gForceX = accelX / 16384.0; // X축 민감도 (중력가속도 1g에 대한 값)
  gForceY = accelY / 16384.0; // Y축 민감도 (중력가속도 1g에 대한 값)
  gForceZ = accelZ / 16384.0; // Z축 민감도 (중력가속도 1g에 대한 값)
}

void recordGyroRegisters() {
  // I2C 슬레이브 주소로 AD0가 LOW이면 0x68, HIGH이면 0x69
  Wire.beginTransmission(0b1101000);
```

```
  Wire.write(0x43); // 자이로를 읽어 내기 위한 시작 레지스터
  Wire.endTransmission(); //write() 함수에 의해 버퍼에 저장된 바이트를 전송
  Wire.requestFrom(0b1101000,6); // 자이로 레지스터의 6바이트 데이터를 요청 (43 - 48)
  while(Wire.available() < 6); // 6바이트 수신을 기다림
  gyroX = Wire.read()<<8|Wire.read(); // 처음 두 바이트를 gyroX에 저장
  gyroY = Wire.read()<<8|Wire.read(); // 다음 두 바이트를 gyroY에 저장
  gyroZ = Wire.read()<<8|Wire.read(); // 마지막 두 바이트를 gyroZ에 저장
  processGyroData(); // 출력 범위에 따른 민감도 계산
}

void processGyroData() {
  rotX = gyroX / 131.0; // 자이로 X축 민감도 (초당 1도에 대한 값)
  rotY = gyroY / 131.0; // 자이로 Y축 민감도 (초당 1도에 대한 값)
  rotZ = gyroZ / 131.0; // 자이로 Z축 민감도 (초당 1도에 대한 값)
}

void printData() {  // 값 출력
  Serial.print("Gyro (deg)");
  Serial.print(" X=");
  Serial.print(rotX);
  Serial.print(" Y=");
  Serial.print(rotY);
  Serial.print(" Z=");
  Serial.print(rotZ);
  Serial.print(" Accel (g)");
  Serial.print(" X=");
  Serial.print(gForceX);
  Serial.print(" Y=");
  Serial.print(gForceY);
  Serial.print(" Z=");
  Serial.print(gForceZ);
}
```

[결과]

- 프로그램을 업로드 하고 GY521 모듈이 거의 평지에 있는 경우 [그림 9.7]과 같이 x축 가속도 민감도 값은 거의 0 값을 가짐

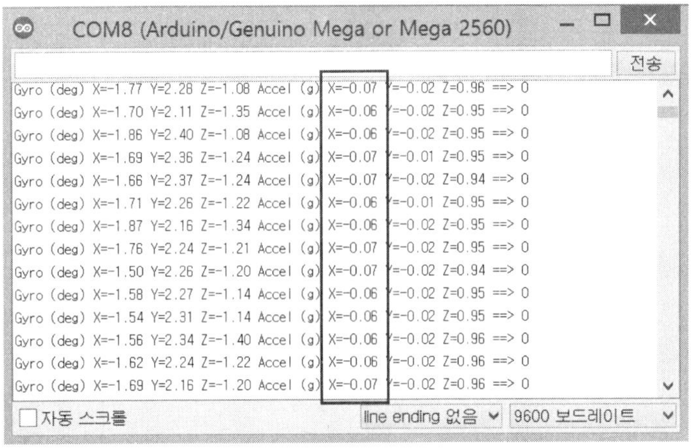

그림 9.7

- 평평한 위치에 있는 GY521 모듈 +X축을 위로 올리면 [그림 9.8]과 같이 x축의 가속도 민감도 값이 증가하는 것을 확인 할 수 있음

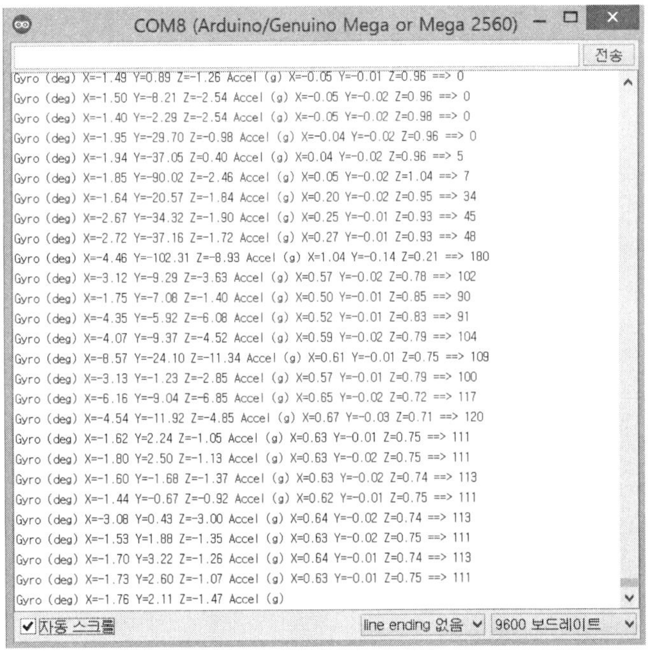

그림 9.8

실험 9-3

GY521 모듈을 X축, Y축, Z축으로 기울이며 LED 제어

- LED를 [그림 9.9]와 같이 사각형 형태로 배열

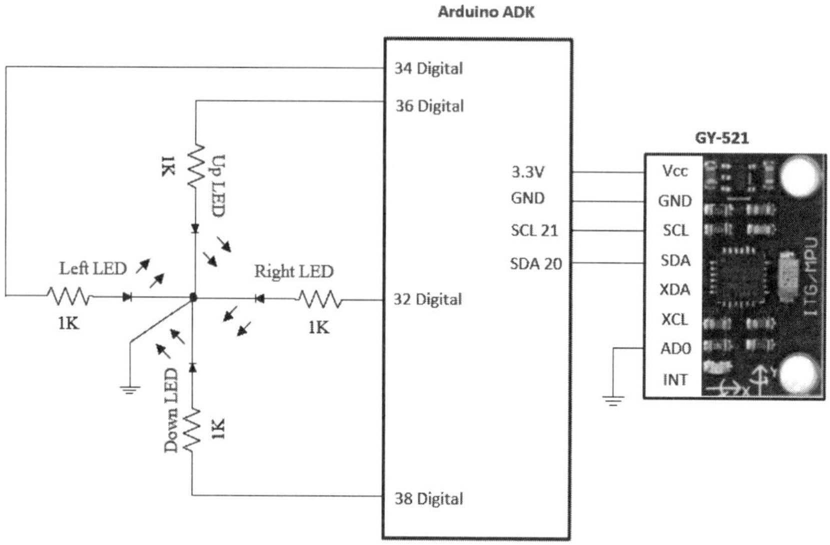

그림 9.9 실험 9-3 회로 연결

- GY521 모듈을 +X축으로 올려 x, y, z축의 가속도 센서 값이 [그림 9.10]과 같을 때 오른쪽 LED (Right LED)를 켜기
- GY521 모듈을 -X축으로 올려 x, y, z축의 가속도 센서 값이 [그림 9.10]과 같을 때 왼쪽 LED (Left LED)를 켜기
- GY521 모듈을 +Y축으로 올려 x, y, z축의 가속도 센서 값이 [그림 9.10]과 같을 때 위쪽 LED (Up LED)를 켜기
- GY521 모듈을 -Y축으로 올려 x, y, z축의 가속도 센서 값이 [그림 9.10]과 같을 때 아래쪽 LED (Down LED)를 켜기
- GY521 모듈의 +Z축 가속도 센서 값이 [그림 9.10]과 같을 때 모든 LED를 끄기
- GY521 모듈의 +Z축이 -Z축으로 뒤집어져 x, y, z축의 가속도 센서 값이 [그림 9.10]과 같을 때 모든 LED를 켜기

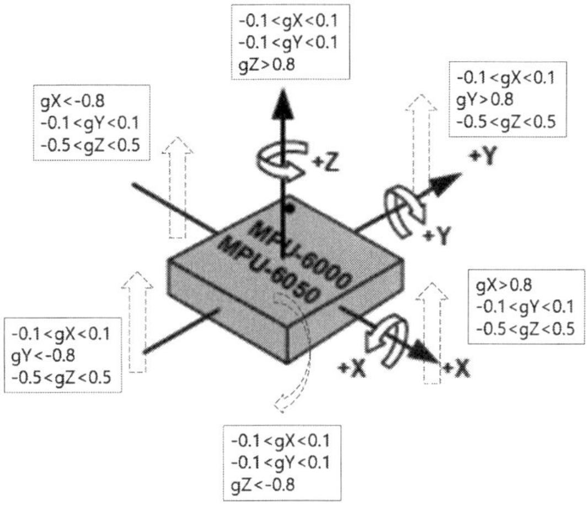

그림 9.10

소스 프로그램 GY521_LEDCtrl

```
#include <Wire.h> //I2C 라이브러리 삽입

const int leftLedPin=32; // 왼쪽 LED에 연결된 핀 번호
const int rightLedPin=34; // 오른쪽 LED에 연결된 핀 번호
const int upLedPin=36; // 위쪽 LED에 연결된 핀 번호
const int downLedPin=38; // 아래쪽 LED에 연결된 핀 번호

long accelX, accelY, accelZ; // X축, Y축, Z축 가속도 값을 저장하는 변수 정의
float gForceX, gForceY, gForceZ; // X축, Y축, Z축 민감도 (중력가속도 1g에 대한 값)를
                                 // 저장하는 변수 정의
long gyroX, gyroY, gyroZ; // X축, Y축, Z축 자이로 값을 저장하는 변수 정의
float rotX, rotY, rotZ; //자이로 X축, Y축, Z축 민감도 (초당 1도에 대한 값)를 저장하는 변수 정의

void setup() {
  pinMode(leftLedPin, OUTPUT); // 왼쪽 LED를 출력으로 설정
  digitalWrite(leftLedPin, LOW); // 왼쪽 LED에 LOW 출력
  pinMode(rightLedPin, OUTPUT); // 오른쪽 LED를 출력으로 설정
  digitalWrite(rightLedPin, LOW); //오른쪽 LED에 LOW 출력
  pinMode(upLedPin, OUTPUT); // 위쪽 LED를 출력으로 설정
  digitalWrite(upLedPin, LOW); //위쪽 LED에 LOW 출력
  pinMode(downLedPin, OUTPUT); // 아래쪽 LED를 출력으로 설정
```

```
  digitalWrite(downLedPin, LOW); //아래쪽 LED에 LOW 출력
  Serial.begin(9600); // 시리얼 모니터와 시리얼 개방, 통신속도 설정
  Wire.begin(); //I2C 객체 시작
  setupMPU(); //MPU6050 설정
}

void loop() {
  recordAccelRegisters(); //MPU6050 가속도측정 레지스터에서 가속도 민감도 값 읽어 오기
  recordGyroRegisters(); //MPU6050 자이로측정 레지스터에서 자이로 민감도 값 읽어 오기

  if(gForceX < -0.8 ) digitalWrite(leftLedPin, HIGH); // X축 범위 확인
  else digitalWrite(leftLedPin, LOW);

  if(gForceX > 0.8 ) digitalWrite(rightLedPin, HIGH); // X축 범위 확인
  else digitalWrite(rightLedPin, LOW);

  if(gForceY < -0.8 ) digitalWrite(upLedPin, HIGH); // Y축 범위 확인
  else digitalWrite(upLedPin, LOW);

  if(gForceY > 0.8 ) digitalWrite(downLedPin, HIGH); // Y축 범위 확인
  else digitalWrite(downLedPin, LOW);

  if(gForceZ > 0.8 ) { // Z축 범위 확인
    digitalWrite(leftLedPin, LOW);
    digitalWrite(rightLedPin, LOW);
    digitalWrite(upLedPin, LOW);
    digitalWrite(downLedPin, LOW);
  }
  else if (gForceZ < -0.8) { // Z축 범위 확인
    digitalWrite(leftLedPin, HIGH);
    digitalWrite(rightLedPin, HIGH);
    digitalWrite(upLedPin, HIGH);
    digitalWrite(downLedPin, HIGH);
  }

  printData(); // 값 출력
  Serial.println(); // 다음 줄로 이동
  delay(100); // 100ms 지연
}
```

```
void setupMPU(){
  // I2C 슬레이브 주소로 AD0가 LOW이면 0x68, HIGH이면 0x69
  Wire.beginTransmission(0b1101000);
  Wire.write(0x6B); // 레지스터 주소 선택 (6B - Power Management)
  Wire.write(0b00000000); // 그 주소에 데이터 전송 : SLEEP register to 0.
  Wire.endTransmission(); //write() 함수에 의해 버퍼에 저장된 바이트를 전송

  // I2C 슬레이브 주소로 AD0가 LOW이면 0x68, HIGH이면 0x69
  Wire.beginTransmission(0b1101000);
  Wire.write(0x1B); // 레지스터 주소 선택 (1B - Gyroscope Configuration)
  Wire.write(0x00000000); // 그 주소에 데이터 전송 (자이로센서를 +/- 250deg./s 로 설정)
  Wire.endTransmission(); //write() 함수에 의해 버퍼에 저장된 바이트를 전송

  // I2C 슬레이브 주소로 AD0가 LOW이면 0x68, HIGH이면 0x69
  Wire.beginTransmission(0b1101000);
  Wire.write(0x1C); // 레지스터 주소 선택 (1C - Acccelerometer Configuration)
  Wire.write(0b00000000); //그 주소에 데이터 전송 (가속도 센서를 +/- 2g로 설정)
  Wire.endTransmission(); //write() 함수에 의해 버퍼에 저장된 바이트를 전송
}

void recordAccelRegisters() {
  // I2C 슬레이브 주소로 AD0가 LOW이면 0x68, HIGH이면 0x69
  Wire.beginTransmission(0b1101000);
  Wire.write(0x3B); // 가속도를 읽어 내기 위한 시작 레지스터
  Wire.endTransmission(); //write() 함수에 의해 버퍼에 저장된 바이트를 전송
  Wire.requestFrom(0b1101000,6); // 가속도 레지스터의 6바이트 데이터를 요청 (3B - 40)
  while(Wire.available() < 6); // 6바이트 수신을 기다림
  accelX = Wire.read()<<8|Wire.read(); // 처음 두 바이트를 accelX에 저장
  accelY = Wire.read()<<8|Wire.read(); // 다음 두 바이트를 accelY에 저장
  accelZ = Wire.read()<<8|Wire.read(); // 마지막 두 바이트를 accelZ에 저장
  processAccelData(); // 출력 범위에 따른 민감도 계산
}

void processAccelData(){
  gForceX = accelX / 16384.0; // X축 민감도 (중력가속도 1g에 대한 값)
  gForceY = accelY / 16384.0; // Y축 민감도 (중력가속도 1g에 대한 값)
  gForceZ = accelZ / 16384.0; // Z축 민감도 (중력가속도 1g에 대한 값)
}

void recordGyroRegisters() {
```

```
  // I2C 슬레이브 주소로 AD0가 LOW이면 0x68, HIGH이면 0x69
  Wire.beginTransmission(0b1101000);
  Wire.write(0x43); // 자이로를 읽어 내기 위한 시작 레지스터
  Wire.endTransmission(); //write() 함수에 의해 버퍼에 저장된 바이트를 전송
  Wire.requestFrom(0b1101000,6); // 자이로 레지스터의 6바이트 데이터를 요청 (43 - 48)
  while(Wire.available() < 6); // 6바이트 수신을 기다림
  gyroX = Wire.read()<<8|Wire.read(); // 처음 두 바이트를 gyroX에 저장
  gyroY = Wire.read()<<8|Wire.read(); // 다음 두 바이트를 gyroY에 저장
  gyroZ = Wire.read()<<8|Wire.read(); // 마지막 두 바이트를 gyroZ에 저장
  processGyroData(); // 출력 범위에 따른 민감도 계산
}

void processGyroData() {
  rotX = gyroX / 131.0; // 자이로 X축 민감도 (초당 1도에 대한 값)
  rotY = gyroY / 131.0; // 자이로 Y축 민감도 (초당 1도에 대한 값)
  rotZ = gyroZ / 131.0; // 자이로 Z축 민감도 (초당 1도에 대한 값)
}

void printData() {  // 값 출력
  Serial.print("Gyro (deg)");
  Serial.print(" X=");
  Serial.print(rotX);
  Serial.print(" Y=");
  Serial.print(rotY);
  Serial.print(" Z=");
  Serial.print(rotZ);
  Serial.print(" Accel (g)");
  Serial.print(" X=");
  Serial.print(gForceX);
  Serial.print(" Y=");
  Serial.print(gForceY);
  Serial.print(" Z=");
  Serial.print(gForceZ);
}
```

제10장 SPI 통신을 활용한 센서 제어

실험에 필요한 부품

micro SD 모듈 (NS-SD-04)	DS1307 RTC 모듈	자석스위치	4.7KΩ 저항	micro SD 카드 (16 GB)
1개	1개	1개	5개	1개

디지털가변저항 (MCP4231 103E)	조도 센서 (BH1750FVI)	부저 (SM-1212C)		
1개	1개	1개		
		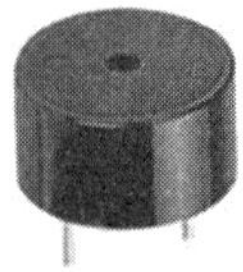		

10.1 SPI 통신

10.1.1 SPI(serial Peripheral Interface) 통신

- SPI 인터페이스는 두 개 이상의 주변장치 간에 데이터 통신을 목적으로 모토롤라에서 개발한 직렬 통신 방식

- 그 중 하나가 마스터(보통 마이크로 프로세서)이고 하나 이상의 슬레이브 장치가 전이중(Full Duplex) 방식으로 동작하는데, 이는 데이터가 양방향으로 동시에 전달될 수 있음을 의미
- SPI 인터페이스는 [표 10.1]과 같이 MOSI, SCK, MISO, CS(또는 SS)의 4가지 신호를 사용하여 통신. 마스터는 슬레이브에 MOSI, SCK, CS(또는 SS) 신호를 출력하고, MISO 신호는 슬레이브로부터 입력 받음

표 10.1 SPI인터페이스 신호

신호 선 이름	설명	마스터	슬레이브
MOSI	Master Out Slave In	출력	입력
MISO	Master In Slave Out	입력	출력
SCK	Serial Clock	출력	입력
$\overline{SS}$	Slave Select	출력	입력

- SPI 인터페이스와 I2C 인터페이스를 비교한 표를 [표 10.2]에 나타냄

표 10.2 SPI 인터페이스와 I2C 인터페이스 비교

	SPI	I2C
통신속도	고속	저속
통신방식	양방향 직렬통신	단방향 직렬통신
풀업	풀업저항 불 필요	풀업저항 필요
통신회선	4선	2선
슬레이브선택	SS 신호 선	SDA선으로 전송되는 슬레이브주소

- [그림 10.1]은 SPI 인터페이스 통신 구성 예를 보여주는데, 1개의 마스터와 2개의 슬레이브로 구성되어 있으며 각 슬레이브는 서로 다른 SS 신호선에 의해 선택

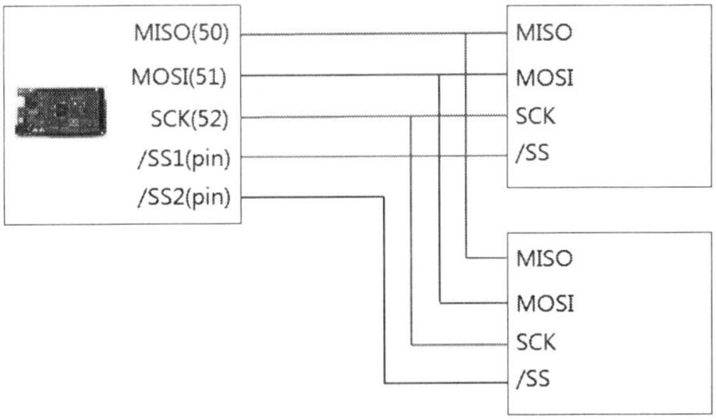

그림 10.1 SPI 인터페이스 통신 구성도

10.1.2 SPI 통신 데이터 전송 포맷

- SPI인터페이스는 Clock Polarity(CPOL)과 Clock Phase(CPHA)에 따라 [표 10.3]과 같이 4가지 전송 포맷
  - Clock Polarity(CPOL)는 SCK 신호의 기본상태(데이터전송이 없는 동안)로 HIGH 또는 LOW로 설정
  - Clock Phase(CPHA)는 SCK의 어느 부분에서 샘플링 되는지 설정하며 0이면 leading (first) edge, 1이면 trailing(last) edge에서 샘플링

표 10.3 SPI 전송모드

CPOL	CPHA	Leading Edge	Trailing Edge	SPI Mode
0	0	sample(상승)	setup(하강)	0
0	1	setup(상승)	sample(하강)	1
1	0	sample(하강)	setup(상승)	2
1	1	setup(하강)	sample(상승)	3

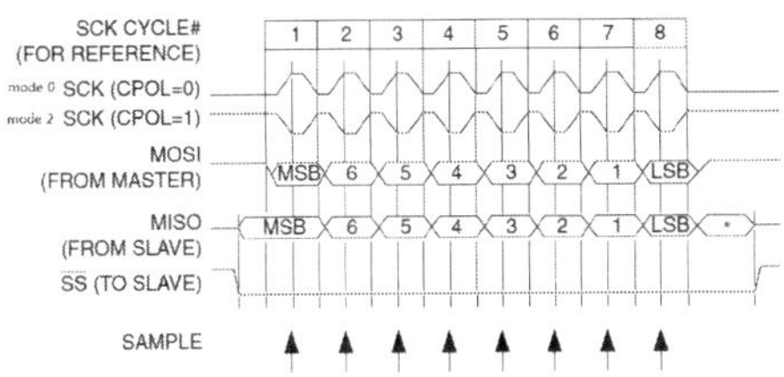

그림 10.2 CPHA=0일 때 SPI 전송 포맷

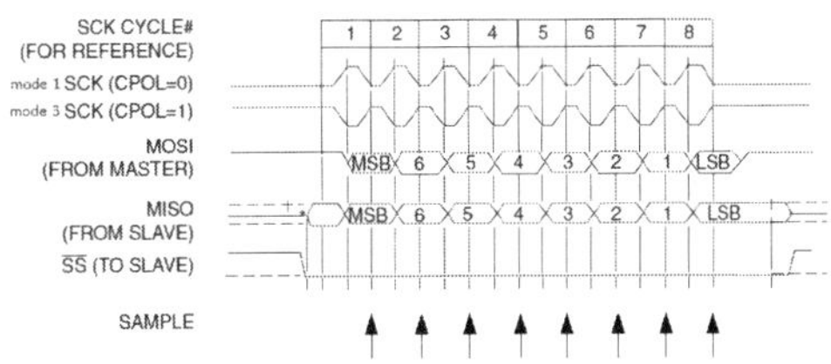

그림 10.3 CPHA=1일 때 SPI 전송 포맷

10.2 micro SD 모듈

- [그림 10.4]는 실험에 사용할 micro SD 모듈을 보여주며 [표 10.4]에 주요특징을 나타냄

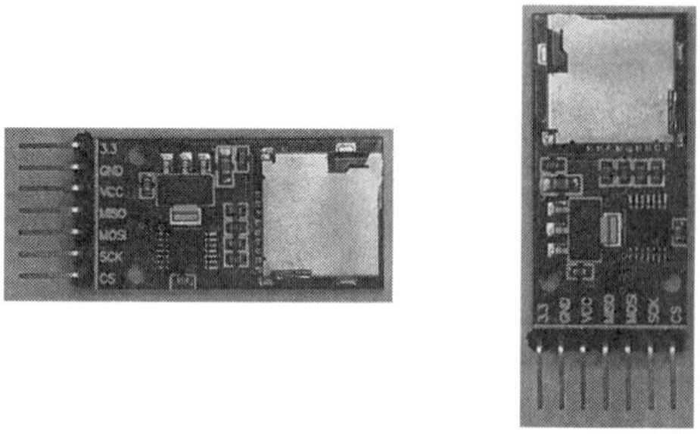

- 3.3
- GND : 접지
- VCC : 5V
- MISO
- MOSI
- SCK
- CS

그림 10.4 NS-SD-04 micro SD 모듈

표 10.4 NS-SD-04 micro SD 모듈 주요특징

- SPI 인터페이스
- micro SD Socket을 장착한 아두이노 호환 micro SD카드 어댑터 모듈
- 아두이노(Arduino) 및 MCU모듈에 연결하여 사용 가능
- 5V 또는 3.3V 전원 사용 가능 (3.3V 레귤레이터 장착으로 안정된 전원공급)
- 5V 입력신호레벨 사용 가능 (Level Converter 장착)
- Push-Push micro SD 커넥터 장착으로 손쉽게 메모리카드 분리 가능
- 2.54mm 핀 간격으로 브레드보드 장착 용이
- CD(Card Detection) LED 장착으로 카드 장착 유/무 확인 가능

- micro SD 카드를 모듈에 삽입하여 데이터를 저장하기 위해서는 SD 카드를 포맷하여야 함. micro SD 카드는 FAT16이나 FAT32 형식 포맷을 지원하므로 대용량카드(2GB 이상)은 FAT32 형식으로 포맷하여야 하며 그 이하에서는 FAT16 형식으로 포맷
- SPI 통신의 복잡한 구조를 간단하게 추상화시켜 SD 카드에 읽고 쓰기를 쉽게 처리할 수 있도록 해 놓은 SD 라이브러리 "SD.h"를 삽입하여 사용

10.3 디지털 가변저항

- [그림 10.5]는 실험에 사용할 MCP 4231 103E 디지털가변저항 IC를 보여주며 [표 10.5]에 주요특징을 나타냄

- /CS : SPI SS 핀
- SCK : 아두이노 SPI SCK(52) 핀에 연결
- SDI : 아두이노 SPI MOSI(51) 핀에 연결
- SDO : 아두이노 SPI MISO(50) 핀에 연결
- VSS : GND
- VDD : 5V
- /SHDN : 하드웨어 셧다운
- /WP : No Connection
- P1A : 가변저항1 A단자
- P1B : 가변저항1 B단자
- P1W : 와이퍼단자

그림 10.5 MCP 4231 103E 디지털가변저항

표 10.5 MCP 4231 103E 디지털가변저항 IC 주요특징

- SPI 인터페이스
- 2개(A, B)의 디지털 가변 저항
- 저항 네트워크 해상도 : 7비트 : 128 저항 (129 Steps)
- R_{AB} 저항 값 : 10KΩ±20%
- 와이퍼저항 : 75Ω
- 내부저항에서 와이퍼 연결 절단 기능 : Shutdown 핀
- 동작전원 : 1.8V~5.5V

• 칩 내부의 저항 네크워크는 7비트 해상도를 가지며 [그림 10.6]과 같이 저항사다리, 와이퍼, 셧다운(터미널절단)으로 구성

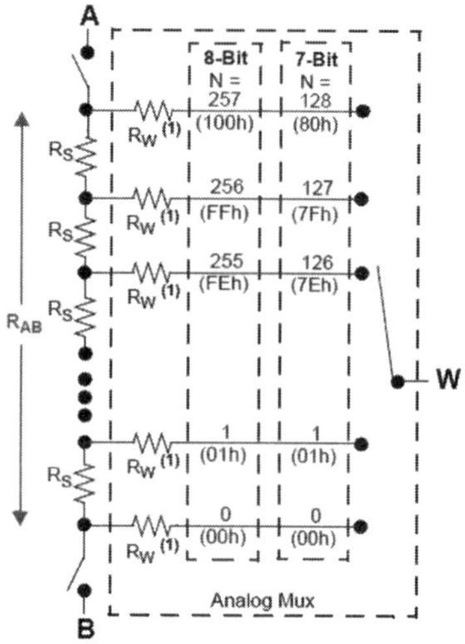

그림 10.6 저항 네크워크

• 저항사다리는 일련의 동일한 저항 R_S와 저항간 연결 점(탭)으로 구성
• 7비트 해상도의 경우 단자 AB 사이에는 128개의 저항이 있고 와이퍼는 이들 128개 저항에 연결할 수 있으므로 단자 AB를 포함하여 129개의 가능한 설정을 제공
• 저항 R_S의 값

$$R_S = \frac{R_{AB}}{(128)} = \frac{10K}{128} = 78.125\Omega$$

10.3.1 SPI 커맨드 포맷

- [그림 10.7]은 8비트 커맨드와 16비트 커맨드 포맷을 나타냄

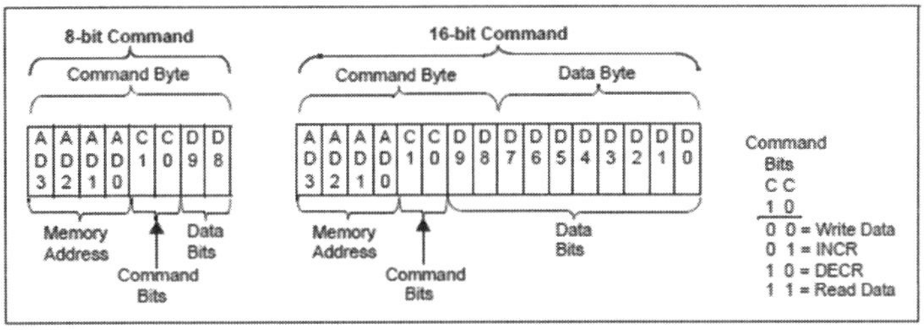

그림 10.7 커맨드 포맷

- 메모리주소(4비트) : 가변저항 0(A)는 0000, 가변저항 1(B)는 0001
- 커맨드(2비트) : 데이터 쓰기(00), 데이터 읽기(11), 증가(01), 감소(10)
- 데이터비트(2비트) : 8비트 커맨드의 2비트 데이터 값
- 데이터비트(10비트) : 10비트 커맨드의 10비트 데이터 값, 디지털 가변저항 값이 128까지만 있으므로 앞의 2비트는 0으로 지정

10.4 SPI 라이브러리와 SD 라이브러리

- SPI 라이브러리는 SPI 다비이스와 통신을 하는데 유용한 함수를 제공. 아두이노 메가보드의 경우 MISO은 50번 핀, MOSI은 51번 핀, SCK은 52번 핀, CS은 53번 핀을 사용. CS는 다른 핀을 사용할 수 있으며, 핀은 출력으로 설정되어야 함

10.4.1 SPI 클래스 라이브러리 제공 함수

void SPI.begin()		
기능	SPI 버스를 초기화 (SPI 객체 초기화)	
변수	SPI	SPI 객체
매개변수	void	없음
리턴 값	void	없음

receivedVal = SPI.transfer(val) receivedVal = SPI.transfer16(val16) SPI.transfer(buffer,size)		
기능	SPI 버스로 데이터를 전송	
변수	SPI	SPI 객체
매개변수	val	데이터 값
	val16	2바이트 변수 값
	buffer	전송될 데이터 배열
리턴 값	receivedVal	수신된 데이터

10.4.2 SD 클래스 라이브러리 제공 함수

boolean SD.begin() boolean SD.begin(cspin)		
기능	SD 라이브러리와 카드를 초기화, (SD 객체 시작) SPI 버스와 칩 선택(CS) 핀을 사용 (메가보드의 경우 SPI 버스는 50(MISO), 51(MOSI), 52(SCK), CS 핀은 53번 사용 (다른 CS 핀을 사용할 수 있으며 핀은 출력으로 설정되어야 함)	
변수	SD	SD 객체
매개변수	cspin	SD 카드 칩 선택(cs)에 연결되는 핀 번호
리턴 값	boolean	true : 성공 false : 실패

boolean SD.exists(filename)		
기능	SD 메모리에 파일 또는 디렉토리의 존재 유무를 확인	
변수	SD	SD 객체
매개변수	filename	존재를 확인하고자 하는 파일 또는 디렉토리
리턴 값	File 객체	true : 파일 또는 디렉토리 존재 false : 존재하지 않음

FILE 객체 = SD.open(filename) FILE 객체 = SD.open(filename,mode)		
기능	SD 카드에 있는 파일열기 파일이 존재하지 않으면 파일이 생성됨	
변수	SD	SD 객체
매개변수	filename	open하고자 하는 파일명
	mode	FILE_READ : 읽고자하는 파일 명, 파일의 처음부터 시작 FILE_WRITE : 읽고 쓰고자하는 파일 명, 파일의 끝부터 시작
리턴 값	FILE 객체	open된 파일을 참조하는 FILE 객체

int *file*.available()		
기능	파일로부터 읽을 데이터가 있는지 확인	
변수	*file*	SD.open()에 의해 반환된 File 클래스 객체(인스턴스)
매개변수	void	없음
리턴 값	FILE 객체	유용한 바이트 수

byte *file*.print(data) byte *file*.print(data, BASE)		
기능	파일에 데이터를 기록	
변수	*file*	SD.open()에 의해 반환된 File 클래스 객체(인스턴스화)
매개변수	data	기록할 데이터(char, byte, int, long, string)
	BASE	기록할 진수, 2진수(BIN) 10진수(DEC) 8진수(OCT) 16진수(HEX)
리턴 값	FILE 객체	기록된 바이트 수

byte *file*.println() byte *file*.println(data) byte *file*.println(data, BASE)		
기능	파일에 데이터를 기록하고 carriage return을 의미하는 '₩r'과 new line을 의미하는 '₩n'이 이어짐. 즉, 기록 후 자동으로 다음 줄 맨 앞으로 이동	
변수	*file*	SD.open()에 의해 반환된 File 클래스 객체(인스턴스화)
매개변수	data	기록할 데이터(char, byte, int, long, string)
	BASE	기록할 진수, 2진수(BIN) 10진수(DEC) 8진수(OCT) 16진수(HEX)
리턴 값	FILE 객체	기록된 바이트 수

void *file*.close()		
기능	파일을 닫음	
변수	*file*	SD.open()에 의해 반환된 File 클래스 객체(인스턴스)
매개변수	void	없음
리턴 값	void	없음

10.5 DS1307 RTC(Real-Time Clock) 모듈

- DS1307 IC는 RTC(Real-Time Clock) IC로, I2C 통신을 통해 정확한 시각을 알려줌
- [그림 10.8]은 실험에 사용할 RTC 모듈을 보여주며 [표 10.6]에 주요특징을 나타냄

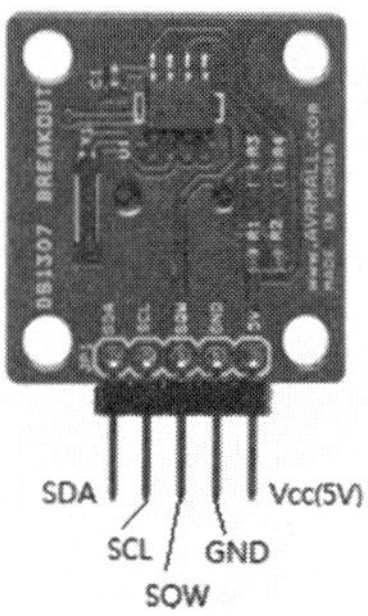

- SDA : 아두이노 메가보드 SDA(20번 핀)에 연결
- SCL : 아두이노 메가보드 SCL(21번 핀)에 연결
- SQW : No Connection
- GND : 접지
- VCC : 5V

그림 10.8 RTC 모듈

표 10.6 DS1307 RTC 모듈 주요특징

- DS1307 RTC 칩을 사용한 리얼타임 클럭 모듈
- 통신방식 : I2C 인터페이스
- 동작전원 : 5V

10.5.1 RTC 라이브러리

- I2C 통신의 복잡한 구조를 간단하게 추상화시켜 놓은 RTC 라이브러리 "RTClib.h"를 삽입하여 사용
- 아래의 사이트에서 RTC 라이브러리를 다운받아 압축을 풀고 폴더이름을 "RTClib"로 설정
  - https://github.com/adafruit/RTClib
- 폴더 그대로 아두이노의 라이브러리 폴더로 복사하고 아두이노 IDE를 재 시작해야 설치한 라이브러리를 사용할 수 있음.
  - 문서₩Arduino₩libraries

10.5.2 RTC 라이브러리 제공 함수

```
#include "RTClib.h" // RTC 라이브러리 삽입
RTC_DS1307 RTC;  // RTC 객체 생성
DateTime datetime=RTC.now(); // 현재 날짜와 시간을 datetime 객체로 설정
```

함수명	기능
RTC.begin()	RTC 초기화
RTC.isrunning()	RTC 작동여부 확인
RTC.adjust(DateTime(__DATE__, __TIME__)	작동하지 않으면 컴퓨터 시간으로 RTC 시간 설정
datetime.year();	현재 년
datetime.month();	현재 월
datetime.day();	현재 일
datetime.hour();	현재 시
datetime.minute();	현재 분
datetime.second();	현재 초

실험 10-1

DS1307 RTC 모듈과 I2C 통신

- DS1307 IC를 제어하기 위하여 RTC 라이브러리를 추가
- 1초 간격으로 DS1307 RTC 모듈로부터 날짜와 시간 정보를 읽어 시리얼 모니터에 출력
- [그림 10.9]와 같이 회로를 연결하고 아래의 스케치 프로그램을 업로드

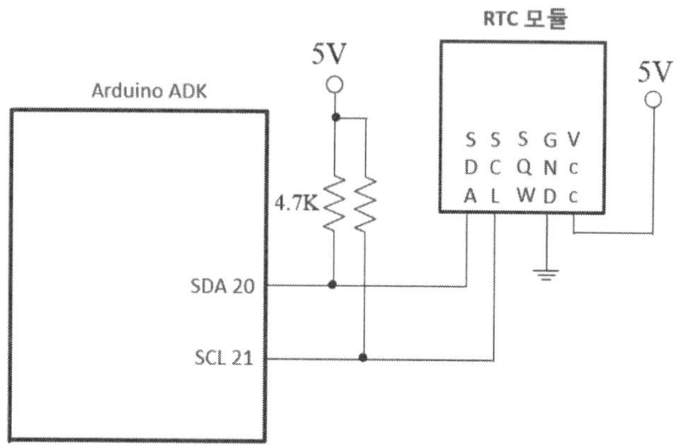

그림 10.9 실험 10-1 회로 연결

소스 프로그램 RTC_Read

```
#include "RTClib.h" // RTC 라이브러리 삽입
#include <Wire.h> // RTC와 통신하기 위하여 I2C 라이브러리 삽입

RTC_DS1307 RTC;  // RTC 객체 생성

String year, month, day, hour, minute, second, time, date; //시간문자열 변수 선언

void setup() {

  Serial.begin(9600); // 시리얼 개방, 통신속도 설정
  Wire.begin(); //I2C 객체 시작

  if (! RTC.begin()) { //  RTC 객체 확인
    Serial.println("Couldn't find RTC"); //  RTC가 없으면 문자열 출력
    while (1);
  }
```

```
  if(!RTC.isrunning()) // RTC 작동여부 확인
  {
    // 작동하지 않으면 컴퓨터 시간으로 RTC 시간 설정
    RTC.adjust(DateTime(__DATE__, __TIME__));
  }
}

void loop() {

  DateTime datetime=RTC.now(); // 현재 날짜와 시간을 datetime 객체로 설정

  year=String(datetime.year(), DEC); //datetime 객체에서 년 추출
  month=String(datetime.month(), DEC); //datetime 객체에서 월 추출
  day=String(datetime.day(), DEC); //datetime 객체에서 일 추출
  hour=String(datetime.hour(), DEC); //datetime 객체에서 시 추출
  minute=String(datetime.minute(), DEC); //datetime 객체에서 분 추출
  second=String(datetime.second(), DEC); //datetime 객체에서 초 추출

  date=year+"/"+month+"/"+day; // 날자 문자열 생성
  time=hour+":"+minute+":"+second; // 시간 문자열 생성

  Serial.print(date);
  Serial.println("  "+time);

  delay(1000);
}
```

실험 10-2

BH1750FVI 조더 센서 값 범위에 따라 디지털 가변저항을 사용하여 부저 음량 제어

- I2C 조도 센서의 SDA와 SCL 핀을 아두이노 메가보드 SDA(20번 핀)와 SCL(21번 핀)에 연결
- SDA와 SCL 라인에 4.7KΩ의 풀업 저항 사용
- 조도 센서 값을 0.5초마다 읽어 시리얼 모니터에 출력
- 조도 값에 따라 부저로 출력되는 1000Hz의 소리 음량 조절
  - 조도 값이 200lux~1000lux 사이 값일 때 디지털 가변 저항 값을 128~0으로 조절하여 조도 값이 크면 소리 음량을 키우고 조도 값이 작으면 소리 음량을 줄임
  - 조도 값이 200lux 이하이면 소리 출력 중지

• [그림 10.10]과 같이 회로를 연결하고 아래의 스케치 프로그램을 업로드

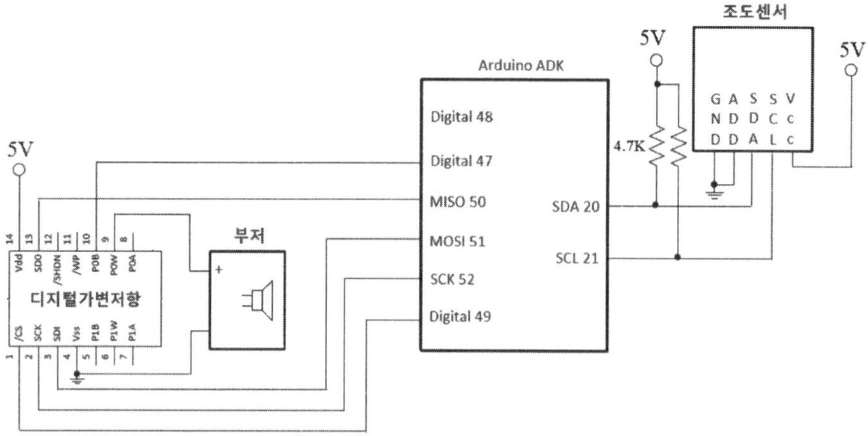

그림 10.10 실험 10-2 회로 연결

소스 프로그램 SPI_Speaker_I2C_illumination

```
#include <Wire.h> //I2C 라이브러리 삽입
#include <SPI.h> //SPI 라이브러리 삽입

byte lightSensorAddress=0x23; //7비트 조도센서 주소(0x00100011)
byte lightSensorCmd=0x10; //continously H-resolution mode 지정
byte numReadByte; // 조도센서로부터 읽을 바이트 수를 저장하는 변수 선언
byte firstByte, secondByte; // 조도센서로부터 읽을 2바이트를 저장할 변수 선언
const int digiPotSSPin=49; // 디지털 가변저항 SS에 연결된 핀 번호 변수 정의
const int speakerPin=47; // 부저와 연결된 핀 번호 변수 정의
int freq=1000;  // 출력 소리 주파수를 저장하는 변수

const byte REG0=B00000000; // 16비트 커맨드의 첫 번째 바이트

void setup() {
  Serial.begin(9600); // 시리얼 모니터와 시리얼 개방, 통신속도 설정
  Wire.begin(); //I2C 객체 시작

  pinMode(speakerPin,OUTPUT); // 부저(47번)을 출력으로 설정
  pinMode(digiPotSSPin, OUTPUT);  // 디지털 가변저항 SS에 연결된 핀을 출력으로 설정
  SPI.begin(); // SPI 인터페이스 초기화
}
```

```
void loop() {

  // H resolution mode instruction
  Serial.println("H resolution mode"); // 시리얼 모니터에 문자열 출력

  //조도센서 주소 0x23에 0(쓰기)을 붙인 값을 슬레이브에 전달
  Wire.beginTransmission(lightSensorAddress);
  Wire.write(lightSensorCmd); //"continously H-resolution mode"을 나타내는 커맨드 전달
  Wire.endTransmission(); //write() 함수에 의해버퍼에 저장된 바이트를 전송

  numReadByte=2; // 슬레이브 장치로붜 읽은 바이트 수 설정
  Wire.requestFrom(lightSensorAddress, numReadByte); //마스터가 슬레이브에 바이트
                                                      // 수 만큼의 데이터 요청

  if(Wire.available()) { // 슬레이브로부터 온 데이터가 있는지 확인
    firstByte=Wire.read(); // 첫 번째 바이트를 읽음
    secondByte=Wire.read(); // 두 번째 바이트를 읽음
  }

  float lux = (firstByte*256 + secondByte)/1.2; // 조도 값 계산

  Serial.print("illumination value : "); // 시리얼 모니터에 문자열 출력
  Serial.println(lux); // 시리얼 모니터에 조도 값 출력

  if(lux > 200) { // 조도 값이 200 이상인지 확인
    int digitalPot=map(lux, 200,1000, 128, 0); // 조도 값을 128~0의 가변저항 값으로 선형매핑

    digitalPot=constrain(digitalPot, 0, 128); // 디지털 가변저항 값을 0~128로 제한

    tone(speakerPin, freq); // 지정된 주파수로 소리 출력

    digitalWrite(digiPotSSPin, LOW); // 디지털가변저항IC 선택
    SPI.transfer(REG0); // 16비트 커맨드의 첫 번째 바이트를 SPI 버스로 데이터 전송
    SPI.transfer(digitalPot); //16비트 커맨드의 두 번째 바이트인 가변저항 값을 SPI 버스로 데이터 전송
    digitalWrite(digiPotSSPin, HIGH); // 디지털가변저항IC 선택해제
  }
  else
  {
    noTone(speakerPin);
  }
  delay(500); // 0.5초 지연
}
```

실험 10-3

BH1750FVI 조더 센서 값 범위에 따라 디지털 가변저항을 사용하여 부저 음량 제어 및 micro SD 메모리에 조도 값과 시각 정보 저장

- I2C 조도 센서의 SDA와 SCL 핀을 아두이노 메가보드 SDA(20번 핀)와 SCL(21번 핀)에 연결
- SDA와 SCL 라인에 4.7KΩ의 풀업 저항 사용
- 조도 센서 값을 **1초마다** 읽어 시리얼 모니터에 출력
- 조도 값에 따라 부저로 출력되는 1000Hz의 소리 음량 조절 및 조도 값과 시각을 micro SD 메모리에 저장
  - 조도 값이 200lux~1000lux 사이 값일 때 디지털 가변 저항 값을 128~0으로 조절하여 조도 값이 크면 소리 음량을 키우고 조도 값이 작으면 소리 음량을 줄임. 또한 조도 값과 시각을 micro SD 메모리에 저장
  - 조도 값이 200lux 이하이면 소리 출력 중지
- [그림 10.11]과 같이 회로를 연결하고 아래의 스케치 프로그램을 업로드

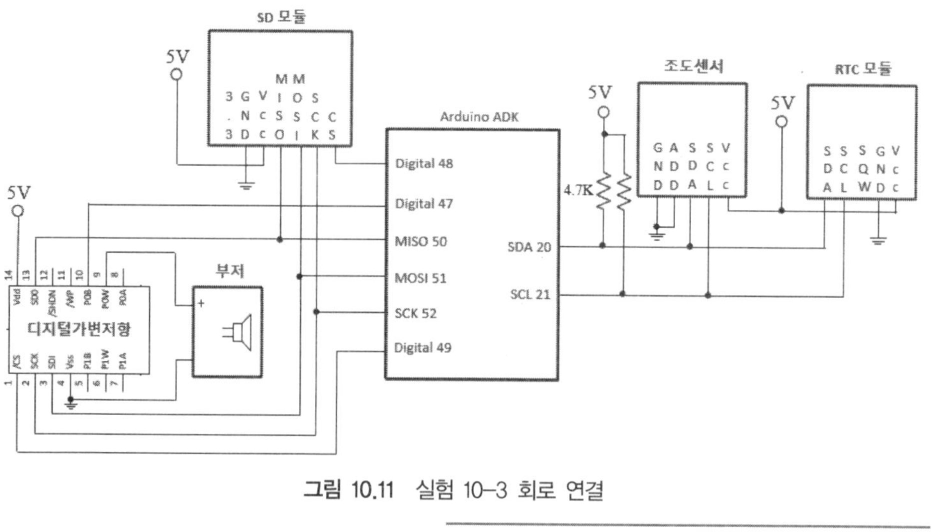

그림 10.11 실험 10-3 회로 연결

소스 프로그램 SPI_Speaker_I2C_illumination_RTC_SD

```
#include <Wire.h> //I2C 라이브러리 삽입
#include <SPI.h> //SPI 라이브러리 삽입
#include "RTClib.h" // RTC 라이브러리 삽입
#include <SD.h> // SD 라이브러리 삽입

byte lightSensorAddress=0x23; //7비트 조도센서 주소(0x00100011)
byte lightSensorCmd=0x10; //continously H-resolution mode 지정
byte numReadByte; // 조도센서로부터 읽을 바이트 수를 저장하는 변수 선언
byte firstByte, secondByte; // 조도센서로부터 읽을 2바이트를 저장할 변수 선언
const int digiPotSSPin=49; // 디지털 가변저항 SS에 연결된 핀 번호 변수 정의
const int speakerPin=47; //부저와 연결된 핀 번호 변수 정의
int freq=1000;  // 출력 소리 주파수를 저장하는 변수
RTC_DS1307 RTC;  // RTC 객체 생성
const int sdCsPin=48; // SD모듈 CS에 연결된 핀 번호 변수 정의

const byte REG0=B00000000; // 16비트 커맨드의 첫 번째 바이트
String year, month, day, hour, minute, second, time, date; //시간문자열 변수 선언

void setup() {
  Serial.begin(9600); // 시리얼 모니터와 시리얼 개방, 통신속도 설정
  Wire.begin(); //I2C 객체 시작

  pinMode(speakerPin,OUTPUT); // 부저(47번)을 출력으로 설정
  pinMode(digiPotSSPin, OUTPUT);  // 디지털 가변저항 SS에 연결된 핀을 출력으로 설정
  SPI.begin(); // SPI 인터페이스 초기화

  Serial.println("Initializing SD Card"); // 문자열 출력
  pinMode(sdCsPin, OUTPUT); // SD모듈 CS에 연결된 핀을 출력으로 선언

  if(!SD.begin(sdCsPin)) // SD모듈 접속여부 확인
  {
    Serial.println("Card Failure"); // 접속실패 문자열 출력
    return;
  }
  Serial.println("Card Ready !!!"); // 문자열 출력

  if (! RTC.begin()) { //  RTC 객체 확인
    Serial.println("Couldn't find RTC"); //  RTC가 없으면 문자열 출력
    while (1);
```

```
  }

  if(!RTC.isrunning()) // RTC 작동여부 확인
  {
    // 작동하지 않으면 컴퓨터 시간으로 RTC 시간 설정
    RTC.adjust(DateTime(__DATE__, __TIME__));
  }
}

void readDateTime() {

  DateTime datetime=RTC.now(); // 현재 날짜와 시간을 datetime 객체로 설정

  year=String(datetime.year(), DEC); //datetime 객체에서 년 추출
  month=String(datetime.month(), DEC); //datetime 객체에서 월 추출
  day=String(datetime.day(), DEC); //datetime 객체에서 일 추출
  hour=String(datetime.hour(), DEC); //datetime 객체에서 시 추출
  minute=String(datetime.minute(), DEC); //datetime 객체에서 분 추출
  second=String(datetime.second(), DEC); //datetime 객체에서 초 추출

  date=year+"/"+month+"/"+day; // 날자 문자열 생성
  time=hour+":"+minute+":"+second; // 시간 문자열 생성
}

void loop() {

  // H resolution mode instruction
  Serial.println("H resolution mode"); // 시리얼 모니터에 문자열 출력

  //조도센서 주소 0x23에 0(쓰기)을 붙인 값을 슬레이브에 전달
  Wire.beginTransmission(lightSensorAddress);
  Wire.write(lightSensorCmd); //"continously H-resolution mode"을 나타내는 커맨드 전달
  Wire.endTransmission(); //write() 함수에 의해버퍼에 저장된 바이트를 전송

  numReadByte=2; // 슬레이브 장치로뷰 읽은 바이트 수 설정

  //마스터가 슬레이브에 바이트 수 만큼의 데이터 요청
  Wire.requestFrom(lightSensorAddress, numReadByte);

  if(Wire.available()) { // 슬레이브로부터 온 데이터가 있는지 확인
```

```
  firstByte=Wire.read(); // 첫 번째 바이트를 읽음
  secondByte=Wire.read(); // 두 번째 바이트를 읽음
}

float lux = (firstByte*256 + secondByte)/1.2; // 조도 값 계산

Serial.print("illumination value : "); // 시리얼 모니터에 문자열 출력
Serial.println(lux); // 시리얼 모니터에 조도 값 출력

if(lux > 200) { // 조도 값이 200 이상인지 확인
  int digitalPot=map(lux, 200,1000, 128, 0); // 조도 값을 128~0의 가변저항 값으로 선형 매핑

  digitalPot=constrain(digitalPot, 0, 128); // 디지털 가변저항 값을 0~128로 제한

  tone(speakerPin, freq); // 지정된 주파수로 소리 출력

  digitalWrite(digiPotSSPin, LOW); // 디지털가변저항IC 선택
  SPI.transfer(REG0); // 16비트 커맨드의 첫 번째 바이트를 SPI 버스로 데이터 전송
  SPI.transfer(digitalPot); // 16비트 커맨드의 두 번째 바이트인 가변저항 값을
                            // SPI 버스로 데이터 전송
  digitalWrite(digiPotSSPin, HIGH); // 디지털가변저항IC 선택해제

  readDateTime(); // 날짜와 시간 정보를 읽는 함수 호출

  //log.csv 이름의 파일을 SD카드에 생성, SD 카드에 파일이 있으면 열고 씀
  File dataFile=SD.open("log.csv", FILE_WRITE);
  if(dataFile) // 파일 객체 생성을 성공하였다면
  {
    dataFile.print("Illumination : "); // 파일에 문자열 기록
    dataFile.print(","); // 콤마를 파일에 기록
    dataFile.print(date); // 날짜를 파일에 기록
    dataFile.print(","); // 콤마를 파일에 기록
    dataFile.print(time); // 시간을 파일에 기록
    dataFile.print(","); // 콤마를 파일에 기록
    dataFile.println(lux); // 가변저항 값을 파일에 기록

    dataFile.close(); // 파일에 데이터 기록 후 닫음

    Serial.print(date); // 시리얼 모니터에 날짜 출력
    Serial.println("  "+time); // 시리얼 모니터에 시간 출력
```

```
    }
    else
    {
      Serial.println("Couldn't open lof file"); // 파일객체 생성 실패 후 문자열 출력
    }
  }
  else
  {
    noTone(speakerPin);
  }
  delay(1000); // 1초 지연
}
```

제11장 RFID/NFC 통신을 활용한 센서 제어

실험에 필요한 부품

RFID 리더 모듈 (RC522)	RFID 태그 (카드형)	RFID 태그 (열쇠고리형)		
1개	1개	1개		
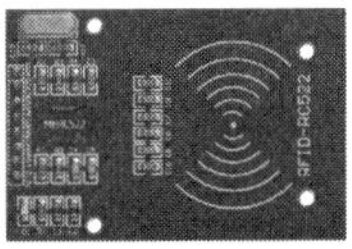				

11.1 RFID/NFC 통신

11.1.1 RFID(Radio Frequency IDentification) 이란?

- 무선 주파수(RF, Radio Frequency)를 이용하여 물건이나 사람 등과 같은 대상을 식별(IDentification)할 수 있도록 해 주는 기술로 전자태그, 스마트태그, 전자라벨, 무선식별 등의 이름으로 불림
- 즉, RFID는 전파를 이용해 먼 거리에서 정보를 인식하는 것으로 IC칩과 무선을 통해 다양한 객체의 정보를 관리하는 기술로 제품에 활용해서 생산부터 판매에 이르는 전 과정의 정보를 초소형 칩에 내장시키고 무선 주파수로 추적할 수 있음
- RFID는 안테나와 칩으로 구성된 RFID 태그에 정보를 저장하여 적용 대상에 부착한 후, RFID 리더를 통하여 정보를 인식하는 방법으로 활용
- RFID는 기존의 바코드(barcode)를 읽는 것과 비슷한 방식으로 이용되나, 바코드와 달리 물체에 직접 접촉을 하거나 어떤 조준선을 사용하지 않고도 데이터를 인식
- 또한 여러 개의 정보를 동시에 인식하거나 수정할 수 있으며, 태그와 리더 사이에 장애물

이 있어도 정보를 인식하는 것이 가능하다는 장점을 가지기 때문에 바코드를 대체할 기술로 기대되나 RFID는 보안에 취약하고 같은 주파수를 읽는 판독기만 있으면 어디서든지 위치 추적 및 정보 수집이 가능하다는 취약점을 가지고 있음

11.1.2 NFC(Near Field Communication : 근거리 무선통신) 이란?

- RFID 기술 중 하나로 13.56MHz의 주파수 대역을 사용하는 비접촉식 통신기술
- 통신거리가 짧기 때문에 상대적으로 보안이 우수하고 가격이 저렴해 주목받는 근거리 통신방식
- NFC의 짧은 통신 거리는 단점이지만, 짧은 거리이기 때문에 기존 유통 위주의 RFID 기술보다 보안성이 높고 데이터를 교환하기 위해 통신 대상 기기에 이용자가 직접 터치해야 함
- 이용자의 행동을 기반으로 의도를 인식하여 다양한 맞춤형 서비스들과 연결하기가 좋은 장점이 있음

11.1.3 RFID 통신 시스템

- RFID 시스템은 [그림 11.1]과 같이 반도체 칩과 주변에 안테나를 결합한 RFID 태그(Tag), 태그와 통신하기 위한 안테나 및 안테나와 연결된 RFID 리더, 이러한 시스템을 제어하고 수신된 데이터를 처리하는 호스트로 이루어짐
- [표 11.1]에 각 구성 요소의 기능을 나타냄

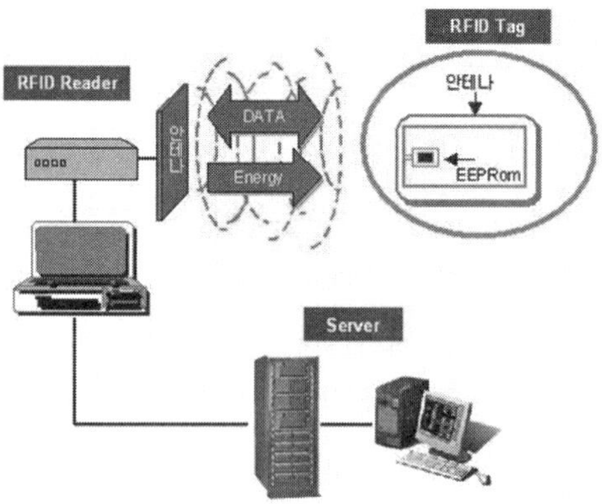

그림 11.1 RFID 시스템

표 11.1 각 구성 요소의 기능

RFID 태그	• 안테나, 칩, 정보로 구성 • 제품이나 대상에 부착 및 삽입 • 종류 : 능동형(내부전원보유)/수동형(리더의 전원 사용) • 형태 : 라벨형, 카드형, 밴드형, 메탈태그, 원형태그 등
안테나	• 태그로부터 전송된 데이터를 수신하여 리더로 전달 • 태그 크기, 거리, 환경에 따라 다양한 크기
RFID 리더(판독기)	• 태그 정보 송수신 기능 • 형태 : 고정형, 이동형, 휴대형
서버(호스트)	• 리더로부터 수신된 데이터 처리 및 활용

11.1.4 RFID 동작원리

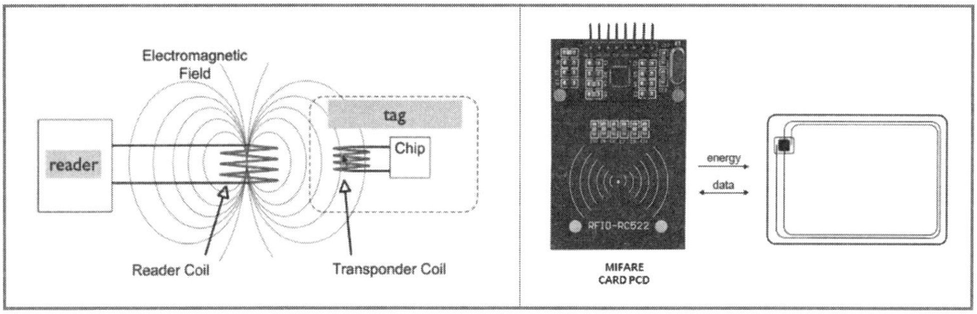

그림 11.2 RFID 동작원리

• [그림 11.2]와 같이 RFID 리더에 연결된 코일이 전자기장(electromagnetic field)을 발생시키면 RFID 태그에 연결된 코일은 전자기장을 수신하고 전류를 발생시킴
• 이 전류는 태그에 전원을 공급하는데 사용할 뿐만 아니라 리더 정보를 태그에 전송하는데 사용 됨
• 즉, 이를 위하여 [그림 11.3]과 같이 2가지 회로를 가지고 있음

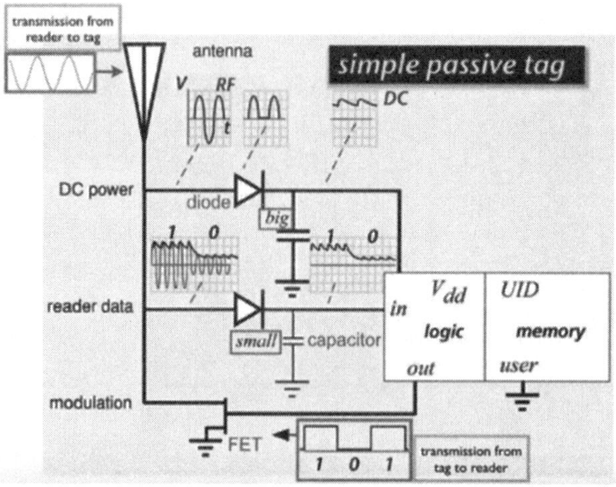

그림 11.3 RFID 태그를 구성하는 회로

- 하나는 들어오는 스트림을 정류하는 정류회로로 DC 전력을 공급하는 역할을 하며 다른 하나는 포락선 검파 회로로 디지털 신호를 검파하여 칩(프로세서)에 전달
- RFID 태그에 있는 IC는 리더에게 디지털 신호를 전송하여야 하는데 변조를 통해 안테나에 연결된 전류가 변화하게 되고 안테나를 통해 전송되는 전자기 신호가 변화하게 됨
- 이 전자기 신호가 RFID 리더에 의해 수신되고 디지털 데이터가 읽혀져 리더에 의해 처리됨

11.1.5 MIFARE RFID 태그

- 실험에서 사용할 RFID 태그는 [그림 11.4]와 같이 카드형과 열쇠고리형 태그를 사용하며 Mifare 프로토콜을 따르는 태그는 [표 11.2]와 같은 주요 특징을 가짐

그림 11.4 실험에서 사용할 RFID 태그

표 11.2 실험에서 사용할 RFID 태그의 특징

- Mifare 프로토콜을 따름
- 수동(Passive) 카드로 전원은 RFID 리더로부터 유도 됨
- 1K 바이트 EEPROM을 가지며 암호화 됨
- 처리부(processing unit)를 가지고 있어 산술연산이 가능하며 카드에 저장된 내용을 변경 가능
- 동작주파수 : 13.56MHz
- 동작거리 : 1~2cm

11.1.6 RFID 태그에 내장된 1K 바이트 EEPROM 메모리 구조

- 1K 바이트 EEPROM 메모리 구조를 [그림 11.5]에 나타냄

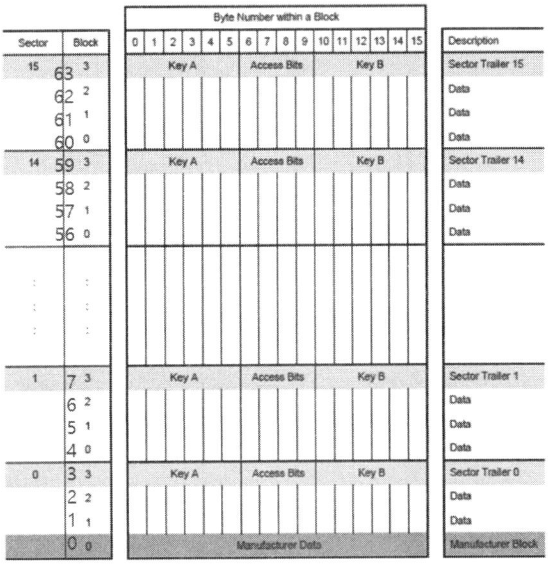

그림 11.5 RFID 태그에 내장된 1K 바이트 EEPROM 메모리 구조

- 16섹터(sector)로 구성
- 각 섹터는 4개의 블록(block)으로 구성되며 각 블록은 16바이트로 구성 됨
- 블록 번호 0~63의 총 64개의 블록(block)이 존재
- 각 섹터의 4번째 블록을 섹터 트레일러(sector trailer)라 부르며 보안 키(security key)와 접속 비트(access bits)로 구성되는데 저장된 데이터에 접속을 제한하고 인증하는데 사용

- 보안키는 메모리 접속을 인증하는데 사용됨. 하나의 블록에 접속될 때 마다 그 섹터에 저장된 키를 통해 인증 되어야 함
- 섹터 당 6바이트의 보안 키 A와 보안 키 B는 출시될 때 모두 0xFF로 초기화 됨
- 접속 비트는 어떤 메모리 접속이 허용되는지 정의

11.1.7 RFID 태그 정보

- RFID 태그를 읽으면 [표 11.3] 같은 태그 정보를 포함

표 11.3 RFID 태그 정보

- **Firmware Version** : 펌웨어 버전을 출력
- **Card UID** : 카드 Unique IDentifier의 약어로 카드 고유 식별자를 나타내고 4바이트 UID를 사용
- **SAK** : Select Acknowledge의 약어이며 카드를 구분하기 위해서 사용. SAK = 0x80이면 Mifare 1KB 카드를 의미
- **PICC type** : PICC 는 Proximity Integrated Circuit의 약어로 RFID 태그 또는 카드 타입을 나타냄
- **Mifare 1KB** : [그림 11.5]에서 살펴본 카드 EEPROM에 저장된 16 섹터, 섹터 당 4개의 블록, 한 블록 당 16바이트의 데이터

11.1.8 RFID-RC522 RFID 리더 모듈

- [그림 11.6]은 실험에서 사용할 RC522 RFID 리더 모듈을 보여주며 [표 11.4]와 같은 주요 특징을 가짐
- RC522 RFID 리더 모듈 핀을 [그림 11.6]과 같이 아두이노에 연결

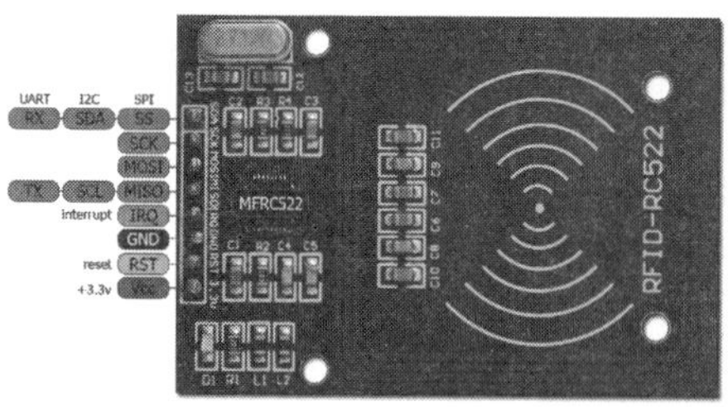

RC522	아두이노
SDA	디지털 46번 핀에 연결
SCK	SPI SCK(52) 핀에 연결
MOSI	SPI MOSI(51) 핀에 연결
MISO	SPI MISO(50) 핀에 연결
IRQ	NC
GND	GND
RST	디지털 44번 핀에 연결
3.3V	3.3V에 연결

그림 11.6 RC522 RFID 리더 모듈

표 11.4 RC522 RFID 리더 모듈의 특징

• 지원버전 : EDR Bluetooth 2.0 • 동작주파수 : 13.56MHz • 인터페이스 방식 : SPI 방식 • 전송속도 : 최대 10Mbits/s • 구동전원 : 3.3V

11.1.9 RFID 리더 MFRC522 라이브러리 설치

• 다음에 라이브러리를 설치하는 2가지 방법을 소개하는데 어느 방법을 사용하여도 좋음

■ [방법1]

• RFID 통신 라이브러리를 사용하기 위해서는 아래의 사이트에서 zip 파일을 다운받아 압축을 풀고 폴더이름을 RFRC522로 설정
  – https://github.com/miguelbalboa/rfid

• RFRC522 폴더 그대로 아래의 아두이노 라이브러리 폴더로 복사하고 아두이노 IDE를 재 시작해야 설치한 라이브러리를 사용할 수 있음
  – 문서₩Arduino₩libraries

■ [방법2]

• [그림 11.7]과 같이 IDE의 메뉴에서 스케치/라이브러리 포함하기/라이브러리 관리를 선택

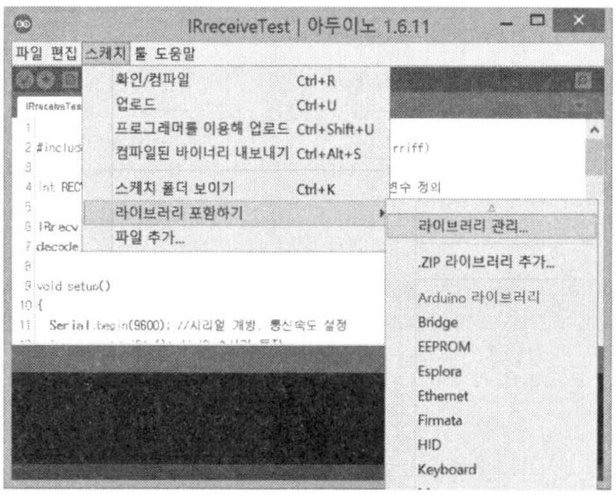

그림 11.7

- [그림 11.8]과 같이 라이브러리 매니저 창이 나타나면 찾고자하는 MFRC522을 입력하고 엔터를 치면 라이브러리들이 나타나는데 라이브러리를 선택하고 설치 버튼을 누르면 라이브러리를 설치

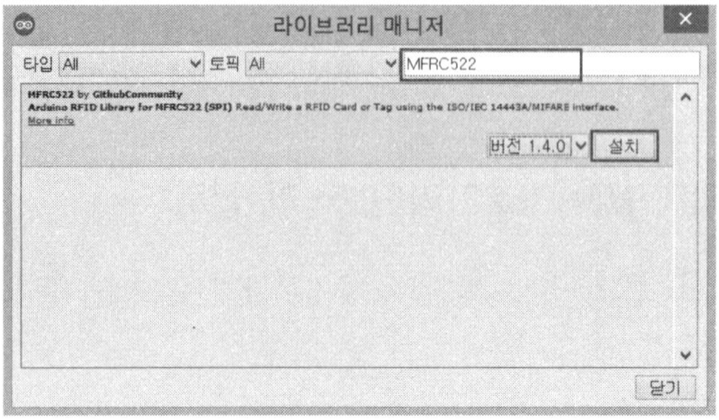

그림 11.8

11.1.10 MFRC522 클래스 라이브러리 제공 함수

MFRC522(byte chipSelectPin, byte resetPin)		
기능	RFID 리더 객체 생성	
매개변수	chipSelectPin	SPI 통신 시 RFID 모듈 선택 핀 번호
	resetPin	리셋 및 전원 off 핀 번호
리턴 값	–	생성자로 리턴값 없음

void setSPIConfig(void)		
기능	RFID 모듈의 SPI 통신을 위한 설정	
매개변수	void	없음
리턴 값	void	없음

void PCD_Init(void)		
기능	RFID 모듈 초기화	
매개변수	void	없음
리턴 값	void	없음

bool PICC_IsNewCardPresent(void)		
기능	새로운 RFID 카드 여부 체크	
매개변수	void	없음
리턴 값	bool	true : 새로운 RFID 카드 false : 새로운 RFID 카드가 아님

void PICC_DumpToSerial(Uid *uid)		
기능	RFID 카드의 UID, SAK, 타입, 데이터 블록을 시리얼 모니터에 복사	
매개변수	uid	RFID 카드의 UID
리턴 값	void	없음

StatusCode PICC_HaltA(void)		
기능	PICC 읽는 것을 중단	
매개변수	void	없음
리턴 값	StatusCode	- 0 : STATUS_OK // Success - 1 : STATUS_ERROR // Error

bool PICC_ReadCardSerial(void)		

기능	RFID 카드의 UID와 SAK을 읽어 mfrc522.uid struct에 넣음
	Uid struct:
	typedef struct {
	byte size; // UID의 바이트 수 (4, 7 또는 10)
	byte uidByte[10]; // 10바이트의 user ID
	byte sak; // PICC로부터 온 SAK (Select acknowledge) 바이트
	} Uid;	

매개변수	void	없음
리턴 값	bool	true : UID를 읽음 false : UID를 읽을 수 없음

<table>
<tr><th colspan="3">StatusCode PCD_Authenticate(byte command, byte blockAddr, MIFARE_Key *key, Uid *uid)</th></tr>
<tr><td>기능</td><td colspan="2">블록에 데이터를 쓰거나 읽기 위해 인증 수행</td></tr>
<tr><td rowspan="4">매개변수</td><td>command</td><td>- PICC_CMD_MF_AUTH_KEY_A : Key A을 가지고 인증 수행
- PICC_CMD_MF_AUTH_KEY_B : Key B을 가지고 인증 수행</td></tr>
<tr><td>blockAddr</td><td>읽거나 쓰기 위한 블록 데이터가 속한 섹터 트레일러 위치</td></tr>
<tr><td>key</td><td>MIFARE_Key struct의 포인터
MIFARE_Key struct:
typedef struct {
byte keyByte[MF_KEY_SIZE];
} MIFARE_Key;</td></tr>
<tr><td>uid</td><td>RFID 카드의 UID</td></tr>
<tr><td>리턴 값</td><td>StatusCode</td><td>- 0 : STATUS_OK // Success
- 1 : STATUS_ERROR // Error</td></tr>
</table>

<table>
<tr><th colspan="3">StatusCode MIFARE_Write(byte blockAddr, byte *buffer, byte bufferSize)</th></tr>
<tr><td>기능</td><td colspan="2">해당 블록 위치에 데이터 쓰기</td></tr>
<tr><td rowspan="3">매개변수</td><td>blockAddr</td><td>블럭 위치(0~63)</td></tr>
<tr><td>buffer</td><td>16바이트를 가지는 바이트 배열의 포인터</td></tr>
<tr><td>buffersize</td><td>블록내의 바이트 수</td></tr>
<tr><td>리턴 값</td><td>StatusCode</td><td>- 0 : STATUS_OK // Success
- 1 : STATUS_ERROR // Error</td></tr>
</table>

<table>
<tr><th colspan="3">StatusCode MIFARE_Read(byte blockAddr, byte *buffer, byte *bufferSize)</th></tr>
<tr><td>기능</td><td colspan="2">해당 블록 위치에서 데이터 읽기</td></tr>
<tr><td rowspan="3">매개변수</td><td>blockAddr</td><td>블럭 위치(0~63)</td></tr>
<tr><td>buffer</td><td>18바이트를 가지는 바이트 배열의 포인터</td></tr>
<tr><td>buffersize</td><td>블록내의 바이트 수 변수에 대한 포인터</td></tr>
<tr><td>리턴 값</td><td>StatusCode</td><td>- 0 : STATUS_OK // Success
- 1 : STATUS_ERROR // Error</td></tr>
</table>

실험 11-1

RFID 카드(태그)에서 UID, 타입, 데이터 블록을 읽고 시리얼 모니터에 출력

- [그림 11.9]와 같이 RFID 태그를 리더에 근접시켜 태그 정보를 읽어 들인 후 시리얼모니터에 출력
- 태그 정보로 UID, 타입, 1K 바이트 EEPROM에 저장되어 있는 데이터 블록을 시리얼모니터에 출력
- [그림 11.9]과 같이 회로를 연결하고 아래의 스케치 프로그램을 업로드

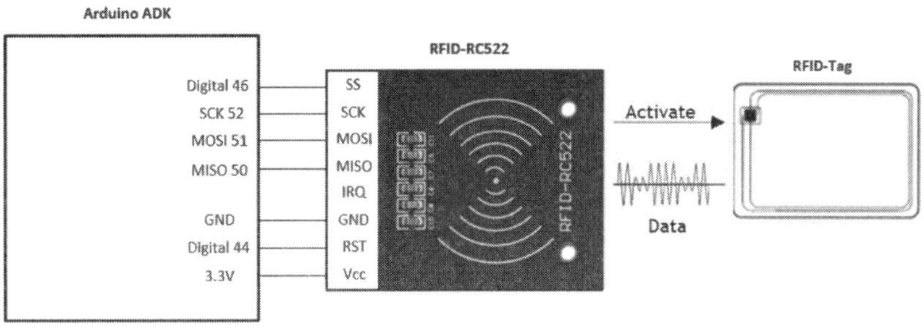

그림 11.9 실험 11-1 회로 연결

소스 프로그램 rfidTagDataRead

```
#include <SPI.h>       // SPI 라이브러리 삽입
#include <MFRC522.h>  //RFID 리더 MFRC522 라이브러리 삽입

#define RST_PIN  44  // MFRC522 RST에 연결된 핀 번호 변수 정의
#define SS_PIN   46  // MFRC522 SS에 연결된 핀 번호 변수 정의

MFRC522 mfrc522(SS_PIN, RST_PIN);  // MFRC522 객체 생성

void setup() {
  Serial.begin(9600);   // 시리얼 모니터와 시리얼 개방, 통신속도 설정
  SPI.begin();      // SPI 인터페이스 초기화
  mfrc522.PCD_Init();   // MFRC522 모듈 초기화
  mfrc522.PCD_DumpVersionToSerial();  // MFRC522 모듈 펌웨어 버전을 출력
  Serial.println(F("Scan PICC to see UID, SAK, type, and data blocks...")); //문자열 출력
}
```

```
void loop() {

  if ( ! mfrc522.PICC_IsNewCardPresent()) {  // 새로운 PICC(태그 또는 카드) 존재 확인
    return 0; // 새로운 카드가 아니면 loop 함수의 시작으로 감
  }

  // PICC의 UID와 SAK을 읽을 수 있는지 확인
  // 1을 리턴하면(읽으면) uid struct는 읽혀진 카드의 정보를 포함
  if ( ! mfrc522.PICC_ReadCardSerial()) { // PICC의 UID와 SAK을 읽을 수 있는지 확인
    return 0; // loop 함수의 시작으로 감
  }

  // PICC의 UID, SAK, 타입, 데이터 블록들을 시리얼 모니터에 출력, PICC를 너무 일찍
  // 제거하면 읽는 것을 중단하는 PICC_HaltA() 함수가 실행되고 Timeout 메시지 출력
  mfrc522.PICC_DumpToSerial(&(mfrc522.uid));
}
```

[결과]

- RFID 태그를 리더에 근접시키면 [그림 11.10]과 같이 태그 정보들이 시리얼모니터에 출력 됨

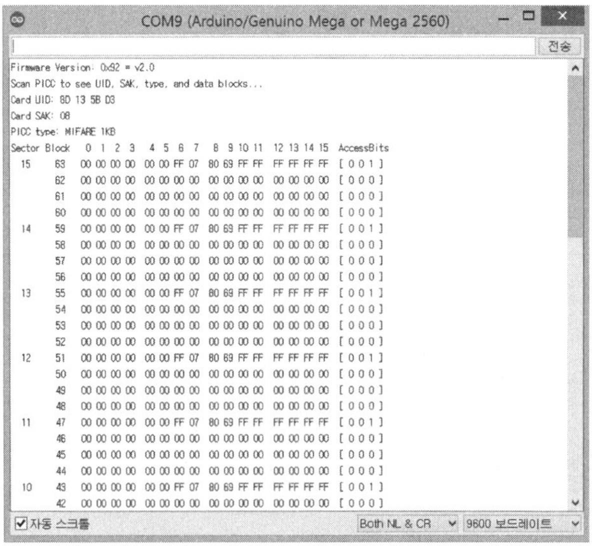

그림 11.10

- Firmware Version : 0x92 = v2.0 : 펌웨어 버전을 출력
- Card UID : 4바이트 의 카드 고유 식별자로 여기서는 8D 13 5B D3 값을 가짐
- SAK : SAK = 0x80이면 Mifare 1KB 카드를 의미.
- PICC type : RFID 태그 또는 카드 타입으로 Mifare 1KB 카드를 의미
- Mifare 1KB : 카드 EEPROM에 저장된 16 섹터, 섹터 당 4개의 블록, 한 블록 당 16바이트의 데이터 블록들이 표시 됨

- 각 섹터의 4번째 블록이 섹터 트레일러(sector trailer)이며 6바이트의 보안 키 A와 보안 키 B는 출시될 때 모두 0xFF로 초기화 됨. 15번째 섹터 트레일러의 보안 키 A는 모두 0x00으로 표시되는데 이는 암호화되어 이렇게 보이는 것이며 보안 키 B는 모두 0xFF임. 다른 모든 섹터도 동일 함

- PICC (태그 또는 카드)를 리더에서 너무 일찍 제거하면 읽는 것을 중단하는 PICC_HaltA() 함수가 실행되며 [그림 11.11]과 같이 Timeout 메시지가 출력됨

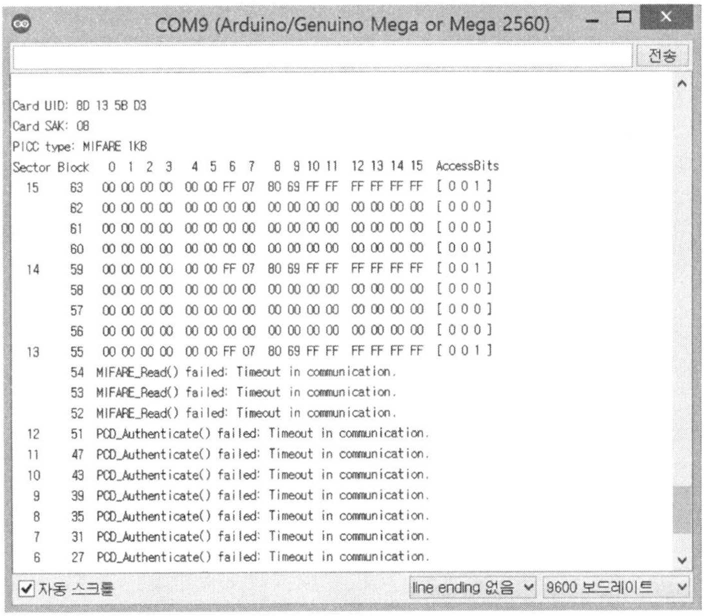

그림 11.11

실험 11-2

RFID 카드(태그)의 UID을 사용하여 접속 제어

- 하나의 RFID 태그의 UID를 마스터 태그로 등록
- 등록된 태그를 리더 주위에 근접시키면 “Access Granted !!!” 라는 메시지를 시리얼 모니터에 출력
- 등록되지 않은 태그를 리더 주위에 가져가면 “Access Denied !!!” 라는 메시지를 시리얼 모니터에 출력
- [그림 11.9]의 회로를 사용하고 아래의 스케치 프로그램을 업로드

소스 프로그램 **rfidMyUidReg**

```
#include <SPI.h>       // SPI 라이브러리 삽입
#include <MFRC522.h>  //RFID 리더 MFRC522 라이브러리 삽입

#define RST_PIN  44  // MFRC522 RST에 연결된 핀 번호 변수 정의
#define SS_PIN   46  // MFRC522 SS에 연결된 핀 번호 변수 정의

MFRC522 mfrc522(SS_PIN, RST_PIN);  // MFRC522 객체 생성
String myTag=""; // 등록할 UID를 저장하는 변수
boolean successReg = false; // 등록 성공 여부를 저장하는 변수


void setup() {
  Serial.begin(9600);   // 시리얼 모니터와 시리얼 개방, 통신속도 설정
  SPI.begin();       // SPI 인터페이스 초기화
  mfrc522.PCD_Init();   // MFRC522 모듈 초기화

  Serial.println("Tag Registration is necessary !!!"); //문자열 출력

  while(!successReg) {  // 등록 성공여부 확인
    successReg=myTagRegister(); // UID 등록 함수 호출
  }
  successReg = false; // 등록 성공 여부 초기화

  Serial.println("registered Tag : "+myTag); //문자열 출력
}

boolean myTagRegister(void ) {
```

```
  if ( ! mfrc522.PICC_IsNewCardPresent()) {  // 새로운 PICC(태그 또는 카드) 존재 확인
    return 0; // 새로운 카드가 아니면 loop 함수의 시작으로 감
  }

  // PICC의 UID와 SAK을 읽을 수 있는지 확인
  // 1을 리턴하면(읽으면) uid struct는 읽혀진 카드의 정보를 포함
  if ( ! mfrc522.PICC_ReadCardSerial()) { // PICC의 UID와 SAK을 읽을 수 있는지 확인
    return 0; // loop 함수의 시작으로 감
  }

  for(int i=0; i<4 ; i++) { // 4바이트의 UID를 등록
    myTag.concat(String(mfrc522.uid.uidByte[i], HEX)); //16진수로 변환하여 문자열에 추가
  }
  myTag.toUpperCase(); // 대문자로 변환
  mfrc522.PICC_HaltA(); // 읽기 중단
  return 1;
}

void loop() {

  if ( ! mfrc522.PICC_IsNewCardPresent()) {  // 새로운 PICC(태그 또는 카드) 존재 확인
    return 0;
  }

  if ( ! mfrc522.PICC_ReadCardSerial()) { // PICC의 UID와 SAK을 읽을 수 있는지 확인
    return 0;
  }

  String tagID=""; // 새로 읽어 들일 UID를 저장하는 변수
  for(int i=0; i<4 ; i++) {  // 4바이트의 UID
    tagID.concat(String(mfrc522.uid.uidByte[i], HEX)); //16진수로 변환하여 문자열에 추가
  }
  tagID.toUpperCase(); // 대문자로 변환
  mfrc522.PICC_HaltA(); // 읽기를 중단

  Serial.println("---------------------------------------------- !!");
  if (tagID == myTag) { // 새로 읽어 들인 UID가 등록된 것인지 확인
    Serial.println("Access Granted !!!!"); //문자열 출력
  }
  else {
    Serial.println("Access Denied !!!!"); //문자열 출력
  }
}
```

[결과]

- 하나의 RFID 태그를 리더에 근접시켜 태그의 UID를 마스터 태그로 등록
- [그림 11.12]의 경우 4바이트의 UID인 51AC6322가 등록 됨
- [그림 11.12]와 같이 등록된 태그를 리더 주위에 근접시키면 "Access Granted !!!"라는 메시지가 시리얼 모니터에 출력되고 등록되지 않은 태그를 리더 주위에 가져가면 "Access Denied !!!"라는 메시지가 시리얼 모니터에 출력

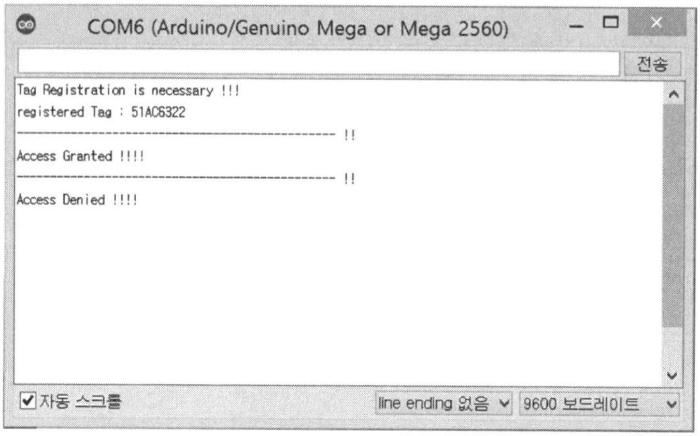

그림 11.12

실험 11-3

새로운 데이터를 RFID 카드(태그)에 쓰고 읽기

- [그림 11.13]과 같이 1K 바이트 EEPROM에 저장되어 있는 데이터 블록 중 두 번째 블록(블록 2)의 16바이트를 읽어 시리얼모니터에 출력
- 초기값으로 0x00 16개가 시리얼 모니터에 출력되는지 확인(아스키로 표현 시 공백으로 표시)
- 두 번째 블록(block 2)에 새로운 16바이트 데이터인 "Welcome Arduino"를 쓰기
- 잘 쓰여 졌는지 확인을 위해 두 번째 블록(block 2)의 16바이트를 읽어 시리얼 모니터에 출력하여 새로운 데이터인 "Welcome Arduino"가 제대로 쓰여 졌는지 확인

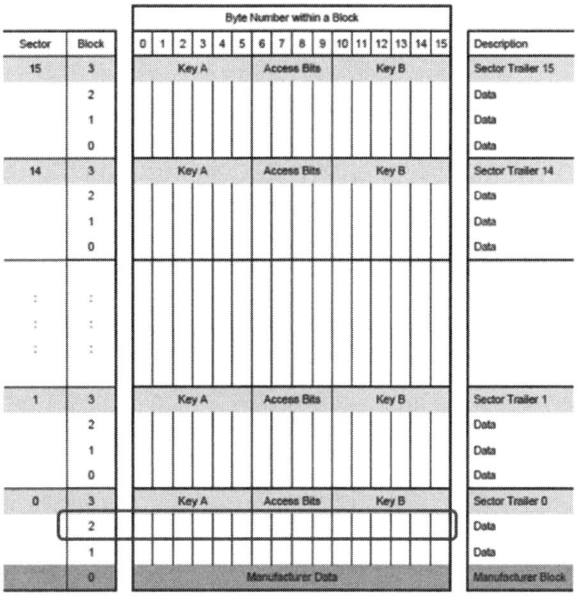

그림 11.13

소스 프로그램 rfidStringWriteRead

```
#include <SPI.h> //SPI 라이브러리 삽입
#include <MFRC522.h> //RFID 리더 MFRC522 라이브러리 삽입

#define RST_PIN  44  // MFRC522 RST에 연결된 핀 번호 변수 정의
#define SS_PIN   46  // MFRC522 SS에 연결된 핀 번호 변수 정의

MFRC522 mfrc522(SS_PIN, RST_PIN);        // MFRC522 객체 생성
MFRC522::MIFARE_Key key; //카드 정보를 저장하는 MIFARE_Key struct 생성

int block=2; // 쓰고 읽으려는 블록 위치 번호

byte blockContent[16] = {"Welcome Arduino "}; // 블록 위치에 쓸 16바이트를 저장하는 변수
//byte blockContent[16] = {0,0,0,0,0,0,0,0,0,0,0,0,0,0,0,0}; // 하나의 블록을 지우는데 사용

//하나의 블록에 쓰기 전 읽어들여 저장하는 변수 (18바이트 필요 16바이트 데이터+2바이트 CRC)
byte readBeforeBlock[18];
// 하나의 블록에 쓴 후 읽어들여 저장하는 변수 (18바이트 필요 16바이트 데이터+2바이트 CRC)
```

```
byte readBackBlock[18];

void setup() {
        Serial.begin(9600);         // 시리얼 모니터와 시리얼 개방, 통신속도 설정
        SPI.begin();                // SPI 인터페이스 초기화
        mfrc522.PCD_Init();         // MFRC522 카드 초기화
        Serial.println("Scan a MIFARE Classic card"); // 문자열 출력

        // 읽기와 쓰기 기능을 수행하기 위한 보안 키로 6바이트가 0xFF로 초기화
        for (byte i = 0; i < 6; i++) {
                key.keyByte[i] = 0xFF; // keyByte는 MIFARE_Key struct에 정의되어 있음
        }
}

void loop()
{

  if ( ! mfrc522.PICC_IsNewCardPresent()) { // 새로운 PICC (태그 또는 카드) 존재 확인
     return 0; // 새로운 카드가 아니면 loop 함수의 시작으로 감
  }

  // PICC의 UID와 SAK을 읽을 수 있는지 확인
  // 1을 리턴하면(읽으면) uid struct는 읽혀진 카드의 정보를 포함
  if ( ! mfrc522.PICC_ReadCardSerial()) {
    return; // loop 함수의 시작으로 감
  }

  Serial.println("card selected"); // 문자열 출력

   readBlock(block, readBeforeBlock);// 블록 읽기
   Serial.print("read block before data writing : ");
   for (int j=0 ; j<16 ; j++) { // 블록 내용을 시리얼 모니터에 출력
       Serial.write(readBeforeBlock[j]); // 시리얼 모니터에 각 바이트를 ASCII로 출력
   }
   Serial.println("");

   writeBlock(block, blockContent); // 블록 위치에 16 바이트를 쓰는 함수 호출

   readBlock(block, readBackBlock);// 블록을 되읽기
   Serial.print("read block after data writing: ");
```

```
  for (int j=0 ; j<16 ; j++) { // 블록 내용을 시리얼 모니터에 출력
      Serial.write(readBackBlock[j]); // 시리얼 모니터에 각 바이트를 ASCII로 출력
  }
  Serial.println("");

  mfrc522.PICC_HaltA(); // 읽기 중단
  mfrc522.PCD_StopCrypto1(); // PCD가 인증된 상태에서 나감

  Serial.println("---------------- Completion !!"); // 문자열 출력
}

int writeBlock(int blockNumber, byte arrayAddress[])
{
  int  sectorNum =  blockNumber/4; // 블록에 대한 섹터 번호
  int  trailerBlock = sectorNum*4 + 3; // 블록에 대한 트레일러 블록 위치
  if (blockNumber%4 == 3) { // 블록이 트레일러 블록 인지 확인
    Serial.print(blockNumber);
    Serial.println(" is a trailer block:");
    return 2;
  }
  Serial.print(blockNumber);
  Serial.println(" is a data block:");

  // 블록 쓰기를 위해 인증 수행
  byte status = mfrc522.PCD_Authenticate(MFRC522::PICC_CMD_MF_AUTH_KEY_A, trailerBlock,
&key, &(mfrc522.uid));

  if (status != MFRC522::STATUS_OK) { // 인증에 성공하였는지 확인
        Serial.print("PCD_Authenticate() failed: ");
        Serial.println(mfrc522.GetStatusCodeName(status));
        return 3;//return "3" as error message
  }

  // 해당 블록 위치에 데이터 쓰기
  status = mfrc522.MIFARE_Write(blockNumber, arrayAddress, 16);
  if (status != MFRC522::STATUS_OK) { //
          Serial.print("MIFARE_Write() failed: "); //데이터 쓰기에 성공하였는지 확인
          Serial.println(mfrc522.GetStatusCodeName(status));
          return 4; // return "4" as error message
  }
```

```
}

int readBlock(int blockNumber, byte arrayAddress[])
{
  int  sectorNum =  blockNumber/4; // 블록에 대한 섹터 번호
  int  trailerBlock = sectorNum*4 + 3; // 블록에 대한 트레일러 블록 위치

 // 블록 읽기를 위해 인증 수행
  byte status = mfrc522.PCD_Authenticate(MFRC522::PICC_CMD_MF_AUTH_KEY_A, trailerBlock,
&key, &(mfrc522.uid));

  if (status != MFRC522::STATUS_OK) {
        Serial.print("PCD_Authenticate() failed (read): ");
        Serial.println(mfrc522.GetStatusCodeName(status));
        return 3;//return "3" as error message
  }

 // 해당 블록 위치에서 데이터 읽기
  byte buffersize = 18;// 읽기 버퍼 크기를 저장하는 변수 선언
  status = mfrc522.MIFARE_Read(blockNumber, arrayAddress, &buffersize);// &buffersiz는
buffersize 변수의 포인터
  if (status != MFRC522::STATUS_OK) { //데이터 읽기에 성공하였는지 확인
         Serial.print("MIFARE_read() failed: ");
         Serial.println(mfrc522.GetStatusCodeName(status));
         return 4;//return "4" as error message
  }
}
```

[결과]

- RFID 태그를 리더에 근접시키면 [그림 11.14]와 같이 1K 바이트 EEPROM에 저장되어 있는 데이터 블록 중 두 번째 블록(블록 2)의 16바이트인 0x00 16개가 시리얼 모니터에 출력
- 아스키로 출력하였으므로 공백으로 표시
- 두 번째 블록(block 2)에 새로운 16바이트 데이터인 "Welcome Arduino"를 쓰기난 후 재읽기 과정을 통해 새로운 데이터인 "Welcome Arduino"가 두 번째 블록(block 2)에 제대로 쓰여 졌음을 확인

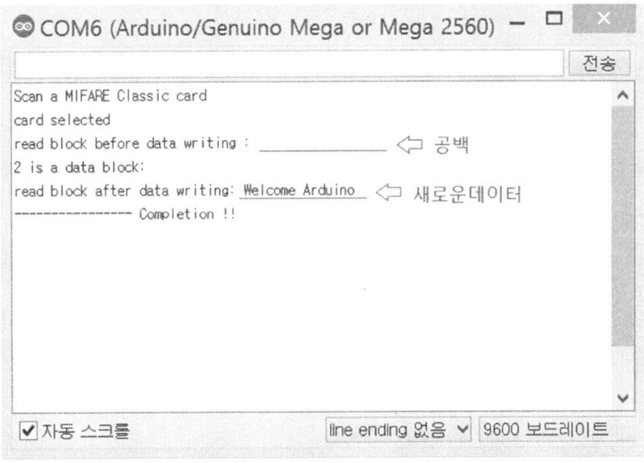

그림 11.14

- RFID 태그에 이미 데이터가 쓰여 있는 경우에는 아래와 같이 주석 처리를 바꾼 후 스케치 프로그램을 업로드하고 태그를 리더에 근접시키면 두 번째 블록(블록 2)의 16바이트는 0x00로 쓰여 질 것임

```
//byte blockContent[16] = {"Welcome Arduino "}; // 블록 위치에 쓸 16 바이트를 저장하는 변수
byte blockContent[16] = {0,0,0,0,0,0,0,0,0,0,0,0,0,0,0,0}; // 하나의 블록을 지우는데 사용
```

- 이 후 다시 아래와 같이 주석 처리를 바꾼 후 스케치 프로그램을 업로드하고 태그를 리더에 근접시키면 [그림 11.14]와 동일한 결과를 얻게 됨

```
byte blockContent[16] = {"Welcome Arduino "}; // 블록 위치에 쓸 16 바이트를 저장하는 변수
//byte blockContent[16] = {0,0,0,0,0,0,0,0,0,0,0,0,0,0,0,0}; // 하나의 블록을 지우는데 사용
```

실험 11-4

RFID 카드(태그)를 리더에 근접시킬 때 마디 태그의 값을 100 씩 증가시키기

- [그림 11.15]와 같이 1K 바이트 EEPROM에 저장되어 있는 데이터 블록 중 두 번째 블록(블록 2)의 16바이트 중에서 하위 4바이트를 정수형(int) 타입으로 사용
- RFID 카드(태그)를 리더에 근접시킬 때마다 블록 2에 저장되어 있는 하위 4바이트 값(**현재 값**)을 읽고 시리얼 모니터에 출력
- 블록 2에 저장되어 있는 현재 값에 100 증가한 값 (**다음 값**)을 블록에 다시 쓰고 제대로 쓰여 졌는지 재 읽기 과정을 통해 확인
- 값을 초기화할 필요가 있을 때 두 번째 블록(블록 2)의 16바이트 중에서 하위 4바이트 값을 0으로 초기화

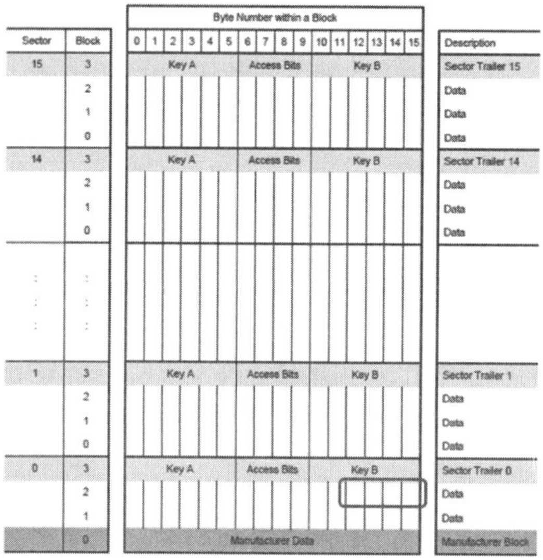

그림 11.15

소스 프로그램 rfidDataUpdate

```
#include <SPI.h> //SPI 라이브러리 삽입
#include <MFRC522.h> //RFID 리더 MFRC522 라이브러리 삽입

#define RST_PIN  44  // MFRC522 RST에 연결된 핀 번호 변수 정의
```

```
#define SS_PIN   46  // MFRC522 SS에 연결된 핀 번호 변수 정의

MFRC522 mfrc522(SS_PIN, RST_PIN);        // MFRC522 객체 생성
MFRC522::MIFARE_Key key; //카드 정보를 저장하는 MIFARE_Key struct 생성

//#define rfidReset

#ifdef rfidReset //rfidReset이 정의되었는지 확인
 unsigned char clearContent[16] = {0,0,0,0,0,0,0,0,0,0,0,0,0,0,0,0};
 //값을 0으로 초기화("" 와 동일)
#endif

// 하나의 블록을 읽어들여 저장하는 변수 (18바이트 필요 16바이트 데이터+2바이트 CRC)
unsigned char readBeforeBlock[18];

int block=2; // 쓰고 읽으려는 블록 위치 번호

// 하나의 블록을 읽어들여 저장하는 변수 (18바이트 필요 16바이트 데이터+2바이트 CRC)
unsigned char readBackBlock[18];
unsigned int rfidNumData = 0; // rfid 태그에 쓰거나 읽은 값을 저장하는 변수 정의

void setup() {
	Serial.begin(9600);       // 시리얼 모니터와 시리얼 개방, 통신속도 설정
	SPI.begin();              // SPI 인터페이스 초기화
	mfrc522.PCD_Init();       // MFRC522 모듈 초기화
	Serial.println("Scan a MIFARE Classic card"); // 문자열 출력

	// 읽기와 쓰기 기능을 수행하기 위한 보안 키로 6바이트가 0xFF로 초기화
	for (byte i = 0; i < 6; i++) {
		key.keyByte[i] = 0xFF; // keyByte는 MIFARE_Key struct에 정의되어 있음
	}
}

void rfidNumDataToBlock(void){

  unsigned int copyrfidNumData=rfidNumData; // 증가한 다음 값을 저장하는
                                            // rfidNumData 값을 저장
  for(int i=0;i<4;i++) { // 4번 반복
    readBeforeBlock[15-i] = (byte) (copyrfidNumData & 0xFF); // 4바이트의 각 값을 결정
    copyrfidNumData >>= 8; // 다음 바이트를 위해 우측으로 8번 쉬프트
  }
}
```

```
void BlockTorfidNumData(void){
  unsigned int num=0;

  for(int i=0;i<4;i++) { // 4번 반복
    num += readBeforeBlock[15-i] * (0x01 << 8*i); // 4바이트에 해당하는 정수값 결정
  }
  rfidNumData = num; // 정수 값을 rfidNumData에 저장
}

void loop()
{

  if ( ! mfrc522.PICC_IsNewCardPresent()) { // 새로운 PICC (태그 또는 카드) 존재 확인
     return 0; // 새로운 카드가 아니면 loop 함수의 시작으로 감
  }

  // PICC의 UID와 SAK을 읽을 수 있는지 확인
  // 1을 리턴하면(읽으면) uid struct는 읽혀진 카드의 정보를 포함
  if ( ! mfrc522.PICC_ReadCardSerial()) {
    return; // loop 함수의 시작으로 감
  }

  Serial.println("card selected"); // 문자열 출력

   readBlock(block, readBeforeBlock);// 블록 읽기
   BlockTorfidNumData(); // 하위 4바이트에 해당하는 정수 값 결정하는 함수 호출

   Serial.println("--------------------------------------------");
   Serial.print("read block before data writing : ");
   Serial.print("read data : "+(String)rfidNumData+" ==> ");
   for (int j=3 ; j>=0 ; j--) { // 블록 내용을 시리얼 모니터에 출력
       Serial.print(readBeforeBlock[15-j]); // 시리얼 모니터에 각 바이트를 ASCII로 출력
       Serial.print(" ");
   }
   Serial.println("");
#ifdef rfidReset
  rfidNumData = 0;
  writeBlock(block, clearContent); // 블록 위치에 16 바이트를 쓰는 함수 호출
#else
  rfidNumData+=100;
  rfidNumDataToBlock(); // 정수값을 하위 4바이트에 저장하는 함수 호출
```

```
  writeBlock(block, readBeforeBlock); // 블록 위치에 16 바이트를 쓰는 함수 호출
#endif

   readBlock(block, readBackBlock);// 블록을 되읽기
   Serial.print("read data : "+(String)rfidNumData+" ==> ");
   for (int j=3 ; j>=0 ; j--) { // 블록 내용을 시리얼 모니터에 출력
       Serial.print(readBackBlock[15-j]); // 시리얼 모니터에 각 바이트를 ASCII로 출력
       Serial.print(" ");
   }
   Serial.println("");

   mfrc522.PICC_HaltA(); // 읽기 중단
   mfrc522.PCD_StopCrypto1(); // PCD가 인증된 상태에서 나감

   Serial.println("---------------- Completion !!"); // 문자열 출력
}

int writeBlock(int blockNumber, byte arrayAddress[])
{
  int  sectorNum =  blockNumber/4; // 블록에 대한 섹터 번호
  int  trailerBlock = sectorNum*4 + 3; // 블록에 대한 트레일러 블록 위치
  if (blockNumber%4 == 3) { // 블록이 트레일러 블록 인지 확인
     Serial.print(blockNumber);
     Serial.println(" is a trailer block:");
     return 2;
  }
  Serial.print(blockNumber);
  Serial.println(" is a data block:");

  // 블록 쓰기를 위해 인증 수행
  byte status = mfrc522.PCD_Authenticate(MFRC522::PICC_CMD_MF_AUTH_KEY_A,
trailerBlock, &key, &(mfrc522.uid));

  if (status != MFRC522::STATUS_OK) { // 인증에 성공하였는지 확인
        Serial.print("PCD_Authenticate() failed: ");
        Serial.println(mfrc522.GetStatusCodeName(status));
        return 3;//return "3" as error message
  }

  // 해당 블록 위치에 데이터 쓰기
  status = mfrc522.MIFARE_Write(blockNumber, arrayAddress, 16);
  if (status != MFRC522::STATUS_OK) { //
```

```
          Serial.print("MIFARE_Write() failed: "); //데이터 쓰기에 성공하였는지 확인
          Serial.println(mfrc522.GetStatusCodeName(status));
          return 4; // return "4" as error message
  }
}

int readBlock(int blockNumber, byte arrayAddress[])
{
  int  sectorNum =  blockNumber/4; // 블록에 대한 섹터 번호
  int  trailerBlock = sectorNum*4 + 3; // 블록에 대한 트레일러 블록 위치

 // 블록 읽기를 위해 인증 수행
   byte status = mfrc522.PCD_Authenticate(MFRC522::PICC_CMD_MF_AUTH_KEY_A,
trailerBlock, &key, &(mfrc522.uid));
  if (status != MFRC522::STATUS_OK) {
        Serial.print("PCD_Authenticate() failed (read): ");
        Serial.println(mfrc522.GetStatusCodeName(status));
        return 3;//return "3" as error message
  }

 // 해당 블록 위치에서 데이터 읽기
  byte buffersize = 18;// 읽기 버퍼 크기를 저장하는 변수 선언
  status = mfrc522.MIFARE_Read(blockNumber, arrayAddress, &buffersize);// &buffersiz는
buffersize 변수의 포인터
  if (status != MFRC522::STATUS_OK) { //데이터 읽기에 성공하였는지 확인
         Serial.print("MIFARE_read() failed: ");
         Serial.println(mfrc522.GetStatusCodeName(status));
         return 4;//return "4" as error message
  }
}
```

[결과]

- 값을 초기화하기 위하여 위의 프로그램에서 아래의 부분의 주석 처리 부분을 제거하고 프로그램을 실행

```
// #define rfidReset   ==>  #define rfidReset
```

- RFID 카드(태그)를 리더에 근접시키면 [그림 11.16]과 같이 0 0 0 0 이 즉, 0으로 초기화 됨을 확인

- RFID 카드(태그)를 재차 리더에 근접하여도 [그림 11.16]과 같이 0 0 0 0 이 즉, 0으로 초기화 됨을 확인
- 초기화를 완료 한 후 위의 프로그램에서 아래의 부분을 다시 주석 처리하고 프로그램을 실행

```
#define rfidReset   ==>  // #define rfidReset
```

- RFID 카드(태그)를 리더에 근접시키면 [그림 11.17]과 같이 현재 값이 0 ==〉 0 0 0 0 이고 다음 값이 100 ==〉 0 0 0 100 임을 확인
- RFID 카드(태그)를 리더에 두 번 째 근접시키면 [그림 11.17]과 같이 현재 값이 100 ==〉 0 0 0 100 이고 다음 값이 200 ==〉 0 0 0 200 임을 확인
- RFID 카드(태그)를 리더에 세 번째 근접시키면 [그림 11.17]과 같이 현재 값이 200 ==〉 0 0 0 200 이고 다음 값이 300 ==〉 0 0 1 44 임을 확인
- RFID 카드(태그)를 리더에 네 번째 근접시키면 [그림 11.17]과 같이 현재 값이 300 ==〉 0 0 1 44 이고 다음 값이 400 ==〉 0 0 1 144 임을 확인

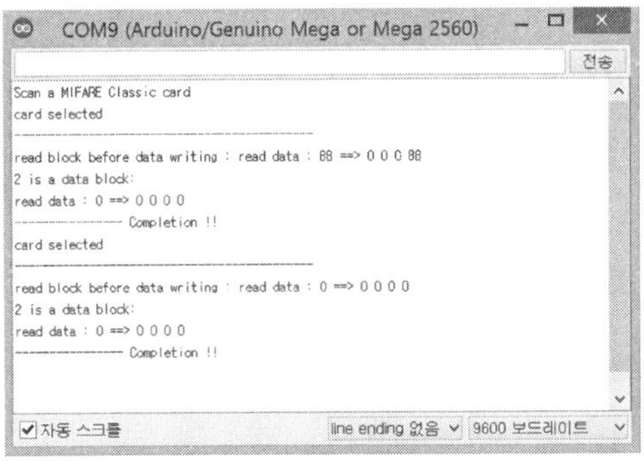

그림 11.16

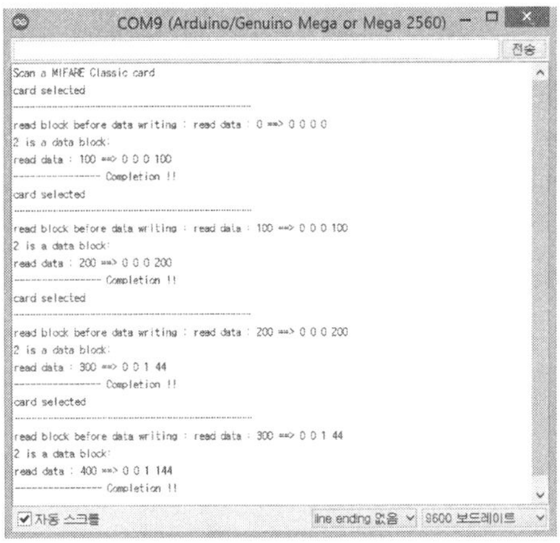

그림 11.17

실험 11-5

RFID 카드(태그)를 리더에 근접시킬 때 마디 태그의 값을 100 씩 증가시키기

- [실험 11-4]와 동일 하나 1K 바이트 EEPROM에 저장되어 있는 데이터 블록 중 두 번째 블록(블록 2)의 16바이트 중에서 하위 4바이트를 정수형(int) 타입으로 사용하는 대신에 16바이트를 모두를 문자(char) 타입으로 사용
- 즉, 예로 값이 300인 경우

  [그림 11.18]과 같이 이전 실험에서는 4바이트로 0 0 1 44가 저장 (16바이트 중 뒤의 4바이트 이용)

  [그림 11.19]와 같이 이번 실험에서는 '3' '0' '0' 이 저장 (16바이트 중 처음부터 모두 이용)

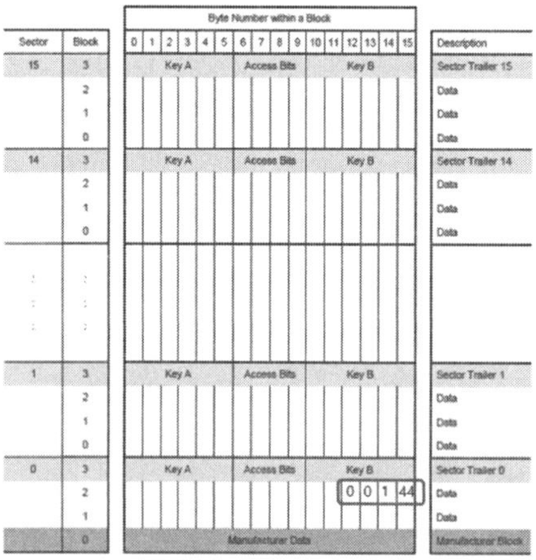

그림 11.18

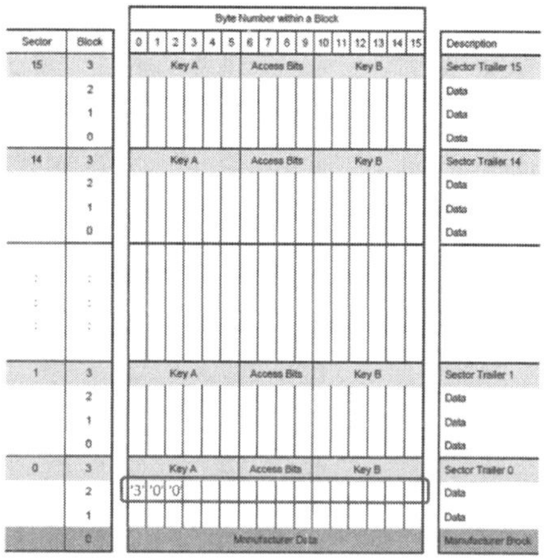

그림 11.19

- RFID 카드(태그)를 리더에 근접시킬 때마다 블록 2에 저장되어 있는 값(**현재 값**)을 읽고 시리얼 모니터에 출력
- 블록 2에 저장되어 있는 현재 값에 100 증가한 값(**다음 값**)을 블록 2에 다시 쓰고 제대로 쓰여 졌는지 재 읽기 과정을 통해 확인
- 값을 초기화할 필요가 있을 때 두 번째 블록(블록 2)의 16바이트 모두를 0으로 초기화

소스 프로그램 rfidDataUpdateModify

```
#include <SPI.h> //SPI 라이브러리 삽입
#include <MFRC522.h> //RFID 리더 MFRC522 라이브러리 삽입

#define RST_PIN  44  // MFRC522 RST에 연결된 핀 번호 변수 정의
#define SS_PIN   46  // MFRC522 SS에 연결된 핀 번호 변수 정의

MFRC522 mfrc522(SS_PIN, RST_PIN);       // MFRC522 객체 생성
MFRC522::MIFARE_Key key; //카드 정보를 저장하는 MIFARE_Key struct 생성

//#define rfidReset

#ifdef rfidReset //rfidReset이 정의되었는지 확인
  unsigned char clearContent[16] = "0"; // 값을 0으로 초기화.
#endif

unsigned char readBeforeBlock[18]; // 하나의 블록을 읽어들여 저장하는 변수 (18바이트
                                   // 필요 16바이트 데이터+2바이트 CRC)

int block=2; // 쓰고 읽으려는 블록 위치 번호
unsigned char readBackBlock[18]; // 하나의 블록을 읽어들여 저장하는 변수 (18바이트
                                 // 필요 16바이트 데이터+2바이트 CRC)
unsigned int rfidNumData = 0; // rfid 태그에 쓰거나 읽은 값을 저장하는 변수 정의

void setup() {
       Serial.begin(9600);        // 시리얼 모니터와 시리얼 개방, 통신속도 설정
       SPI.begin();               // SPI 인터페이스 초기화
       mfrc522.PCD_Init();      // MFRC522 모듈 초기화
       Serial.println("Scan a MIFARE Classic card"); // 문자열 출력

       // 읽기와 쓰기 기능을 수행하기 위한 보안 키로 6바이트가 0xFF로 초기화
       for (byte i = 0; i < 6; i++) {
              key.keyByte[i] = 0xFF; // keyByte는 MIFARE_Key struct에 정의되어 있음
       }
}

void rfidNumDataToBlock(void){
   int i;

  String value = (String)rfidNumData; // 증가한 다음 값을 문자열로 저장
```

```
  for(i=0;i<value.length();i++) { // 문자열 길이 만큼 반복
    readBeforeBlock[i] = value[i]; // 각 문자를 저장
  }

  for( ;i<16;i++) { // 16 바이트에 해당하는 나머지까지 반복
    readBeforeBlock[i] = '\0'; // 널문자를 저장
  }
}

void BlockTorfidNumData(void){

  String readValue=""; // 16바이트 문자를 문자열로 변환하기 위해 변수 정의

  for(int i=0;i<16;i++) { // 16번 반복
    readValue.concat(String(readBeforeBlock[i]-'0'));//각 문자를 숫자로 변환 후 문자열에 추가
  }
  rfidNumData = readValue.toInt(); // 문자열을 정수값으로 변환 후 rfidNumData에 저장
}

void loop()
{
  if ( ! mfrc522.PICC_IsNewCardPresent()) { // 새로운 PICC (태그 또는 카드) 존재 확인
     return 0; // 새로운 카드가 아니면 loop 함수의 시작으로 감
  }

  // PICC의 UID와 SAK을 읽을 수 있는지 확인
  // 1을 리턴하면(읽으면) uid struct는 읽혀진 카드의 정보를 포함
  if ( ! mfrc522.PICC_ReadCardSerial()) {
    return; // loop 함수의 시작으로 감
  }

  Serial.println("card selected"); // 문자열 출력

   readBlock(block, readBeforeBlock);// 블록 읽기
   BlockTorfidNumData(); // 16바이트에 해당하는 정수 값 결정하는 함수 호출

   Serial.println("--------------------------------------------");
   Serial.print("read block before data writing : ");
   Serial.print("read data : "+(String)rfidNumData+" ==> ");
   for (int j=0 ; j<16 ; j++) { // 블록 내용을 시리얼 모니터에 출력
       Serial.write(readBeforeBlock[j]); // 시리얼 모니터에 각 바이트를 ASCII로 출력
       Serial.print(" ");
```

```
  }
  Serial.println("");

#ifdef rfidReset
  rfidNumData = 0;
  writeBlock(block, clearContent); // 블록 위치에 16 바이트를 쓰는 함수 호출
#else
  rfidNumData+=100;
  rfidNumDataToBlock(); // 정수값을 하위 16바이트에 저장하는 함수 호출
  writeBlock(block, readBeforeBlock); // 블록 위치에 16 바이트를 쓰는 함수 호출
#endif

  readBlock(block, readBackBlock);// 블록을 되읽기
  Serial.print("read data : "+(String)rfidNumData+" ==> ");
  for (int j=0 ; j<16 ; j++) { // 블록 내용을 시리얼 모니터에 출력
      Serial.write(readBackBlock[j]); // 시리얼 모니터에 각 바이트를 ASCII로 출력
      Serial.print(" ");
  }
  Serial.println("");

  mfrc522.PICC_HaltA(); // 읽기 중단
  mfrc522.PCD_StopCrypto1(); // PCD가 인증된 상태에서 나감

  Serial.println("--------------- Completion !!"); // 문자열 출력
}

int writeBlock(int blockNumber, byte arrayAddress[])
{
  int  sectorNum =  blockNumber/4; // 블록에 대한 섹터 번호
  int  trailerBlock = sectorNum*4 + 3; // 블록에 대한 트레일러 블록 위치
  if (blockNumber%4 == 3) { // 블록이 트레일러 블록 인지 확인
     Serial.print(blockNumber);
     Serial.println(" is a trailer block:");
     return 2;
  }
  Serial.print(blockNumber);
  Serial.println(" is a data block:");

  // 블록 쓰기를 위해 인증 수행
  byte status = mfrc522.PCD_Authenticate(MFRC522::PICC_CMD_MF_AUTH_KEY_A, trailerBlock,
&key, &(mfrc522.uid));
```

```
  if (status != MFRC522::STATUS_OK) { // 인증에 성공하였는지 확인
        Serial.print("PCD_Authenticate() failed: ");
        Serial.println(mfrc522.GetStatusCodeName(status));
        return 3;//return "3" as error message
  }

  // 해당 블록 위치에 데이터 쓰기
  status = mfrc522.MIFARE_Write(blockNumber, arrayAddress, 16);
  if (status != MFRC522::STATUS_OK) { //
          Serial.print("MIFARE_Write() failed: "); //데이터 쓰기에 성공하였는지 확인
          Serial.println(mfrc522.GetStatusCodeName(status));
          return 4; // return "4" as error message
  }
}

int readBlock(int blockNumber, byte arrayAddress[])
{
  int  sectorNum =  blockNumber/4; // 블록에 대한 섹터 번호
  int  trailerBlock = sectorNum*4 + 3; // 블록에 대한 트레일러 블록 위치

 // 블록 읽기를 위해 인증 수행
   byte status = mfrc522.PCD_Authenticate(MFRC522::PICC_CMD_MF_AUTH_KEY_A,
trailerBlock, &key, &(mfrc522.uid));
  if (status != MFRC522::STATUS_OK) {
        Serial.print("PCD_Authenticate() failed (read): ");
        Serial.println(mfrc522.GetStatusCodeName(status));
        return 3;//return "3" as error message
  }

 // 해당 블록 위치에서 데이터 읽기
  byte buffersize = 18;// 읽기 버퍼 크기를 저장하는 변수 선언
  status = mfrc522.MIFARE_Read(blockNumber, arrayAddress, &buffersize);// &buffersiz는
buffersize 변수의 포인터
  if (status != MFRC522::STATUS_OK) { //데이터 읽기에 성공하였는지 확인
         Serial.print("MIFARE_read() failed: ");
         Serial.println(mfrc522.GetStatusCodeName(status));
         return 4;//return "4" as error message
  }
}
```

[결과]

- 값을 초기화하기 위하여 위의 프로그램에서 아래의 부분의 주석 처리 부분을 제거하고 프로그램을 실행

```
// #define rfidReset   ==>  #define rfidReset
```

- RFID 카드(태그)를 리더에 근접시키면 [그림 11.20]과 같이 0 이 즉, 0으로 초기화 됨을 확인
- RFID 카드(태그)를 재차 리더에 근접하여도 [그림 11.20]과 같이 0 이 즉, 0으로 초기화 됨을 확인
- 초기화를 완료 한 후 위의 프로그램에서 아래의 부분을 다시 주석 처리하고 프로그램을 실행

```
#define rfidReset   ==>  // #define rfidReset
```

- RFID 카드(태그)를 리더에 근접시키면 [그림 11.21]과 같이 현재 값이 0 ==〉 0 이고 다음 값이 100 ==〉 1 0 0 임을 확인
- RFID 카드(태그)를 리더에 두 번 째 근접시키면 [그림 11.21]과 같이 현재 값이 100 ==〉 1 0 0 이고 다음 값이 200 ==〉 2 0 0 임을 확인
- RFID 카드(태그)를 리더에 세 번째 근접시키면 [그림 11.21]과 같이 현재 값이 200 ==〉 2 0 0 이고 다음 값이 300 ==〉 3 0 0 임을 확인
- RFID 카드(태그)를 리더에 네 번째 근접시키면 [그림 11.21]과 같이 현재 값이 300 ==〉 3 0 0 이고 다음 값이 400 ==〉 4 0 0 임을 확인

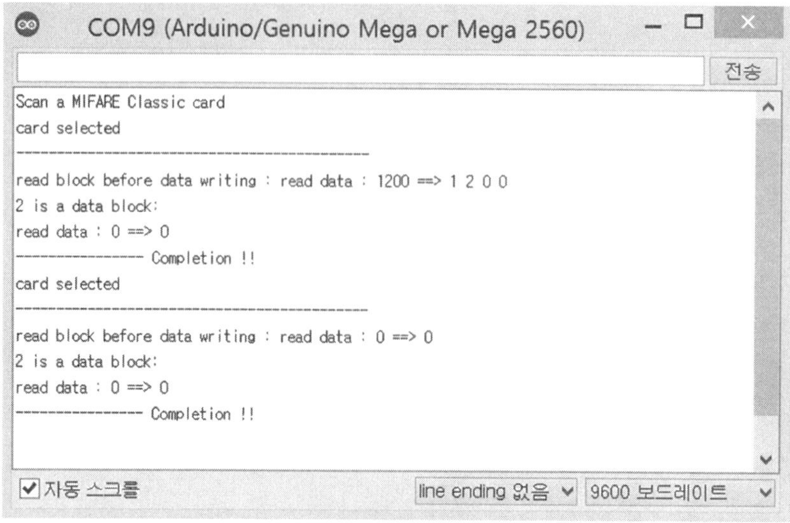

그림 11.20

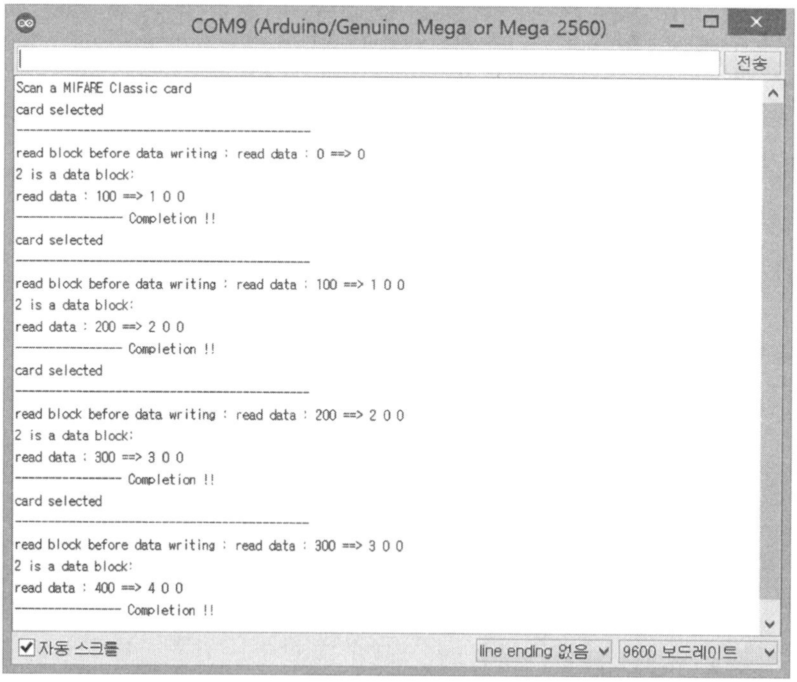

그림 11.21

제12장 적외선 통신을 활용한 센서 제어

실험에 필요한 부품

적외선(IR) 리모콘	적외선 수신기 모듈	LED	캐소드 공통형 3색 RGB LED	1KΩ 저항
1개	1개	1개	1개	4개
			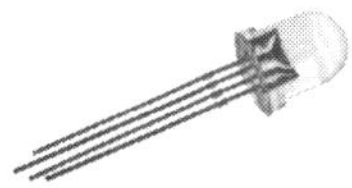	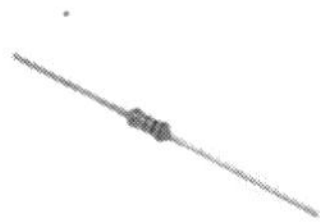

서보모터 (HES-288 플라스틱)				
1개				

12.1 적외선 통신

12.1.1 적외선(IR) 리모트 콘트롤러(적외선 리모콘)과 적외선 수신기

- [그림 12.1]과 같이 적외선(IR: infrared) 리모콘 콘트롤러(또는 적외선 리모콘)에서 보내는 신호를 받는 모듈을 적외선 수신기(IR Receiver)라 하고 TV, 오디오, 에어콘, 선풍기 등의 생활 가전용품에서 제어용으로 널리 사용

적외선 수신기	적외선 리모트 콘트롤러(적외선 리모콘)

그림 12.1 적외선 리모트 콘트롤러와 적외선 수신기

- 적외선(IR: infrared) 리모트 제어는 리모트 콘트롤러(리모콘)과 수신기 사이에 데이터를 전송하기 위하여 빛(light)을 이용
- 사용하는 빛은 [그림 12.2]와 같이 가시광선 스펙트럼 아래 있는 적외선(infrared) 빛을 사용

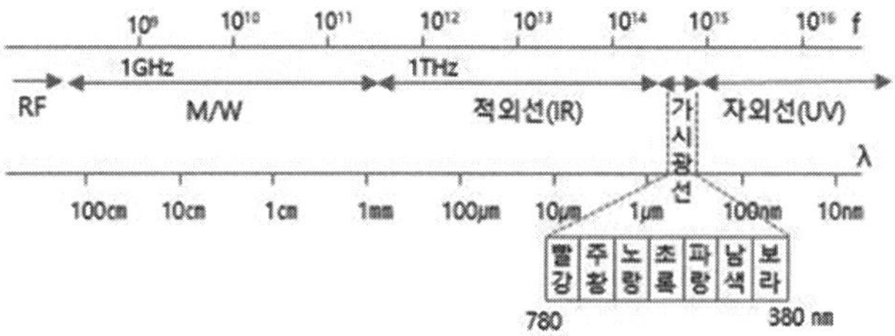

그림 12.2 적외선 스펙트럼

- IR LED는 가격이 저렴하다는 장점을 가지나 자연광 또는 전구(lighting)에 의해 간섭을 받는 단점이 있음
- IR 리모콘은 자연광의 IR과의 간섭을 피하기 위하여 38KHz의 반송파(carrier) 주파수에 데이터를 변조하여 전송
- IR 리모트 콘트롤러(IR 리모콘)의 각 버튼은 개별의 고유한 코드(code)를 수신기에 보냄
- 이때 코드들은 IR 리모콘 제조사 마다 다르며 NEC 포맷이 가장 많이 사용 됨

12.1.2 NEC 포맷

- NEC 포맷은 다음과 같이 9ms의 선행코드(leader code)가 전송되고 4.5ms 동안 휴지기간이 있은 후 54ms의 데이터 워드로 구성

```
▷ Leader Code(9ms) + Space(4.5ms) + Data Word(54ms)
```

- NEC 포맷의 코드(또는 데이터 워드)는 다음과 같이 32 비트로 구성되어 주소코드와 데이터 코드를 전송

```
▷ 32 bits Data Word = address code(8 bits) + address code의 1의 보수(8 bits) + data code(8 bits) + data code의 1의 보수(8 bits)
```

- NEC 포맷의 예를 [그림 12.3]에 나타냄

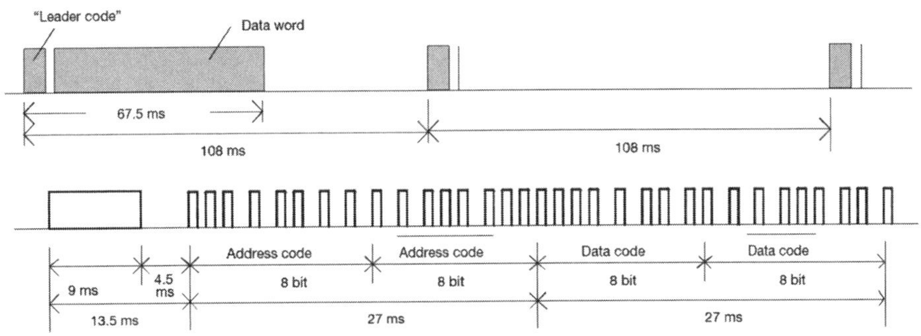

그림 12.3 NEC 포맷 예

- 디지털 0과 디지털 1은 [그림 12.4]와 같이 38KHz의 반송파 주파수에 변조되어 전송

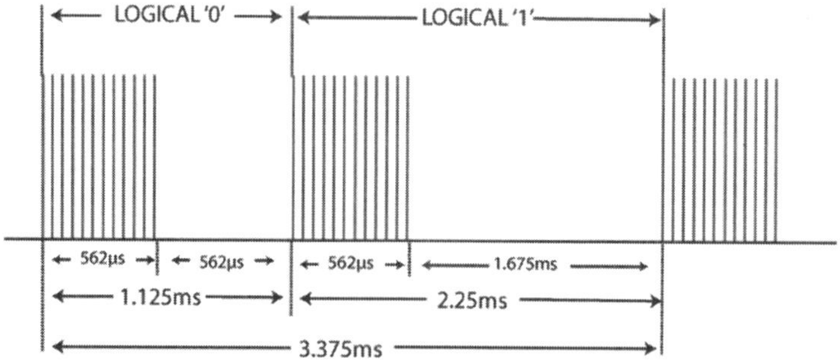

그림 12.4 NEC 포맷 디지털 0, 1 전송

• IR 리모트 콘트롤러(IR 리모콘)의 키가 눌러진 동안 [그림 12.5]와 같이 108ms 마다 반복 코드 값(0xFFFFFF)이 반복되어 전송

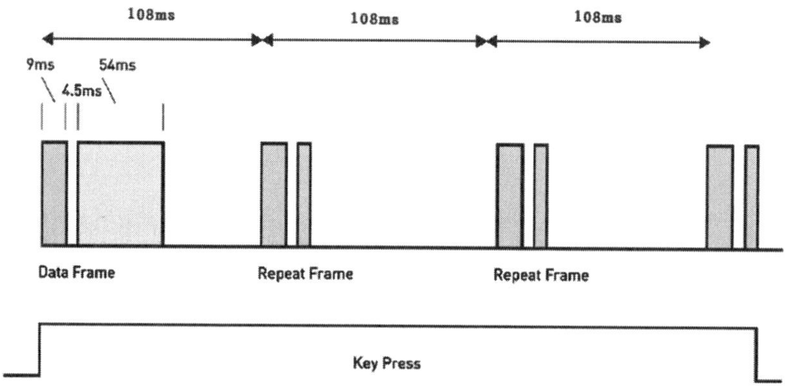

그림 12.5 반복 코드 전송

• 실험에서 사용하는 IR 리모트 콘트롤러(IR 리모콘)도 NEC 포맷을 따르며 각 키에 대한 32비트 코드(또는 데이터 워드)는 [표 12.1]과 같음

표 12.1 사용하는 IR 리모콘의 키에 대한 32비트 코드(또는 데이터 워드)

리모콘	키	코드
	▲	0xFF629D
	▼	0xFFA857
	◀	0xFF22DD
	▶	0xFFC23D
	OK	0xFF02FD
	1	0xFF6897
	2	0xFF9867
	3	0xFFB04F
	4	0xFF30CF
	5	0xFF18E7
	6	0xFF7A85
	7	0xFF10EF
	8	0xFF38C7
	9	0xFF5AA5
	*	0xFF42BD
	0	0xFF4AB5
	#	0xFF52AD
	반복코드	0xFFFFFFFF

12.1.3 IR 수신기 모듈

- TL1838 IR 센서를 사용
- 실험에 사용할 IR 수신기 모듈은 [그림 12.6]과 같음

- OUT : 아두이노 메가보드 A3에 연결
- VCC : 5V
- GND : 접지

그림 12.6 실험에 사용할 IR 수신기 모듈

• [그림 12.7]과 같이 변조된 신호를 복조하여 펄스들을 출력하며 이를 디코딩하여 어떤 키가 눌려 졌는지 결정

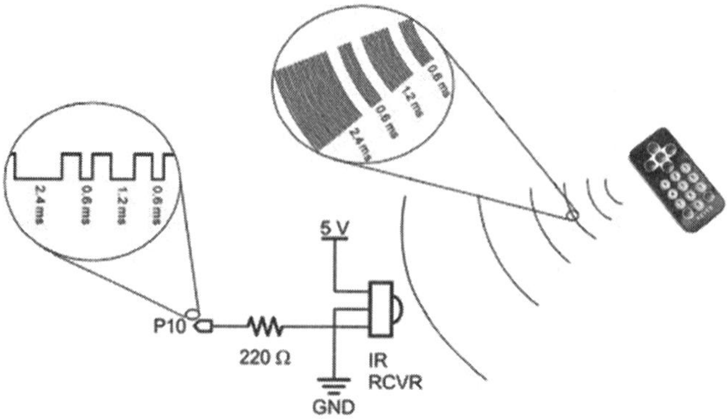

그림 12.7

12.1.4 적외선(IR) 통신 라이브러리 설치

• 다음에 라이브러리를 설치하는 2가지 방법을 소개하는데 어느 방법을 사용하여도 좋음

■ [방법1]

- 적외선(IR) 통신 라이브러리를 사용하기 위해서는 아래의 사이트에서 zip 파일을 다운받아 압축을 풀고 폴더이름을 IRremote로 설정
  - http://z3t0.github.io/Arduino-IRremote/
- IRremote 폴더 그대로 아래의 아두이노 라이브러리 폴더로 복사하고 아두이노 IDE를 재 시작해야 설치한 라이브러리를 사용할 수 있음.
  - 문서₩Arduino₩libraries

■ [방법2]

- [그림 12.8]과 같이 IDE의 메뉴에서 "스케치/라이브러리 포함하기/라이브러리 관리"를 선택

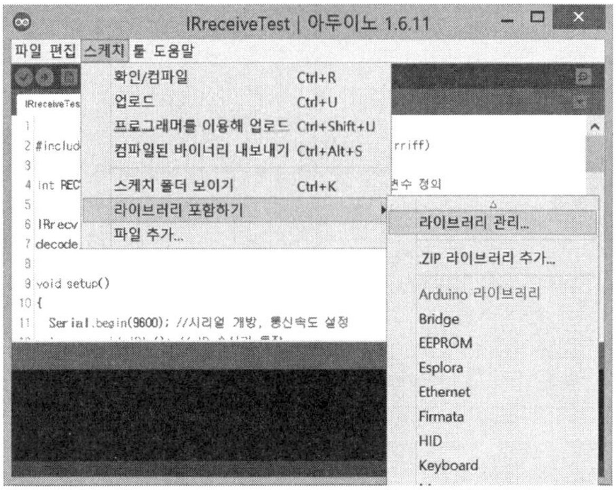

그림 12.8

- [그림 12.9]과 같이 라이브러리 매니저 창이 나타나면 찾고자하는 IRremote를 입력하고 엔터를 치면 라이브러리들이 나타나는데 **"shirriff"에 의해 개발된 라이브러리를 선택**하고 설치 버튼을 누르면 라이브러리를 설치

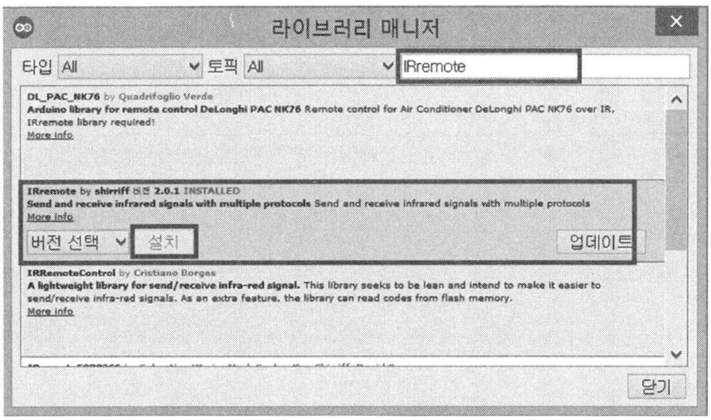

그림 12.9

12.1.5 적외선(IR) 통신 라이브러리에서 제공하는 IRrecv 클래스 라이브러리 제공 함수

IRrecv(int recvpin)		
기능	IR 수신 객체 생성	
매개변수	recvpin	IR을 수신할 핀 번호
리턴 값	-	없음, 생성자 함수

void enableIRIn(void)		
기능	IR 데이터 수신 시작, setup() 함수 내에서 사용	
매개변수	void	없음
리턴 값	void	없음

int decode(decode_results *results)		
기능	IR 수신 데이터의 디코딩 처리	
매개변수	result	decode_results 객체로 디코딩 결과 저장
리턴 값	int	1 : 데이터 준비 0 : 데이터 없음

void resume(void)		
기능	디코딩 종료 후 다음 IR 데이터를 입력 받기 위한 초기화 수행	
매개변수	void	없음
리턴 값	void	없음

실험 12-1

적외선(IR) 리모콘 수신데이터를 시리얼 모니터에 출력

- 적외선(IR) 리모콘 버튼에 대한 32비트 코드(또는 데이터 워드) 값을 시리얼 모니터에 출력
- [그림 12.10]과 같이 회로를 연결하고 아래의 스케치 프로그램을 업로드

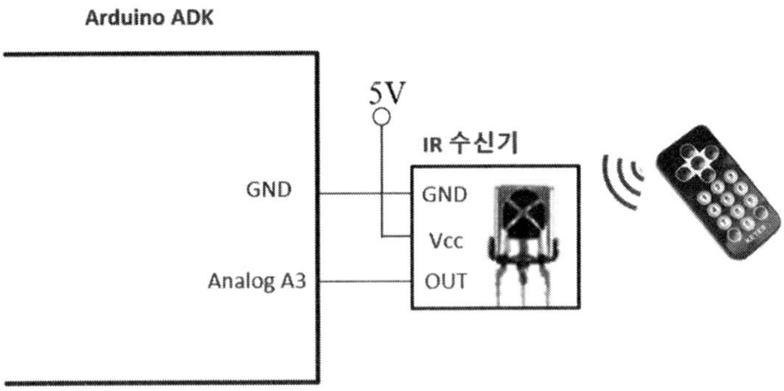

그림 12.10 실험 12-1 회로 연결

소스 프로그램 irRxTest

```
#include <IRremote.h> //IR Remote 라이브러리 삽입 (Ken Shirriff)

int RECV_PIN = A3; // IR 센서 핀과 연결된 핀 번호 변수 정의

IRrecv irrecv(RECV_PIN); // IR 수신 객체 생성
decode_results results; // 디코딩 결과 저장 객체 생성

void setup()
{
  Serial.begin(9600); //시리얼 개방, 통신속도 설정
  irrecv.enableIRIn(); // IR 수신기 동작
}

void loop() {
  if (irrecv.decode(&results)) { // 디코딩한 데이터가 있는지 확인
    Serial.println(results.value, HEX); // 디코딩한 결과를 16진수 형태로 출력
    irrecv.resume(); // 다음 IR 데이터를 받기 위한 초기화 수행
  }
}
```

[결과]

- IR 리모콘 키 중에서 '1' 버튼을 좀 길게, '2' 버튼을 좀 길게, '3' 버튼을 짧게 그리고 '3' 버튼을 좀 길게 누르면 [그림 12.11]과 같은 32비트 코드 값이 나타남.
- 좀 길게 누른 경우 108ms 마다 반복 코드 값(0xFFFFFF)이 전송되고 있음을 확인 할 수 있음

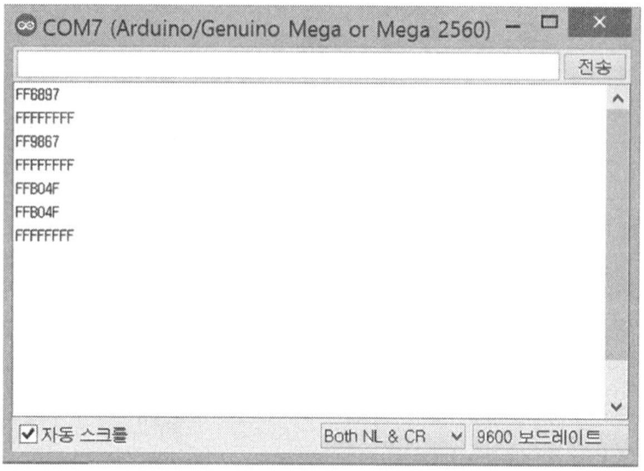

그림 12.11

실험 12-2

적외선(IR) 리모콘 제조사 확인

- IR 리모콘 제조사를 알아내는 getDecodeType() 함수를 사용하여 제조사를 시리얼 모니터에 출력
- [그림 12.10]과 같이 회로를 연결하고 아래의 스케치 프로그램을 업로드

소스 프로그램 **irRxManufType**

```
#include <IRremote.h> //IR Remote 라이브러리 삽입 (Ken Shirriff)

int RECV_PIN = A3; // IR 센서 핀과 연결된 핀 번호 변수 정의

IRrecv irrecv(RECV_PIN); // IR 수신 객체 생성
decode_results results; // 디코딩 결과 저장 객체 생성
```

```
void setup()
{
  Serial.begin(9600); //시리얼 개방, 통신속도 설정
  irrecv.enableIRIn(); // IR 수신기 동작
}

void loop() {
  if (irrecv.decode(&results)) { // 디코딩한 데이터가 있는지 확인
    Serial.println("-----------------------------");
    Serial.println(results.value, HEX); // 디코딩한 결과를 16진수 형태로 출력
    Serial.println(getDecodeType(results.decode_type)); // 제조사 출력
    irrecv.resume(); // 다음 IR 데이터를 받기 위한 초기화 수행
  }
}

String getDecodeType(int type){
  String szType="Remote Control Type : ";

  switch (type) {
    case NEC : szType += "NEC"; break;
    case SONY : szType += "SONY"; break;
    case RC5 : szType += "RC5"; break;
    case RC6 : szType += "RC6"; break;
    case SHARP : szType += "SHARP"; break;
    case SAMSUNG : szType += "SAMSUNG"; break;
    case LG : szType += "LG"; break;
    default : szType += "Unknown";
  }
  return szType;
}
```

[결과]

- IR 리모콘 키 중에서 'OK' 버튼을 좀 길게 누르면 [그림 12.12]와 같이 32비트 코드 값과 제조사가 나타남.

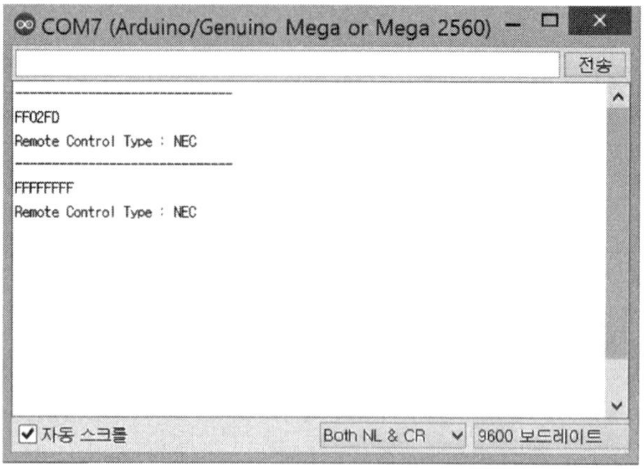

그림 12.12

실험 12-3

적외선(IR) 리모콘 버튼 확인

- 실험에서 사용하는 NEC 포맷 IR 리모트 콘트롤러(IR 리모콘) 각 키에 대한 32비트 코드(또는 데이터 워드)는 [표 12.1]과 같음
- IR 리모콘 버튼을 누르면 어떤 버튼이 눌려 졌는지 시리얼 모니터에 출력
- [그림 12.10]과 같이 회로를 연결하고 아래의 스케치 프로그램을 업로드

소스 프로그램 **irRxKeyCheck**

```
#include <IRremote.h> //IR Remote 라이브러리 삽입 (Ken Shirriff)

int RECV_PIN = A3; // IR 센서 핀과 연결된 핀 번호 변수 정의

IRrecv irrecv(RECV_PIN); // IR 수신 객체 생성
decode_results results; // 디코딩 결과 저장 객체 생성

void setup()
{
  Serial.begin(9600); //시리얼 개방, 통신속도 설정
  irrecv.enableIRIn(); // IR 수신기 동작
}
```

```
void loop() {
  if (irrecv.decode(&results)) { // 디코딩한 데이터가 있는지 확인
    Serial.println("-----------------------------");
    determineKey(); // 디코딩한 키값 확인
    irrecv.resume(); // 다음 IR 데이터를 받기 위한 초기화 수행
  }
}

void determineKey(void) // takes action based on IR code received
{
  switch(results.value) // 리모트 IR 코드
  {
    case 0xFF629D: Serial.println(" FORWARD"); break;
    case 0xFF22DD: Serial.println(" LEFT");    break;
    case 0xFF02FD: Serial.println(" -OK-");    break;
    case 0xFFC23D: Serial.println(" RIGHT");   break;
    case 0xFFA857: Serial.println(" REVERSE"); break;
    case 0xFF6897: Serial.println(" 1");    break;
    case 0xFF9867: Serial.println(" 2");    break;
    case 0xFFB04F: Serial.println(" 3");    break;
    case 0xFF30CF: Serial.println(" 4");    break;
    case 0xFF18E7: Serial.println(" 5");    break;
    case 0xFF7A85: Serial.println(" 6");    break;
    case 0xFF10EF: Serial.println(" 7");    break;
    case 0xFF38C7: Serial.println(" 8");    break;
    case 0xFF5AA5: Serial.println(" 9");    break;
    case 0xFF42BD: Serial.println(" *");    break;
    case 0xFF4AB5: Serial.println(" 0");    break;
    case 0xFF52AD: Serial.println(" #");    break;
    case 0xFFFFFFFF: Serial.println(" REPEAT");break;
    default:
      Serial.print(" other button  :  ");
  } // End Case
}
```

[결과]

- IR 리모콘 키 중에서 '1' 버튼을 좀 길게, '2' 버튼을 좀 길게, 'OK' 버튼을 좀 길게, '3' 버튼을 짧게 그리고 '3' 버튼을 좀 길게 누르면 [그림 12.13]과 같이 눌려진 버튼이 시리얼 모니터에 출력 됨.
- 108ms 마다 반복 코드 값(0xFFFFFF) 즉, REPEAT가 전송되고 있음을 확인 할 수 있음

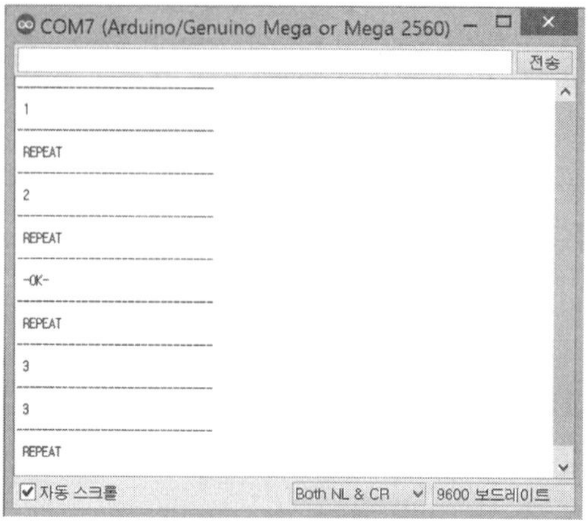

그림 12.13

실험 12-4

적외선(IR) 리모콘으로 단색 및 3색 LED 제어

- IR 리모콘 키 중에서 '*' 버튼을 누르면 LED를 켜고 '0' 버튼을 누르면 LED를 끄기
- IR 리모콘 키 중에서 '#' 버튼을 누를 때 마다 3색 LED가 끄기 → 빨간색 → 초록색 → 파란색 → OFF → 빨간색 ... 순서로 순차적으로 반복
- 3색 RGB LED로는 캐소드 공통형을 사용
- [그림 12.14]와 같이 회로를 연결하고 아래의 스케치 프로그램을 업로드

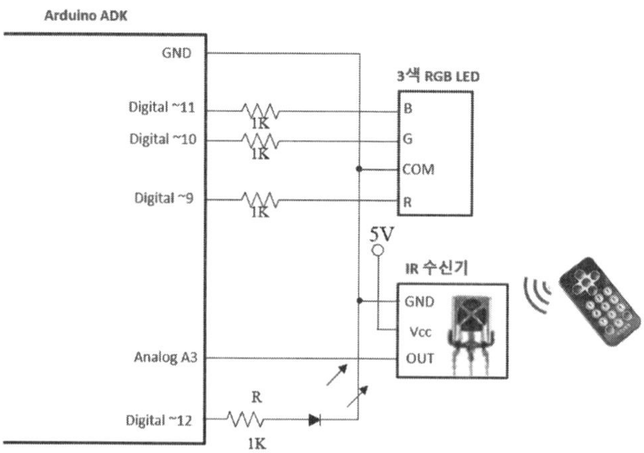

그림 12.14

소스 프로그램 irRxKeyCheck

```
#include <IRremote.h> //IR Remote 라이브러리 삽입 (Ken Shirriff)

int RECV_PIN = A3; // IR 센서 핀과 연결된 핀 번호 변수 정의
const int ledPin=12; // LED에 연결된 핀 번호 변수 정의
const int rLedPin = 9; //3색 LED 중 빨간색 LED와 연결된 핀 번호 변수 정의
const int gLedPin = 10; //3색 LED 중 초록색 LED와 연결된 핀 번호 변수 정의
const int bLedPin = 11; //3색 LED 중 파란색 LED와 연결된 핀 번호 변수 정의

IRrecv irrecv(RECV_PIN); // IR 수신 객체 생성
decode_results results; // 디코딩 결과 저장 객체 생성
int keyInputNum=0; // # 키 입력 횟수를 저장하는 변수 선언

void setup()
{
  Serial.begin(9600); //시리얼 개방, 통신속도 설정
  irrecv.enableIRIn(); // IR 수신기 동작
  pinMode(ledPin, OUTPUT);
  pinMode(rLedPin, OUTPUT); // rLED를 출력으로 설정
  pinMode(gLedPin, OUTPUT); // gLED를 출력으로 설정
  pinMode(bLedPin, OUTPUT); // bLED를 출력으로 설정

  digitalWrite(rLedPin, LOW);  //rLED에 LOW 출력(rLED 끄기)
  digitalWrite(gLedPin, LOW);  //gLED에 LOW 출력(gLED 끄기)
  digitalWrite(bLedPin, LOW);  //bLED에 LOW 출력(bLED 끄기)
}

void RGBLED_Display(int Num){

  switch (Num) {
   case 0 :
       digitalWrite(rLedPin, LOW);  //rLED 끄기
       digitalWrite(gLedPin, LOW);  //gLED 끄기
       digitalWrite(bLedPin, LOW);  //bLED 끄기
     break;
   case 1 :
       digitalWrite(rLedPin, HIGH);  //rLED 켜기
       digitalWrite(gLedPin, LOW);  //gLED 끄기
       digitalWrite(bLedPin, LOW);  //bLED 끄기
     break;
```

```
    case 2 :
        digitalWrite(rLedPin, LOW);  //rLED 끄기
        digitalWrite(gLedPin, HIGH);  //gLED 켜기
        digitalWrite(bLedPin, LOW);  //bLED 끄기
      break;
    case 3 :
        digitalWrite(rLedPin, LOW);  //rLED 끄기
        digitalWrite(gLedPin, LOW);  //gLED 끄기
        digitalWrite(bLedPin, HIGH);  //bLED 켜기
      break;
  }
}

void loop() {
  if (irrecv.decode(&results)) { // 디코딩한 데이터가 있는지 확인
    Serial.println("-----------------------------");
    ledCtrl(); // 디코딩한 키값 확인 및 LED 제어
    irrecv.resume(); // 다음 IR 데이터를 받기 위한 초기화 수행
  }
}

void ledCtrl(void) // 디코딩한 키값 확인 및 LED 제어
{
  if(results.value == 0xFF42BD) { // '*' 키
      Serial.println("LED ON");
      digitalWrite(ledPin, HIGH);
  }

  if(results.value == 0xFF4AB5) { // '0' 키
      Serial.println("LED OFF");
      digitalWrite(ledPin, LOW);
  }

  if(results.value == 0xFF52AD) { // '#' 키
      keyInputNum++;
      if(keyInputNum == 4) keyInputNum=0; // 키 입력이 4의 배수이면 초기화
      RGBLED_Display(keyInputNum);
  }
}
```

실험 12-5

적외선(IR) 리모콘으로 서보모터 제어

- 초기 서보모터는 중앙(90°)에 위치 함
- IR 리모콘 키 중에서 '◀' 버튼을 한번 누르면 왼쪽으로 2° 이동. 버튼을 계속 누르고 있으면 2°씩 왼쪽으로 계속 이동하며 왼쪽으로 최대 180° 까지만 이동 함
- IR 리모콘 키 중에서 '▶' 버튼을 한번 누르면 오른쪽으로 2° 이동. 버튼을 계속 누르고 있으면 2°씩 오른쪽으로 계속하여 이동하며 오른쪽으로 최소 0° 까지만 이동 함
- IR 리모콘 키 중에서 'OK' 버튼을 누르면 중앙(90° 위치)로 이동
- [그림 12.15]와 같이 회로를 연결하고 아래의 스케치 프로그램을 업로드

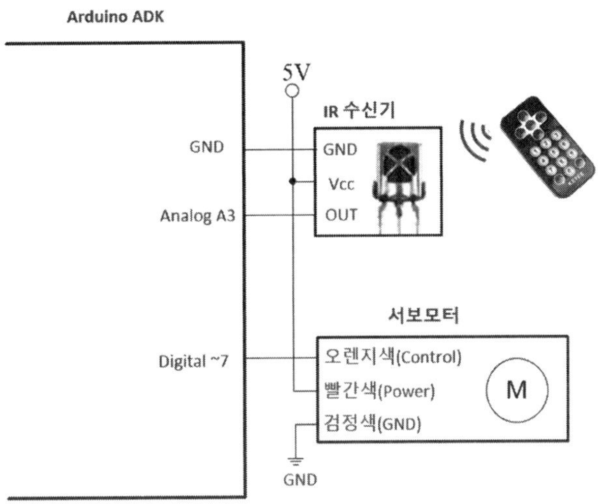

그림 12.15

소스 프로그램 irServoCtrl

```
#include <IRremote.h> //IR Remote 라이브러리 삽입 (Ken Shirriff)
#include <Servo.h> //서보 라이브러리 삽입

int RECV_PIN = A3; // IR 센서 핀과 연결된 핀 번호 변수 정의
const int servoPin=7; //서보에 연결된 핀 번호 변수 정의

IRrecv irrecv(RECV_PIN); // IR 수신 객체 생성
decode_results results; // 디코딩 결과 저장 객체 생성
```

```
Servo myServo; // myServo 객체 생성

int pos=90; //서보 위치 값을 저장하는 변수 (초기값 중앙위치)
unsigned long lastCode; // 이전에 수신된 코드 값을 저장하는 변수

void setup()
{
  Serial.begin(9600); //시리얼 개방, 통신속도 설정
  irrecv.enableIRIn(); // IR 수신기 동작
  myServo.attach(servoPin); // servoPin에 연결된 서보모터를 초기화
  myServo.write(pos); // 지정된 위치로 서보 이동 (중앙 위치로 이동)
}

void loop() {
  if (irrecv.decode(&results)) { // 디코딩한 데이터가 있는지 확인
    Serial.println("----------------------------");
    rotateServo(); // 디코딩한 키값 확인 및 서보 위치 변경
    delay(30); // 30ms 지연
    irrecv.resume(); // 다음 IR 데이터를 받기 위한 초기화 수행
  }
}

void rotateServo(void) // takes action based on IR code received
{
  if(results.value == 0xFFFFFFFF) {// 반복 키 입력
      results.value = lastCode;
  }

  if(results.value == 0xFF22DD) { // 왼쪽 화살표 키 입력
      lastCode = results.value;
      pos += 2; // 왼쪽으로 2도 이동
      if(pos > 180) pos=180;
      myServo.write(pos); // 지정된 위치로 서보 이동
  }

  if(results.value == 0xFFC23D) { // 오른쪽 화살표 키 입력
      lastCode = results.value;
      pos -= 2; // 오른쪽으로 2도 이동
      if(pos < 0) pos=0;
      myServo.write(pos); // 지정된 위치로 서보 이동
  }

  if(results.value == 0xFF02FD) { // 오른쪽 화살표 키 입력
      lastCode = results.value;
      pos = 90; // 중앙 위치로 이동
      myServo.write(pos); // 지정된 위치로 서보 이동
  }
}
```

제13장 시리얼 통신을 활용한 센서 제어

실험에 필요한 부품

10KΩ 가변저항	LED	캐소드 공통형 3색 RGB LED	부저 (SM-1212C)	1KΩ 저항
1개	1개	1개	1개	4개
			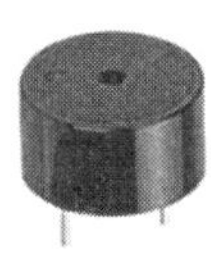	

13.1 시리얼 통신

- 내부에서 병렬로 한 번에 처리되는 데이터를 외부로 전송하기 위해서 직렬 데이터 열로 바꾸어 전송하는 것을 시리얼(직렬) 통신이라 함
- 시리얼 통신은 아두이노 보드와 컴퓨터 또는 아두이노 보드와 다른 장치 사이의 통신을 위해 사용

13.1.1 컴퓨터 USB와 아두이노 하드웨어 시리얼 포트간 통신

- 모든 아두이노 보드는 적어도 하나 이상의 시리얼 통신 포트(UART or USART)를 가지고 있는데 시리얼(Serial)은 [그림 13.1]와 같이 USB를 통해 디지털 핀 0(Rx)와 1(Tx)을 통해 컴퓨터와 통신

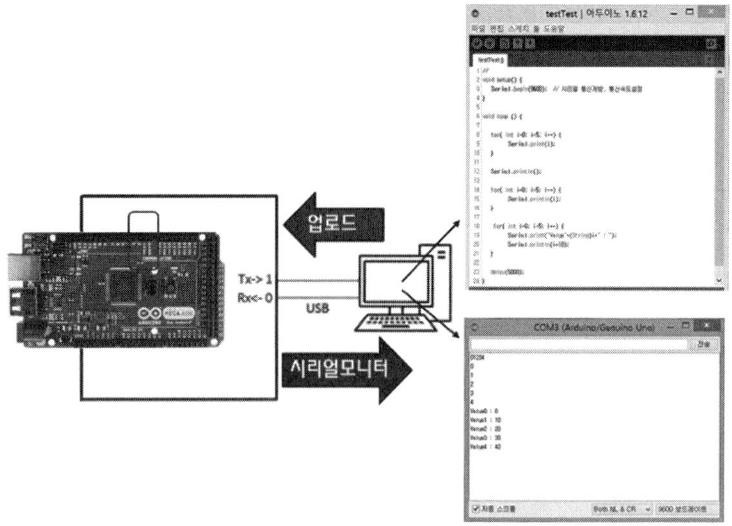

그림 13.1

- 아두이노 메가 ADK 보드에는 [그림 13.2]와 같이 USB를 통해 들어온 신호를 시리얼 통신으로 바꾸어 주는 USB-시리얼 컨버터가 내장

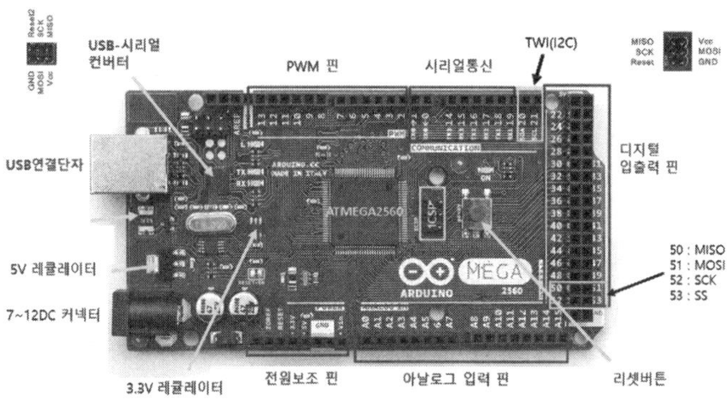

그림 13.2 아두이노 메가 보드 USB-시리얼 컨버터

- 우리는 이러한 시리얼을 [그림 13.1]과 같이 두 가지 용도로 사용하였는데 한 가지 용도는 스케치 프로그램을 아두이노에 업로드 하는 용도이며 다른 한 가지는 이러한 시리얼을 통하여 PC 아두이노 IDE에 내장된 시리얼 모니터(Serial Monitor)를 통해 원하는 데이터를 시리얼 모니터 창에 출력하여 확인하는 용도로 사용

13.1.2 아두이노 메가 ADK 보드 시리얼 통신 포트

- 시리얼 통신 포트 수는 아두이노 보드별로 상이
- 메가 ADK 보드는 [표 13.1]과 같이 총 4개의 시리얼 통신 포트를 제공
- 시리얼 포트 0는 컴퓨터 USB와 아두이노 시리얼 포트간 통신에 사용

표 13.1 메가 ADK 보드 시리얼 통신 포트

시리얼변수명	포트번호	Tx 핀	Rx 핀	
Serial	0	1	0	- Serial0가 아님 - USB 케이블을 통한 시리얼 통신 - PC와 시리얼 통신 - 스케치 프로그램 업로드
Serial1	1	18	19	
Serial2	2	16	17	
Serial3	3	14	15	

13.1.3 시리얼 통신 포트 연결 방법

- 아두이노 시리얼 통신을 사용하여 외부 컴퓨터 또는 다른 통신 장치와 연결하기 위해서는 송수신 선을 연결해주고 통신속도를 맞추어 주어야 함

① **송수신 선 연결** : [그림 13.3]과 같이 아두이노 시리얼 포트의 Tx 핀은 다른 장치의 Rx 핀과 연결하고 시리얼 포트의 Rx 핀은 다른 장치의 Tx 핀과 연결

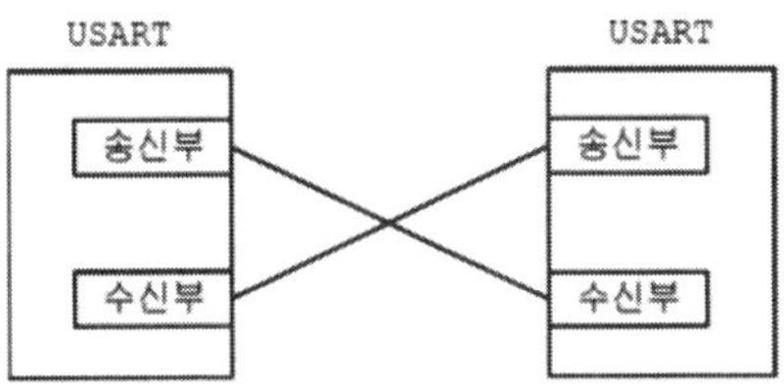

그림 13.3 송수신 선 연결

② **송수신 통신속도 설정** : 초당 비트 수(bps: bits per second, bit/sec)로 정의하는데 300bps, 1200bps, 4800bps, 9600bps, 14400bps, 19200bps, 28800bps, 38400bps, 57500bps, 115200bps 등이 있음

- Serial.begin(통신속도) 함수를 사용하여 통신속도 지정

13.1.4 시리얼 통신 전송 프레임 형식

- 시리얼 통신 전송 프레임은 [그림 13.4]와 같음
- 프레임 형식은 시작 비트(항상 LOW), 데이터 비트, 패리티 비트, 정지 비트(항상 HIGH)로 구성되며 데이터 비트 수, 짝수 또는 홀수 패리티 사용은 사용자가 선택 가능

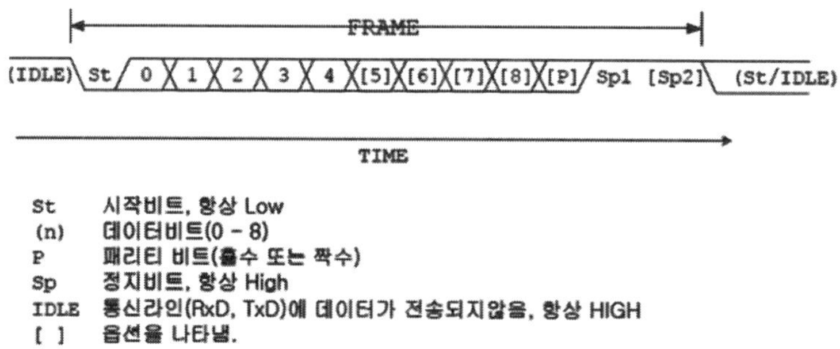

그림 13.4 시리얼 통신 전송 프레임

- 데이터비트, 패리티, 정지비트 설정으로 8 데이터비트, 패리티없음, 1 정지비트(**SERIAL_8N1**)이 default 값이며 이 경우를 [그림 13.5]에 나타냄

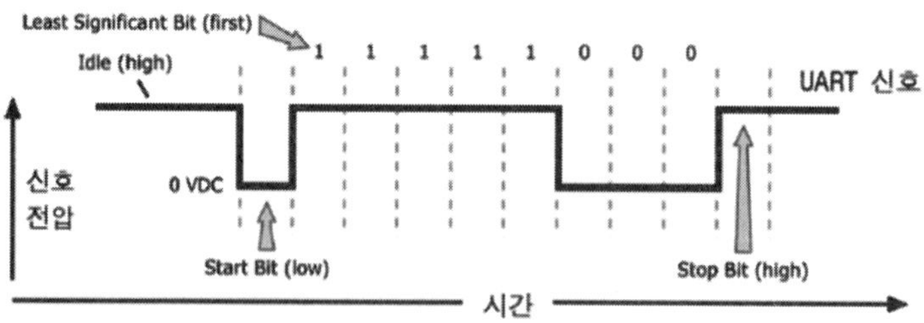

그림 13.5 8 데이터비트, 패리티없음, 1 정지비트(SERIAL_8N1)인 경우

13.1.5 시리얼 통신 동작 원리

- 시리얼 통신을 하는 송수신기 간에 데이터 전송속도나 처리속도 시간차를 해결하기 위하여 [그림 13.6]과 같이 데이터를 쌓아두는 버퍼(64바이트 저장 가능)를 사용
- 송신 시 송신 버퍼에 데이터를 넣고, 수신시 수신 버퍼에서 데이터를 읽어 옴

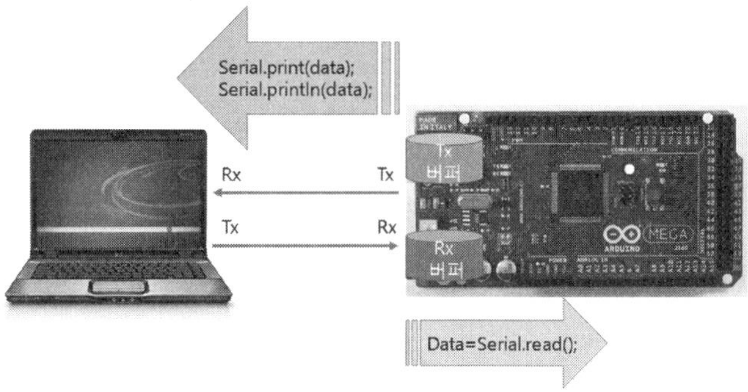

그림 13.6 시리얼통신

13.1.6 아두이노 IDE 시리얼 모니터 창에서 아두이노로 데이터 전송

- 아두이노 IDE 시리얼 모니터 창에서 아두이노로 데이터를 전송하는 방법
- 아두이노 IDE 창에서 우측 상단에 있는 시리얼모니터 아이콘 을 클릭하면 시리얼 데이터를 전송하고 표시해주는 [그림 13.7]과 같은 시리얼 모니터가 나타남

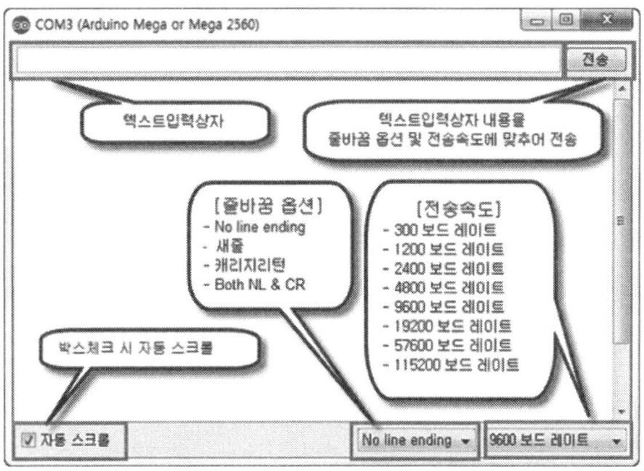

그림 13.7 IDE의 시리얼 모니터

- **텍스트 입력상자**: 아두이노로 전송할 데이터나 명령을 입력하는 상자
- **줄바꿈 옵션**: 아두이노로 보낼 데이터나 명령의 끝을 어떻게 처리할 것인지 설정. 새줄(NL)은 끝에 '₩n'을 추가하는 것. 즉, 줄 바꿈을 하는 것이며 캐리지리턴(CR : 아스키값 0x0D)은 줄의 맨 처음으로 보내는 것
- **전송속도**: 아두이노 스케치 프로그램에서 설정한 속도와 일치시켜야 함. 이 속도로 아두이노와 통신
- **동작**: 텍스트 입력상자에 데이터나 명령을 입력 후 Enter 키를 누르거나 전송 버튼을 누르면 설정한 줄바꿈 옵션과 속도로 아두이노로 데이터나 명령을 전송

13.1.7 아두이노 IDE의 시리얼 모니터 용도

- 아두이노 IDE의 시리얼 모니터는 [그림 13.8]과 같은 2가지 용도로 사용

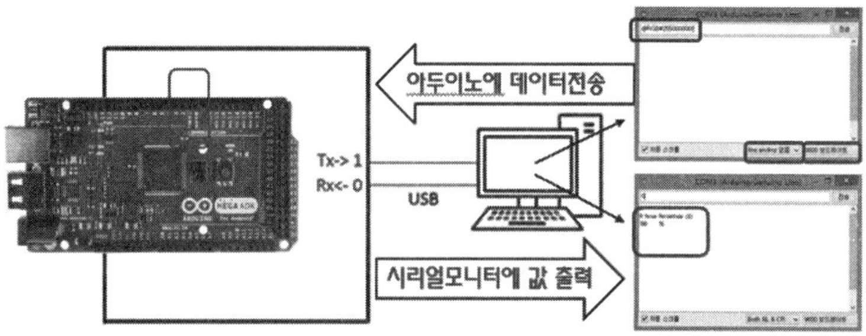

그림 13.8 IDE의 시리얼 모니터의 2가지 용도

① 시리얼 모니터에 값 출력

- 아두이노 보드로부터 값을 받아 모니터에 값 출력
- Serial.print(문자열) 또는 Serial.println(문자열) 함수를 이용하여 값 출력

② 시리얼 모니터를 사용하여 아두이노에 데이터 전송

- IDE의 시리얼 모니터에 있는 텍스트 입력 상자를 통해 컴퓨터에서 아두이노로 데이터나 명령을 전송

13.1.8 시리얼 객체에서 사용되는 여러 가지 함수들

void Serial.begin(speed) void Serial.begin(speed, config)		
기능	시리얼 통신의 데이터 전송 속도 설정, 시리얼 포트 개방, 통신 시작	
매개변수	speed	bits/sec(bps) 단위 전송 속도 설정- long (가능한 속도 : 300, 600, 1200, 2400, 4800, 9600, 14400, 19200, 28800, 38200, 57600, 115200)
	config	데이터비트, 패리티, 정지비트 설정 **8 데이터비트, 패리티없음, 1 정지비트(SERIAL_8N1)이 default 값** (가능한 값: SERIAL_5N1, SERIAL_6N1, SERIAL_7N1, SERIAL_8N1, SERIAL_5N2, SERIAL_6N2, SERIAL_7N2, SERIAL_8N2, SERIAL_5E1, SERIAL_6E1, SERIAL_7E1, SERIAL_8E1, SERIAL_5E2, SERIAL_6E2, SERIAL_7E2, SERIAL_8E2, SERIAL_5O1, SERIAL_6O1, SERIAL_7O1, SERIAL_8O1, SERIAL_5O2, SERIAL_6O2, SERIAL_7O2, SERIAL_8OE2,
리턴 값	void	없음

void Serial.end(void)		
기능	시리얼 통신종료. Tx/Rx 핀은 GPIO 핀으로 사용 가능	
매개변수	void	없음
리턴 값	void	없음

int Serial.available(void)		
기능	시리얼 포트의 수신 버퍼(64바이트 저장 가능)에 저장된 데이터의 개수를 바이트 단위로 반환	
매개변수	void	없음
리턴 값	int	수신 버퍼에 저장된 데이터의 개수

int Serial.read(void)		
기능	수신된 데이터 중 첫 번째 바이트의 데이터를 읽어옴. 읽혀진 데이터는 수신 버퍼에서 삭제	
매개변수	void	없음
리턴 값	int	수신된 데이터 중 첫 번째 바이트 또는 -1(데이터가 없을 시)

int Serial.peek(void)		
기능	수신된 데이터 중 첫 번째 바이트의 데이터를 읽어옴. 읽혀진 데이터는 수신 버퍼에서 삭제되지 않음	
매개변수	void	없음
리턴 값	int	수신된 데이터 중 첫 번째 바이트 또는 -1(데이터가 없을 시)

void Serial.flush(void)		
기능	수신 버퍼의 데이터를 비움	
매개변수	void	없음
리턴 값	void	없음

void serialEvent(void) (메가의 경우: serialEvent1(void), serialEvent2(void), serialEvent3(void))		
기능	시리얼 통신으로 데이터가 수신될 경우에 자동으로 호출되는 callback 함수	
매개변수	void	없음
리턴 값	void	없음

boolean Serial.find(target)		
기능	문자열을 발견할 때까지 시리얼 버퍼에서 문자열을 읽음 문자열을 찾으면 시리얼 버퍼의 문자열 다음으로 위치	
매개변수	target	찾고자하는 문자열
리턴 값	boolean	문자열을 발견하면 true를 그렇지 않으면 false를 반환

boolean Serial.findUntil(target, terminal)		
기능	target 문자열이나 terminator 문자열이 발견될 때까지 시리얼 버퍼에서 문자열을 읽음	
매개변수	target	찾고자하는 문자열
	terminal	종료 문자열
리턴 값	boolean	문자열을 발견하면 true를 그렇지 않으면 false를 반환

long Serial.print(val) long Serial.print(val, format)		
기능	데이터 또는 문자열을 ASCII 형태로 시리얼 포트로 전송	
매개변수	val	전송 할 데이터 값, 문자 또는 문자열을 문자열로 취급 - Serial.print(78) gives "78" - Serial.print(1.23456) gives "1.23" - Serial.print('N') gives "N" - Serial.print("Hello world.") gives "Hello world."
	format	전송할 값이 문자열이 아닌 경우 출력 형식 지정 2진수 형태(BIN), 8진수형태(OCT), 10wlstn 형태(DEC), 16진수 형태(HEX) - Serial.print(78, BIN) gives "1001110" - Serial.print(78, OCT) gives "116" - Serial.print(78, DEC) gives "78" - Serial.print(78, HEX) gives "4E" - Serial.println(1.23456, 0) gives "1" - Serial.println(1.23456, 2) gives "1.23" - Serial.println(1.23456, 4) gives "1.2346" 플래쉬 메모리를 사용하기 위해서는 F()을 사용가능(-Serial.print(F("Hello World"))
리턴 값	long	전송한 바이트 수

long Serial.println(val) long Serial.println(val, format)		
기능	데이터 또는 문자열을 ASCII 형태로 시리얼 포트로 전송 데이터의 마지막에 carriage return을 의미하는 '₩r'과 new line을 의미하는 '₩n'이 붙어서 출력 출력 후 자동으로 다음 줄 맨 앞으로 이동	
매개변수	val	Serial.print() 함수와 동일
	format	Serial.print() 함수와 동일
리턴 값	long	Serial.print() 함수와 동일

int Serial.write(val) int Serial.write(str) int Serial.write(buf, len)		
기능	바이너리 데이터를 시리얼 포트로 전송	
매개변수	val	단일 바이트로 전송하는 값
	str	스트링
	buf	배열
	len	버퍼 길이
리턴 값	int	전송한 바이트 수

long Serial.parseInt() long Serial.parseInt(char skipChar)		
기능	시리얼 버퍼 내 첫 번째 정수 값을 찾아 반환 정수가 아니거나 음수 부호가 아닌 문자는 넘어감	
매개변수	skipChar	지정된 문자를 넘어가기 위해 사용
리턴 값	long	찾은 정수 값 또는 0(정수값을 발견하지 못한 경우)

float Serial.parseFloat(void)		
기능	시리얼 버퍼 내 첫 번째 실수 값을 찾아 반환 숫자가 아니거나 음수 부호가 아닌 문자는 넘어감	
매개변수	void	없음
리턴 값	float	찾은 실수 값 또는 0(정수값을 발견하지 못한 경우)

String 객체에서 사용되는 몇 가지 필요 함수들

int *String*.indexOf(value) int *String*.indexOf(value, from)		
기능	String 내에 있는 한 문자 또는 문자열의 위치를 알려 줌	
매개변수	Value	찾고자 하는 값 (문자 또는 문자열)
	From	Search를 시작하는 인덱스
리턴 값	int	Val의 인덱스 – 1 : 찾고자 하는 것이 없으면

String.substring(from) *String*.substring(from, to)		
기능	String 내에 있는 substring을 얻어 냄. 시작 인덱스는 포함되며 끝 인덱스는 포함되지 않음	
매개변수	Value	Substring이 시작하는 인덱스
	From	Substring을 끝내는 인덱스로 이것 바로 전 까지가 substring 임
리턴 값	String	substring

int *String*.toInt(void)		
기능	String을 정수로 변환. String은 정수로 시작하여야 함	
매개변수	void	없음
리턴 값	int	변환된 정수 값 0 : String이 정수로 시작하지 않는 경우

실험 13-1

시리얼 모니터에 가변저항 값 출력

- 시리얼 포트 0을 사용하여 컴퓨터(USB)와 아두이노(시리얼 포트) 간 통신
- 아두이노 보드에 연결된 가변저항 값을 1초 간격으로 읽어 IDE의 시리얼 모니터로 10진수, 16진수, 팔진수, 이진수 및 백분율(%) 출력
- 출력 형식

  R Value DEC HEX OCT BIN Percentage(%)
- [그림 13.9]와 같이 회로를 연결하고 아래의 스케치 프로그램을 업로드

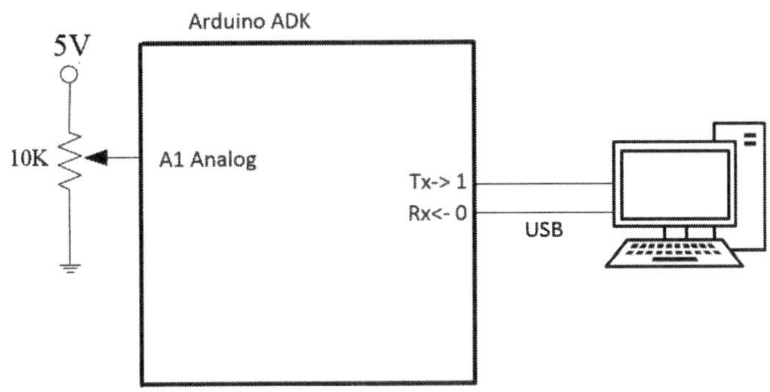

그림 13.9 실험 13-1 회로 연결

소스 프로그램 VarR_SerialWrite

```
const int varRPin=A1; // 가변저항이 연결된 핀 번호

void setup() {
  Serial.begin(9600); // 시리얼 개방, 통신속도 설정
}

void loop() {


    int varRValue=analogRead(varRPin); // 가변저항 값 읽음
    int Percentage=map(varRValue, 0, 1023, 0,100); // 가변저항 값을 백분율로 변환

    Serial.println("R Value\tDEC\tHEX\tOCT\tBIN\t\tPercentage (%) "); // 문자열을
```

```
                                                  //시리얼 모니터에 출력
    Serial.print("\t"); // 탭 만큼의 공백을 추가
    Serial.print(varRValue); // 저항 값을 십진수로 출력
    Serial.print("\t"); // 탭 만큼의 공백을 추가
    Serial.print(varRValue,HEX); // 저항 값을 16진수로 출력
    Serial.print("\t"); // 탭 만큼의 공백을 추가
    Serial.print(varRValue,OCT); // 저항 값을 8진수로 출력
    Serial.print("\t"); // 탭 만큼의 공백을 추가
    Serial.print(varRValue,BIN);  // 저항 값을 2진수로 출력
    Serial.print("\t"); // 탭 만큼의 공백을 추가
    Serial.println(Percentage);  // 저항 값을 백분율로 출력
    Serial.println(); // 한 줄 띄우기

    delay(1000);
}
```

실험 13-2

시리얼 모니터를 사용 한 통신 및 시리얼 모니터에 값 출력

- 시리얼모니터에서 줄바꿈 옵션을 No line ending으로 통신속도를 9600으로 설정
- 텍스트입력상자에 숫자 값을 입력하고 아두이노로 전송
- 입력이 0인 경우에만 가변저항 값을 읽어 저항값과 백분율을 시리얼 모니터로 출력
- [그림 13.9]의 회로를 사용하고 아래의 스케치 프로그램을 업로드

소스 프로그램 VarR_SerialWrite1

```
const int varRPin=A1; // 가변저항이 연결된 핀 번호

void setup() {
  Serial.begin(9600); // 시리얼 개방, 통신속도 설정
}

void loop() {

  if(Serial.available()>0) { // 수신버퍼에 수신 데이터가 있는지 확인
      char data=Serial.read(); //버퍼에서 1바이트 읽어 오기
      Serial.println(data); // 읽어온 데이터를 시리얼 모니터에 출력하기 위해 송신
```

```
    if (data=='0') { // 읽어온 데이터가 문자 '0'인지 확인
     int varRValue=analogRead(varRPin); // 가변저항 값 읽음
     int Percentage=map(varRValue, 0, 1023, 0,100); //가변저항 값을 백분율로 변환
     Serial.println("R Value\tPercentage (%) "); // 문자열을 시리얼 모니터에 출력
     Serial.print(varRValue); // 저항 값을 십진수로 출력
     Serial.print("\t"); // 탭 만큼의 공백을 추가
     Serial.println(Percentage);  // 저항 값을 백분율로 출력
    }
  }
}
```

실험 13-3

시리얼 모니터를 사용 한 통신 및 시리얼 모니터에 값 출력

- 시리얼모니터에서 줄바꿈 옵션을 No line ending으로 통신속도를 9600으로 설정
- 텍스트입력상자에 숫자 값을 입력하고 아두이노로 전송
- 입력이 0인 경우에만 가변저항 값을 읽어 저항값과 백분율을 시리얼 모니터로 출력
- serialEvent() callback 함수 이용
- [그림 13.9]의 회로를 사용하고 아래의 스케치 프로그램을 업로드

소스 프로그램 VarR_SerialWrite2

```
const int varRPin=A1; // 가변저항이 연결된 핀 번호

char data=0; // 수신 문자를 저장하기 위한 변수, 초기값으로 0을 설정

void setup() {
 Serial.begin(9600); // 시리얼 개방, 통신속도 설정
}

void loop() {

    if (data=='0') { // 읽어온 데이터가 문자 '0'인지 확인
     int varRValue=analogRead(varRPin); // 가변저항 값 읽음
     int Percentage=map(varRValue, 0, 1023, 0,100); //가변저항 값을 백분율로 변환
     Serial.println("R Value\tPercentage (%) "); // 문자열을 시리얼 모니터에 출력
     Serial.print(varRValue); // 저항 값을 십진수로 출력
```

```
      Serial.print("\t"); // 탭 만큼의 공백을 추가
      Serial.println(Percentage);  // 저항 값을 백분율로 출력
      data=0; //한 번만 출력하기 위하여 data 변수를 초기화
    }
}

void serialEvent(){ // 수신버퍼에 데이터가 있을 때 마다 호출되는 콜백 함수
    data=Serial.read(); // 버퍼에서 1바이트 읽어 오기
    Serial.println(data); // 가변저항 값을 시리얼 모니터에 출력
}
```

실험 13-4

시리얼 모니터를 사용 한 통신 및 시리얼 모니터에 값 출력

- 아두이노 보드에 LED, 3색 RGB LED를 연결
- 시리얼모니터에서 줄바꿈 옵션을 No line ending으로 통신속도를 9600으로 설정
- 텍스트입력상자에 숫자 값을 입력하고 아두이노로 전송
- 키보드로부터 1~6까지의 값을 입력 받아 해당 기능 수행

값	동작	설명
1	LED ON	LED 켜기
2	LED OFF	LED 끄기
3	RED ON	3색 LED 중 빨간색 켜기
4	GREEN ON	3색 LED 중 초록색 켜기
5	BLUE ON	3색 LED 중 파란색 켜기
6	RGB OFF	3색 LED 끄기

- serialEvent() callback 함수 이용
- [그림 13.10]과 같이 회로를 연결하고 아래의 스케치 프로그램을 업로드

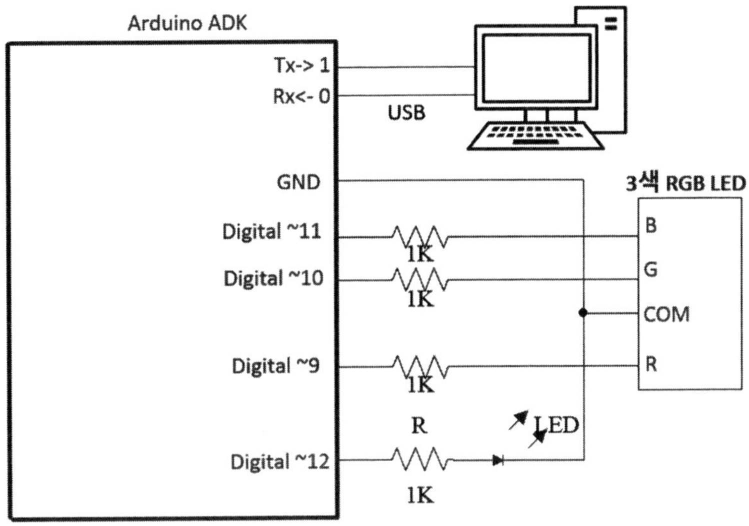

그림 13.10 실험 13-4 회로 연결

소스 프로그램 Serial_Write

```
const int ledPin=12; // LED에 연결된 핀 번호
const int rLedPin = 9; //3색 LED 중 빨간색 LED와 연결된 핀 번호 정의
const int gLedPin = 10; //3색 LED 중 초록색 LED와 연결된 핀 번호 정의
const int bLedPin = 11; //3색 LED 중 파란색 LED와 연결된 핀 번호 정의

char data; // 수신 문자를 저장하기 위한 변수

void setup() {
  pinMode(ledPin, OUTPUT); // LED를 출력으로 설정
  pinMode(rLedPin, OUTPUT); // rLED를 출력으로 설정
  pinMode(gLedPin, OUTPUT); // gLED를 출력으로 설정
  pinMode(bLedPin, OUTPUT); // bLED를 출력으로 설정

  Serial.begin(9600); // 시리얼 개방, 통신속도 설정

  digitalWrite(rLedPin, LOW);  //rLED에 LOW 출력
  digitalWrite(gLedPin, LOW);  //gLED에 LOW 출력
  digitalWrite(bLedPin, LOW);  //bLED에 LOW 출력
}
```

```
void loop() {

  switch(data) {  // 읽어온 데이터에 따라 분기
    case '1' :
        digitalWrite(ledPin, HIGH); // LED 켜기
        break;
    case '2' :
        digitalWrite(ledPin, LOW); // LED 끄기
        break;
    case '3' : // 3색 LED 중 빨간색 켜기
        digitalWrite(rLedPin, HIGH);  //rLED 켜기
        digitalWrite(gLedPin, LOW);  //gLED 끄기
        digitalWrite(bLedPin, LOW);  //bLED 끄기
        break;
    case '4' : // 3색 LED 중 초록색 켜기
        digitalWrite(rLedPin, LOW);  //rLED 끄기
        digitalWrite(gLedPin, HIGH);  //gLED 켜기
        digitalWrite(bLedPin, LOW);  //bLED 끄기
        break;
    case '5' : // 3색 LED 중 파란색 켜기
        digitalWrite(rLedPin, LOW);  //rLED 끄기
        digitalWrite(gLedPin, LOW);  //gLED 끄기
        digitalWrite(bLedPin, HIGH);  //bLED 켜기
        break;
    case '6' : // 3색 LED 끄기
        digitalWrite(rLedPin, LOW);  //LED 끄기
        digitalWrite(gLedPin, LOW);  //gLED 끄기
        digitalWrite(bLedPin, LOW);  //bLED 끄기
      break;
  }
}

void serialEvent(){  // 수신버퍼에 데이터가 있을 때 마다 호출되는 콜백 함수
    data=Serial.read(); // 버퍼에서 1바이트 읽어 오기
    Serial.println(data); // 가변저항 값을 시리얼 모니터에 출력
}
```

실험 13-5

시리얼 모니터를 사용 한 통신 및 시리얼 모니터에 값 출력

- 시리얼모니터에서 줄바꿈 옵션을 No line ending으로 통신속도를 9600으로 설정
- 텍스트입력상자에 숫자를 입력하는 대신 다음과 같은 사용자 전송 프레임을 정의하여 전송

[전송 프레임 포맷]

시작문자(@)	센서 명	구분자(#)	센서 제어값	종료문자(!)
@	LED	#	1 : ON 0 : OFF	!
@	RGB	#	000000000 255255255	!
@	BUZ	#	1 : ON 0 : OFF	!

- LED의 경우 LED를 켜기 위해 센서값으로 1을 전송하고 끄기 위해 0을 전송
- 3색 LED의 경우 센서 제어값으로 "빨간색(r)초록색(g)파란색(b)"의 순으로 전송하며 각 색의 값은 000~255 값을 가지므로 3가지 색을 고려한다면 000000000~255255255 값을 전송
- 부저의 경우 센서값으로 1을 전송하면 131Hz인 톤이 출력되고 끄기 위해 0을 전송
- serialEvent() callback 함수 이용
- [그림 13.11]과 같이 회로를 연결하고 아래의 스케치 프로그램을 업로드

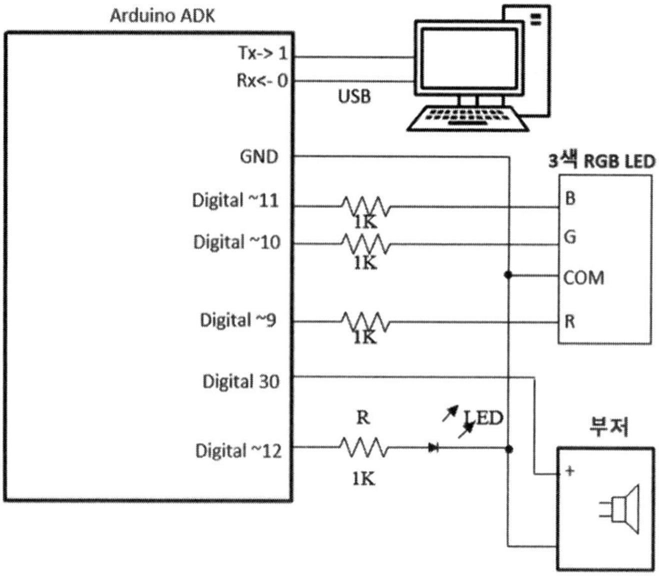

그림 13.11 실험 13-5 회로 연결

소스 프로그램 Serial_Ctrl

```
const int ledPin=12; // LED에 연결된 핀 번호
const int rLedPin = 9; //3색 LED 중 빨간색 LED와 연결된 핀 번호 정의
const int gLedPin = 10; //3색 LED 중 초록색 LED와 연결된 핀 번호 정의
const int bLedPin = 11; //3색 LED 중 파란색 LED와 연결된 핀 번호 정의
const int speakerPin=30; //부저에 연결된 핀 번호 정의

boolean catchFrame=false; //전송 프레임 수신 여부를 결정하는 변수, 초기값으로 false 설정

String frameStr; // 전송 프레임포맷에 해당하는 문자열을 저장하는 변수 선언
String sensorName; // 센서명에 해당하는 문자열을 저장하는 변수 선언

void setup() {
  pinMode(ledPin, OUTPUT); // LED를 출력으로 설정
  pinMode(rLedPin, OUTPUT); // rLED를 출력으로 설정
  pinMode(gLedPin, OUTPUT); // gLED를 출력으로 설정
  pinMode(bLedPin, OUTPUT); // bLED를 출력으로 설정
```

```
  Serial.begin(9600); // 시리얼 개방, 통신속도 설정

  digitalWrite(rLedPin, LOW);  //rLED에 LOW 출력
  digitalWrite(gLedPin, LOW);  //gLED에 LOW 출력
  digitalWrite(bLedPin, LOW);  //bLED에 LOW 출력
}

void FrameAnalysis(){
    if (sensorName == "LED") { // 센서명이 LED인지 확인
      Serial.println(" LED OK"); // 시리얼 모니터에 문자열 출력
      int data = frameStr.substring(5).toInt(); //센서 제어 값을 가져옴

      switch (data) { // 읽어온 데이터에 따라 분기
        case 0 :
          digitalWrite(ledPin, LOW); // LED 끄기
          break;
        case 1 :
        digitalWrite(ledPin, HIGH); // LED 켜기
          break;
      }
    }
    else if  (sensorName == "RGB") { // 센서명이 RGB인지 확인
      Serial.println(" RGB OK"); // 시리얼 모니터에 문자열 출력
      int redValue = frameStr.substring(5,8).toInt(); //센서 제어값 중 red값을 가져옴
      int greenValue = frameStr.substring(8,11).toInt(); //센서 제어값 중 green값을 가져옴
      int blueValue = frameStr.substring(11,14).toInt(); //센서 제어값 중 blue값을 가져옴
      analogWrite(rLedPin, redValue);  //rLED에 red값 출력
      analogWrite(gLedPin, greenValue);  //gLED에 green값 출력
      analogWrite(bLedPin, blueValue);  //bLED에 blue값 출력
    }
    else if  (sensorName == "BUZ") { // 센서명이 BUZ인지 확인
      Serial.println(" BUZ OK"); // 시리얼 모니터에 문자열 출력
      int data = frameStr.substring(5).toInt(); //센서 제어 값을 가져옴
      switch (data) { // 읽어온 데이터에 따라 분기
        case 0 :
          noTone(speakerPin); // 스피커 끄기
          break;
        case 1 :
          tone(speakerPin,131); // 주파수가 131Hz인 톤을 출력
          break;
```

```
      }
    }
}

void loop() {

  if(catchFrame == true) { //전송 프레임이 정상적으로 수신되었는지 확인

    sensorName =  frameStr.substring(1,4); //센서명을 읽어 냄
    FrameAnalysis(); // 프레임 분석 함수 호출

    catchFrame=false; //전송 프레임 분석을 종료하고 초기화
  }
}

void serialEvent(){ // 수신버퍼에 데이터가 있을 때 마다 호출되는 콜백 함수
    frameStr=Serial.readStringUntil('!'); // 수신버퍼에서 '!' 문자까지 문자열을 읽어
                                            // 문자열 변수에 저장
    if(frameStr.indexOf('@') == 0) catchFrame=true; // 읽어들인 문자열이 시작문자로
                              // 시작하였는지 확인하고 확인되었으면 전송 프레임 수신을 설정
}
```

제14장 블루투스 통신을 활용한 센서 제어

실험에 필요한 부품

블루투스 모듈 (HC-06)	LED	캐소드 공통형 3색 RGB LED	부저 (SM-1212C)	서보모터 (HES-288 플라스틱)
1개	1개	1개	1개	1개

온도센서 (LM35DZ)	먼지센서 (샤프 GP2Y1010AU0F)	220uF 캐패시터	10KΩ, 2KΩ, 1KΩ, 150Ω 저항	
1개	1개	1개	각 1개	

14.1 근거리무선통신 네트워크(WPAN)

14.1.1 근거리무선통신 네트워크(WPAN : Wireless Personal Area Network)

- 10m 이내의 짧은 거리에 존재하는 무선기기들을 연결하여 기기 간에 통신을 지원함으로써 다양한 응용서비스를 가능하게 하는 무선 네트워크

- [그림 14.1]과 같이 대표적인 WPAN 통신시스템으로 Bluetooth 통신, UWB 통신, ZigBee 통신 시스템이 있고 이들 3개 통신시스템에 대한 주요특징을 비교하여 [표 14.1]에 제시

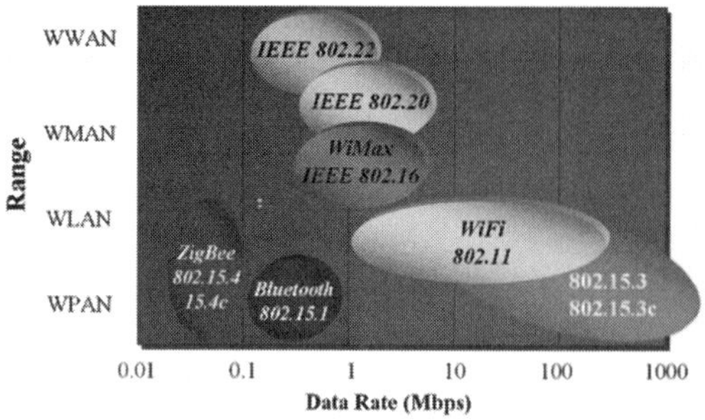

- WAN : Wide Area Network
- MAN : Metropolitan Area Network
- LAN : Local Area Network
- PAN : Personal Area Network

그림 14.1 WPAN 통신

표 14.1 WPAN 통신 비교

	bluetooth	UWB	Zigbee
표준명칭	IEEE 802.15.1	IEEE 802.15.3a	IEEE 802.15.4
주파수	2.4GHz(ISM band)	500MHz	868MHz, 915MHz, 2.4GHz
MAC	TDMA		CSMA/CA
전송속도	24Mbps	500Mbps	250k, 40k, 20k
전송거리	10m~100m	10m	10m ~ 75m
활용	음성, 데이터전송	멀티미디어 데이터 전송	센서간 통신

14.2 Bluetooth 통신

14.2.1 Bluetooth 통신

- 블루투스 통신기술은 1994년 에릭슨이 최초로 개발한 WPAN 산업 표준이나 나중에 소니 에릭슨, IBM, 노키아, 도시바 등이 참여한 블루투스 SIG(Special Interest Group)을 통해 본격적으로 상용화를 진행
- 블루투스는 휴대폰, 노트북, 이어폰, 헤드폰 등의 휴대기기를 서로 연결해 정보를 교환하는 WPAN의 대표적 기술 중 하나로 IEEE 802.15.1 표준으로 규격화한 기술

- ISM(Industrial Scientific and Medical) 주파수 대역인 2400~2483.5MHz를 사용. 이 중 2402~2480MHz에서 총 79개 채널을 사용

> **참고** ISM이란 산업, 과학, 의료용으로 할당된 주파수 대역으로, 전파 사용에 대해 허가를 받을 필요가 없어 저전력의 전파를 사용하는 개인 무선기기에 사용. 아마추어 무선, 무선랜, 블루투스, ZigBee, 무선전화기 등이 이 ISM 대역을 사용

- Bluetooth 통신의 주요 특징을 [표 14.2]에 나타냄

표 14.2 Bluetooth 통신의 주요 특징

- 네트워크 구성 : 마스터-슬레이브 구조, 1:N(7대 까지 가능)
- 전송방식 : 주파수 호핑(Frequency Hopping) 방식, 79개 채널을 1초당 1600번 호핑
- 데이터 전송율 : 최대 24Mbps
- 전력소모량 : 대기상태 0.3mA, 송수신시 30mA의 저전력 소비
- 간섭현상 : IEEE 802.11b와 전파간섭 현상 발생
- 적용거리 : 10m~100m

- 블루투스의 발전
  - v1.0 : 전송속도 1Mbps(1998년)
  - v2.0 : 전송속도 3Mbps(2004년)
  - v3.0 : 전송속도 24Mbps(2009년)
  - v4.0 : 3.0과 동일하나 소비전력이 대폭 낮아짐(2010년)

- [그림 14.2]는 실험에 사용할 HC-06 블루투스 모듈을 보여주며 [표 14.3]에 주요특징을 나타냄

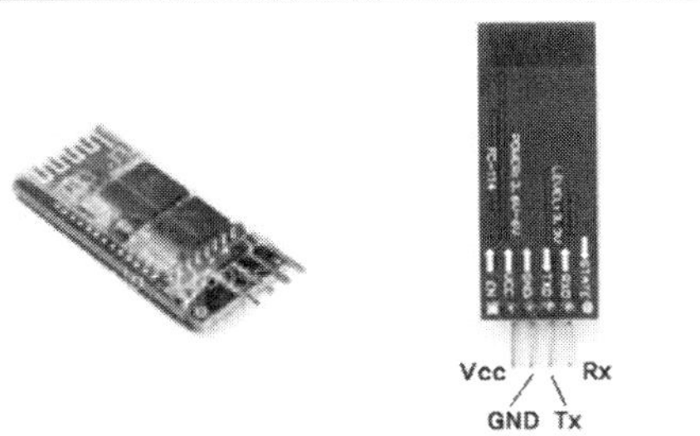

- Rx (레벨 3.3V) UART 수신
- Tx (레벨 3.3V) UART 송신
- GND : 접지
- VCC : 2.6~6V (5V)
- STATE, EN : 개방

그림 14.2 HC-06 블루투스 모듈

표 14.3 HC-06 블루투스 모듈 주요특징

- 2.4GHz 무선 트랜시버 (2.4GHz 내장 안테나)
- 적응 주파수 호핑(adaptive frequency hopping) 기능
- 블루투스 V2.1 : 2Mbps ~ 3Mbps
- class 2 전력 레벨 (10m 정도의 통신 거리)
- UART 인터페이스 지원 : 1200, 2400, 4800, 9600(초기값), 19200, 38400, 57600, 115200, 230400, 460800, 921600, 1382400
- AT 커맨드 사용

14.2.2 AT 커맨드

- AT 커맨드는 블루투스 설정 내용을 변경하기 위하여 블루투스에 전달할 수 있는 명령어의 형식과 동작을 설명. 많이 사용하는 AT 커맨드는 [표 14.4]와 같음. 문자 AT로 시작하기 때문에 AT 커맨드라 하며 컴퓨터에서 아두이노 보드를 통해 블루투스에 전달

표 14.4 AT 커맨드

AT 커맨드	응답	초기값	설명
AT	OK		UART 연결 확인
AT+NAME<u>name</u>	OKsetname	HC-06	블루투스 디바이스 이름 설정
AT+PIN<u>xxxx</u>	OKsetPIN	1234	블루투스 디바이스 비밀번호 변경
AT+BAUDn	n=1인 경우 OK1200 n=2인 경우 OK2400 n=3인 경우 OK4800 n=4인 경우 OK9600 n=5인 경우 OK19200 n=6인 경우 OK38400 n=7인 경우 OK57600 n=8인 경우 OK115200 n=9인 경우 OK230400 n=A인 경우 OK460800 n=B인 경우 OK921600 n=C인 경우 OK1382400	9600	UART 전송속도 설정 n=1인 경우 1200 n=2인 경우 2400 n=3인 경우 4800 n=4인 경우 9600 n=5인 경우 19200 n=6인 경우 38400 n=7인 경우 57600 n=8인 경우 115200 n=9인 경우 230400 n=A인 경우 460800 n=B인 경우 921600 n=C인 경우 1382400
AT+VERSION	OKlinorV1.8	LinorV1.8	펌웨어 버전 확인

실험 14-1

AT 커맨드를 사용한 BT 설정변경

- [그림 14.3]과 같이 아두이노 메가 ADK 보드의 포트 0(Serial)를 컴퓨터에 포트 3(Serial3)을 BT 모듈에 연결

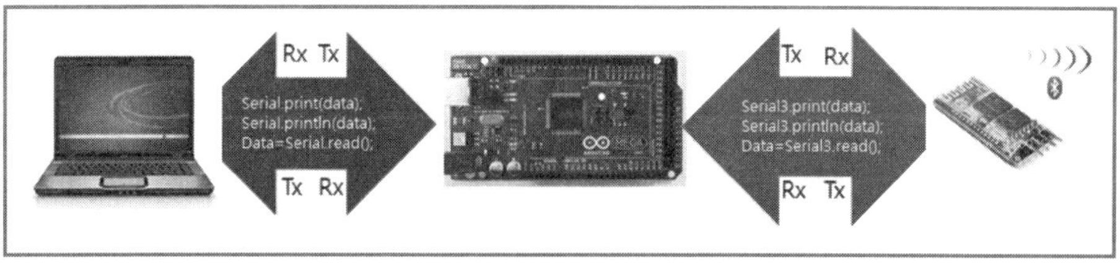

그림 14.3

- 아두이노 메가 ADK 보드 Tx는 블로투스 모듈의 Rx와 연결되는데 메가보드 Tx는 TTL 레벨로 동작(5V)하고 블루투스 모듈의 Rx는 논리 1이 3.3V로 동작하므로 1KΩ과 2KΩ의 저항으로 전압분배 회로를 구성하여 연결
- 아두이노 메가보드 Rx는 블로투스 모듈의 Tx와 연결되는데 블로투스 모듈의 Tx의 논리 1인 3.3V가 아두이노 메가보드 Rx에서 논리 1로 인식될 수 있으므로 직접 연결
- [그림 14.4]와 같이 회로를 연결하고 아래의 스케치 프로그램을 업로드

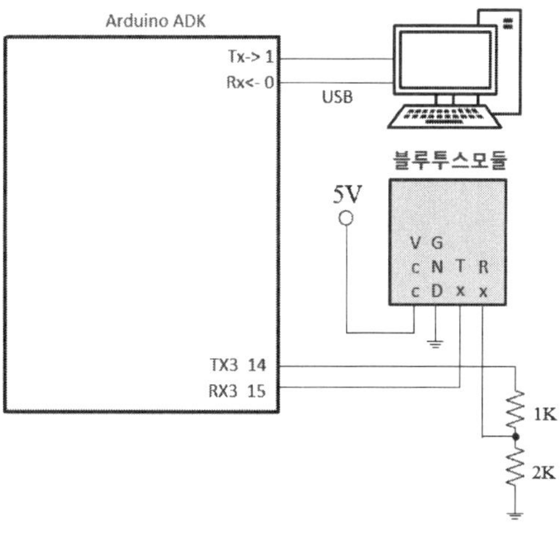

그림 14.4 실험 14-1 회로 연결

소스 프로그램 BT_ATcommand

```
void setup() {
  Serial.begin(9600); // 시리얼 모니터와 시리얼 개방, 통신속도 설정
  Serial3.begin(9600); // BT와 시리얼 개방, 통신속도는 초기값으로 설정
}

void loop() {
  if (Serial.available()) // 포트0 수신버퍼에 수신 데이터가 있는지 확인
  {
    byte a=Serial.read(); //버퍼에서 1바이트 읽어 오기
    Serial3.write(a); // 읽어온 데이터를 BT로 송신
  }

  if (Serial3.available()) // 포트3 수신버퍼에 수신 데이터가 있는지 확인
  {
    byte a=Serial3.read(); //버퍼에서 1바이트 읽어 오기
    Serial.write(a); // 읽어온 데이터를 시리얼 모니터에 출력하기 위해 송신
  }
}
```

설정변경 실험

- PC에서 시리얼 모니터를 띄우고 아래의 AT 커맨드를 시리얼 모니터 텍스트입력상자에 입력하고 응답을 확인하는 과정을 통하여 블루투스의 설정을 변경 (㈜ **시리얼 모니터 창에서 No line ending으로 설정**)

AT 커맨드	응답	초기값	설명	
AT	OK		UART 연결 확인	[그림 14.5] [그림 14.6]
AT+NAMEmyBT	OKsetname	HC-06	블루투스 디바이스 이름을 myBT로 변경	[그림 14.7] [그림 14.8]
AT+PIN4321	OKsetPIN	1234	블루투스 디바이스 비밀번호를 4321로 변경	[그림 14.9] [그림 14.10]
AT+BAUD6	OK38400	9600	블루투스 디바이스 전송속도를 38400으로 변경	[그림 14.11] [그림 14.12]

㈜ 시리얼 모니터 창에서 No line ending으로 설정

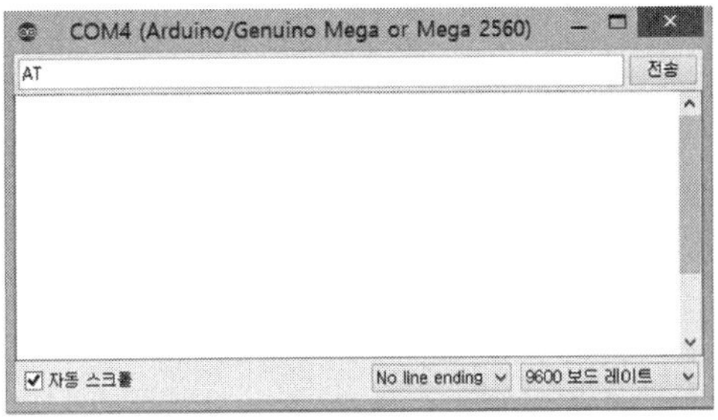

그림 14.5

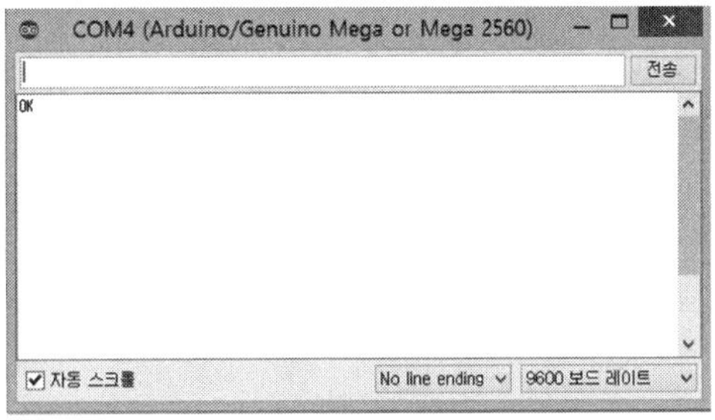

그림 14.6

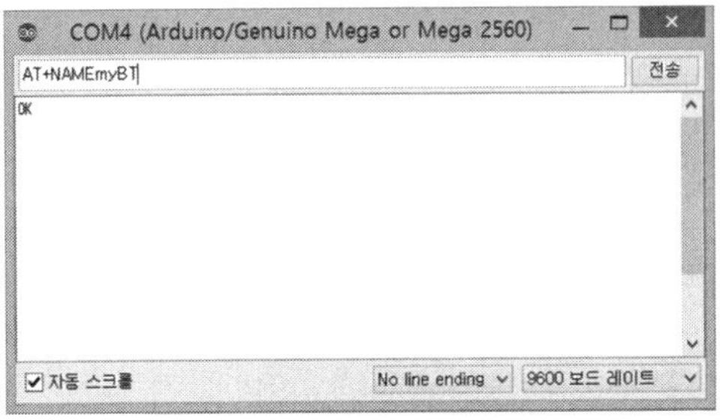

그림 14.7

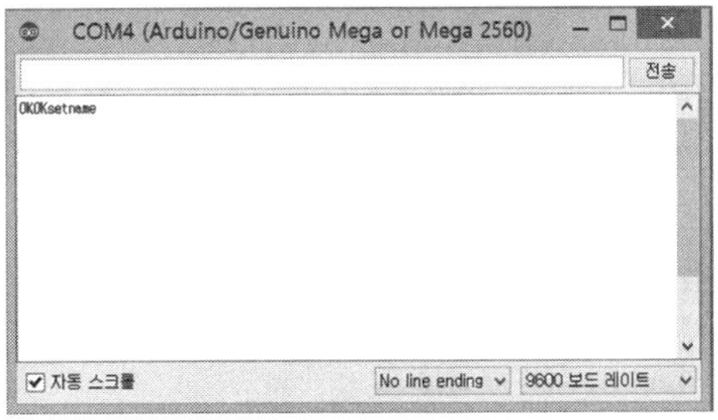

그림 14.8

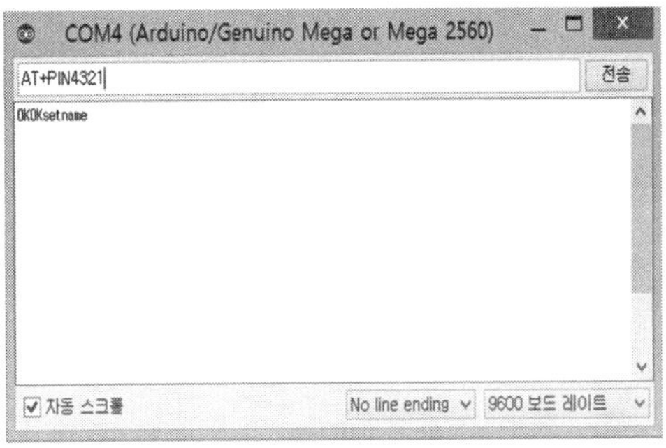

그림 14.9

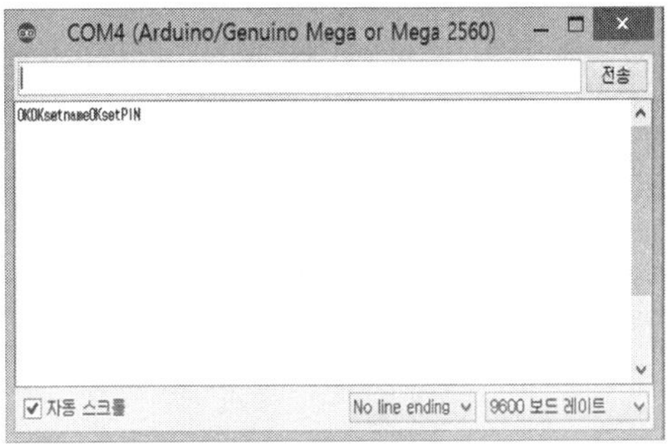

그림 14.10

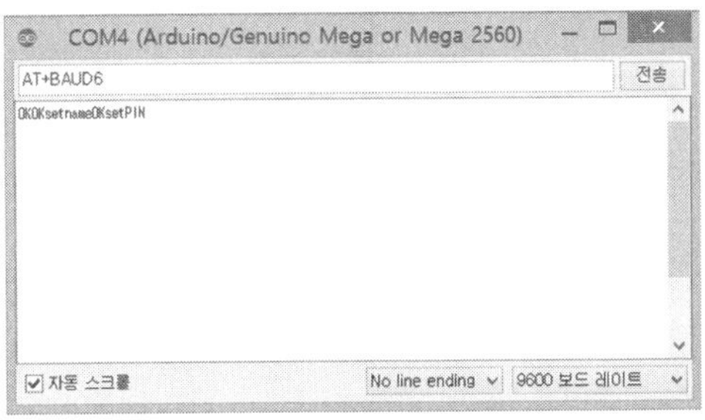

그림 14.11

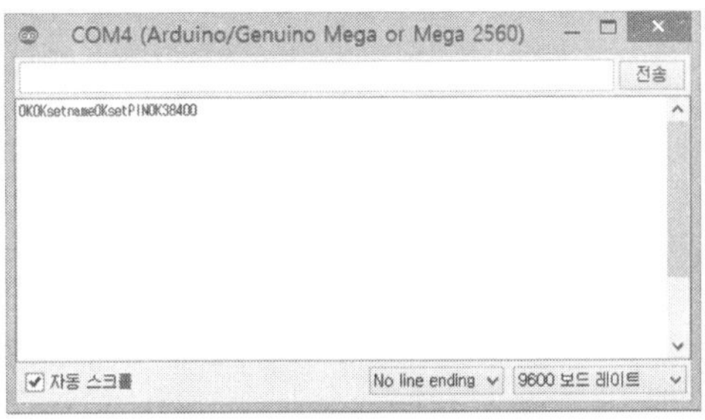

그림 14.12

• 위의 AT 커맨드를 사용한 블루투스 설정 변경을 통하여 블루투스 디바이스 이름은 myBT로 비밀번호는 4321로 디바이스 전송속도는 38400으로 변경 됨

실험 14-2

[그림 14.13]과 같이 스마트폰에서 앱을 사용하여 BT 모듈과 연결하기

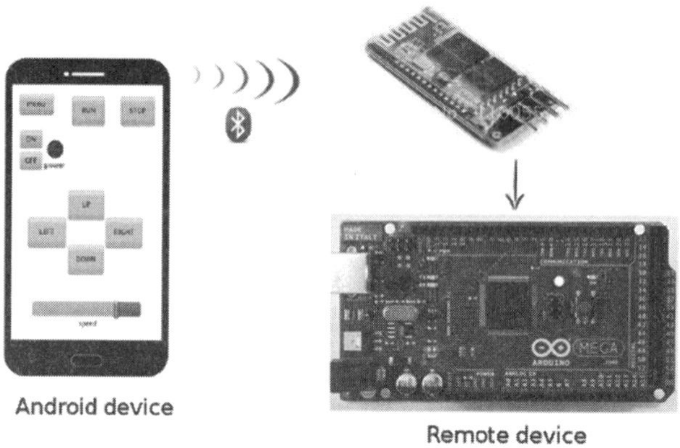

그림 14.13

• [그림 14.14]와 같이 회로를 연결하고 아래의 스케치 프로그램을 업로드

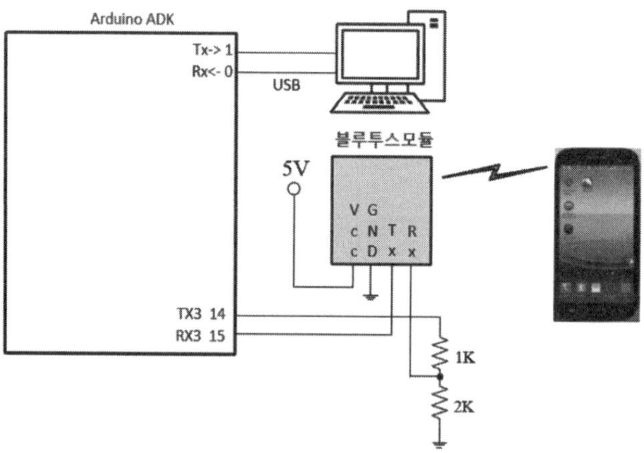

그림 14.14 실험 14-2 회로 연결

소스 프로그램 **BT_Test**

```
String myString=""; //BT로 부터 수신된 문자열을 저장하는 변수 선언
void setup() {
  Serial.begin(9600); // 시리얼 모니터와 시리얼 개방, 통신속도 설정
  Serial3.begin(38400); // BT와 시리얼 개방, [실험 14-1]에서 설정된 통신속도로 설정
}

void loop() {
  while (Serial3.available()) // 포트3 수신버퍼에 수신 데이터가 있는지 확인
  {
    char myChar = (char) Serial3.read(); //버퍼에서 1바이트 읽어 오기
    myString+=myChar; //수신문자를 문자열에 추가
    delay(5); // 5ms 지연
  }

  if (!myString.equals("")) //수신문자열이 비어있는지 확인
  {
    Serial.print("input value : "+myString); // 수신문자열을 시리얼 모니터에 출력
    myString=""; //수신문자열을 초기화
  }
}
```

스마트폰과 BT 모듈간 통신 실험

- PC에서 시리얼 모니터를 띄움
- [그림 14.15]와 [그림 14.16]과 같이 스마트폰 Play 스토아에서 "BlueTooth Serial Controller" 앱을 검색하고 다운 받아 설치하면 [그림 14.17]과 같은 앱이 설치 됨

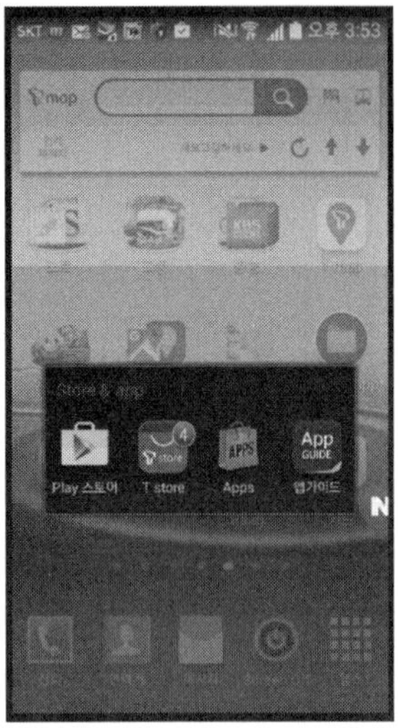

그림 14.15

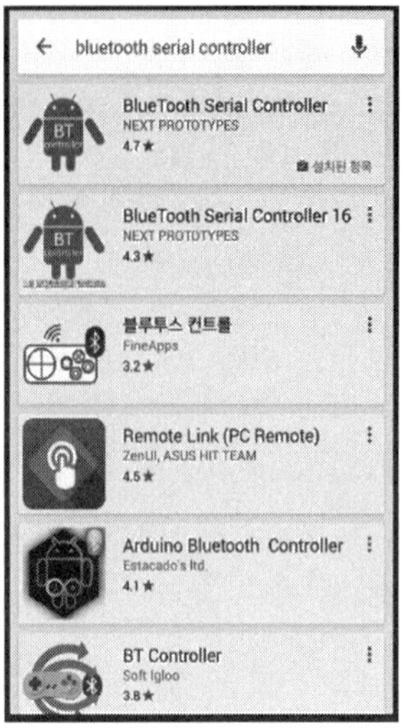

그림 14.16

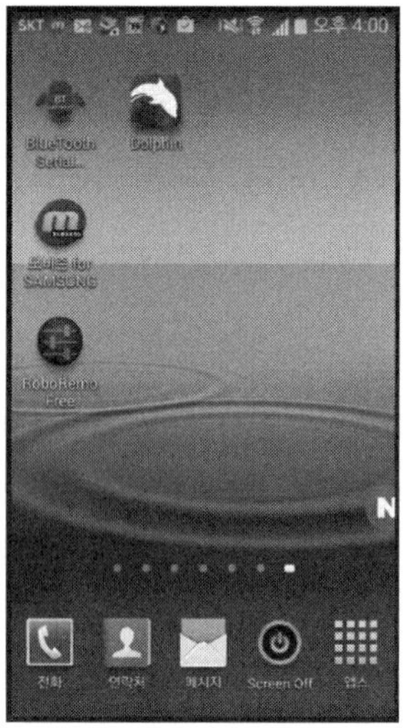

그림 14.17

• 스마트폰 환경설정에서 블루투스를 켜면 [그림 14.18]과 같이 사용할 수 있는 기기에 설정한 myBT 디바이스가 존재할 것이며 이를 누르면 [그림 14.19]와 같이 디바이스 PIN번호를 입력하라는 창이 나타나게 됨. 비밀번호로 4321을 설정하였으므로 이를 입력하고 확인 버튼을 누르면 [그림 14.20]과 같이 myBT 디바이스가 등록 됨

그림 14.18

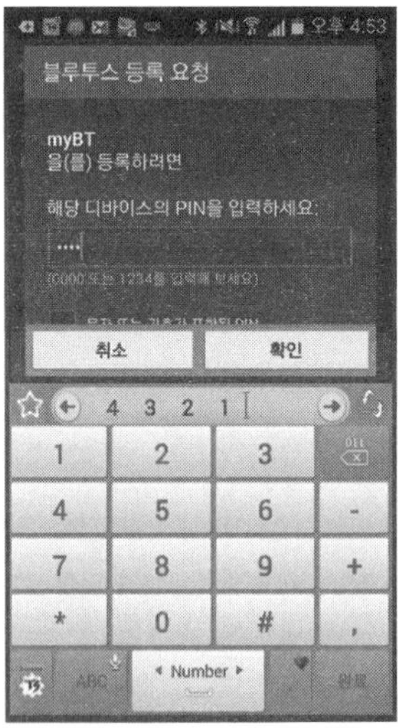

그림 14.19

그림 14.20

• 스마트 폰과 BT 모듈간의 페어링 : [그림 14.17]의 스마트 폰에서 BlueTooth Serial Controller" 앱을 선택하면 [그림 14.21]과 같은 창이 나타나고 CONNECT 버튼을 누른 후 [그림 14.22]와 같이 [실험 14-1]에서 설정한 myBT 디바이스를 선택하고 [그림 14.23]과 같은 승인 요청 창이 나타나면 예를 눌러 스마트 폰과 BT 모듈간의 페어링을 실시

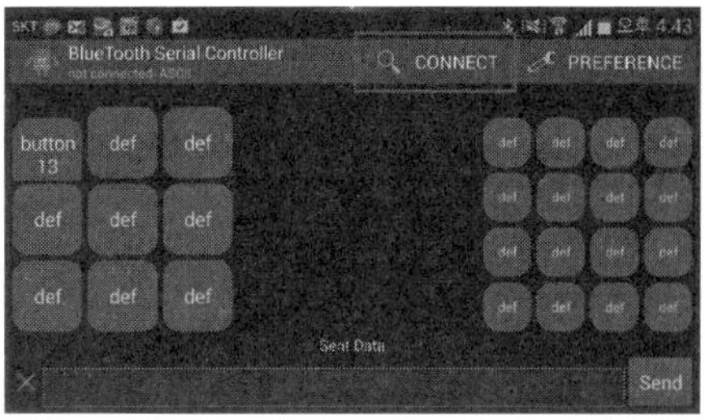

그림 14.21

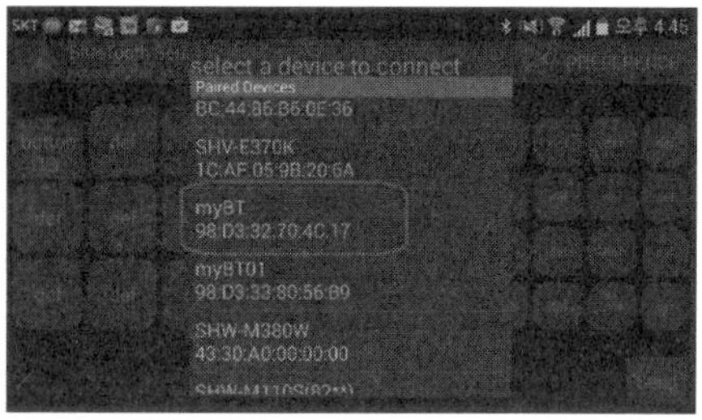

그림 14.22

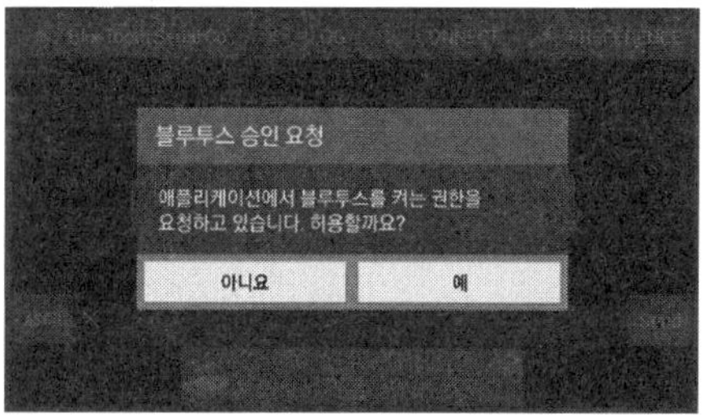

그림 14.23

• [그림 14.24]와 [그림 14.25]와 같이 스마트폰 BlueTooth Serial Controller 앱의 우측 위에 있는 REFERENCE 버튼을 누른 후 화면을 아래로 내려 TERMINAL MODE를 켬

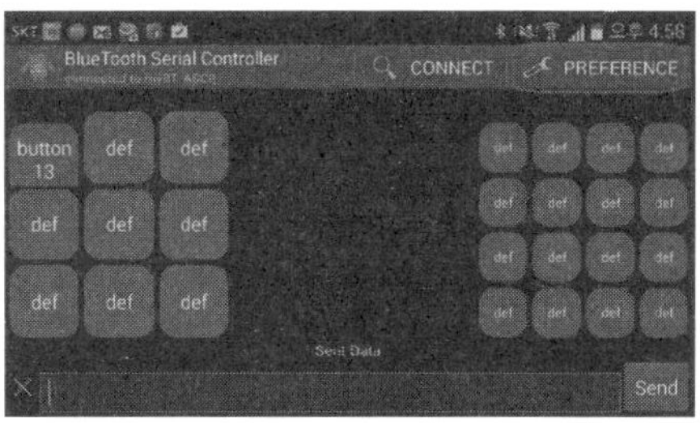

그림 14.24

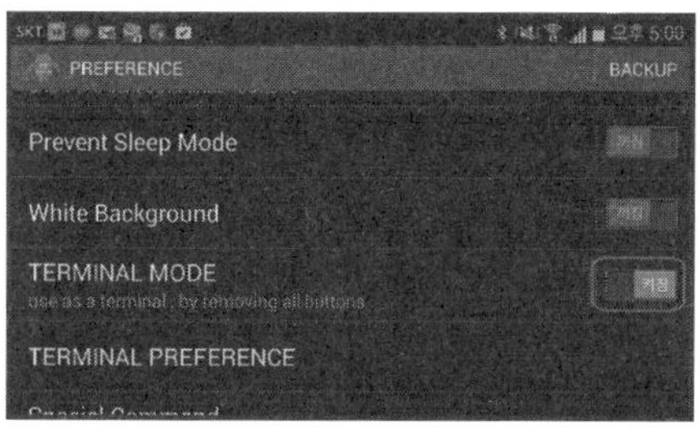

그림 14.25

- [그림 14.26]과 같이 문자 입력창에 "welcome!!!"을 입력하고 Send버튼을 누르면 [그림 14.27]과 같이 PC 시리얼 모니터에서 입력문자열이 나타남

그림 14.26

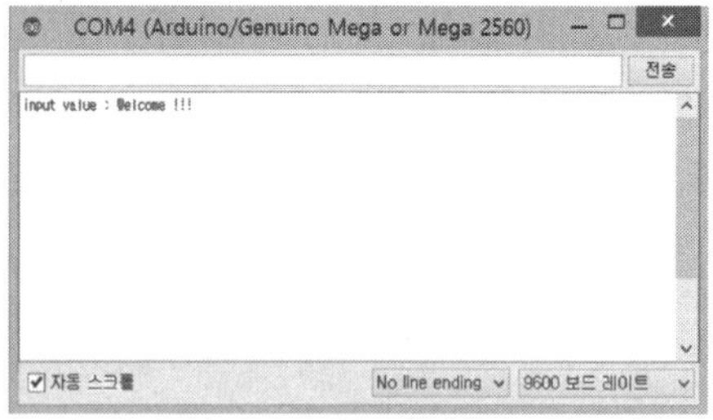

그림 14.27

실험 14-3

스마트폰에서 BT를 통한 센서 제어

- 스마트폰 BlueTooth Serial Controller 앱을 이용하여 다음의 기능을 수행(앱을 터미널모드로 설정)
  - 앱에서 아두이노 보드에 있는 LED를 ON, OFF하기
  - 앱에서 아두이노 보드에 있는 RGB LED를 제어하기
  - 앱에서 아두이노 보드에 있는 스피커를 ON, OFF 하기
  - 앱에서 아두이노 보드에 있는 창문을 ON, OFF 하기(서보모터 제어)
  - 앱에서 아두이노 보드에 있는 온도센서 값을 읽어 오기
  - 앱에서 아두이노 보드에 있는 먼지 센서로 부터 공기 상태를 읽어 오기

- 앱과 아두이노 간의 통신프레임을 [표 14.5]와 같이 정의

표 14.5 앱과 아두이노 간의 통신프레임

[전송 프레임 포맷]

시작문자 @	센서명	구분자 #	센서 제어값	종료문자 !

시작문자(@)	센서 명	구분자(#)	센서 제어값	종료문자(!)
@	LED	#	1 : ON 0 : OFF	!
@	RGB	#	000000000 255255255	!
@	BUZ	#	1 : ON 0 : OFF	!
@	WIN	#	1 : OPEN 0 : CLOSE	!
@	GET	#	TMP	!
@	TMP	#	온도값	!
@	GET	#	DST	!
@	DST	#	공기 상태	!

• 먼지센서로 부터 미세먼지(PM2.5) 값을 읽어 다음과 같이 공기 상태를 스마트 폰으로 전송

먼지밀도(mg/m^3)	0~0.015	0.016~0.05	0.051~0.1	0.101
공기 상태	좋음 (Good)	보통 (Fair)	나쁨 (Poor)	매우 나쁨 (Very Poor)

• [그림 14.28]과 같이 회로를 연결하고 아래의 스케치 프로그램을 업로드

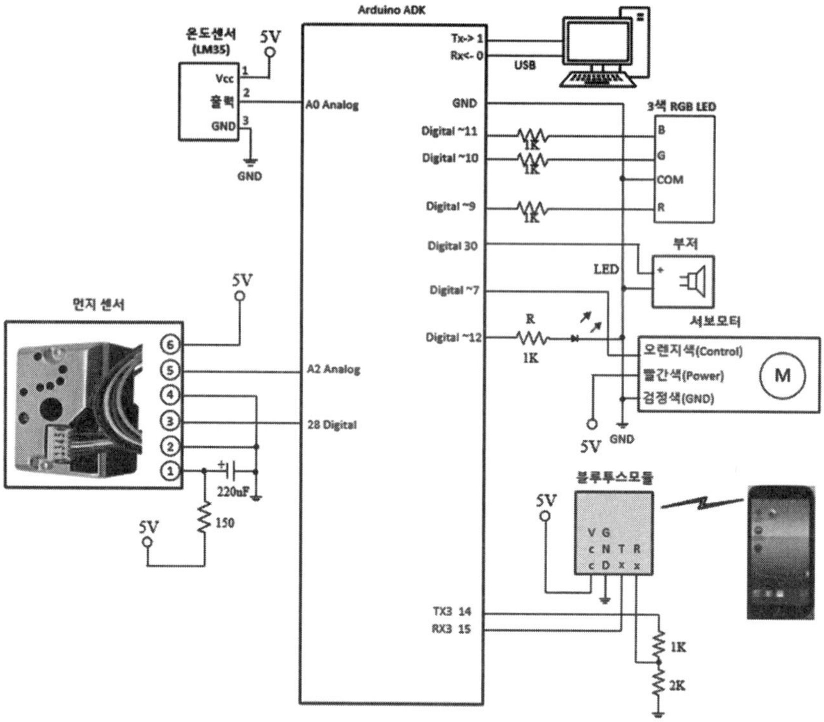

그림 14.28 실험 14-3 회로 연결

소스 프로그램 BT_Sensor_Ctrl

```
#include <Servo.h> // Servo 라이브러리 추가

Servo myServo; // Servo 클래스를 가지고 와서 myServo 객체 생성

const int ledPin=12; // LED에 연결된 핀 번호
const int rLedPin = 9; //3색 LED 중 빨간색 LED와 연결된 핀 번호 정의
const int gLedPin = 10; //3색 LED 중 초록색 LED와 연결된 핀 번호 정의
const int bLedPin = 11; //3색 LED 중 파란색 LED와 연결된 핀 번호 정의
const int speakerPin=30; //부저에 연결된 핀 번호 정의
const int servoPin=7; // 서보모터에 연결된 핀 번호 정의
const int tempPin=0; //온도센서에 연결된 핀 번호 정의
const int measurePin = A2; // 먼지센서 출력(5번 핀)에 연결된 핀 번호 변수 정의 (A2)
const int ledPower = 28;   // 먼지센서 적외선 LED 드라이버(3번 핀)에 연결된 핀 번호 변수 정의 (D28)
```

```
int samplingTime = 280; // 0.28ms 후 출력을 샘플링하기 위한 시간 값을 저장하는 변수
int deltaTime = 40;  // 0,04ms 후 LED를 끄기 위한 시간 값을 저장하는 변수
int sleepTime = 9680; // 10ms 마다 반복하기 위해 9.68ms를 기다리는 시간 값을 저장하는 변수

float dustSensorValue = 0; // 먼지센서의 ADC 한 값을 저장하는 변수 선언
float dustSensorVolValue = 0; // ADC 값을 전압 값으로 환산한 값을 저장하는 변수 선언
float dustDensity = 0; // 먼지밀도 값을 저장하는 변수 선언

boolean catchFrame=false; // BT로부터 온 수신 프레임 수신 여부를 결정하는 변수,
                          // 초기값으로 false 설정
String frameStr; // 수신 프레임포맷에 해당하는 문자열을 저장하는 변수 선언
String sensorName; // 센서명에 해당하는 문자열을 저장하는 변수 선언

boolean getCatchFrame=false; // BT로부터 get 프레임 수신 여부를 결정하는 변수,
                             // 초기값으로 false 설정
String  getSensorName; // get 프레임 센서명에 해당하는 문자열을 저장하는 변수 선언

void setup() {
  pinMode(ledPin, OUTPUT); // LED를 출력으로 설정
  pinMode(rLedPin, OUTPUT); // rLED를 출력으로 설정
  pinMode(gLedPin, OUTPUT); // gLED를 출력으로 설정
  pinMode(bLedPin, OUTPUT); // bLED를 출력으로 설정
  pinMode(ledPower,OUTPUT); // 먼지센서 적외선 LED 드라이버(3번 핀)을 출력으로 설정
  myServo.attach(servoPin); //myServo 객체의 attach라는 method로 초기화
  myServo.write(0); //초기 위치 지정

  Serial.begin(9600); // 시리얼 모니터와 시리얼 개방, 통신속도 설정
  Serial3.begin(38400); // BT와 시리얼 개방, [실험 14-1]에서 설정된 통신속도로 설정

  digitalWrite(rLedPin, LOW);  //rLED에 LOW 출력
  digitalWrite(gLedPin, LOW);  //gLED에 LOW 출력
  digitalWrite(bLedPin, LOW);  //bLED에 LOW 출력
}

void FrameAnalysis() {
    if (sensorName == "LED") { // 센서명이 LED인지 확인
      Serial.println(" LED OK"); // 시리얼 모니터에 문자열 출력
      int data = frameStr.substring(5).toInt(); //센서 제어 값을 가져옴

      switch (data) { // 읽어온 데이터에 따라 분기
        case 0 :
          digitalWrite(ledPin, LOW); // LED 끄기
```

```
      break;
    case 1 :
      digitalWrite(ledPin, HIGH); // LED 켜기
      break;
  }
}
else if  (sensorName == "RGB") { // 센서명이 RGB인지 확인
  Serial.println(" RGB OK"); // 시리얼 모니터에 문자열 출력
  int redValue = frameStr.substring(5,8).toInt(); //센서 제어값 중 red값을 가져옴
  int greenValue = frameStr.substring(8,11).toInt(); //센서 제어값 중 green값을 가져옴
  int blueValue = frameStr.substring(11,14).toInt(); //센서 제어값 중 blue값을 가져옴

  analogWrite(rLedPin, redValue);  //rLED에 red값 출력
  analogWrite(gLedPin, greenValue);  //gLED에 green값 출력
  analogWrite(bLedPin, blueValue);  //bLED에 blue값 출력
}
else if  (sensorName == "BUZ") { // 센서명이 BUZ인지 확인
  Serial.println(" BUZ OK"); // 시리얼 모니터에 문자열 출력
  int data = frameStr.substring(5).toInt(); //센서 제어 값을 가져옴
  switch (data) { // 읽어온 데이터에 따라 분기
    case 0 :
      noTone(speakerPin); // 스피커 끄기
      break;
    case 1 :
      tone(speakerPin,131); // 주파수가 131Hz인 톤을 출력
      break;
  }
}
else if  (sensorName == "WIN") {  // 센서명이 WIN인지 확인
  Serial.println(" WIN OK"); // 시리얼 모니터에 문자열 출력
  int data = frameStr.substring(5).toInt(); //센서 제어 값을 가져옴
  switch (data) { // 읽어온 데이터에 따라 분기
    case 0 :
      myServo.write(0); // 서보를 0°로 위치
      break;
    case 1 :
      myServo.write(180); // 서보를 180°로 위치
      break;
  }
}
else if  (sensorName == "GET") { // 센서명이 값을 읽어오기 위한 GET인지 확인
  Serial.println(" GET OK"); // 시리얼 모니터에 문자열 출력
```

```
      getSensorName = frameStr.substring(5,8); // get 프레임의 센서명을 가져옴
      getCatchFrame=true; // get 프레임을 수신함
    }
}

void GetResponse(void){ //get 프레임에 대한 응답 처리
    if (getSensorName == "TMP") { // get 프레임의 센서명이 TMP인지 확인
      float tempC=analogRead(tempPin); // 온도 센서값을 읽어들임(AD값)
      tempC=(5.0*tempC*100.0)/1023.0; // 온도 센서값을 전압으로 변환하고 온도로 변환
      Serial.println("Temperature : "+(String) (int)tempC+ "C"); //온도를 시리얼 모니터에 출력
      Serial3.print("Temperature : "+(String) (int)tempC+ "C"); //온도를 BT 모듈에 전송
    }
    else if (getSensorName == "DST") { // get 프레임의 센서명이 DST인지 확인
      digitalWrite(ledPower,LOW); // 적외선 LED를 켬 power on the LED
      delayMicroseconds(samplingTime); // 0.28ms 후 출력을 샘플링하기 위해 지연

      dustSensorValue = analogRead(measurePin); //먼지센서 출력값을 읽음(AD값:0~1023)

      delayMicroseconds(deltaTime); // 0.04ms 지연
      digitalWrite(ledPower,HIGH); // 적외선 LED를 끔
      delayMicroseconds(sleepTime); // 9.68ms 지연

      // 먼지 센서 출력 AD 값을 전압 값으로 환산
      dustSensorVolValue = dustSensorValue * (5.0 / 1023.0);

      dustDensity = 0.17 * dustSensorVolValue - 0.1; //전압 값을 먼지밀도(mg/m^3) 값으로 환산

      String airStatus="";
      if (dustDensity <= 0.015) {
        airStatus = " 좋음 (Good) !! ";
      }
      else if (dustDensity > 0.015 && dustDensity <= 0.05) {
        airStatus = " 보통 (Fair) !! ";
      }
      else if (dustDensity > 0.05 && dustDensity <= 0.1) {
        airStatus = " 나쁨 (Poor) !! ";
      }
      else {
        airStatus = " 매우 나쁨 (Very Poor) !! ";
      }
      Serial.print(" air status : "+ airStatus); //공기 상태를 시리얼 모니터에 출력
      Serial3.print(" air status : "+ airStatus); //공기 상태를 BT 모듈에 전송
```

```
    }
}

void loop() {

  if(catchFrame == true) { //BT로부터 온 수신 프레임이 정상적으로 수신되었는지 확인
    Serial.println(frameStr); // 시리얼 모니터에 수신 프레임 출력
    sensorName =  frameStr.substring(1,4); //센서명을 읽어 냄
    FrameAnalysis(); // 프레임 분석 함수 호출

    catchFrame=false; //BT로부터 온 수신 프레임 분석을 종료하고 초기화
  }

  if(getCatchFrame == true) { //BT로부터 get 프레임이 정상적으로 수신되었는지 확인
    Serial.println(getSensorName); // 시리얼 모니터에 get 프레임의 센서명 출력
    GetResponse(); //get 프레임 처리 함수 호출

    getCatchFrame=false; //get 프레임 처리를 종료하고 초기화
  }
}

void serialEvent3(){ // 시리얼 포트3 수신버퍼에 데이터가 있을 때 마다 호출되는 콜백 함수

    frameStr=Serial3.readStringUntil('!'); // 수신버퍼에서 '!' 문자까지 문자열을 읽어
                                           // 문자열 변수에 저장
    if(frameStr.indexOf('@') == 0) catchFrame=true; // 읽어들인 문자열이 시작문자로
                           // 시작하였는지 확인하고 확인되었으면 전송 프레임 수신을 설정
}
```

스마트폰에서 센서 제어 실험

- [그림 14.29]와 같이 설치한 "BlueTooth Serial Controller" 앱의 문자 입력창에 "@RGB#255000000!" 을 입력하고 Send버튼을 누르면 아두이노에 연결된 3색 RGB LED가 빨간색으로 점등됨을 확인할 수 있음

그림 14.29

• 아두이노에 연결된 온도센서 값을 가지고 와 스마트 폰에 표시하기 위하여 [그림 14.30]과 같이 "BlueTooth Serial Controller" 앱의 문자 입력창에 "@GET#TMP!"을 입력하고 Send버튼을 누르면 [그림 14.31]과 같이 온도 값이 스마트 폰에 표시되는 것을 확인할 수 있음

그림 14.30

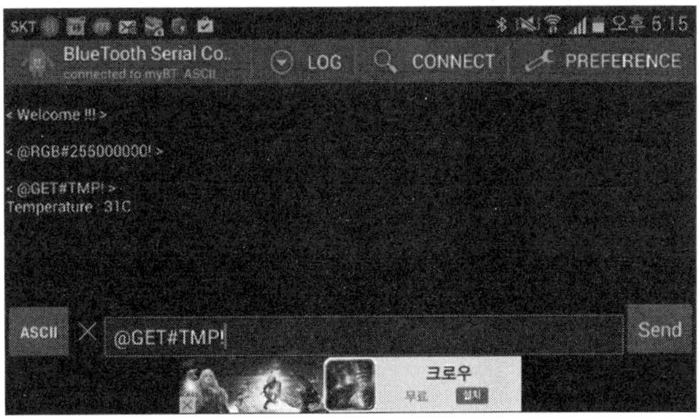

그림 14.31

• 아두이노에 연결된 먼지센서 값을 가지고 와 스마트 폰에 표시하기 위하여 [그림 14.32]와 같이 "BlueTooth Serial Controller" 앱의 문자 입력창에 "@GET#DST!"을 입력하고 Send 버튼을 누르면 [그림 14.33]과 같이 공기 상태가 스마트 폰에 표시되는 것을 확인할 수 있음

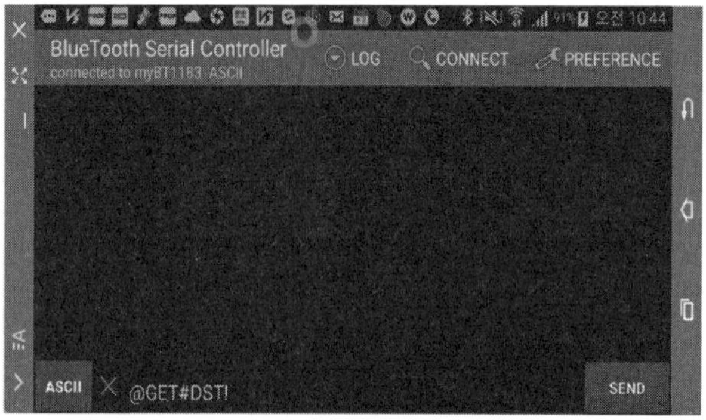

그림 14.32

그림 14.33

제15장

와이파이(WiFi) 통신을 활용한 센서 제어

실험에 필요한 부품

WiFi 모듈 (ESP8266)	USB-XBEE 직렬 어댑터 (FT232RL XBee USB to Serial Adapter V1.4)	온도센서 (LM35DZ)	LED	1KΩ 저항
1개	1개	1개	1개	1개

15.1 무선랜(WLAN : Wireless Local Area Network)

- 한 건물 내 또는 학교나 회사 등 비교적 좁은 범위의 한정된 지역 내에 있는 기기들을 유선케이블 대신 무선 RF 기술을 이용한 네트워크 구축방식 즉, [그림 15.1]과 같이 케이블의 연결 없이 무선으로 근거리통신망 환경을 구현하는 개념으로 주파수 대역으로는 2.4GHz와 5GHz의 ISM(Industrial, Science, and Medical) 대역을 사용

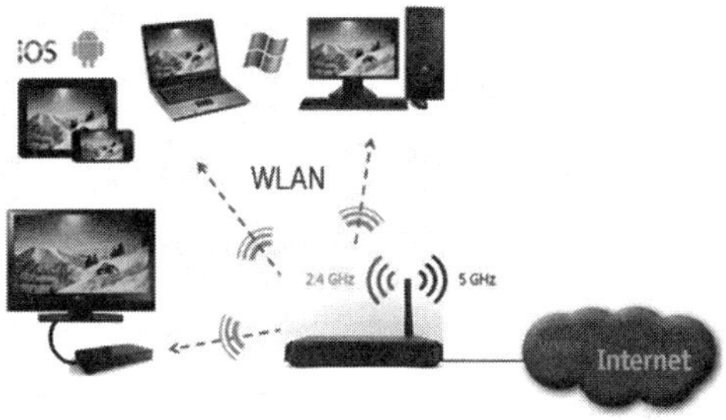

그림 15.1 WLAN

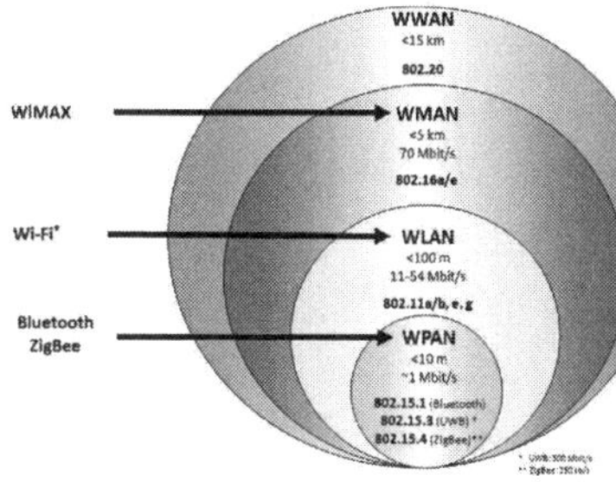

그림 15.2 WPAN과 WLAN 비교

- 무선랜이라는 이름처럼 근본적으로 LAN의 특성을 가지고 있다는 점에서, 휴대폰 등 일반적인 모바일환경에서 이용되는 무선인터넷과는 대별. 즉, 기기에 무선랜 카드만 장착되어 있다면 특정 지역 내에서 통신케이블에 연결하지 않고도 자유자재로 인터넷에 접속할 수 있게 해주는 기술
- WPAN과 비교하여 전송속도 및 통신거리 증가 : 전송속도 및 통신거리 관점에서 WPAN과 WLAN을 [그림 15.2]에 비교하였는데 WPAN은 10m 거리에서 저속데이터 전송에 사용되며 WLAN은 100m 거리에서 54Mbps까지 고속 전송에 사용. 2014년에 상용화를 시작한 기가비트 WiFi(IEEE 802.11ac)인 경우 6.9Gbps까지 전송
- 무선랜 표준은 여러 가지 방식이 있으며 비교 표를 [표 15.1]에 나타냄

표 15.1 무선랜 표준 규격 비교

구분	IEEE802.11b	IEEE802.11a	IEEE802.11g	IEEE802.11n	IEEE802.11ac
주파수대역	ISM(2.4GHz)	ISM(5GHz)	ISM(2.4GHz)	ISM(2.4GHz, 5GHz)	ISM(5GHz)
변조방식	DSSS/CCK	OFDM	DSSS/OFDM	OFDM	OFDM
다중접속	CSMA/CD	CSMA/CD	CSMA/CD	CSMA/CD	CSMA/CD
안테나기술	SISO	SISO	SISO	MIMO (Up to 4)	MU-MIMO (Up to 8)
전송속도	11Mbps	54Mbps	54Mbps	600Mbps	6.9Gbps
채널대역폭	10MHz	20MHz	20MHz	20/40MHz	20/40/80/160MHz
출력제한	100mW	100mW	100mW	100mW	100mW
상용화시기	1997	2003	2003	2009	2014

- 무선랜 네트워크 형태
  - 인프라(Infrastrucure) 방식 : [그림 15.3](a)와 같이 AP(액세스 포인트)나 무선랜 공유기에 여러 대의 클라이언트가 접속해 네트워크를 구성하여 통신하는 방법
  - 애드혹(Ad-Hoc) 방식 또는 피어 투 피어(Peer-to-Peer) 방식 : [그림 15.3](b)와 같이 각 클라이언트가 AP(액세스 포인트)나 무선랜 공유기 없이 서로 접속해 네트워크를 구성해 통신하는 방법

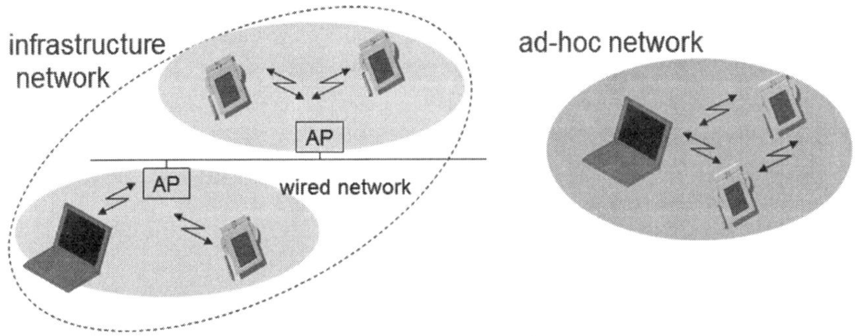

(a) 인프라(Infrastrucure) 방식 (b) 애드혹(Ad-Hoc) 방식

그림 15.3 WLAN 네트워크 형태

- 무선랜 용어
  - **STA(Station)**: WiFi 단말(WiFi 인터페이스를 가진 단말)을 의미
  - **AP(Access Point)**: 802.11 무선랜 인터페이스와 802.3 이더넷 인터페이스를 가지는 장비로, STA가 보낸 데이터를 무선으로 받아 이더넷 포트를 통해 유선망으로 보내 주는 장비

15.2 ESP8266 WiFi 모듈

- [그림 15.4]는 실험에 사용할 ESP8266 WiFi 모듈을 보여주며 주요특징을 [표 15-2]에 나타냄

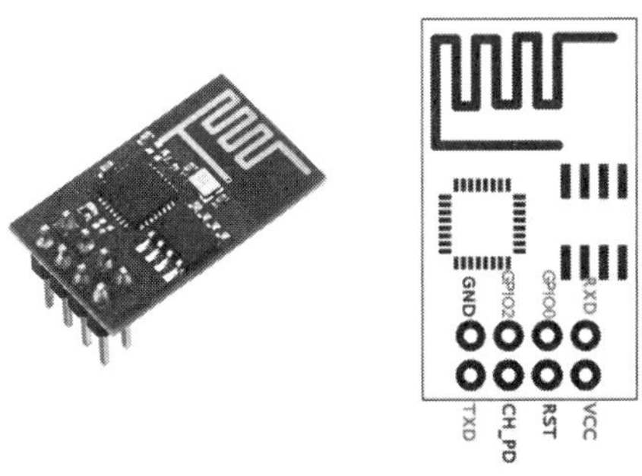

- VCC : 3.3V (3.6V max)
- GND : 접지
- TXD : UART 송신데이터 (3.3V 레벨)
- RXD : UART 수신데이터 (3.3V 레벨)
- /CH_PD : Chip Power down
- GPIO0 : 범용 I/O 0
- GPIO2 : 범용 I/O 2
- /RST : 리셋

그림 15.4 ESP8266 WiFi 모듈

표 15.2 ESP8266 WiFi 모듈 주요특징

- 저전력 32비트 MCU
- WiFi 프로토콜 : 802.11 b/g/n 프로토콜 지원
- 주파수 범위 : 2.4GHz 트랜시버 (2400MHz~2483.5MHz)
- 동작전원 : 3.0~3.6V
- WiFi 모드 : STA/AP/STA+AP 동작모드 지원 (WiFi Direct(P2P), soft-AP 지원)
- 보안 : WPA/WPA2 지원
- 암호화 : WEP/TKIP/AES
- 네트워크 프로토콜 : TCP/IP 프로토콜 스택 지원(IPv4, TCP/UDP/HTTP/FTP)
- STBC, 1x1 MIMO, 2x1 MIMO
- AT 커맨드 사용

참고 Soft-AP (Software-AP) : Software enabled access point의 줄인 말로 무선클라이언트이지만 액세스 포인트 역할을 소프트웨어로 구현하여 AP와 같이 동작하도록 만든 것.

15.2.1 명령어 종류 및 설명

- AT 커맨드는 ESP8266 WiFi 모듈 설정 내용을 변경하기 위하여 전달할 수 있는 명령어의 형식과 동작을 설명하는데 각 명령어는 [표 15.3]과 같이 4가지 AT 커맨드 형태가 있음

표 15.3

형태	포맷	설명
문의(Test)	AT+〈x〉=?	가능한 파라미터와 값을 나열
표시(Query)	AT+〈x〉?	파라미터의 현재 값을 표시
설정(Set)	AT+〈x〉=〈...〉	값 설정
실행(Execute)	AT+〈x〉	명령실행

㈜
- 모든 AT 명령어가 4가지 커맨드를 갖는 것은 아님
- 디폴트 전송율 : 115200 bps
- AT 명령은 "₩r₩n"으로 종료

- 명령어는 기본 AT 명령, WiFi 기능, TCP/IP 기능, 데이터 수신 기능으로 나눌 수 있으며 각 종류별 AT 명령어 및 기능을 요약하면 다음과 같음

종류	명령어	설명
기본 AT 명령	AT	AT 스타트업 테스트
	AT+RST	모듈 재시작
	AT+GMR	버전정보표시
	AT+GSLP	deep-sleep 모드 들어가기
	ATE	AT 커맨드 에코
WiFi 기능	AT+CWMODE	WIFI 모드(station/softAP/station+softAP)
	AT+CWJAP	AP에 연결
	AT+CWLAP	유효 AP들 나열
	AT+CWQAP	AP 연결 끊음
	AT+CWSAP	AP 모드에서 파라미터 설정
	AT+CWLIF	ESP8266 softAP에 연결된 station IP를 가져옴
	AT+CWDHCP	DHCP 인에이블/디스에이블
	AT+CIPSTAMAC	ESP8266 station의 mac 주소 설정
	AT+CIPAPMAC	ESP8266 softAP의 mac 주소 설정
	AT+CIPSTA	ESP8266 station의 ip 주소 설정
	AT+CIPAP	ESP8266 softAP의 ip 주소 설정
TCP/IP 기능	AT+CIPSTATUS	연결상태 가져오기
	AT+CIPSTART	TCP/UDP 연결 설정
	AT+CIPSEND	데이터전송
	AT+CIPCLOSE	TCP/UDP 연결 종료
	AT+CIFSR	로컬 IP 주소 가져오기
	AT+CIPMUX	다중 연결 모드 설정
	AT+CIPSERVER	서버로 설정
	AT+CIPMODE	전송모드 설정
	AT+CIPSTO	ESP8266가 TCP 서버로 동작 시 타임아웃 설정
	AT+CIUPDATE	네트워크를 통한 업그레이드
데이터수신 기능	+IPD	네트워크로부터 데이터 수신

15.2.2 기본 AT 명령

AT	AT 스타트업 테스트	
명령어	응답	파라미터 설명
AT	OK	Null

AT+RST	모듈 재시작	
명령어	응답	파라미터 설명
AT+RST	OK	Null

AT+GMR	버전정보표시	
명령어	응답	파라미터 설명
AT+GMR	〈number〉 OK	〈number〉 Version Infor, length:8bytes

15.2.3 WiFi 기능

AT+CWMODE		WIFI 모드(station/softAP/station+softAP)	
형태	명령어	응답	파라미터 설명
문의	AT+CWMODE=?	+CWMODE:〈mode〉 OK	〈mode〉 1- Station 모드 2- AP 모드 3- AP+Station 모드
표시	AT+CWMODE?	+CWMODE:〈mode〉 OK	
설정	AT+CWMODE=〈mode〉	OK	

AT+CWJAP		유효 AP들 나열	
형태	명령어	응답	파라미터 설명
표시	AT+CWJAP?	+CWCWJAP:〈ssid〉 OK	〈ssid〉 string, AP's SSID
설정	AT+CWJAP=〈ssid〉,〈pwd〉	OK ERROR	〈ssid〉 string, AP's SSID 〈pwd〉 string, MAX:64bytes

<table>
<tr><th colspan="2">AT+CWLAP</th><th colspan="2">AP에 연결</th></tr>
<tr><td>형태</td><td>명령어</td><td>응답</td><td>파라미터 설명</td></tr>
<tr><td>설정</td><td>AT+CWLAP=〈ssid〉,〈mac〉,
〈ch〉</td><td rowspan="2">+CWLAP:〈ecn〉,〈ssid〉,〈rssi〉,
〈mac〉
OK
ERROR</td><td rowspan="2">〈ecn〉
0-open
1-WEP
2-WPA_PSK
3-WPA2_PSK
4-WPA_WPA2_PSK
〈ssid〉
string, AP's SSID
〈rssi〉
signal strength
〈mac〉
string, MAC address</td></tr>
<tr><td>실행</td><td>AT+CWLAP</td></tr>
</table>

<table>
<tr><th colspan="2">AT+CWQAP</th><th colspan="2">AP 연결 끊음</th></tr>
<tr><td>형태</td><td>명령어</td><td>응답</td><td>파라미터 설명</td></tr>
<tr><td>표시</td><td>AT+CWQAP?</td><td>OK</td><td>null</td></tr>
<tr><td>실행</td><td>AT+CWQAP</td><td>OK</td><td>null</td></tr>
</table>

<table>
<tr><th colspan="2">AT+CWSAP</th><th colspan="2">AP 모드에서 파라미터 설정</th></tr>
<tr><td>형태</td><td>명령어</td><td>응답</td><td>파라미터 설명</td></tr>
<tr><td>표시</td><td>AT+CWSAP?</td><td>+CWSAP:〈ssid〉,〈pwd〉,〈chl〉,
〈ecn〉
OK
ERROR</td><td rowspan="2">〈ecn〉
0-open
1-WEP
2-WPA_PSK
3-WPA2_PSK
4-WPA_WPA2_PSK
〈ssid〉
string, AP's SSID
〈pwd〉
string, MAX:64bytes
〈chl〉
channel ID</td></tr>
<tr><td>설정</td><td>AT+CWSAP=〈ssid〉,〈pwd〉,
〈chl〉,〈ecn〉</td><td>OK
ERROR</td></tr>
<tr><td colspan="4">이 명령은 softAP 모드에서만 유효하며 AT+RST가 이어져야 동작 함</td></tr>
</table>

15.2.4 TCP/IP 관련 기능

AT+CIPSTATUS		연결상태 가져오기	
형태	명령어	응답	파라미터 설명
실행	AT+CIPSTATUS	STATUS:〈stat〉 +CIPSTATUS:〈id〉,〈type〉,〈addr〉,〈port〉,〈tetype〉 OK	〈stat〉 2-Got IP 3-Connected 4-Disconnedted 〈id〉 연결 id (0~4), 다중연결경우 〈type〉 "TCP" 또는 "UDP" 〈addr〉 string, IP 주소 〈port〉 port 주소 〈tetype〉 0-ESP8266 클라이언트로 동작 1-ESP8266 서버로 동작

AT+CIFSR		로컬 IP 주소 가져오기	
형태	명령어	응답	파라미터 설명
문의	AT+CIFSR=?	OK	
실행	AT+CIFSR	+CIFSR:〈IPaddress〉 OK ERROR	〈IPaddress〉 ESP8266의 IP 주소
softAP 또는 station에 대한 〈IP address〉			

<table>
<tr><th colspan="2">AT+CIPSTART</th><th colspan="2">TCP/UDP 연결 설정</th></tr>
<tr><th>형태</th><th>명령어</th><th>응답</th><th>파라미터 설명</th></tr>
<tr><td>문의</td><td>AT+CIPSTART=?</td><td>• AT+CIPMUX=0 인 경우

+CIPSTART:(〈type〉),(〈IPadress〉),(〈port〉)[,(〈localport〉),(〈mode〉)]
+CIPSTART:(〈type〉),(〈domainname〉),(〈port〉)[,(〈localport〉),(〈mode〉)]
OK

• AT+CIPMUX=1 인 경우

+CIPSTART:(id),(〈type〉),(〈IPadress〉),(〈port〉)[,(〈localport〉),(〈mode〉)]
+CIPSTART:(id),(〈type〉),(〈domainname〉),(〈port〉)[,(〈localport〉),(〈mode〉)]
OK</td><td rowspan="2">〈id〉
연결 id (0~4), 다중연결경우
〈type〉
"TCP" 또는 "UDP"
〈addr〉
string, remote IP 주소
〈port〉
string remote port 주소
[〈localport〉]
UDP only
[〈mode〉]
UDP only
0-UDP 목적지 peer entity 변경되지 않음
1-UDP 목적지 peer entity 는 한 번 변경
2-UDP 목적지 peer entity 는 변경 허용</td></tr>
<tr><td>설정</td><td>• 단일연결(AT+CIPMUX=0)

AT+CIPSTART=〈type〉,〈IPadress〉),〈port〉
[,(〈localport〉),(〈mode〉)]

• 다중연결(AT+CIPMUX=1)

AT+CIPSTART=〈id〉,〈type〉,〈IPadress〉),〈port〉
[,(〈localport〉),(〈mode〉)]</td><td>OK
ERROR
ALREADY CONNECT</td></tr>
</table>

AT+CIPSEND		데이터전송	
형태	명령어	응답	파라미터 설명
문의	AT+CIPSEND=?	OK	
설정	• 단일연결(AT+CIPMUX=0) AT+CIPSTART=〈length〉 • 다중연결(AT+CIPMUX=1) AT+CIPSTART=〈id〉,〈length〉	SEND OK (데이터가 성공적으로 전송되면) ERROR	〈id〉 연결 id (0~4), 다중연결경우 〈length〉 데이터길이, MAX 2048 바이트
실행	AT+CIPSTART		미완성(unvarnished) 전송모드에서만 사용

AT+CIPCLOSE		TCP/UDP 연결 종료	
형태	명령어	응답	파라미터 설명
문의	AT+CIPCLOSED=?	OK	
설정	• 다중연결시 AT+CIPCLOSED=〈id〉	SEND OK (데이터가 성공적으로 전송되면) ERROR	〈id〉 종료하고자 하는 연결 id id=5일 때 모든 연결이 종료
실행	AT+CIPSTART	OK ERROR UNLINK	미완성(unvarnished) 전송모드에서만 사용
id=5는 서버모드에서 동작안됨			

AT+CIPMUX		다중 연결 모드 설정	
형태	명령어	응답	파라미터 설명
표시	AT+CIPMUX?	+CIPMUX:〈mode〉 OK	
설정	AT+CIPMUX=〈mode〉	OK LINK IS BUILT	〈mode〉 0-단일연결 1-다중연결
- 모든 연결이 종료된 후에 모드가 변경될 수 있음 - 서버가 시작되었다면 재부트가 필요			

AT+CIPSERVER		서버로 설정	
형태	명령어	응답	파라미터 설명
설정	AT+CIPSERVER=〈mode〉[,〈port〉]	OK	〈mode〉 0-서버삭제 1-서버생성 〈port〉 포트 번호, 디폴트 333
- 서버는 AT+CIPMUX=1일 때만 생성될 수 있음 - 클라이언트가 서버에 연결될 때 하나의 연결이 시작되고 id가 부여 됨			

■ 데이터 수신 관련 기능

+IPD		네트워크로부터 데이터 수신
형태	명령어	파라미터 설명
	• 단일연결(AT+CIPMUX=0) +IPD,〈len〉:〈data〉 • 다중연결(AT+CIPMUX=1) +IPD,〈id〉,〈len〉:〈data〉	〈id〉 연결 id 〈length〉 데이터 길이 〈data〉 수신된 데이터
- 데이터를 수신하면 모듈은 +IPD 커맨드를 사용하여 시리얼 포트를 통해 데이터를 전송		

실험 15-1

AT 커맨드를 사용한 ESP8266 WiFi 모듈 설정 변경

• [그림 15.5]와 같이 아두이노 메가보드의 포트 0(Serial)를 컴퓨터에 포트 2(Serial2)를 **WiFi** 모듈에 연결

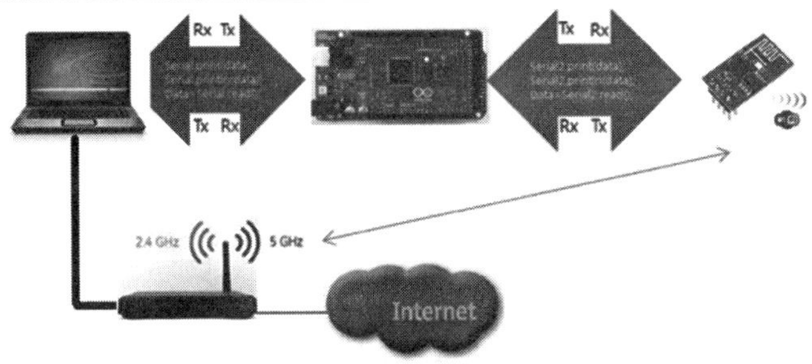

그림 15.5

- **WiFi** 모듈은 3.3V로 동작하고 아두이노는 5V로 동작하므로 [그림 15.6]과 같이 전압레벨을 변환해 주어야 함. **WiFi** 모듈 Tx의 3.3V는 아두이노 Rx에서 HIGH로 인식될 수 있으므로 레벨변환은 불필요하나 아두이노 Tx의 HIGH(5V)는 **WiFi** 모듈에 영향을 줄 수 있으므로 레벨변환기기 꼭 필요 함. 레벨 변환기로 저항을 사용한 전압분배 회로나 레벨변환 IC 사용이 가능하며 본 실험에서는 저항을 사용한 전압분배 회로를 사용

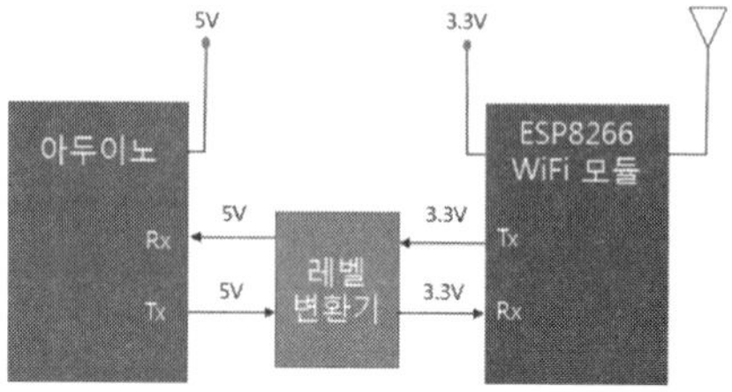

그림 15.6

- ESP8266 **WiFi**은 3.3V로 동작하므로 3.3V 전원을 공급해 주어야 함. 3.3V 전원으로 USB-XBee 직렬어댑터를 PC USB에 연결하고 스위치를 3.3V로 위치시켜 사용
  ① 아두이노 IDE의 시리얼모니터를 사용하여 AT 커맨드를 WiFi 모듈에 전달하기 위하여 [그림 15.7]과 같이 회로를 연결하고 아래의 스케치 프로그램을 업로드(**USB-XBee 직렬어댑터의 스위치를 3V3에 위치하도록 한 후 3.3V 전원을 사용**)

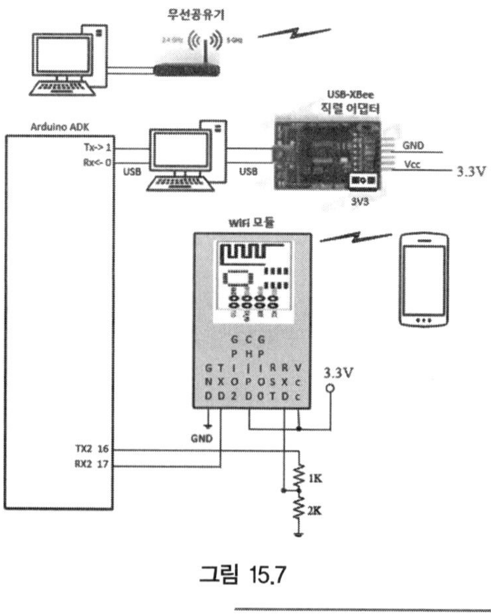

그림 15.7

소스 프로그램 ESP8266_ATCmdTest

```
void setup() {
  Serial.begin(9600);  // 시리얼 모니터와 시리얼 개방, 통신속도 설정
  Serial2.begin(115200); // WiFi와 시리얼 개방, 통신속도는 초기값(115200)으로 설정
}

void loop() {

  if(Serial2.available()>0)  // WiFi 모듈이 보낸 포트2 수신버퍼에 수신 데이터가 있는지 확인
  {
    while(Serial2.available()) // 포트2 수신버퍼에 수신 데이터가 있는 동안 동작
    {
      char ch=Serial2.read(); //버퍼에서 1바이트 읽어 오기
      Serial.print(ch); // 읽어온 데이터를 시리얼 모니터에 출력
    }
  }

  if(Serial.available()>0) // 시리얼 모니터에서 보낸 포트0 수신버퍼에 수신 데이터가 있는지 확인
  {
    delay(1000); // AT 커맨드 받을 수 있도록 지연

    String cmd=""; // 커맨드를 저장할 스트링 초기화

    while(Serial.available()) // 포트0 수신버퍼에 수신 데이터가 있는 동안 동작
    {
      cmd += (char)Serial.read(); //버퍼에서 1바이트씩 읽어와 커맨드 스트링에 추가
    }
    Serial2.println(cmd); // 읽어온 AT 커맨드를 WiFi 모듈로 송신
  }
}
```

② IDE의 시리얼모니터를 띠우고 [표 15.4]의 AT 커맨드를 사용하여 WiFi 모듈을 설정

표 15.4

AT 커맨드	응답	설명
AT	OK	• UART 연결 확인
AT+CWMODE=3		• AP+Station 모드 설정
AT+CWLAP	접속 가능한 AP들이 나열	• 연결 가능한 AP들을 확인
AT+CWJAP="KimNet","12345"		• 연결할 AP 네트워크(공유기, 라우터) 이름 및 비밀번호 입력
AT+CIPMUX=1		• 다중연결이 가능하도록 설정
AT+CIPSERVER=1,80		• 서버생성, 포트번호 80 설정(웹서버로 설정)
AT+CIFSR	APIP, "192.168.4.1" STAIP, "192.168.0.12"	• AP IP와 Station IP 주소를 가져옴(AP IP는 유무선공유기(또는 라우터)가 모듈에 할당한 IP(지역네트워크에 있는 장치들에 라우터가 IP를 할당하는 DHCP 기능))
㈜ 시리얼 모니터 창에서 줄바꿈 옵션을 Both NL & CR로 설정, 통신속도 9600으로 설정		

③ 컴퓨터에서 웹브라우저(크롬)를 띄우고 [그림 15.8]과 같이 주소창에 IP(192.168.0.12)를 입력 즉, 클라이언트가 서버에 요청(Request)

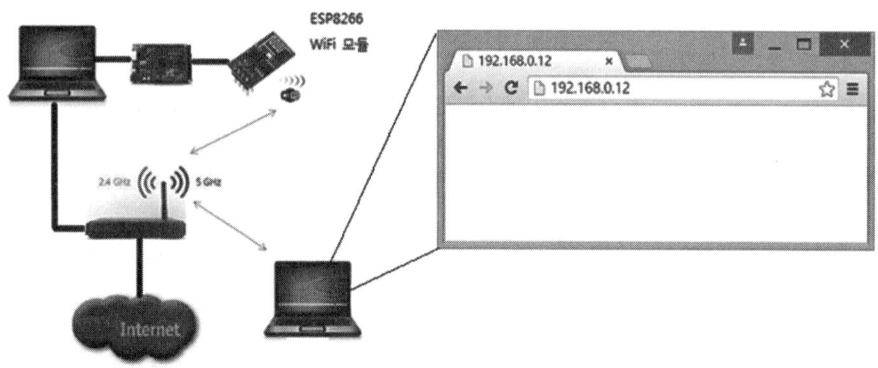

그림 15.8

④ 웹서버로 동작하는 ESP8266 WiFi 모듈은 클라이언트의 요청(Request)에 대하여 응답(Response)를 보내고 시리얼모니터에 [그림 15.9]의 좌측과 같은 메시지를 출력 즉, 응답 헤더 전송

+IPD,0,416:GET / HTTP/1.1 Host: 192.168.0.12 Connection: keep-alive Cache-Control: max-age=0 Accept: text/html,application/xpmgqdR /Mk6S6c,dL-,,	• 클라이언트와의 연결ID가 0이고 데이터 길이가 416임. 데이터에는 GET방식, HTTP 버전, 호스트 IP, 콘텐츠형태 등이 포함

그림 15.9

⑤ 시리얼모니터에서 [표 15.5]의 AT 커맨드를 입력 즉, 아래의 HTML 웹페이지를 전송

표 15.5

AT+CIPSEND=0,29		• 연결ID 0번과 연결이 되어 있는 상태에서 몇 바이트를 전송할 것인지를 알려 줌(바이트 수는 아래의 html 코드 바이트 수 임)
〈h1〉Hello〈/h1〉 〈h2〉World!〈/h2〉		• html 코드 입력
AT+CIPCLOSE=0		• 연결ID 0번의 TCP 연결종료

⑥ 클라이언트(컴퓨터)는 웹서버가 보낸 웹페이지를 받아 웹브라우저에 표시하며 [그림 15.10]과 같은 결과를 보여줌

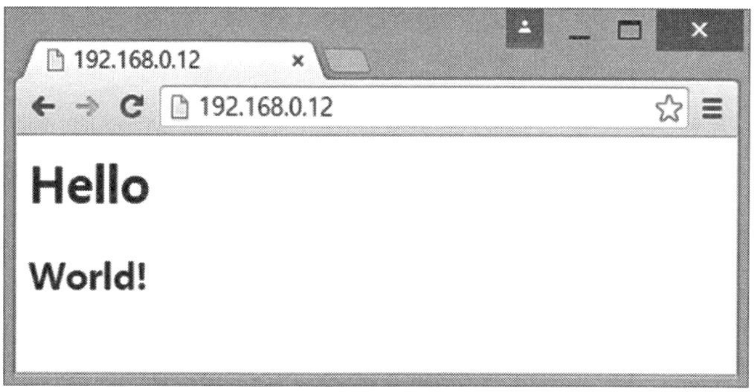

그림 15.10

⑦ [그림 15.11]과 같이 스마트 폰에서 웹브라우저(돌핀 웹브우저, 크롬 등)를 띠우고 ③ 번 과정부터 반복을 하면 동일한 결과를 스마트폰에서 확인할 수 있음. 스마트 폰의 웹브라우저는 desktop mode로 설정 함

그림 15.11

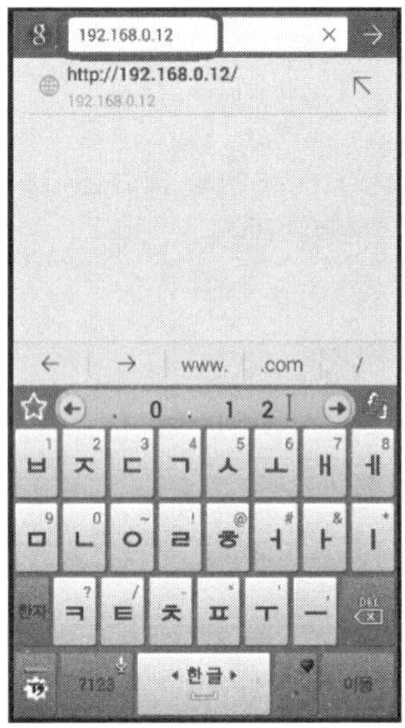

그림 15.12

⑧ 스마트폰 웹브라우저(돌핀 웹브우저, 크롬 등)에서 [그림 15.12]와 같이 주소창에 IP(192.168.0.12)를 입력하면 웹서버로 동작하는 ESP8266 WiFi 모듈은 클라이언트의 요청(Request)에 대하여 응답(Response)를 보내고 시리얼모니터에 [그림 15.13]과 같은 메시지를 출력. 연결 ID가 변경되어 있음을 확인할 수 있음

+IPD,1,416:GET / HTTP/1.1 Host: 192.168.0.12 Connection: keep-alive Cache-Control: max-age=0 Accept: text/html,application/xpmgqdR /Mk6S6c,dL-,,	클라이언트와의 **연결ID가 1**이고 데이터 길이가 416임. 데이터에는 GET방식, HTTP 버전, 호스트 IP, 콘텐츠형태 등이 포함

그림 15.13

⑨ 시리얼모니터에서 HTML 웹페이지 전송을 위해 [표 15.6]의 AT 커맨드를 입력하면 스마트폰 웹브라우저에 [그림 15.14]와 같이 웹서버가 보낸 웹페이지를 표시

표 15.6

AT+CIPSEND=1,29		연결ID 1번과 연결이 되어 있는 상태에서 몇 바이트를 전송할 것인지를 알려 줌(바이트 수는 아래의 html 코드 바이트 수 임)
<h1>Hello</h1><h2>World!</h2>		html 코드 입력
AT+CIPCLOSE=1		연결ID 1번의 TCP 연결종료

그림 15.14

실험 15-2

ESP8266을 웹서버로 동작(아두이노를 사용하는 ESP8266 웹서버가 자동으로 응답할 수 있도록 [실험15-1]을 수정)

- [실험 15-1]에서 ESP8266을 웹서버로 이용하였으나 AT 커맨드를 입력하여야 하였음
- [그림 15.15]와 같이 아두이노를 사용하는 ESP8266 웹서버가 자동으로 응답할 수 있도록 수정

그림 15.15

- [그림 15.7]과 동일한 회로를 사용하며 아래의 스케치 프로그램을 업로드. WiFi 모듈은 Station 모드와 AP 모드 모두 가능 하도록 설정

소스 프로그램 ESP8266_WebServer_Simple

```
#define DEBUG true // ESP8266 응답 디버깅 용도

void setup()
{
  Serial.begin(9600); // 시리얼 모니터와 시리얼 개방, 통신속도 설정
  Serial2.begin(115200); // WiFi와 시리얼 개방, 통신속도는 초기값(115200)으로 설정

  sendData("AT+RST\r\n",2000,DEBUG); // 모듈리셋
  sendData("AT+CWMODE=3\r\n",3000,DEBUG); // AP+Station 모드 설정
  sendData("AT+CWJAP=\"KimNet\",\"12345\"\r\n",3000,DEBUG); // 연결할 AP 네트워크
```

```
                                                    // (공유기, 라우터) 이름 및 비밀번호 입력
  delay(5000);
  sendData("AT+CIPMUX=1\r\n",3000,DEBUG); // 다중연결이 가능하도록 설정
  sendData("AT+CIPSERVER=1,80\r\n",3000,DEBUG); // 서버생성, 포트번호 80 설정 (웹
                                                         // 서버로 설정)
  sendData("AT+CIFSR\r\n",3000,DEBUG); // AP IP와 Station IP 주소를 가져옴

  Serial.println("Server ready !!!"); // 문자열 출력
}

void loop()
{
  if(Serial2.available()) // WiFi 모듈이 보낸 포트2 수신버퍼에 수신 데이터가 있는지 확인
  {
    if(Serial2.find("+IPD,"))  //수신버퍼에서 문자열을 찾고 문자열 다음으로 위치
    {
     delay(100); // 다음 문자가 버퍼에 채워지기 위해 대기
     int connectionId = Serial2.read()-48; // 클라이언트와 연결ID 축출(읽어들인 값이
                                                    // 아스키값이므로 48('0')을 뺌)

     String webpage = "<h1>Hello</h1><h2>World!</h2>"; //html코드
     String cipSend = "AT+CIPSEND="; //AT+CIPSEND커맨드만들기
     cipSend += connectionId; // 연결ID 추가
     cipSend += ","; // 콤마 추가
     cipSend +=webpage.length(); // html코드 길이를 추가
     cipSend +="\r\n"; // AT 커맨드 끝을 알림

     sendData(cipSend,1000,DEBUG); //AT+CIPSEND커맨드를 통해 전송바이트 수를 전송
     sendData(webpage,1000,DEBUG); //데이터전송

     String closeCommand = "AT+CIPCLOSE="; //AT+CIPCLOSE커맨드 만들기
     closeCommand+=connectionId; // 연결ID 추가
     closeCommand+="\r\n"; // AT 커맨드 끝을 알림
     sendData(closeCommand,1000,DEBUG); //AT+CIPCLOSE커맨드 전송
    }
  }
}

String sendData(String command, const int timeout, boolean debug)
{
    String response = ""; //esp8266으로부터 온 응답문자열 초기화
```

```
    Serial2.print(command); // esp8266에 커맨드 전송

    long int time = millis(); // 현재시간을 저장

    while( (time+timeout) > millis()) //타임아웃기간동안 처리
    {
      while(Serial2.available()) // WiFi 모듈이 보낸 포트2 수신버퍼에 수신 데이터가 있는지 확인
      {
        char c = Serial2.read(); //버퍼에서 1바이트 읽어 오기
        response+=c; //응답문자열 만들기
      }
    }

    if(debug) //디버그가 참이면
    {
      Serial.print(response); // 응답문자열을 시리얼 모니터에 출력
    }
    return response; // 응답문자열 반환
}
```

Station모드로 동작하는 ESP8266 WiFi모듈

- 클라이언트(컴퓨터)에서 웹브라우저(크롬)를 띠우고 Station IP(192.168.0.12)를 입력 즉, 클라이언트가 서버에 요청(Request)을 하면 웹서버가 응답(Response)으로 보낸 웹페이지를 받아 웹브라우저에 표시하며 결과는 [그림 15.16]과 같음

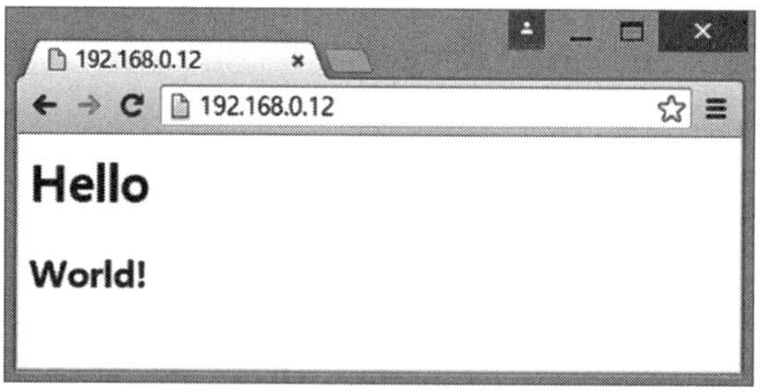

그림 15.16

- 스마트 폰에서 웹브라우저를 띠우고 [그림 15.12]와 같이 주소창에 Station IP(192.148.0.12)을 입력 한 후 서버에 접속하면 [그림 15.14]와 동일한 결과를 스마트폰에서 확인할 수 있음. 스마트 폰의 웹브라우저는 desktop mode로 설정 함

AP모드로 동작하는 ESP8266 WiFi모듈

- 지금까지의 실험은 WiFi모듈을 Station모드로 동작시켜 공유기를 통해 무선접속을 하였음. [표 15.2]의 ESP8266 WiFi 모듈의 특징을 보면 Station 모드와 AP모드를 모두 지원하므로 WiFi 모듈을 AP모드로 동작시키고 스마트폰에서 AP모드로 동작하는 ESP8266 웹서버로 접속 가능
- 스마트폰에서 환경설정을 누르면 [그림 15.17]과 같은 화면이 나타나고, 연결탭 아래 WiFi를 누르면 [그림 15.18]과 같이 WiFi 네트워크 목록 즉, 현재 유용한 AP 목록이 나타남. 현재는 KimNet5G 공유기(AP)에 연결되어 있는데 목록에서 ESP8266 WiFi 모듈의 WiFi 네트워크 이름을 찾음. [그림 15.18]과 같이 ESP8266 WiFi 네트워크 이름은 "AI-THINKER_F92AB1"이고 이를 누르면 [그림 15.19]와 같은 화면이 나타나고 연결을 누르면 ESP8266 WiFi 네트워크에 연결됨
- 스마트 폰 웹브라우저를 띠우고 [그림 15.20]과 같이 주소창에 AP IP인 192.168.4.1을 입력 한 후 서버에 접속하면 [그림 15.20]과 같은 결과를 스마트폰에서 확인할 수 있음

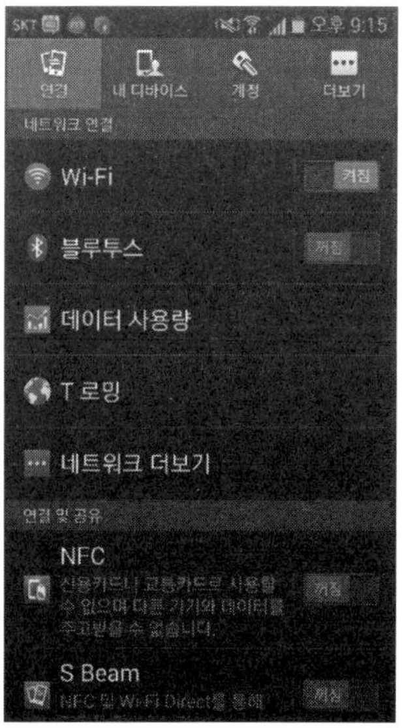

그림 15.17

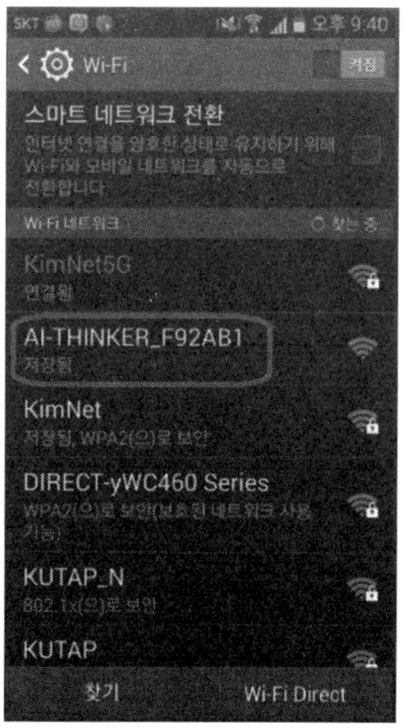

그림 15.18

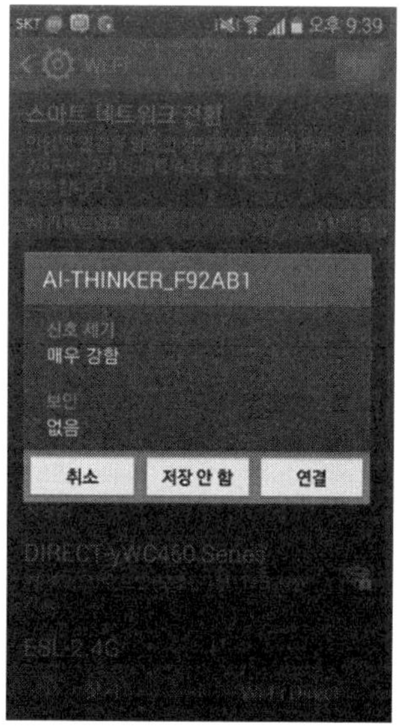

그림 15.19

그림 15.20

실험 15-3

ESP8266을 웹서버로 동작 (ESP8266이 온도 값을 10초마다 웹사이트에 전달)

그림 15.21

- [그림 15.21]과 같이 아두이노를 사용하는 ESP8266은 웹서버로 동작
- 아두이노에 온도센서 연결
- 웹페이지는 메타태그를 사용하여 10초마다 온도 값을 갱신(refresh) 하도록 함
- 클라이언트로 컴퓨터와 스마트폰을 사용
- [그림 15.22]와 같이 회로를 연결하고 아래의 스케치 프로그램을 업로드. WiFi 모듈은 Station 모드와 AP 모드 모두 가능 하도록 설정

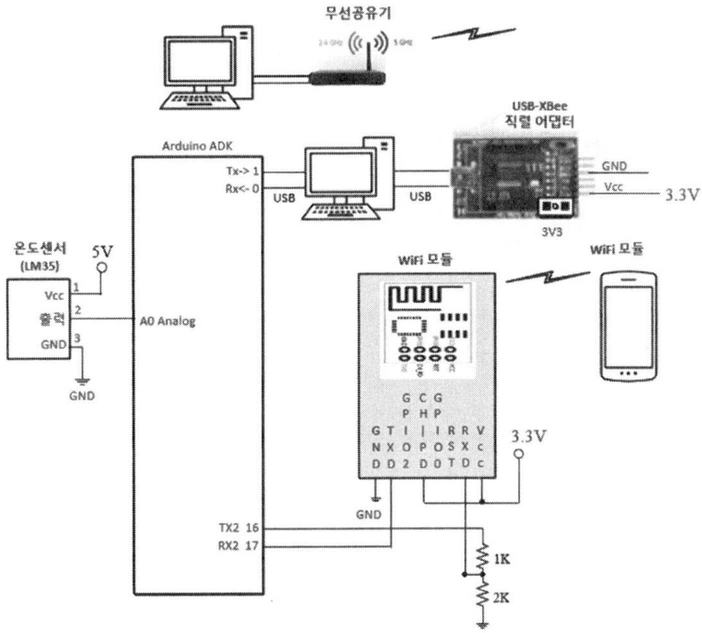

그림 15.22

소스 프로그램 **ESP8266_WebServer_MetaTag**

```
const int tempPin=A0; //온도센서와 연결된 핀 번호 변수 정의
float tempC; //온도 값을 저장하는 변수 선언

#define DEBUG true // ESP8266 응답 디버깅 용도

void setup() {
```

```
  Serial.begin(9600); // 시리얼 모니터와 시리얼 개방, 통신속도 설정
  Serial2.begin(115200); // WiFi와 시리얼 개방, 통신속도는 초기값(115200)으로 설정

  sendData("AT+RST\r\n",2000,DEBUG); // 모듈리셋
  sendData("AT+CWMODE=3\r\n",3000,DEBUG); // AP+Station 모드 설정
  sendData("AT+CWJAP=\"KimNet\",\"12345\"\r\n",3000,DEBUG); // 연결할 AP
                                        // 네트워크(공유기, 라우터) 이름 및 비밀번호 입력
  delay(5000);
  sendData("AT+CIPMUX=1\r\n",3000,DEBUG); // 다중연결이 가능하도록 설정
  sendData("AT+CIPSERVER=1,80\r\n",3000,DEBUG); // 서버생성, 포트번호 80 설정 (웹서버로 설정)
  sendData("AT+CIFSR\r\n",3000,DEBUG); // AP IP와 Station IP 주소를 가져옴

  Serial.println("Server ready !!!"); // 문자열 출력
}

void loop() {

if(Serial2.available()) // WiFi 모듈이 보낸 포트2 수신버퍼에 수신 데이터가 있는지 확인
  {
    if(Serial2.find("+IPD,")) //수신버퍼에서 문자열을 찾고 문자열 다음으로 위치
    {
      Serial.println("Get into +IPD : Connection Id =");

      tempC=analogRead(tempPin); //아날로그 입력 핀의 값 읽음
      tempC=(5.0*tempC*100.0)/1023.0; // 값을 온도로 환산
      Serial.println("Temperature : "+(String) (int)tempC+ "C"); // 온도를 시리얼모니터에 출력

      int connectionId = Serial2.read()-48; // 클라이언트와 연결ID 축출(읽어들인 값이
                                            // 아스키값이므로 48('0')을 뺌)

      //html코드
      String webpage = "<head><meta http-equiv=""refresh"" content=""10""></head>";
    webpage+="<h1>Temperature : ";
      webpage+= tempC;
      webpage+=" [C] </h1>";

      String cipSend = "AT+CIPSEND=";   //AT+CIPSEND커맨드만들기
      cipSend += connectionId; // 연결ID 추가
      cipSend += ",";  // 콤마 추가
      cipSend +=webpage.length(); // html코드 길이를 추가
```

```
      cipSend +="\r\n"; // AT 커맨드 끝을 알림

      sendData(cipSend,1000,DEBUG); //AT+CIPSEND커맨드를 통해 전송바이트 수를 전송
      sendData(webpage,1000,DEBUG); //데이터전송


      String closeCommand = "AT+CIPCLOSE="; //AT+CIPCLOSE커맨드 만들기
      closeCommand+=connectionId; // 연결ID 추가
      closeCommand+="\r\n"; // AT 커맨드 끝을 알림

      sendData(closeCommand,3000,DEBUG); //AT+CIPCLOSE커맨드 전송
    }
  }
}

String sendData(String command, const int timeout, boolean debug)
{
    String response = ""; //esp8266으로부터 온 응답문자열 초기화

    Serial2.print(command); // esp8266에 커맨드 전송

    long int time = millis(); // 현재시간을 저장

    while( (time+timeout) > millis()) //타임아웃기간동안 처리
    {
      while(Serial2.available())  // WiFi 모듈이 보낸 포트2 수신버퍼에 수신 데이터가 있는지 확인
      {
        char c = Serial2.read(); //버퍼에서 1바이트 읽어 오기
        response+=c; //응답문자열 만들기
      }
    }

    if(debug) //디버그가 참이면
    {
      Serial.print(response); // 응답문자열을 시리얼 모니터에 출력
    }
    return response; // 응답문자열 반환
}
```

Station모드로 동작하는 ESP8266 WiFi모듈

- 클라이언트(컴퓨터)에서 웹브라우저(크롬)를 띠우고 Station IP(192.168.0.12)를 입력 즉, 클라이언트가 서버에 요청(Request)을 하면 [그림 15.23]과 같이 웹브라우저에 온도 값이 나타나고 10초마다 클라이언트는 서버에 온도 값을 요청하여 온도 값이 갱신됨을 확인할 수 있음

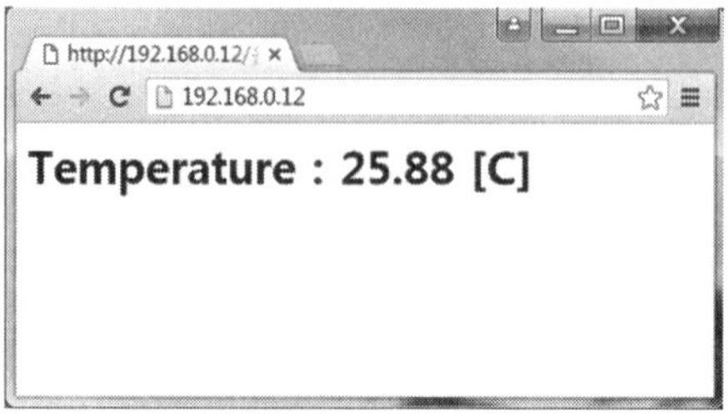

그림 15.23

- 스마트 폰에서 웹브라우저를 띠우고 Station IP(192.168.0.12)을 입력 한 후 서버에 접속하면 [그림 15.24]와 같은 결과를 스마트폰에서 확인할 수 있음. 스마트 폰의 웹브라우저는 desktop mode로 설정 함

그림 15.24

AP모드로 동작하는 ESP8266 WiFi모듈

- 지금까지의 실험은 WiFi모듈을 Station모드로 동작시켜 공유기를 통해 무선접속을 하였음. WiFi 모듈을 AP모드로 동작시키고 스마트폰에서 AP모드로 동작하는 ESP8266 웹서버로 접속가능
- AP 모드로 동작하는 ESP8266 WiFi 네트워크에 접속하기 위하여 [그림 15.17], [그림 15.18], [그림 15.19]의 과정을 수행하여 ESP8266 WiFi 네트워크에 연결
- 스마트 폰에서 웹브라우저를 띠우고 [그림 15.25]와 같이 주소창에 AP IP인 192.168.4.1을 입력 한 후 서버에 접속하면 [그림 15.25]와 같은 결과를 스마트폰에서 확인할 수 있음. 스마트 폰의 웹브라우저는 desktop mode로 설정 함

그림 15.25

제16장 RoboRemo 앱에서 블루투스 통신을 활용한 센서 제어

실험에 필요한 부품

블루투스 모듈 (HC-06)	LED	캐소드 공통형 3색 RGB LED	조도 센서 (BH1750FVI)	16×2 문자LCD
1개	1개	1개	1개	1개
		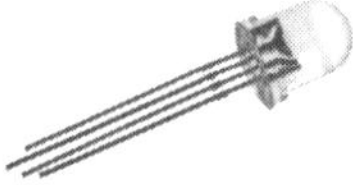		

부저 (SM-1212C)	디지털릴레이 모듈 DFR0017	DC 12V 팬 DF0501512SEU2F	9V 전원	10KΩ 가변저항
1개	1개	1개	1개	1개

1KΩ 저항	4.7KΩ 저항	9V 전원 커넥터		
7개	2개	1개		

16.1 RoboRemo 앱

- RoboRemo는 주로 전자 취미 프로젝트 용으로 사용자 정의(customizable)가 가능한 원격 제어 응용 프로그램으로 [그림 16.1]과 같이 Bluetooth, 인터넷 또는 WiFi (TCP, UDP) 및 USB (CDC-ACM, FTDI, CP210X)를 통해 연결
- 안드로이드 기반 스마트 폰 Play 스토아에서 "RoboRemo" 앱을 검색하고 RoboRemoFree를 다운 받아 설치. RoboRemo Free 버전은 인터페이스 당 5개 항목으로 제한되며 RoboRemo Full 버전에서는 항목 수 제한이 없음
- Bluetooth를 통해 연결하려면 원격 장치에는 BlueSMiRF, BTM-222, HC-05, HC-06 등과 같은 Bluetooth 대 직렬 어댑터(Bluetooth to Serial adapter)와 RoboRemo로부터 온 명령을 해석할 수 있도록 프로그래밍 된 마이크로 컨트롤러가 있어야 함. ESP8266과 같은 WiFi 와 이더넷의 경우에도 직렬 어댑터가 필요. USB 연결의 경우 휴대 전화/태블릿에 USB API 및 USB OTG가 있어야 함

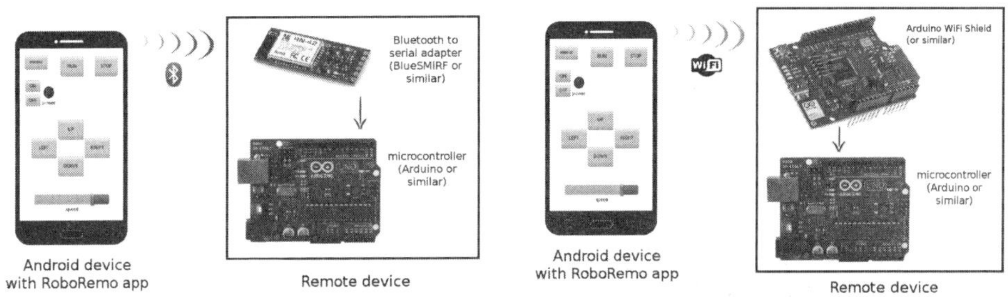

(a) Bluetooth을 통한 연결 (b) WiFi를 통한 연결

그림 16.1

- RoboRemo의 모든 커맨드는 텍스트 문자열이며 기본적으로 커맨드 종료는 개행 (LF:Line Feed) 문자인 '₩n'(16진 코드 0x0A)을 사용하지만 사용자가 변경할 수도 있음. 예를 들어 버튼을 눌렀을 때 "abc"를 보내도록 버튼을 구성하면 커맨드 종료가 '₩n'이면 "abc₩n"을 보내고 커맨드 종료가 "qwerty123"이면 "abcqwerty123"을 보냄. 커맨드 종료는 RoboRemo로부터 온 커맨드를 해석하는 마이크로 컨트롤러 프로그램이 각 커맨드의 끝이 어디인지를 알려주기 위해 사용

16.2 사용 가능한 인터페이스 항목

항목이름		기능 설명
button		버튼은 원격 장치에 커맨드를 전송하는 데 사용. 버튼은 눌려졌을 때 하나의 커맨드를 보내고 떨어 졌을 때 다른 커맨드를 보내도록 구성 할 수 있음
slider		슬라이더는 원격 장치의 파라미터(예를 들면 볼륨 제어, 모터 속도 또는 빛 세기)를 변경하는데 사용
led		LED는 원격 장치의 상태를 표시하는 표시기로 사용
level indicator		레벨 표시기는 원격 센서의 데이터(예를 들면 온도 또는 배터리 레벨)를 표시하는데 사용
text log	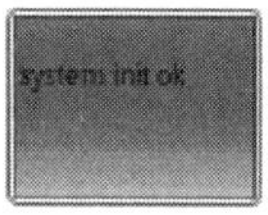	텍스트 로그는 원격 장치의 디버그 메시지를 표시하는 데 사용할 수 있는 로그 화면
accelerometer		가속도계는 휴대 전화의 가속도계로 측정 된 가속도를 주기적으로 전송하는 데 사용. 3축 구성과 반복 주기를 설정할 수 있음
text field	text	텍스트 필드는 인터페이스에 텍스트를 추가
plot	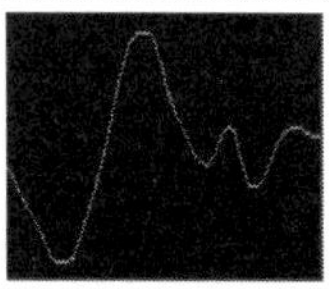	플롯 항목은 신호를 그래프로 표시하는데 사용
image*		이미지 항목은 마이크로 컨트롤러에서 전송 된 이미지를 표시하는 데 사용 (RoboRemo 정식 버전에서만 사용 가능)
touchpad	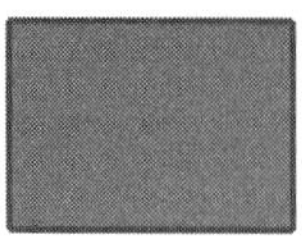	터치 패드 항목을 사용하여 손가락의 위치와 동작을 보낼 수 있음

항목이름		기능 설명
kbd connector		Kbd 커넥터는 키보드를 사용하여 명령을 보내는 데 사용할 수 있음
heartbeat sender		하트 비트 센더는 심장박동과 같이 주기적으로 문자열을 보내는 데 사용. 원격 장치는 이 신호를 관찰하여 연결되어 있는지 확인할 수 있음
touch stopper		예를 들어 리셋 버튼을 놓고 터치 스톱퍼로 둘러 싸면 리셋 버튼 근처에서 터치 스크린을 터치할 때 리셋 버튼이 눌려지지 않게 함. UI 편집기를 종료하면 터치 스톱퍼가 보이지 않게 되어 방해하지 않음
vibrator*		Vibrator 항목은 원격 장치가 휴대 전화의 바이브레이터에 액세스 할 수 있게 함. 마이크로 컨트롤러에서 명령을 보내 휴대 전화를 진동시킬 수 있음 (RoboRemo 정식 버전에서만 사용 가능)
file sender*		파일 송신자 항목은 휴대 전화의 SD 카드에서 마이크로 컨트롤러로 파일을 보내는 데 사용할 수 있음 (RoboRemo 정식 버전에서만 사용 가능)
file receiver*		파일 수신기 항목은 마이크로 컨트롤러로 부터 파일을 수신 받아 휴대 전화의 SD 카드에 저장하는 데 사용할 수 있음 (RoboRemo 정식 버전에서만 사용 가능)
speaker*		스피커 항목은 원격 장치가 휴대 전화의 스피커에 액세스 할 수 있게 함. 마이크로 컨트롤러에서 전화 신호음을 울리라는 명령을 보낼 수 있음 (RoboRemo 정식 버전에서만 사용 가능)
printf()	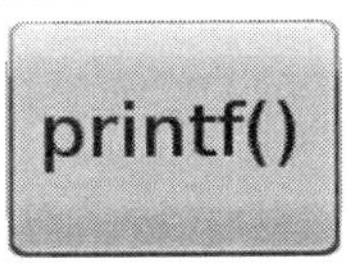	다른 항목에서 데이터를 가져 와서 형식이 지정된 패킷을 보냄. 사용자가 형식을 구성 할 수 있음. 현재 printf () 항목은 버튼, 슬라이더, 가속도계 및 하트 비트 센더에서 데이터를 가져올 수 있음. 자세한 내용은 printf () 편집 옵션을 참조

16.3 인터페이스 만들기

- 먼저 RoboRemo 앱을 열면 [그림 16.2]와 같이 표시

그림 16.2

- 인터페이스를 편집하려면 메뉴("menu")를 누르고 ui 편집("edit ui")을 클릭
- 이제 편집 모드에서 빈 공간을 클릭하여 항목을 추가 한 다음 항목 유형을 선택
- 항목이 화면에 나타남
- 왼쪽 상단 모서리를 드래그 하여 이동할 수 있으며 오른쪽 하단 모서리를 드래그 하여 크기를 조절
- 항목 옵션을 편집하려면 원하는 항목을 클릭
- RoboRemo Free 버전에서는 인터페이스 당 사용가능한 항목 수는 5개로 제한

16.4 사용 가능한 인터페이스 항목에 대한 편집 옵션

(1) 일반적인 편집 옵션

option	설명
copy	새 항목을 추가 할 때 붙여 넣을 수 있도록 항목을 복사
remove	항목을 제거
lock edit	항목을 잠그므로 더 이상 편집 할 수 없음. 이 항목 위에 다른 항목을 추가하려는 경우 유용. menu → interface → unlock edit all 을 통해 모든 항목을 잠금 해제 할 수 있음

(2) 버튼 편집 옵션

option	설명
set text	버튼에 표시되는 텍스트를 설정
set press action	- 원격 작동의 경우(기본값) : 버튼을 누를 때 원격 장치에 보낼 문자열을 설정 (RoboRemo는 각 커맨드의 끝을 표시하기 위해 종료 커맨드를 추가) - 로컬 작동의 경우 : 버튼을 누를 때 실행할 로컬 작업을 설정
set release action	- 원격 작동의 경우(기본값) : 버튼을 놓을 때 원격 장치로 보낼 문자열을 설정 (RoboRemo는 각 커맨드의 끝을 표시하기 위해 종료 커맨드를 추가) - 로컬 작동의 경우 : 버튼을 놓을 때 실행할 로컬 작업을 설정
set text size	버튼에 표시되는 텍스트의 글꼴 크기를 설정
set image*	사용자는 버튼 이미지를 변경할 수 있으며, 버튼이 눌려 졌을 때와 놓아 질 때 다른 이미지를 선택할 수 있음. 이미지는 인터페이스 파일에 저장. RoboRemo 정식 버전에서만 사용 가능
repeat	버튼 반복 옵션을 설정. 버튼을 길게 누르면 지연 값 다음에 먼저 반복되고 이후에는 주기 후에 반복. 사용자는 누르기 및 놓기 동작 모두에 대해 반복하거나 누르는 동작에서만 반복하도록 선택할 수 있음
set local / set remote	원격에서 로컬로, 로컬에서 원격으로 버튼 동작을 변경. 기본값은 원격

(3) 슬라이더 편집 옵션

option	설명
set id	슬라이더 ID 문자열을 설정. 예를 들어 id가 "s1"이고 슬라이더를 값 100으로 이동하고 종료 커맨드가 "₩n"이면 "s1 100₩n" (id 다음에 공백이 뒤 따라 오고 이어 값이 오고 종료 커맨드가 이어짐)을 보냄
set label	슬라이더 아래에 표시 할 텍스트 문자열을 설정. 라벨 안에서 슬라이더 값을 사용할 수 있음. 또한 레이블에 나타나는 값의 소수점 수를 설정할 수 있음. 예를 들어 슬라이더 값이 100 인 경우 : 레이블 "speed = # * 0.1"은 "speed = 10.0"을 표시하며, 레이블 "x = # * - 5 + 10 cm"은 "x = -490 cm"을 표시
set min, max	슬라이더의 최소 값과 최대 값 및 출력 유형 (int 또는 float)을 설정. float 출력 유형의 경우 소수점 수와 단계 수를 설정할 수도 있음
send when moved/ send when released	슬라이더 보내기 모드를 설정. send when released가 기본 모드(default mode 임
set color	슬라이더 색상을 설정.
send space/ don't send space	슬라이더가 ID 뒤에 공백 문자를 보낼지 여부를 선택
auto return/ don't auto return	슬라이더를 놓을 때 슬라이더를 가운데로 되돌릴지 여부를 선택
set return value	자동 리턴의 경우 슬라이더를 놓을 때 사용될 반환 값을 설정. 정수 또는 min/mid/max를 입력 할 수 있음. 기본값은 mid임
set repeat period	슬라이더의 반복주기 (ms)를 설정. Empty string = don't repeat (기본값). 반복 실행이 활성화되면 슬라이더는 정상 작동 외에도 주기적으로 데이터를 전송

(4) LED 편집 옵션

option	설명
set id	led ID 문자열을 설정
set on command	LED를 on command로 설정. 기본값은 "1"임
set off command	LED를 off command로 설정. 기본값은 "0"임
set label	led 아래에 표시 할 텍스트 문자열을 설정
set color	led 색을 설정
set on timeout	타임 아웃을 설정. on command를 수신하지 못하면 이 timeout 이후에 LED가 꺼짐. 원격 장치가 led를 켜라는 커맨드를 주기적으로 보내도록 프로그램 할 수 있으며, on timeout을 설정하면 연결이 끊어 졌을 때 led가 꺼지는 것을 볼 수 있음
set off timeout	타임 아웃을 설정. off command를 수신하지 못하면 이 timeout 이후에 LED가 켜짐

• LED 예

Led id	led	ledA	ledB
Led on command	1	on	#〉=10
Led off command	0	off	#〈10
Interface command ending	₩n	;	ok
To turn the led on, microcontroller must send	led 1₩n	ledA on;	ledB 10ok or ledB 11ok etc.
To turn the led off, microcontroller must send	led 0₩n	ledA off;	ledB 9ok or ledB 8ok etc.

(5) 레벨 표시기 편집 옵션

option	설명
set id	레벨 표시기 ID 문자열을 설정. 예를 들어 id가 "batt"이고 종료 커맨드가 "₩n"이면 마이크로 컨트롤러에서 "batt 100₩n"을 보내서 레벨을 100으로 설정할 수 있음
set label	레벨 표시기 아래에 표시 할 텍스트 문자열을 설정. 라벨 안에 레벨 표시기 값을 사용할 수 있음. 또한 레이블에 표시되는 값의 소수점 수를 설정할 수 있음. 예를 들어 레벨 표시기의 값이 100 인 경우 : 레이블 "temp.=#*0.5-10 ˚C"는 "temp=40.0 ˚C"를 표시하며, 레이블 "batt. #*1%는 "batt 100 %"를 표시
set min	최소 값을 설정. 기본값은 0임
set max	최대 값을 설정. 기본값은 255임
set color	레벨 표시기 색상을 설정

(6) 텍스트 로그 편집 옵션

option	설명
set id	텍스트 로그 ID 문자열을 설정. 예를 들어 ID가 "dbg"이고 종료 커맨드가 "₩n"이면 마이크로 컨트롤러에서 "dbg qwerty₩n"을 전송하여 메시지 "qwerty"를 텍스트 로그에 추가 할 수 있음
set label	텍스트 로그 아래에 표시 할 텍스트 문자열을 설정
set text size	텍스트의 글꼴 크기를 설정
log to file*	이 텍스트 로그에 의해 수신되는 데이터를 기록 할 파일을 선택할 수 있음. 수신된 각 문자열에 대해 먼저 접두사를 추가 한 다음 문자열을 추가함. 기본 접두사는 "₩n"(줄 바꿈)이므로 수신 된 각 문자열이 새 줄의 파일에 기록됨. 접두사는 변경할 수 있으며, 여러 항목이 동일한 파일에 기록 될 수 있음. RoboRemo 정식 버전에서만 사용 가능

(7) 가속도계 편집 옵션

option	설명
x config.	x 축에 대한 구성 창을 염. 여기서 x 축의 id, 이득(gain), 출력 형태(float/int), 최소와 최대 값, 값 제한 옵션을 활성화/비활성화를 설정할 수 있음. 가속도계는 주기적으로 id 다음에 공백 문자(또는 공백문자 없이)와 그 축에 대해 처리 된 가속도 값을 보냄. id를 빈 문자열로 설정하여 축을 비활성화 할 수 있음. 이 값은 다음과 같이 처리 : 가속도 센서의 데이터에 이득을 곱한 다음 (-9.8, 9.8)에서 (최소, 최대)까지 매핑 되어 [최소, 최대]로 제한되거나 또는 제한되지 않음
y config.	y 축에 대한 구성 창을 염
z config.	z 축의 구성 창을 염
set repeat period	가속도계의 반복 (새로 고침) 주기를 ms 단위로 설정. 기본값은 20임
send space/ don't send space	가속도계가 id 뒤에 공백 문자를 보낼지 여부를 선택함

(8) 텍스트 필드 편집 옵션

option	설명
set id	텍스트 필드의 ID를 설정. 예를 들어 id가 "text1"이고 종료 커맨드가 "₩n"이면 마이크로 컨트롤러에서 "text1 abc₩n"을 전송하여 텍스트를 "abc"로 변경할 수 있음
set text	텍스트 필드 안에 표시 할 텍스트를 설정
set text size	표시된 텍스트의 크기를 설정
set text color	텍스트의 색을 설정. 형식은 ARGB_8888 (16진 코드)임. 예를 들면, FF000000 = 단색 검정, 80FF8000 = 반투명 오렌지
set bg. color	텍스트 필드의 배경색을 설정. 형식은 ARGB_8888 (16진 코드)임. 예를 들면, FFFFFFFF = 흰색, 00FFFFFF = 완전히 투명

(9) 플롯(Plot) 편집 옵션

option	설명
set id	플롯 ID 문자열을 설정. 예를 들어 ID가 "x"이고 종료 커맨드가 "₩n"이면 마이크로 컨트롤러에서 "x 100₩n"을 전송하여 값이 100인 새 샘플을 플롯에 추가할 수 있음
set label	플롯 아래에 표시 할 텍스트 문자열을 설정. 라벨 안에 플롯의 마지막 값을 사용할 수 있음. 또한 레이블에 표시되는 값의 소수점의 개수를 설정할 수 있음. 플롯(그림)의 예로서 마지막 값이 100이면 : 레이블 "temp. = #*0.5-10 ℃는 "temp = 40.0 ℃"를 표시. "temp. = 40 ℃" 표시하려면 소수점 수를 0으로 설정. 레이블 "batt. #*1%"는 "batt 100 %"를 표시
set min	최소 값을 설정. 기본값은 0임
set max	최대 값을 설정. 기본값은 255임
set length	한 프레임에 들어갈 길이(샘플 수)를 설정. 기본값은 256임. 최대 길이는 10000임
set display mode	플롯의 표시 모드를 설정. 스크롤링(기본값) - 플롯이 오른쪽에서 왼쪽으로 스크롤하며 새 데이터가 오른쪽에 나타남. 오실로스코프 - 플롯이 스크롤되지 않음. 왼쪽에서 오른쪽으로 데이터가 나타남. 마지막에 도달하면 트리거 이벤트를 기다린 다음 왼쪽에서 다시 시작함
set trigger	트리거 임계 값 및 에지(상승/하강/양쪽/없음)를 설정. 없음 에지를 선택하면 트리거가 꺼지므로 트리거 이벤트를 기다리지 않음. 스크롤링 표시 모드의 경우 트리거가 없음(트리거 설정은 무시 됨)
Don't repaint/repaint	새 샘플을 수신하면 UI 다시 칠함을 사용하거나 사용하지 않도록 설정함
log to file*	이 플롯에서 수신 한 데이터를 기록 할 파일을 선택할 수 있음. 수신 된 각 값에 대해 먼저 접두사를 추가 한 다음 값을 추가함. 기본 접두사는 "₩n"(줄 바꿈)이므로 각 줄은 새 줄의 파일에 쓰여 짐. 접두사는 변경할 수 있으며 여러 항목이 동일한 파일에 기록 될 수 있음. RoboRemo 정식 버전에서만 사용 가능

(10) 이미지 편집 옵션

option	설명
set id	이미지 ID 문자열을 설정. 예를 들어 id가 "img"이고 이미지 형식이 "auto"이고 종료 커맨드가 "₩n"이면 "img [len]₩n" 다음에 마이크로 컨트롤러의 이미지 데이터를 보내 이미지를 표시 할 수 있음. [len]은 뒤 따르는 이미지 데이터의 크기(바이트). "자동" 형식은 jpg, png 및 bmp 데이터를 허용

option	설명
set label	이미지 아래에 표시 할 텍스트 문자열을 설정
keep/ don't keep ratio	이미지가 원본 w/h 비율을 유지해야 하는지 또는 전체 이미지 항목을 채워야 하는지 여부를 설정
filter/don't filter	크기 조절시 이미지를 필터링할지 여부를 설정
set image format	이미지 형식을 설정. 기본 형식은 "자동"이며 jpg, png 및 bmp 데이터를 허용. RAW 이미지 형식의 경우 "RGB_888(w, h)", "GRAY_8(w, h)", "GRAY_4 (w, h)", "GRAY_2(w, h)" 또는 "GRAY_1(w,h)을 선택할 수 있음. 여기서 w와 h를 숫자(너비와 높이)로 대체해야함. 픽셀은 왼쪽에서 오른쪽, 위에서 아래로 스캔됨. RGB_888은 픽셀 당 3바이트를 사용(빨강, 녹색 및 파랑 레벨). GRAY_8은 픽셀 당 1바이트를 사용(256그레이 레벨을 가짐). GRAY_4는 픽셀 당 4비트(2 픽셀에 대해 1바이트)를 사용하며 16 그레이 레벨을 사용. GRAY_2는 픽셀 당 2비트(4픽셀 당 1바이트)를 사용하며 4개의 회색조를 사용. GRAY_1은 픽셀 당 1 비트(8픽셀의 경우 1바이트)를 사용하고 2개의 회색 레벨을 가지고 있음(0은 완전 검정색이고 1은 완전 흰색임)
import	SD 카드에서 이미지를 가져옴. 이미지는 RoboRemo 인터페이스에 저장됨. 작은 이미지(최대 100KB)를 사용하는 것이 좋음
set as background	다른 모든 항목은 이미지 위에 표시됨. 이미지 항목이 수정되지 않도록 잠겨 있음. 메뉴 → 인터페이스 → 잠금 해제로 모두 잠금 해제 할 수 있음

(11) 터치 패드 편집 옵션

option	설명
set press id	프레스 이벤트의 ID를 설정. 예를 들어, 프레스 ID가 "pressed"이고 종료 커맨드가 "₩n"인 경우, 사용자가 터치 패드를 터치하면 "pressed [x] [y]₩n"를 보냄. 여기서 [x]와 [y]는 포인트 좌표. 예를 들면, "pressed 316 244₩n"
set drag label	드래그 이벤트의 ID를 설정. 프레스 ID와 동일하지만 드래그 이벤트에 사용
set release id	릴리스 이벤트의 ID를 설정. 프레스 ID와 같지만 릴리스 이벤트에 사용
set label	터치 패드 아래에 표시 할 텍스트 문자열을 설정
set x min	터치 패드의 왼쪽 테두리에 해당하는 x 좌표를 설정. 기본값은 0임
set x max	터치 패드의 오른쪽 테두리에 해당하는 x 좌표를 설정. 기본값은 640임
set y min	터치 패드의 위쪽 테두리에 해당하는 y 좌표를 설정. 기본값은 0임
set y max	터치 패드의 아래쪽 테두리에 해당하는 y 좌표를 설정. 기본값은 480임

(12) Kbd 커넥터 편집 옵션

option	설명
set id	kbd 커넥터의 ID를 설정(아래 예 참조)
set label	kbd 커넥터 아래에 표시 할 텍스트 문자열을 설정
set local/remote	kbd 커넥터가 커맨드를 인터페이스로 다시 보내야하는지 또는 원격 장치로 보내야하는지 설정(아래 예 참조)
send while typing/ send at enter	kbd 커넥터가 각 문자를 별도로 보내야 하는지 Enter 키를 기다려야하는지 여부를 설정(아래 예 참조)

- Kbd 커넥터 예제
  - 명령 끝이 "₩ n"이라 가정

id	local / remote	send while typing / send at enter	user is typing	Result
"kbd"	remote	while typing	ab[enter]	Remote device receives: "kbd a\nkbd b\n kbd \n\n"
"kbd"	remote	at enter	ab[enter]	Remote device receives: "kbd ab\n"
"" (empty string)	remote	while typing	ab[enter]cde	Remote device receives: "ab\ncde"
"" (empty string)	remote	at enter	ab[enter]cde	Remote device receives: "ab\n" (and at next [enter] will receive "cde\n")
"echo"	local	while typing	abc	Local interface receives "a\nb\nc\n"
"echo"	local	at enter	abc[enter]	Local interface receives "abc\n"
"" (empty string)	local	at enter	echo abc[enter]	Local interface receives "abc\n"

(13) 하트 비트 센더 편집 옵션

option	설명
set id	원격 장치에 주기적으로 보낼 문자열을 설정
set label	항목 아래에 표시 할 텍스트 문자열을 설정
set repeat period	하트 비트 신호를 보내야하는 시간 간격(ms)을 설정. 기본값은 1000임

(14) 터치 스톱 편집 옵션

- 터치 스톱퍼에는 특별한 편집 옵션이 없음

(15) 진동기 편집 옵션

option	설명
set id	바이브레이터 ID 문자열을 설정. 예를 들어 id가 "vib"이고 종료 커맨드가 "₩n"이면 마이크로 컨트롤러에서 "vib 200₩n"을 보내 200ms 동안 진동시킬 수 있음. "vib₩n"만 보내는 경우 "set duration"으로 설정된 기본 지속 시간을 사용함. "vib 0₩n"을 보내면 멈춤
set label	항목 아래에 표시 할 텍스트 문자열을 설정
set duration	진동의 기본 지속 시간(ms)을 설정. 기본값은 500임
set off timeout	명령을 받지 못하면 진동기가 켜지는 시간 초과를 설정. off command를 수신하지 못하면 이 timeout 이후에 진동기가 켜짐(off command는 "₩n"으로 끝나는 커맨드에서 인터페이스의 id가 "vib"인 진동기에 대해 "vib 0₩n"을 의미). 기본값은 빈 문자열(시간 초과가 비활성화 됨)

(16) 스피커 편집 옵션

option	설명
set id	스피커 ID 문자열을 설정. 예를 들어 id가 "spk"이고 종료 커맨드가 "₩n"이면 마이크로 컨트롤러에서 "spk₩n"을 보내면 신호음을 낼 수 있음. 기본 주파수 및 지속 시간으로 경고음이 울림. "spk 4000 100₩n"을 보내면 4000 Hz에서 100 ms 동안 경고음이 울림
set label	항목 아래에 표시 할 텍스트 문자열을 설정
set volume	스피커의 사운드 볼륨 (%)을 설정. 기본 값은 50임
send sample rate	스피커의 샘플 속도 (Hz)를 설정. 기본 값은 44100임
set def. freq.	기본 신호음 주파수 (Hz)를 설정. 기본 값은 1000임
set def. duration	기본 신호음 지속 시간 (ms)을 설정. 기본 값은 500임
set waveform	신호음의 파형 (사인/사각형)을 설정. 기본 값은 정사각형임

(17) Printf ( ) 편집

option	설명
config.	패킷 형식을 구성. 예 : - printf("%02X₩n",s) → id가 "s"인 항목에서 정수 값을 가져 와서 2 자리 대문자 16진수 값과 그 뒤에 LF를 전송 - printf("%c%c%c", 0xFF, s.B1, s.B0) → 3 바이트 패킷을 보냄 : 첫 번째 바이트는 0xFF (255)가 될 것이고 다음 2 바이트는 ID가 "s"인 항목의 리틀 엔디안 정수 값임 - printf의 "" 다음의 인수는 항목의 ID 또는 상수 값임. 상수 값은 정수(10, 255, 1024, ...), 16진수(0xFF, 0x3B) 및 부동 소수점 수(0.213, 10.7, ...)가 될 수 있음. id 나 상수 뒤에 .Bx를 추가하면 해당 Byte가 선택됨. 예 : 0xAABBCC.B1 → 0xBB, 0x3F55AA00.B3 → 0x3F - 현재 printf와 함께 사용할 수 있는 항목은 button, slider, accelerometer, heartbeat sender임 - 인수 목록의 구문 분석기는 문자 ' '(공백) 및 '₩n'(LF)을 무시하므로 항목의 ID에는 이러한 문자가 없어야 작동함 - 버튼에는 "set id" 옵션이 없으므로 의사 ID를 가지는데 첫 번째 공백까지 누르기 및 놓기 작업의 공통부분을 의사 ID라 함. 예를 들어, press action = "a 1", release action = "a 0"→ 의사 ID = "a", 값 = "1/0" - 하트 비트 센더는 id 만 가지므로 해당 값은 항상 상수 0임 - 지정자보다 많은 인수 추가 : 이것은 해당 항목의 값을 처리하지 않고 printf를 트리거하기 위해 사용될 수 있음. 예를 들어, id가 "a" 및 "b"인 슬라이더 두 개를 추가하고 ID가 "h"인 하트 비트 센더를 추가하고 printf가 config. printf("%02X %02X₩n", a, b, h)인 것을 추가. 하트 비트 센더도 printf를 트리거하지만 형식화 된 패킷에는 슬라이더의 값만 포함
set trigger	printf를 트리거해야 하는 ID (','로 구분)를 설정 (또한 config의 printf 인수 목록에 포함되어야함)
set text	printf 항목에 나타나는 텍스트를 변경. 기본값은 "printf ()"임
set text size	printf 항목에 나타나는 텍스트의 글꼴 크기를 설정

⒅ 메뉴 옵션

option	설명
connect/ disconnect	원격 장치에 연결하거나 원격 장치와의 연결을 끊음 - Bluetooth 원격 장치에 연결하려면 쌍을 이루어야함. Bluetooth 장치와 페어링하려면 Android 설정 → Bluetooth → 장치 검색을 수행. 블루투스 직렬 어댑터(Bluetooth to serial adapter)의 핀 코드는 일반적으로 "1234" 또는 "0000"임. 포트 1을 선택(포트 선택이 RFCOMM 설정에서 수동으로 설정된 경우) - 인터넷이나 WiFi를 통해 연결하려면 Android 설정에서 데이터 연결 또는 Wi-Fi를 활성화해야함. 그런 다음 RoboRemo 앱에서 메뉴 → 연결 → 인터넷을 선택하고 ip와 포트를 선택. ip 대신 도메인 이름을 사용할 수도 있음
edit ui/ don't edit ui	인터페이스 편집 모드를 시작하거나 종료
interface	인터페이스 메뉴 열기
help	도움말 링크를 표시
about	앱에 대한 정보를 표시
undo	현재 인터페이스의 마지막 수정을 취소
settings	앱 설정 열기

⒆ App. settings

option	설명
autoconnect	자동 연결 옵션을 활성화/비활성화. 활성화를 설정하면 사용자가 앱을 종료하기 전에 연결 해제를 선택하지 않은 경우 다음 앱 시작 시 앱이 마지막으로 연결된 기기에 연결을 시도(응용 프로그램을 닫으면 자동으로 연결이 끊어짐)
lock autorotate	앱의 화면 자동 회전 기능을 잠그거나 잠금 해제
keep screen on	자동 화면 잠금을 비활성화 하는데 사용
char delay	느린 마이크로 컨트롤러는 직렬 포트를 통해 수신 된 각 문자를 처리 할 시간이 필요. RoboRemo가 각 문자를 보낸 후에 기다릴 수 있도록 문자 지연을 설정할 수 있음. UDP 패킷은 전송할 때와 동일한 순서로 도착하지 않을 것이므로 UDP를 통해 연결할 때 char delay = 0을 사용하는 것이 좋고 char delay 〉 0은 각 문자에 대해 별도의 패킷을 생성함. 이것은 글로벌 문자 지연임. 버전 2.0.0부터 각 인터페이스에는 자체 지연이 있음. 인터페이스 문자 지연이 빈 문자열(기본값)로 설정된 경우 이 전역 문자 지연을 사용

option	설명
when connected: disable back key disable menu key	앱이 원격 장치에 연결되었을 때 뒤로 및 메뉴 하드웨어 키를 사용하지 않도록 설정하는 옵션
back key function in editor (exit editor/undo)	사용자는 편집기를 종료하는 대신 취소 키의 기능을 선택하여 되돌리기로 사용할 수 있음
RFCOMM settings:	RFCOMM 설정을 변경. RFCOMM은 Bluetooth 직렬 프로토콜의 이름이며 기본 설정은 암호화가 없는 자동 포트 선택
port (channel) selection	- manual = 매번 물어 봄 - fixed (1)= 포트 1을 사용 - auto = 자동으로 선택
UUID (for automatic)	포트 선택이 자동(auto)인 경우에만 사용. 그렇지 않으면 무시됨 - default = 블루투스에서 시리얼 모듈에 대해 잘 알려진 UUID를 사용 (00001101-0000-1000-8000-00805F9B34FB) - first = 로컬 장치에서 원격 장치의 첫 번째 UUID 사용
encrypted	암호화를 사용하거나 사용하지 않음

(20) 인터페이스 메뉴 옵션

option	설명
select	다른 인터페이스를 선택. RoboRemo에는 0에서 7까지 번호가 지정된 8개의 인터페이스를 가짐
rename	현재 인터페이스의 이름을 바꿈
set connect action	연결 후 원격 장치에 보낼 커맨드 문자열을 설정
set command ending	현재 인터페이스의 종료 커맨드를 변경. 기본값은 "₩n"임. 종료 커맨드는 빈 문자열로 설정할 수도 있지만 권장하지는 않음
import	파일에서 인터페이스를 가져옴. 인터페이스는 SD 카드의 roboremo 폴더에 저장. 폴더는 첫 번째 앱 시작 시 자동으로 만들어짐
export	현재 인터페이스를 파일로 내 보냄. 인터페이스는 SD 카드의 roboremo 폴더에 저장. 폴더는 첫 번째 앱 시작 시 자동으로 만들어짐
unlock edit all	잠금 편집(lock edit)으로 잠긴 모든 항목의 잠금을 해제
set bg. color	인터페이스의 배경색을 설정. 형식은 ARGB_8888(16진 코드)임. 예를 들면, FFFFFFFF = 흰색, FFD891EF = 밝은 라일락, FF92A1CF = Ceil
clear	현재 인터페이스를 지움

실험 16-1

RoboRemo 앱에서 Bluetooth 통신을 통한 LED 및 3색 RGB LED 센서 제어

- RoboRemo 버튼 항목을 사용하여 단색 LED를 켜고 끔
- 3색 RGB LED로 캐소드 공통형 사용
- RoboRemo 슬라이드 항목 3개를 사용하여 3색 RGB LED 제어
  - 슬라이드 하나는 3색 RGB LED의 Red(R)를 제어
  - 슬라이드 하나는 3색 RGB LED의 Green(G)를 제어
  - 슬라이드 하나는 3색 RGB LED의 Blue(B)를 제어

1) 버튼 항목 편집

- [그림 16.3] (a)와 같이 인터페이스 항목을 추가하기 위하여 바탕화면을 누름
- [그림 16.3] (b)와 같이 항목들이 나타나면 "button" 선택
- [그림 16.3] (c)와 같이 버튼이 나타나면 버튼 옵션들을 구성하기 위해 버튼 항목 가운데를 누름
- [그림 16.3] (d)와 같은 옵션 항목들이 나타남
- [그림 16.3] (e)와 같이 옵션 항목들을 설정
- [그림 16.3] (f)와 같이 버튼 표시 텍스트는 "LED ON"이 됨

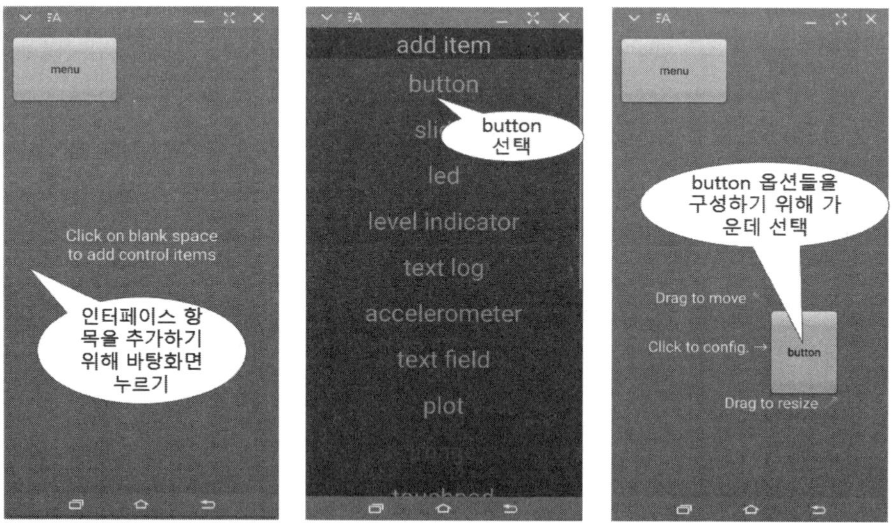

(a) (b) (c)

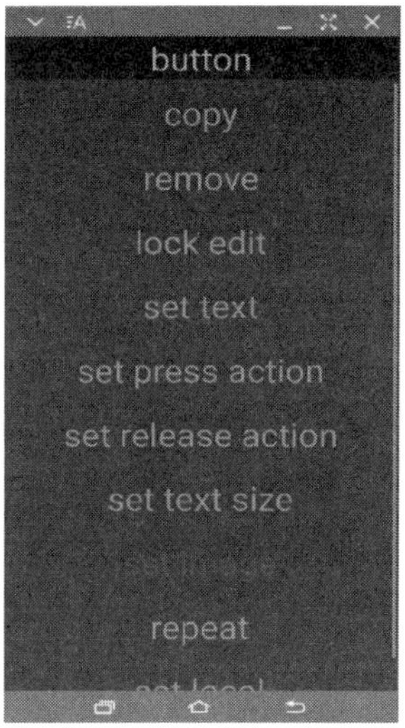

(d)

option	설정
set text	LED ON
set press action	led 1
set release action	[default]
set text size	[default]
set image*	
repeat	[default]
set local / set remote	[default]

(e)

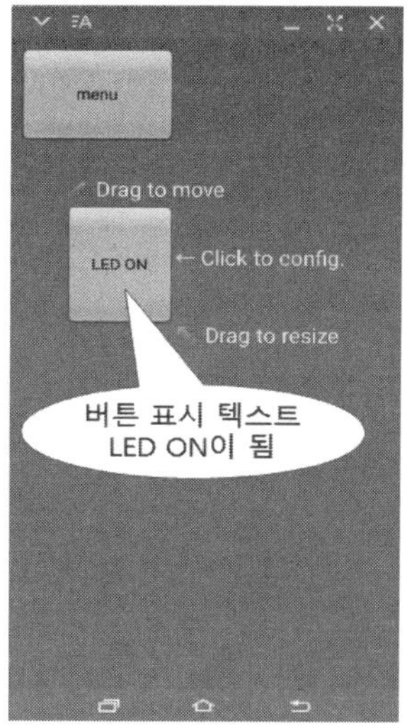

(f)

그림 16.3

- LED ON 버튼을 눌러 "copy" 선택
- 바탕화면을 눌러 "paste" 선택
- 복사한 LED ON 버튼을 눌러 [그림 16.4] (a)와 같이 option들을 설정하면 [그림 16.4] (b)와 같이 버튼 표시 텍스트는 "LED OFF"가 됨

option	설정
set text	LED OFF
set press action	led 0
set release action	[default]
set text size	[default]
set image*	
repeat	[default]
set local / set remote	[default]

(a)

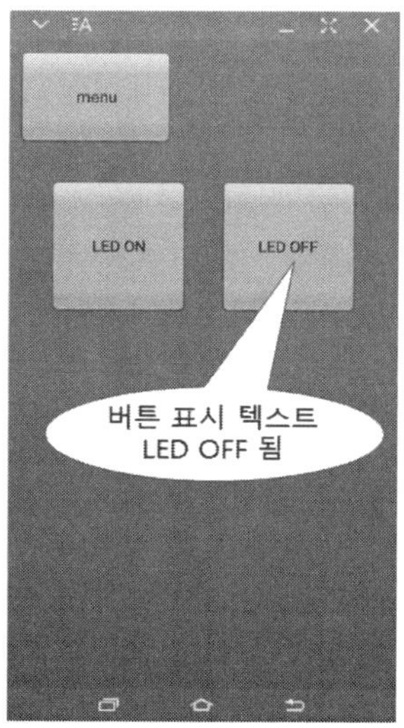

(b)

그림 16.4

2) 슬라이더 항목 편집

- 바탕화면을 눌러 [그림 16.5] (a)와 같이 “slider” 항목 선택
- [그림 16.5] (b)와 같이 “slider” 항목이 나타남

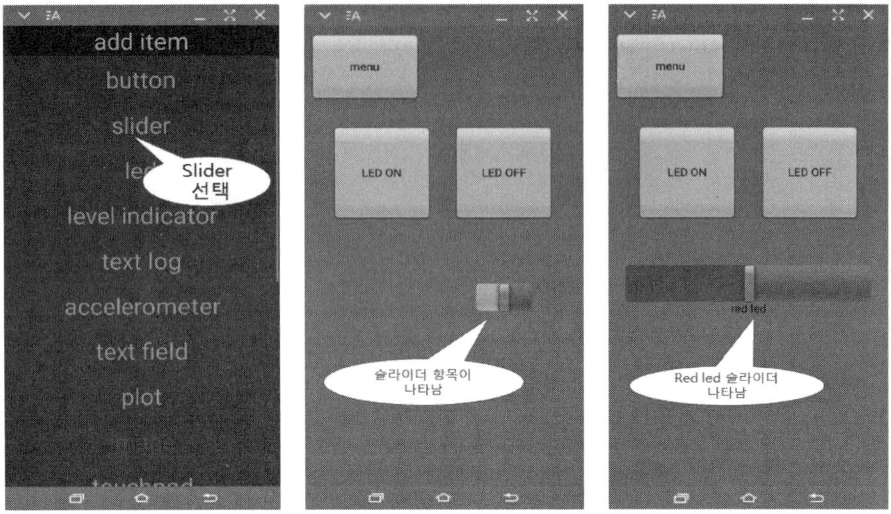

(a) (b) (c)

그림 16.5

- 슬라이더 항목을 눌러 편집 옵션을 설정하고 좌측 상단 모서리를 드래그하여 원하는 위치에 이동시킨 후 우측 하단 모서리를 조절하여 크기 조절

option	설정
set id	red
set label	label : red led
set min, max	min : 0, max : 255, output : int 선택
send when moved/ send when released	기본 모드(default mode)인 send when released를 설정. send when move가 나타나야 send when released로 설정된 것 임
set color	red 선택
send space/ don't send space	기본 모드(default mode)인 send space를 설정. don’t send space가 나타나야 send space로 설정된 것 임
auto return/ don't auto return	기본 모드(default mode)인 don’t auto return을 설정. auto return이 나타나야 don’t auto return으로 설정된 것 임
set return value	[default]
set repeat period	[default]

- [그림 16.5] (c)와 같이 슬라이드 밑에 “red led”가 나타남
- red led 슬라이더를 눌러 “copy” 선택
- 바탕화면을 눌러 “paste” 선택을 두 번 수행
- 복사한 red led 슬라이더를 눌러 option들을 다음과 같이 설정

option	설명	설명
set id	green	blue
set label	label : green led	label : blue led
set min, max	min : 0, max : 255, output : int 선택	min : 0, max : 255, output : int 선택
send when moved/ send when released	기본 모드(default mode)인 send when released를 설정. send when move가 나타나야 send when released로 설정된 것 임	기본 모드(default mode)인 send when released를 설정. send when move가 나타나야 send when released로 설정된 것 임
set color	green 선택	blue 선택
send space/ don't send space	기본 모드(default mode)인 send space를 설정. don't send space가 나타나야 send space로 설정된 것 임	기본 모드(default mode)인 send space를 설정. don't send space가 나타나야 send space로 설정된 것 임
auto return/ don't auto return	기본 모드(default mode)인 don't auto return을 설정. auto return이 나타나야 don't auto return으로 설정된 것 임	기본 모드(default mode)인 don't auto return을 설정. auto return이 나타나야 don't auto return으로 설정된 것 임
set return value	[default]	[default]
set repeat period	[default]	[default]

- [그림 16.6] (a)와 같이 3개의 슬라이더가 나타남
- [그림 16.6] (b)와 같이 munu 버튼을 눌러 [그림 16.6] (c)와 같이 don't edit ui를 선택하여 편집 완료

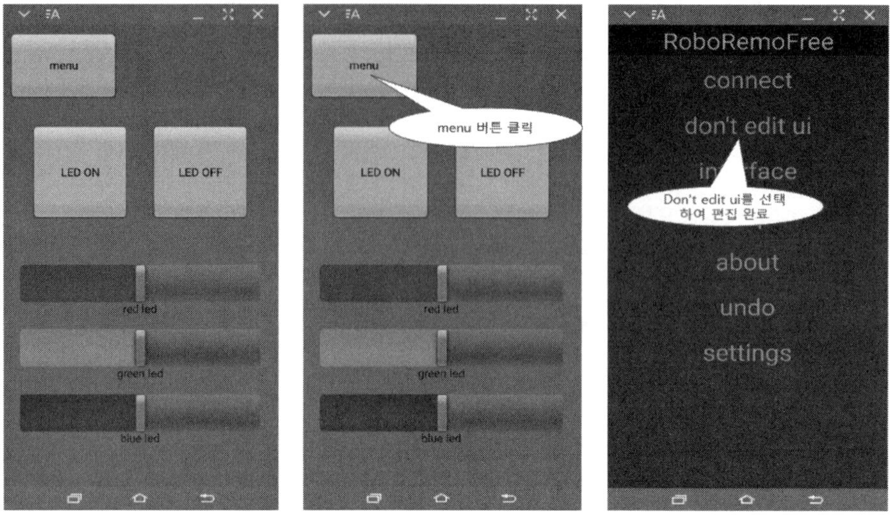

(a) (b) (c)

그림 16.6

- [그림 16.7]과 같이 바탕이 흰색으로 된 RoboRemo 제어 앱이 완성 됨

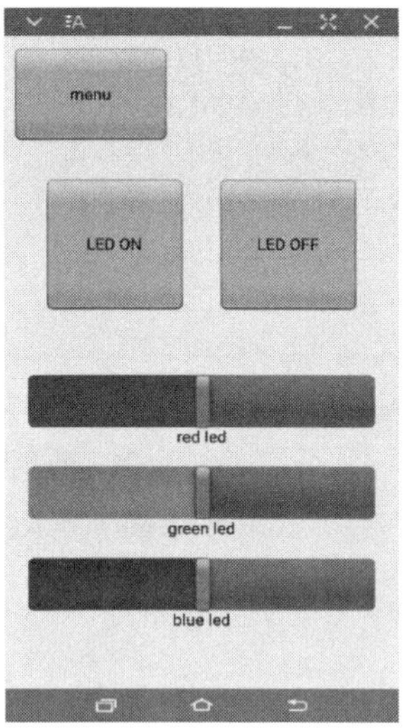

그림 16.7

3) [그림 16.8]과 같이 회로를 연결하고 아래의 스케치 프로그램을 업로드

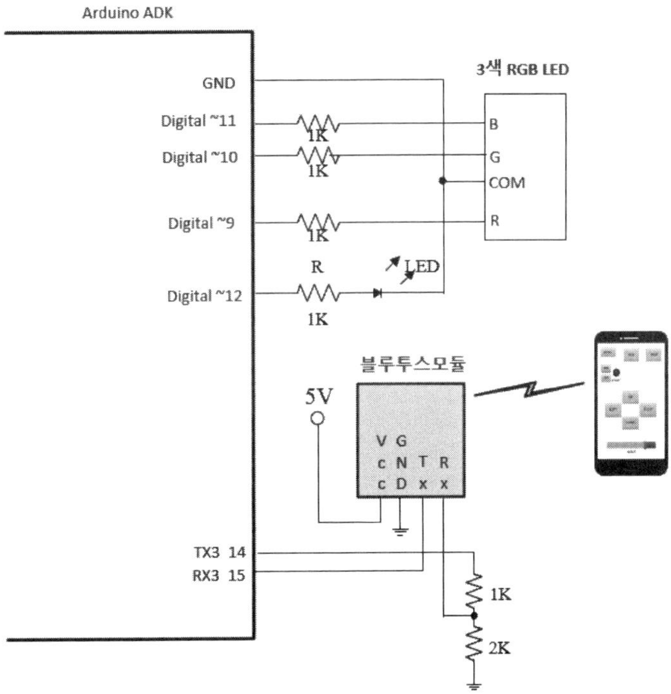

그림 16.8 실험 16-1 회로 연결

소스 프로그램

```
const int ledPin=12; //LED와 연결된 핀 번호 변수 정의
const int rLedPin = 9; //3색 LED 중 빨간색 LED와 연결된 핀 번호 정의
const int gLedPin = 10; //3색 LED 중 초록색 LED와 연결된 핀 번호 정의
const int bLedPin = 11; //3색 LED 중 파란색 LED와 연결된 핀 번호 정의

String getRequest=""; //BT로 부터 수신된 문자열을 저장하는 변수 선언

void setup() {
  Serial.begin(9600); // 시리얼 모니터와 시리얼 개방, 통신속도 설정
  Serial3.begin(38400); // BT와 시리얼 개방, [실험 14-1]에서 설정된 통신속도로 설정

  pinMode(ledPin, OUTPUT); // LED를 출력으로 설정
```

```
  pinMode(rLedPin, OUTPUT); // rLED를 출력으로 설정
  pinMode(gLedPin, OUTPUT); // gLED를 출력으로 설정
  pinMode(bLedPin, OUTPUT); // bLED를 출력으로 설정
}

void loop() {
  while (Serial3.available()) // 포트3 수신버퍼에 수신 데이터가 있는지 확인
  {
    char c = (char) Serial3.read(); //버퍼에서 1바이트 읽어 오기
    if (c != '\n') {    //수신문자가 커맨드 종료 문자인지 확인
      getRequest+=c; //수신문자를 문자열에 추가
    }
    delay(5); // 5ms 지연
  }

  if (!getRequest.equals("")) //수신문자열이 비어있는지 확인
  {
    parseGetRequest(); //수신문자열을 해석하고 기능 수행 함수 호출
    getRequest=""; //수신문자열을 초기화
  }
}

void parseGetRequest()
{
  Serial.println("----parseGetRequest Routine----"); // 시리얼 모니터에 문자열 출력
  Serial.println(getRequest); // 시리얼 모니터에 수신문자열 출력

  if (getRequest.indexOf("led") > -1) //수신문자열에 led가 있는지 확인
  {
    if (getRequest.indexOf("1") > -1) //수신문자열에 1이 있는지 확인
    {
     Serial.println("LED ON"); // 시리얼 모니터에 문자열 출력
     digitalWrite(ledPin, HIGH); // LED 켜기
    }
    else if (getRequest.indexOf("0") > -1) //수신문자열에 0이 있는지 확인
    {
     Serial.println("LED OFF"); // 시리얼 모니터에 문자열 출력
     digitalWrite(ledPin, LOW); // LED 끄기
    }
    return;
```

```
  }

  if (int index=getRequest.indexOf("red") > -1)  //수신문자열에 red가 있는지 확인
  {
    Serial.println("RED LED"); // 시리얼 모니터에 문자열 출력
    String sub=getRequest.substring(getRequest.indexOf(" ")+1); // red 값을 가져옴
    int rValue=sub.toInt(); // 문자열을 숫자로 변환
    Serial.println(rValue); // 시리얼 모니터에 문자열 출력

    analogWrite(rLedPin, rValue); //rLED에 red값 출력
    return;
  }
  if (int index=getRequest.indexOf("green") > -1) //수신문자열에 green이 있는지 확인
  {
    Serial.println("GREEN LED"); // 시리얼 모니터에 문자열 출력
    String sub=getRequest.substring(getRequest.indexOf(" ")+1); // green 값을 가져옴
    int gValue=sub.toInt(); // 문자열을 숫자로 변환
    Serial.println(gValue); // 시리얼 모니터에 문자열 출력

    analogWrite(gLedPin, gValue); //gLED에 green값 출력
    return;
  }
  if (int index=getRequest.indexOf("blue") > -1) //수신문자열에 blue가 있는지 확인
  {
    Serial.println("BLUE LED"); // 시리얼 모니터에 문자열 출력
    String sub=getRequest.substring(getRequest.indexOf(" ")+1); // blue 값을 가져옴
    int bValue=sub.toInt(); // 문자열을 숫자로 변환
    Serial.println(bValue); // 시리얼 모니터에 문자열 출력

    analogWrite(bLedPin, bValue); //bLED에 blue값 출력
    return;
  }
}
```

4) RoboRemo 제어 앱에서 아두아노 보드 Bluetooth와 연결

- [그림 16.9] (a)와 같이 menu 버튼 클릭
- [그림 16.9] (b)와 같이 connect 선택
- [그림 16.9] (c)와 같이 connect 옵션이 나타나면 Bluetooth(RFCOMM) 선택

- [그림 16.9] (d)와 같이 selcet device 창이 나타나면 통신을 원하는 Bluetooth device 이름을 선택

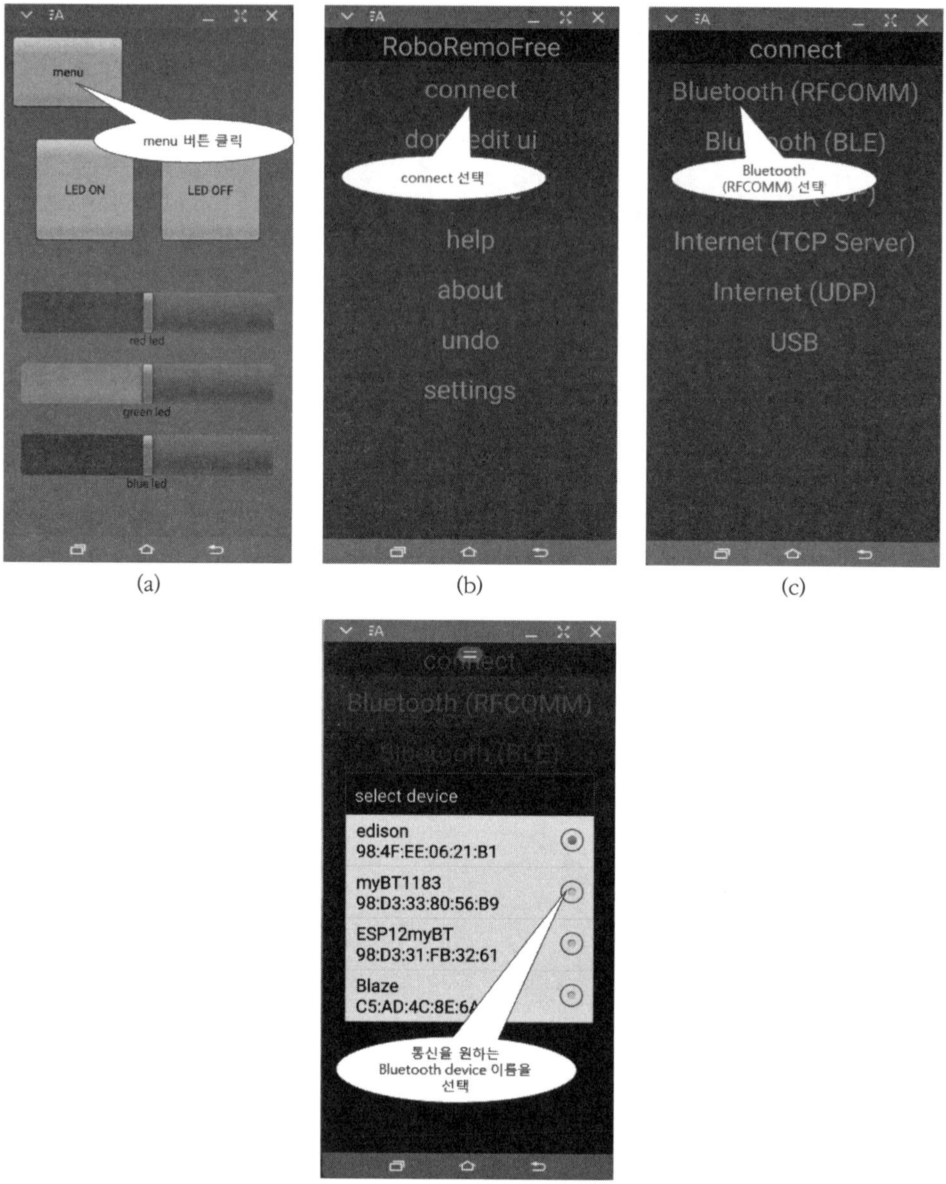

(a) (b) (c) (d)

그림 16.9

5) 제어 수행 결과

- 완성된 RoboRemo 제어 앱에서 [그림 16.10] (a)와 같이 LED ON 버튼을 누르면 LED가 켜지며 LED OFF 버튼을 누르면 LED가 꺼지는 것을 확인 할 수 있음
- [그림 16.10] (b)와 같이 Red 슬라이드, Green 슬라이드, Blue 슬라이드를 이동시키면 색이 변화하는 것을 확인할 수 있음

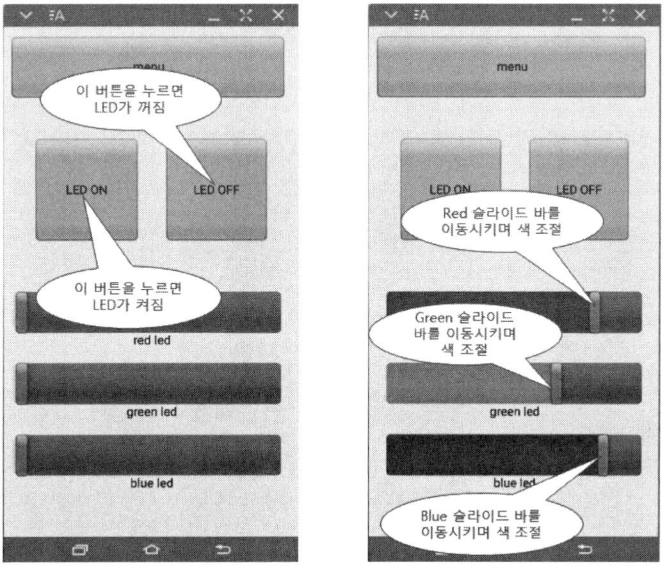

(a) (b)

그림 16.10

실험 16-2

RoboRemo 앱에서 Bluetooth 통신을 통해 조도 값을 1초 간격으로 읽어와 여러 가지 방법으로 표시

1) 하트 비트 센더 항목 편집

- 1초 간격으로 조도 센서로 부터 조도 값을 읽어 들이기 위한 시간 설정
- [그림 16.11]과 같이 바탕화면을 누르고 "heartbeat sender" 항목을 선택
- "heartbeat sender"를 눌러 option들을 설정

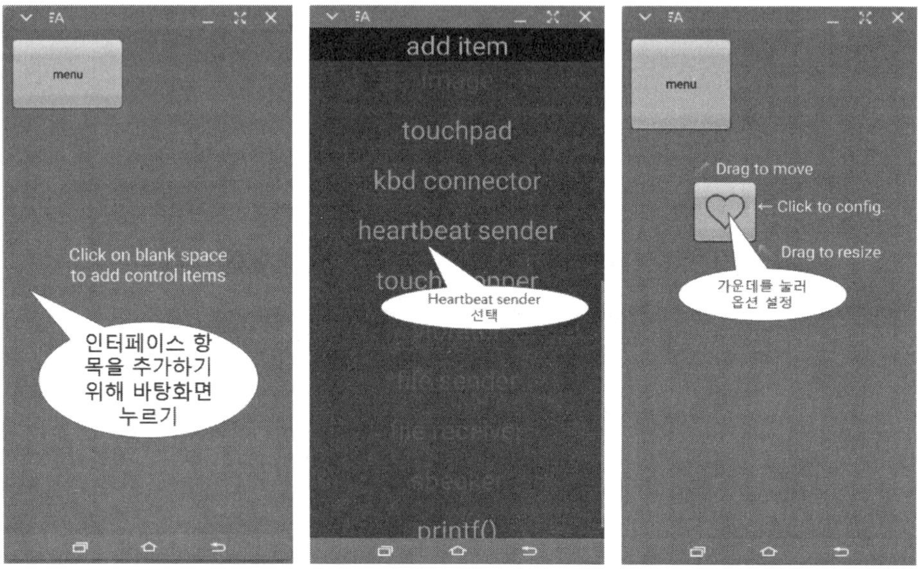

option	설정
set id	heartbeat
set label	[1초 간격 조도 측정]
set repeat period	1000

그림 16.11

2) 텍스트 필드 항목 편집

- 읽어온 조도 값을 표시하기 위해 사용
- [그림 16.12]와 같이 바탕화면을 누르고 "text field" 항목을 선택
- "text field"를 눌러 option들을 설정

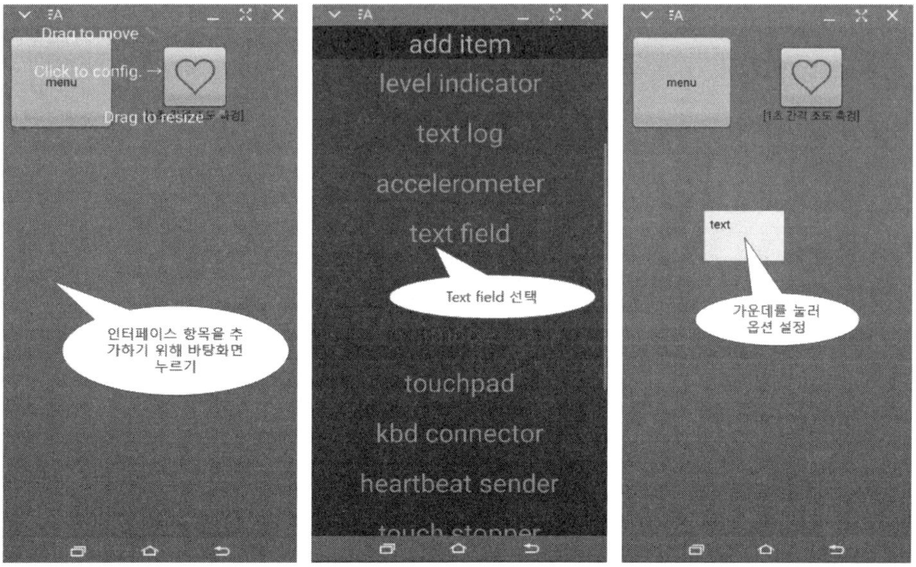

option	설정
set id	Light
set text	
set text size	20
set text color	FFFF0000 = 빨간색
set bg. color	FF00FF00 = 초록색

그림 16.12

3) 텍스트 로그 항목 편집

- 읽어온 조도 값을 표시하기 위해 사용
- [그림 16.13]과 같이 바탕화면을 누르고 "text log" 항목을 선택

- "text log"를 눌러 option들을 설정

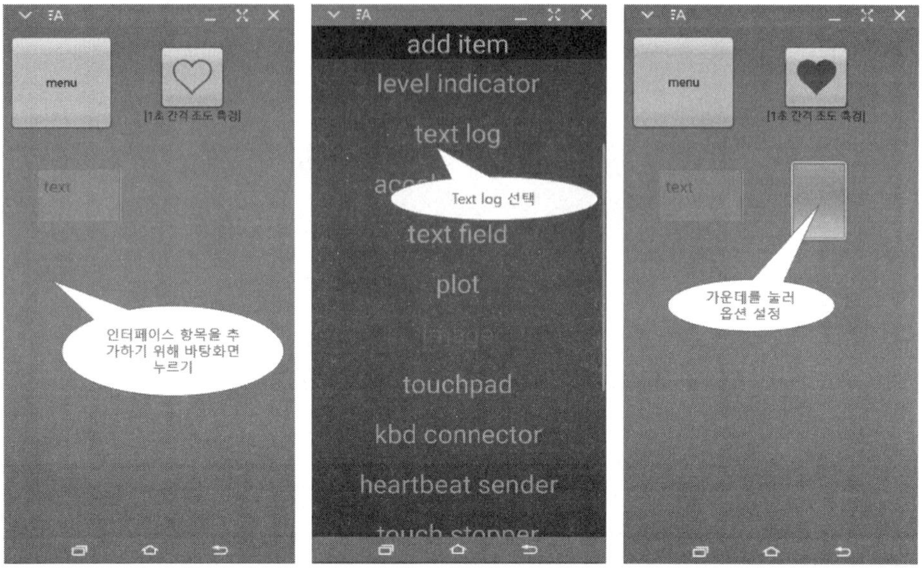

option	설정
set id	Light
set label	[조도 값 표시]
set text size	[default]
log to file*	[default]

그림 16.13

4) 레벨 표시기 항목 편집

- 읽어온 조도 값 및 값을 레벨로 표시하기 위해 사용
- [그림 16.14]와 같이 바탕화면을 누르고 "level indicator" 항목을 선택
- "level indicator"를 눌러 option들을 설정

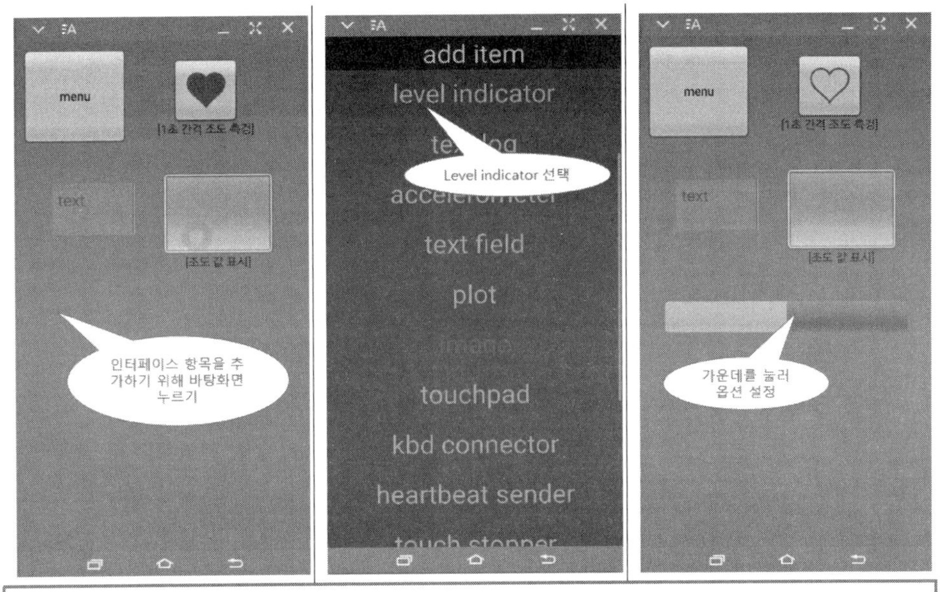

option	설정
set id	Light
set label	[조도 값=#*1.00 Lux]
set min	0
set max	1200
set color	yellow 선택

그림 16.14

5) 플롯(Plot) 항목 편집

- 읽어온 조도 값을 그림으로 나타내 주기 위해 사용
- [그림 16.15]와 같이 바탕화면을 누르고 "plot" 항목을 선택
- "plot"을 눌러 option들을 설정
- [그림 16.16]과 같이 menu 버튼을 눌러 don't edit ui를 선택하여 편집 완료하면 바탕이 흰색으로 된 RoboRemo 제어 앱이 완성 됨

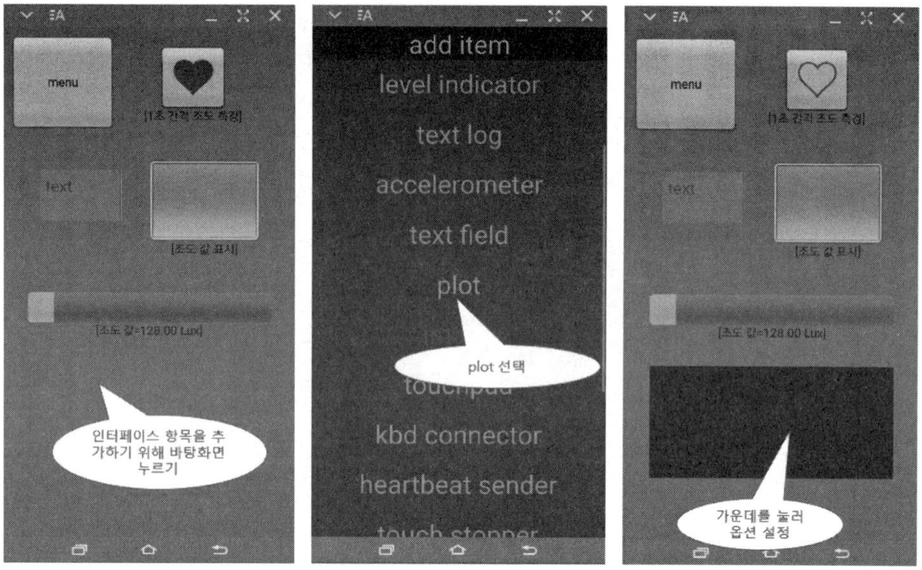

option	설명
set id	Light
set label	[조도 값 도표]
set min	0
set max	1200
set length	60
set display mode	[default]
set trigger	[default]
Don't repaint/ repaint	[default]
log to file*	[default]
set line width	[default]

그림 16.15

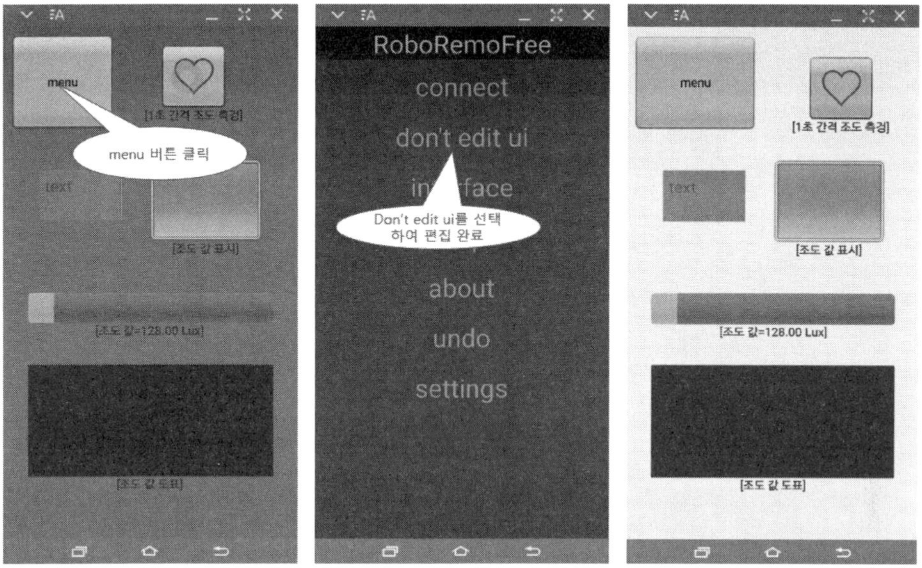

(a) (b) (c)

그림 16.16

6) [그림 16.17]과 같이 회로를 연결하고 아래의 스케치 프로그램을 업로드

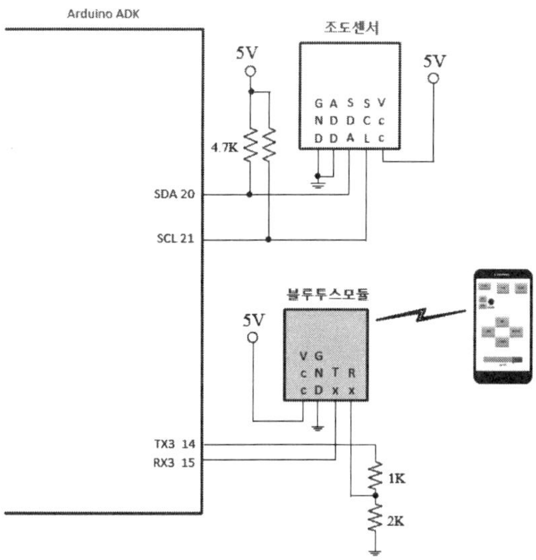

그림 16.17

소스 프로그램

```
#include <Wire.h> //I2C 라이브러리 삽입

byte lightSensorAddress=0x23; //7비트 조도센서 주소(0x00100011)
byte lightSensorCmd=0x10; //continously H-resolution mode 지정

String getRequest=""; //BT로 부터 수신된 문자열을 저장하는 변수 선언

byte readByte[2];  // 슬레이브 장치로부터 읽을 바이트를 저장할 변수 선언(최대2바이트)
byte numReadByte; // 슬레이브 장치로부터 읽을 바이트 수를 저장하는 변수 선언
String luxValue; // 조도 값을 저장하는 변수 선언

void setup() {
  Serial.begin(9600); // 시리얼 모니터와 시리얼 개방, 통신속도 설정
  Serial3.begin(38400); // BT와 시리얼 개방, [실험 14-1]에서 설정된 통신속도로 설정
  Wire.begin(); //I2C 객체 시작
}

void wireSensorCtrl(byte SensorAddress, byte SensorCmd, byte numByte, byte *dataByte)
// 지정된 슬레이브로부터 바이트 수 만큼 데이터를 읽어오기 위한 함수
{
  Wire.beginTransmission(SensorAddress); //슬레이브 7비트 주소에 0(쓰기)을 붙인 값을 슬레이브에 전달
  Wire.write(SensorCmd); //커맨드를 슬레이브에 전달하기 위해 큐(버퍼)에 쓰기
  Wire.endTransmission(); //write() 함수에 의해 버퍼에 저장된 바이트를 전송

  Wire.requestFrom(SensorAddress, numByte); //마스터가 슬레이브에 numByte 수 만큼의 데이터 요청
  int i=0; // 반복해서 데이터를 저장하기 위한 변수 초기값
  while(Wire.available()) { // 슬레이브로부터 온 데이터가 있는지 확인
    *(dataByte+i)=Wire.read(); // 슬레이브로부터 온 데이터를 읽음
    i++; // 다음번 데이터를 저장하기 위해 1증가
  }
}

void loop() {
  while (Serial3.available()) // 포트3 수신버퍼에 수신 데이터가 있는지 확인
  {
    char c = (char) Serial3.read(); //버퍼에서 1바이트 읽어 오기
    if (c != '\n') { //수신문자가 커맨드 종료 문자인지 확인
      getRequest+=c; //수신문자열를 문자열에 추가
    }
```

```
    delay(5); // 5ms 지연
  }

  if (!getRequest.equals("")) //수신문자열이 비어있는지 확인
  {
    parseGetRequest(); //수신문자열을 해석하고 기능 수행 함수 호출
    getRequest=""; //수신문자열을 초기화
  }
}

void parseGetRequest()
{
  Serial.println("----parseGetRequest Routine----"); // 시리얼 모니터에 문자열 출력
  Serial.println(getRequest); // 시리얼 모니터에 수신문자열 출력

  if (getRequest.indexOf("heartBeat") > -1) //수신문자열에 heartBeat가 있는지 확인
  {
    Serial.println("heatBeat----"); // 시리얼 모니터에 문자열 출력

    numReadByte=2; // 슬레이브 장치로부터 읽을 바이트 수 설정
    wireSensorCtrl(lightSensorAddress, lightSensorCmd, numReadByte, readByte); // 조도센
서로부터 조도 값을 읽어 오기 위한 함수 호출
    float lux = (readByte[0]*256 + readByte[1])/1.2; // 조도 값 계산
    Serial.print("illumination value : "); // 시리얼 모니터에 문자열 출력
    Serial.println(lux); // 시리얼 모니터에 조도 값 출력
    Serial.println(); // 한줄 띄우기

    luxValue="Light "+(String)lux+"\n"; // 문자열 합성
    Serial3.print(luxValue); //조도값을 BT 모듈에 전송

    return;
  }
}
```

7) RoboRemo 제어 앱에서 아두아노와 BT 연결

- [그림 16.18]과 같이 통신을 원하는 Bluetooth device를 선택

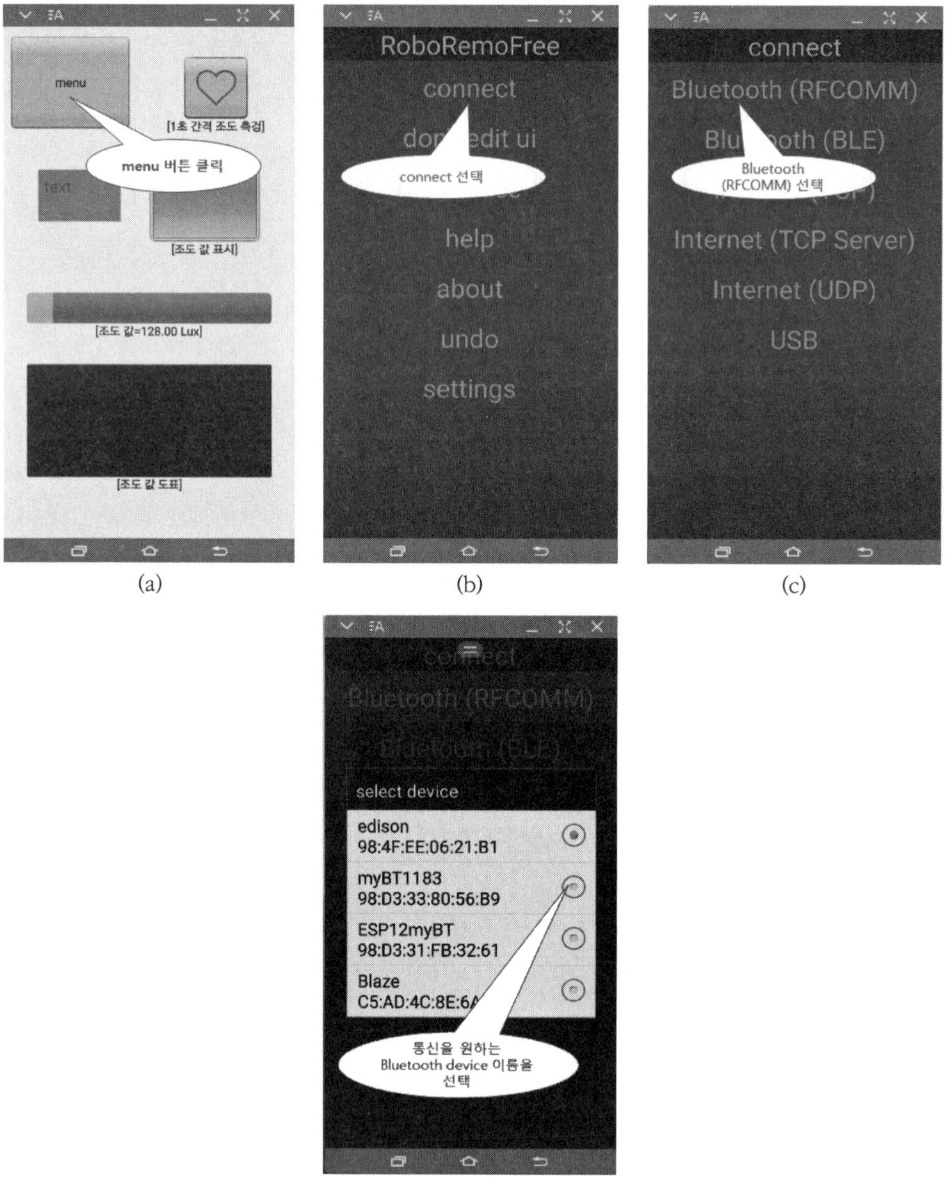

(a) (b) (c) (d)

그림 16.18

8) 제어 수행 결과

- [그림 16.19]와 같이 1초 간격으로 조도 값을 가져와 다양한 방법으로 표시

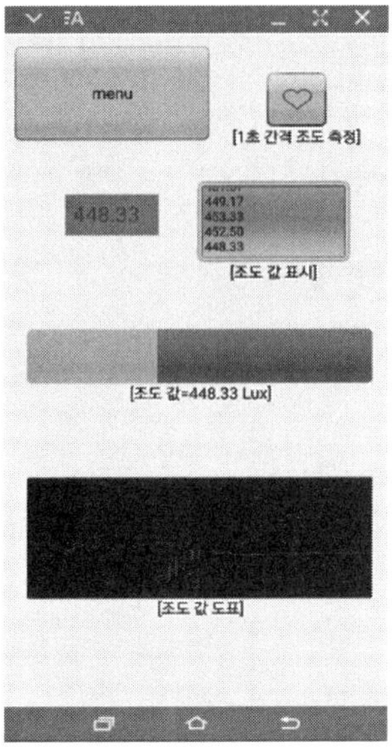

그림 16.19

실험 16-3

RoboRemo 앱에서 Bluetooth 통신을 통한 릴레이, 부저, LCD 제어

- Serial 인터럽트 방식으로 serialEvent3() callback 함수를 이용
- RoboRemo 버튼 항목을 사용하여 팬을 켜고 끄기 위하여 릴레이를 제어
- RoboRemo 버튼 항목을 사용하여 부저를 켜고 끔
- RoboRemo Kbd 커넥트 항목을 사용하여 LCD에 문자 표시

1) 팬을 켜고 끄기 위한 버튼 항목 편집

- [실험 16-1]의 [그림 16.3]과 동일한 절차를 따라 버튼 항목을 편집
- [그림 16.20] (a)와 (b)와 같이 옵션 항목들을 설정
- [그림 16.20] (c)와 같이 버튼 표시 텍스트가 나타남

option	설정
set text	FAN ON
set press action	fan 1
set release action	[default]
set text size	[default]
set image*	
repeat	[default]
set local / set remote	[default]

(a)

option	설정
set text	FAN OFF
set press action	fan 0
set release action	[default]
set text size	[default]
set image*	
repeat	[default]
set local / set remote	[default]

(b)

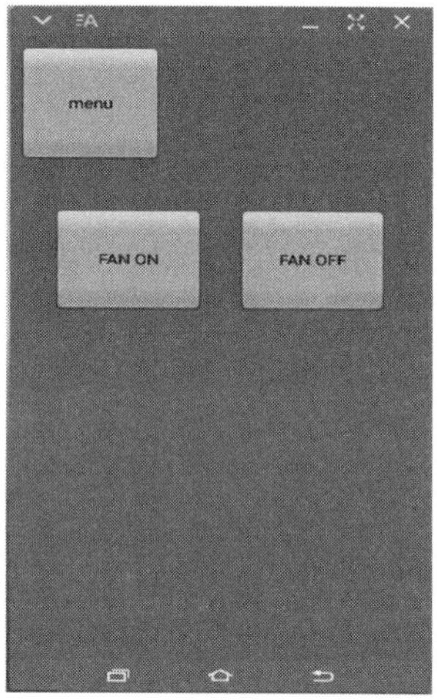

(c)

그림 16.20

2) 부저를 켜고 끄기 위한 버튼 항목 편집

- [실험 16-1]의 [그림 16.3]과 동일한 절차를 따라 버튼 항목을 편집
- [그림 16.21] (a)와 (b)와 같이 옵션 항목들을 설정
- [그림 16.21] (c)와 같이 버튼 표시 텍스트가 나타남

option	설정
set text	BUZ ON
set press action	buz 1
set release action	[default]
set text size	[default]
set image*	
repeat	[default]
set local / set remote	[default]

(a)

option	설정
set text	BUZ OFF
set press action	buz 0
set release action	[default]
set text size	[default]
set image*	
repeat	[default]
set local / set remote	[default]

(b)

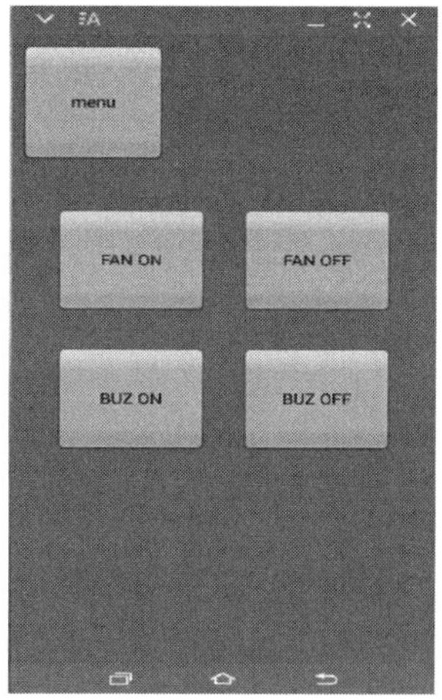

(c)

그림 16.21

3) LCD에 문자를 표시하기 위한 Kbd 커넥트 항목 편집

- 바탕화면을 누르고 "Kbd connector" 항목을 선택
- [그림 16.22] (a)와 같이 옵션 항목들을 설정
- [그림 16.22] (c)와 같은 RoboRemo 제어 앱이 완성 됨

option	설정
set id	kbd
set label	[키보드]
set local/ remote	remote 설정 (폰에는 set local 이 나타나게 선택, 옆의 (b) 참조)
send while typing/ send at enter	Enter 키를 누를 때 보내도록 설정 (폰에는 send while typing이 나타나게 선택, 옆의 (b) 참조)

(a)

(b)

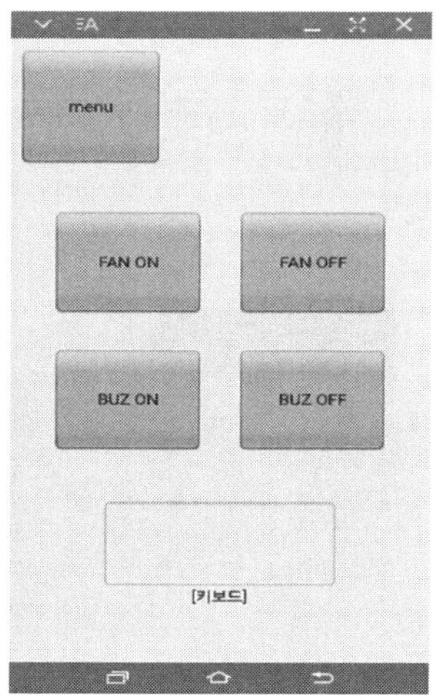

(c)

그림 16.22

4) [그림 16.23]과 같이 회로를 연결하고 아래의 스케치 프로그램을 업로드

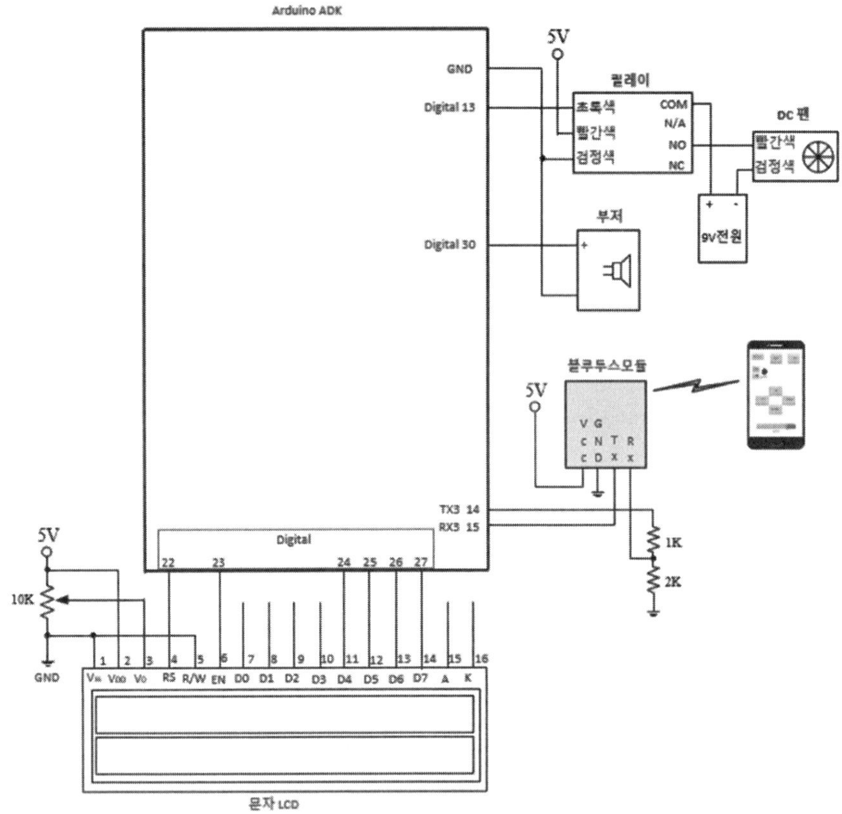

그림 16.23

소스 프로그램

```
#include <LiquidCrystal.h>  //LCD 라이브러리 삽입

// 회로에 연결된 핀 번호를 사용하여 lcd 객체 생성
LiquidCrystal lcd(22,23,24,25,26,27);

const int SpeakerPin=30; //부저에 연결된 핀 번호 정의
const int fanPin=13; //팬에 연결된 핀 번호 정의

String getRequest=""; //BT로 부터 수신된 문자열을 저장하는 변수 선언
```

```
int freq=1000; //출력 소리 주파수를 저장하는 변수
String firstLineMsg=""; //1행에 출력한 문자열을 저장하는 변수
String secondLineMsg=""; //2행에 출력한 문자열을 저장하는 변수
boolean catchFrame=false; //BT로부터 온 수신 프레임 수신 여부를 결정하는 변수, 초기값으로 false 설정

void setup() {
  Serial.begin(9600); // 시리얼 모니터와 시리얼 개방, 통신속도 설정
  Serial3.begin(38400); // BT와 시리얼 개방, [실험 14-1]에서 설정된 통신속도로 설정

  pinMode(SpeakerPin, OUTPUT); //부저를 출력으로 설정
  pinMode(fanPin, OUTPUT); //팬을 출력으로 설정

  digitalWrite(fanPin, LOW); //릴레이에 LOW 출력 (팬을 끄기)

  lcd.begin(16,2);  //2행 16열 설정
  lcd.setCursor(0,0);  //커서를 1행 1열로 이동
  firstLineMsg = "Welcome To"; // 1행 문자열 설정
  lcd.print(firstLineMsg); //1행 문자열 출력
  lcd.setCursor(0,1);  //커서를 2행 1열로 이동
  secondLineMsg="Koreatech"; //2행 문자열 설정
  lcd.print(secondLineMsg); //2행 문자열 출력
}

void loop() {

  if(catchFrame) { //BT로부터 온 수신 프레임이 정상적으로 수신되었는지 확인

    parseGetRequest(); // 수신프레임 분석 함수 호출

    catchFrame=false; //BT로부터 온 수신 프레임 분석을 종료하고 초기화
    getRequest=""; //수신문자열을 초기화
  }

}

void serialEvent3(){ // 시리얼 포트3 수신버퍼에 데이터가 있을 때 마다 호출되는 콜백 함수

    getRequest=Serial3.readStringUntil('\n'); // 수신버퍼에서 '\n' 문자까지 문자열을 읽어 문자
열 변수에 저장
    catchFrame=true; // 수신 프레임 수신 여부를 결정하는 변수 초기화
 }
```

```
void parseGetRequest()
{
  Serial.println("----parseGetRequest Routine----"); // 시리얼 모니터에 문자열 출력
  Serial.println(getRequest); // 시리얼 모니터에 수신문자열 출력


  if (getRequest.indexOf("buz") > -1) //수신문자열에 buz가 있는지 확인
  {
    if (getRequest.indexOf("1") > -1) //수신문자열에 1이 있는지 확인
    {
     Serial.println("Buzzer ON"); // 시리얼 모니터에 문자열 출력
     tone(SpeakerPin, freq); //지정된 주파수로 소리 출력
    }
    else if (getRequest.indexOf("0") > -1) //수신문자열에 0이 있는지 확인
    {
     Serial.println("Buzzer 0FF"); // 시리얼 모니터에 문자열 출력
     noTone(SpeakerPin); //소리 출력 정지
    }
    return;
  }

  if (getRequest.indexOf("fan") > -1) //수신문자열에 fan이 있는지 확인
  {
    if (getRequest.indexOf("1") > -1) //수신문자열에 1이 있는지 확인
    {
     Serial.println("FAN ON"); // 시리얼 모니터에 문자열 출력
     digitalWrite(fanPin, HIGH); //fan 켜기
    }
    else if (getRequest.indexOf("0") > -1)
    {
     Serial.println("FAN 0FF"); // 시리얼 모니터에 문자열 출력
     digitalWrite(fanPin, LOW); //fan 끄기
    }
    return;
  }

  if (getRequest.indexOf("kbd") > -1)  //수신문자열에 kbd가 있는지 확인
  {
    String rcvedText=getRequest.substring(getRequest.indexOf(" ")+1); //문자열만 가져옴

    lcd.clear(); // lcd를 지우기
    lcd.setCursor(0,0);  //1행 1열 설정
```

```
    firstLineMsg = secondLineMsg; //2행 문자열을 1행에 저장
    lcd.print(firstLineMsg); //1행 문자열 출력
    lcd.setCursor(0,1);  //2행 1열 설정
    secondLineMsg=rcvedText; //수신문자열을 2행 문자열에 저장
    lcd.print(secondLineMsg); //2행문자열 출력

    Serial.println("Received Text : "+rcvedText); // 시리얼 모니터에 문자열 출력
    return;
  }

}
```

5) RoboRemo 제어 앱에서 아두아노와 BT 연결

- [그림 16.9]와 같이 통신을 원하는 Bluetooth device를 선택

6) 제어 수행 결과

- [그림 16.24]와 같이 버튼을 누르면 해당 기능을 수행하며 키보드 부분에 문자열을 입력하고 엔터를 치면 LCD에 문자열이 나타남

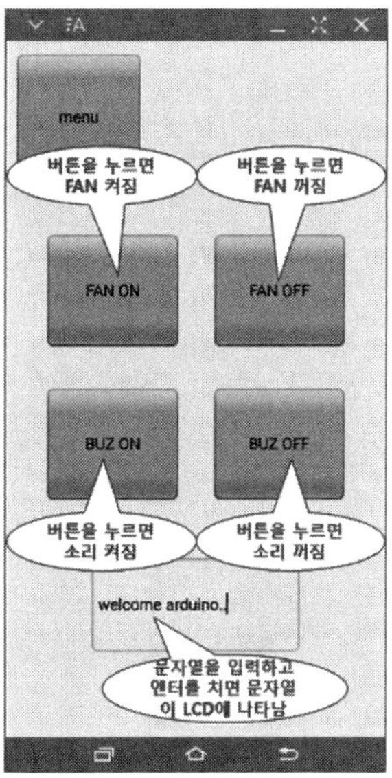

그림 16.24

제17장

RoboRemo 앱에서 와이파이 통신을 활용한 센서 제어

실험에 필요한 부품

WiFi 모듈 (ESP8266)	USB-XBEE 직렬 어댑터 (FT232RL XBee USB to Serial Adapter V1.4)	캐소드 공통형 3색 RGB LED	조도 센서 (BH1750FVI)	LED
1개	1개	1개	1개	1개

1KΩ 저항				
7개				

17.1 네트워크에 아두이노 연결

- 아두이노를 지역 네트워크에 연결하여 사용하기 위해서는 [그림 17.1]과 같이 유무선공유기(또는 라우터)를 사용하여 지역 네트워크를 구성하고 유무선공유기에 접속하면 공유기는 사용 가능한 IP 주소를 할당

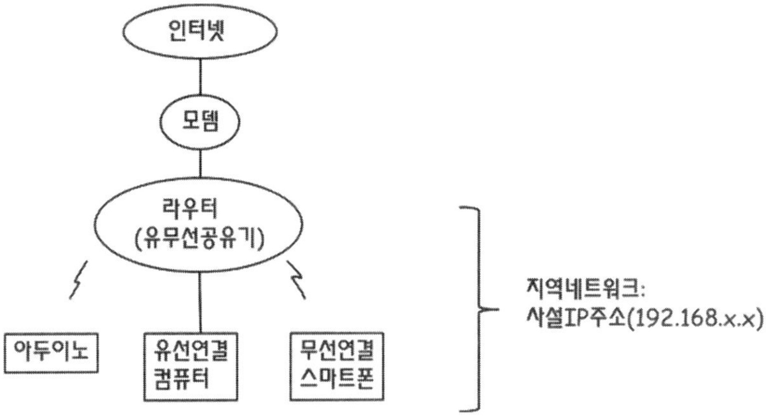

그림 17.1

- 인터넷에 연결되는 모든 장치는 서버나 클라이언트로 동작
- 클라이언트는 데이터를 요청하는 것으로 스마트 폰을 클라이언트로 사용하고 아두이노를 웹서버로 사용
- 유무선공유기를 사용하여 지역 네트워크를 구성하는 대신에 스마트폰의 핫스팟 기능을 사용하여 [그림 17.2]와 같이 스마트 폰을 AP(공유기 또는 라우터)로 사용하여 지역 네트워크를 구성

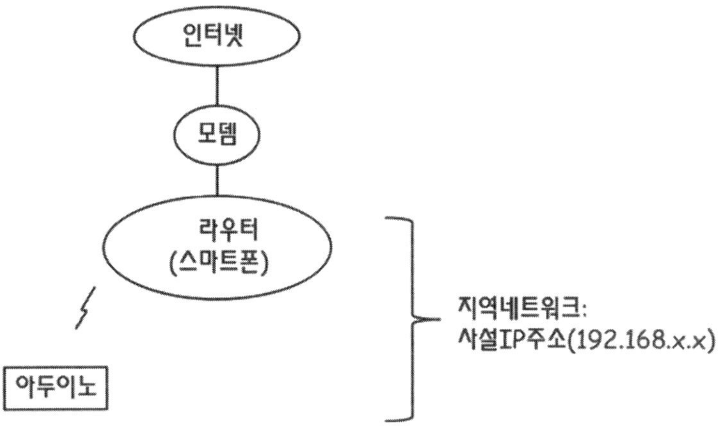

그림 17.2

실험 17-1

RoboRemo 앱에서 WiFi 통신을 통한 LED 및 3색 RGB LED 센서 제어

- [실험 16-1]의 과정을 통하여 [그림 16.7]과 같은 RoboRemo 제어 앱이 완성 되었고 이 앱을 이용하고 WiFi 통신을 통해 단색 및 3색 RGB LED를 제어

1) 스마트 폰 모바일 핫스팟 기능을 이용한 지역 네트워크에 아두이노를 연결

- 스마트 폰을 AP(공유기 또는 라우터)로 사용하기 위하여 [그림 17.3]과 같이 스마트 폰의 모바일 핫스팟 기능을 켬
- 핫스팟 WiFi 이름 및 비밀번호를 기억

(a) (b) (c)

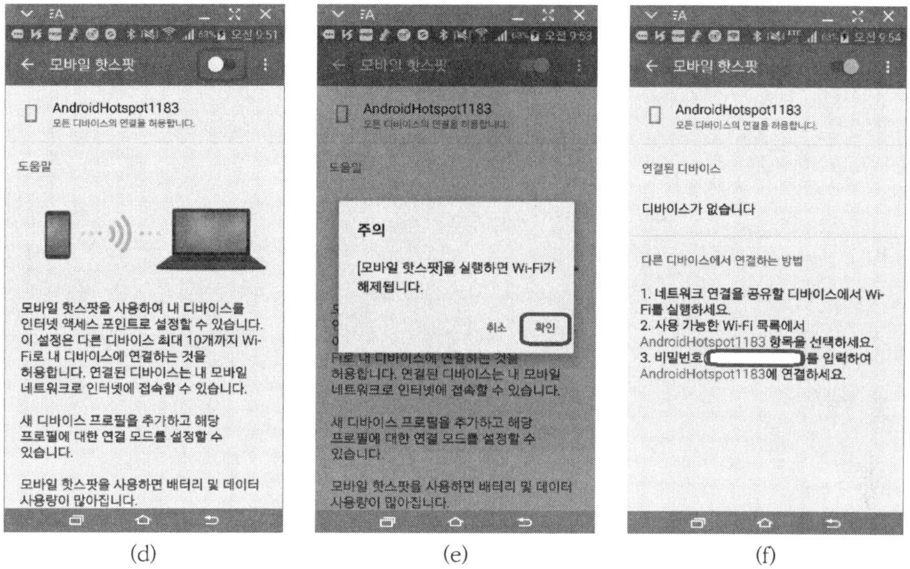

그림 17.3

2) [그림 17.4]와 같이 회로를 연결하고 아래의 스케치 프로그램을 업로드

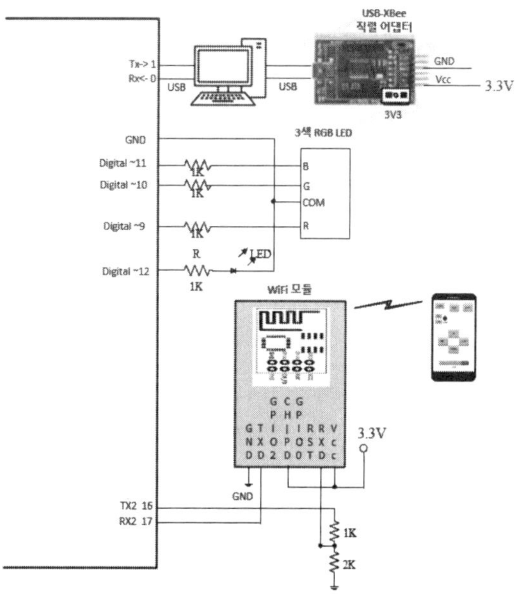

그림 17.4 실험 17–1 회로 연결

소스 프로그램

```
const int ledPin=12; //LED와 연결된 핀 번호 변수 정의
const int rLedPin = 9; //3색 LED 중 빨간색 LED와 연결된 핀 번호 정의
const int gLedPin = 10; //3색 LED 중 초록색 LED와 연결된 핀 번호 정의
const int bLedPin = 11; //3색 LED 중 파란색 LED와 연결된 핀 번호 정의

#define DEBUG true // ESP8266 응답 디버깅 용도

String getRequest; // 클라이언트가 요청한 Get Request를 저장할 변수 선언
int connectionId; // 연결 ID를 저장할 변수 선언

void setup() {
  Serial.begin(9600); // 시리얼 모니터와 시리얼 개방, 통신속도 설정
  Serial2.begin(115200); // WiFi와 시리얼 개방, 통신속도는 초기값(115200)으로 설정

  pinMode(ledPin, OUTPUT); // LED를 출력으로 설정
  pinMode(rLedPin, OUTPUT); // rLED를 출력으로 설정
  pinMode(gLedPin, OUTPUT); // gLED를 출력으로 설정
  pinMode(bLedPin, OUTPUT); // bLED를 출력으로 설정

  analogWrite(rLedPin, 0);
  analogWrite(gLedPin, 0);
  analogWrite(bLedPin, 0);

  sendData("AT+RST\r\n",2000,DEBUG); // 모듈리셋
  // 연결할 AP 네트워크(공유기, 라우터) 이름 및 비밀번호 입력 (***** 부분에 비밀번호 입력)
  sendData("AT+CWJAP=\"AndroidHotspot1183\",\"********\"\r\n",3000,DEBUG);
  delay(5000);
  sendData("AT+CWMODE=3\r\n",3000,DEBUG); // AP+Station 모드 설정
  sendData("AT+CIFSR\r\n",3000,DEBUG); // AP IP와 Station IP 주소를 가져옴
  sendData("AT+CIPMUX=1\r\n",3000,DEBUG); // 다중연결이 가능하도록 설정
  sendData("AT+CIPSERVER=1,80\r\n",3000,DEBUG); // 서버생성, 포트번호 80 설정 (웹서버로 설정)

  Serial.println("Server ready !!!"); // 문자열 출력

}

void loop() {

 if(Serial2.find("+IPD,")) //수신버퍼에서 문자열을 찾고 문자열 다음으로 위치
```

```
  {
    delay(100); // 다음 문자가 버퍼에 채워지기 위해 대기
    getRequest=""; //  Get Request를 문자열을 저장할 변수 초기화

    connectionId = Serial2.read()-48; // 클라이언트와 연결ID 축출(읽어들인 값이
                                      //아스키값이므로 48('0')을 뺌)

    Serial.print("Get into +IPD : Connection Id ="); // 연결 ID 출력
    Serial.println(connectionId);

    if(Serial2.find(":")) { //수신버퍼에서 콜론(:) 문자를 찾고 다음으로 위치
      char c=Serial2.read(); //버퍼에서 1바이트 읽음
      while ( c != '\n') {    //수신문자가 커맨드 종료 문자인지 확인
        getRequest+=c;   //수신문자를 문자열에 추가
        c=Serial2.read(); //버퍼에서 1바이트 읽음
      }
      parseGetRequest(); //수신문자열을 해석하고 기능 수행 함수 호출
    }
  }
}

String sendData(String command, const int timeout, boolean debug)
{
  String response = ""; //esp8266으로부터 온 응답문자열 초기화

  Serial2.print(command); // esp8266에 커맨드 전송

  long int time = millis(); // 현재시간을 저장

  while( (time+timeout) > millis()) //타임아웃기간동안 처리
  {
    while(Serial2.available())  // WiFi 모듈이 보낸 포트2 수신버퍼에 수신 데이터가 있는지 확인
    {
      char c = Serial2.read(); //버퍼에서 1바이트 읽어 오기
      response+=c; //응답문자열 만들기
    }
  }

  if(debug) //디버그가 참이면
  {
```

```
      Serial.print(response); // 응답문자열을 시리얼 모니터에 출력
    }
    return response; // 응답문자열 반환
}

void parseGetRequest()
{
  Serial.println("----parseGetRequest Routine----"); // 시리얼 모니터에 문자열 출력
  Serial.println(getRequest); // 시리얼 모니터에 수신문자열 출력

  if (getRequest.indexOf("led") > -1) //수신문자열에 led가 있는지 확인
  {
    if (getRequest.indexOf("1") > -1) //수신문자열에 1이 있는지 확인
    {
     Serial.println("LED ON"); // 시리얼 모니터에 문자열 출력
     digitalWrite(ledPin, HIGH); // LED 켜기
    }
    else if (getRequest.indexOf("0") > -1) //수신문자열에 0이 있는지 확인
    {
     Serial.println("LED OFF"); // 시리얼 모니터에 문자열 출력
     digitalWrite(ledPin, LOW); // LED 끄기
    }
    return;
  }

    if (int index=getRequest.indexOf("red") > -1)  //수신문자열에 red가 있는지 확인
  {
    Serial.println("RED LED"); // 시리얼 모니터에 문자열 출력
    String sub=getRequest.substring(getRequest.indexOf(" ")+1); // red 값을 가져옴
    int rValue=sub.toInt(); // 문자열을 숫자로 변환
    Serial.println(rValue); // 시리얼 모니터에 문자열 출력

    analogWrite(rLedPin, rValue); //rLED에 red값 출력
    return;
  }
  if (int index=getRequest.indexOf("green") > -1) //수신문자열에 green이 있는지 확인
  {
    Serial.println("GREEN LED"); // 시리얼 모니터에 문자열 출력
    String sub=getRequest.substring(getRequest.indexOf(" ")+1); // green 값을 가져옴
    int gValue=sub.toInt(); // 문자열을 숫자로 변환
```

```
    Serial.println(gValue); // 시리얼 모니터에 문자열 출력

    analogWrite(gLedPin, gValue); //gLED에 green값 출력
    return;
  }
  if (int index=getRequest.indexOf("blue") > -1) //수신문자열에 blue가 있는지 확인
  {
    Serial.println("BLUE LED"); // 시리얼 모니터에 문자열 출력
    String sub=getRequest.substring(getRequest.indexOf(" ")+1); // blue 값을 가져옴
    int bValue=sub.toInt(); // 문자열을 숫자로 변환
    Serial.println(bValue); // 시리얼 모니터에 문자열 출력

    analogWrite(bLedPin, bValue); //bLED에 blue값 출력
    return;
  }
}
```

3) 웹 서버인 아두이노가 AP IP(APIP)와 Station IP(STAIP) 받기

- 2)의 스케치 프로그램이 실행되면 웹 서버인 아두이노는 AP(스마트 폰)에 접속하여 [그림 17.5]와 같이 IP(APIP, STAIP)를 받음

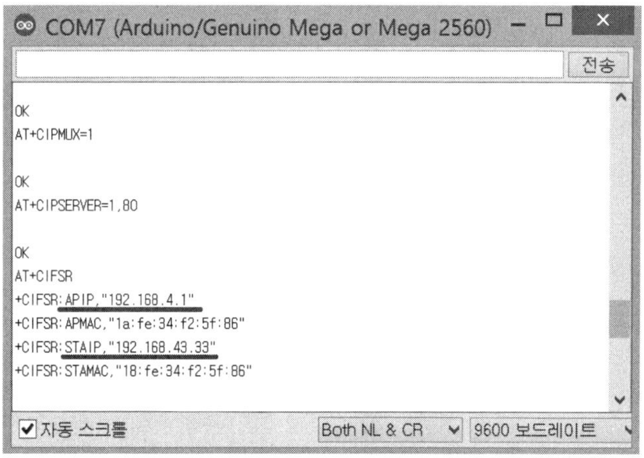

그림 17.5

4) RoboRemo 제어 앱에서 아두아노와 WiFi 연결

- RoboRemo 앱에서 [그림 17.6]과 같이 STAIP를 입력하여 웹서버에 접속

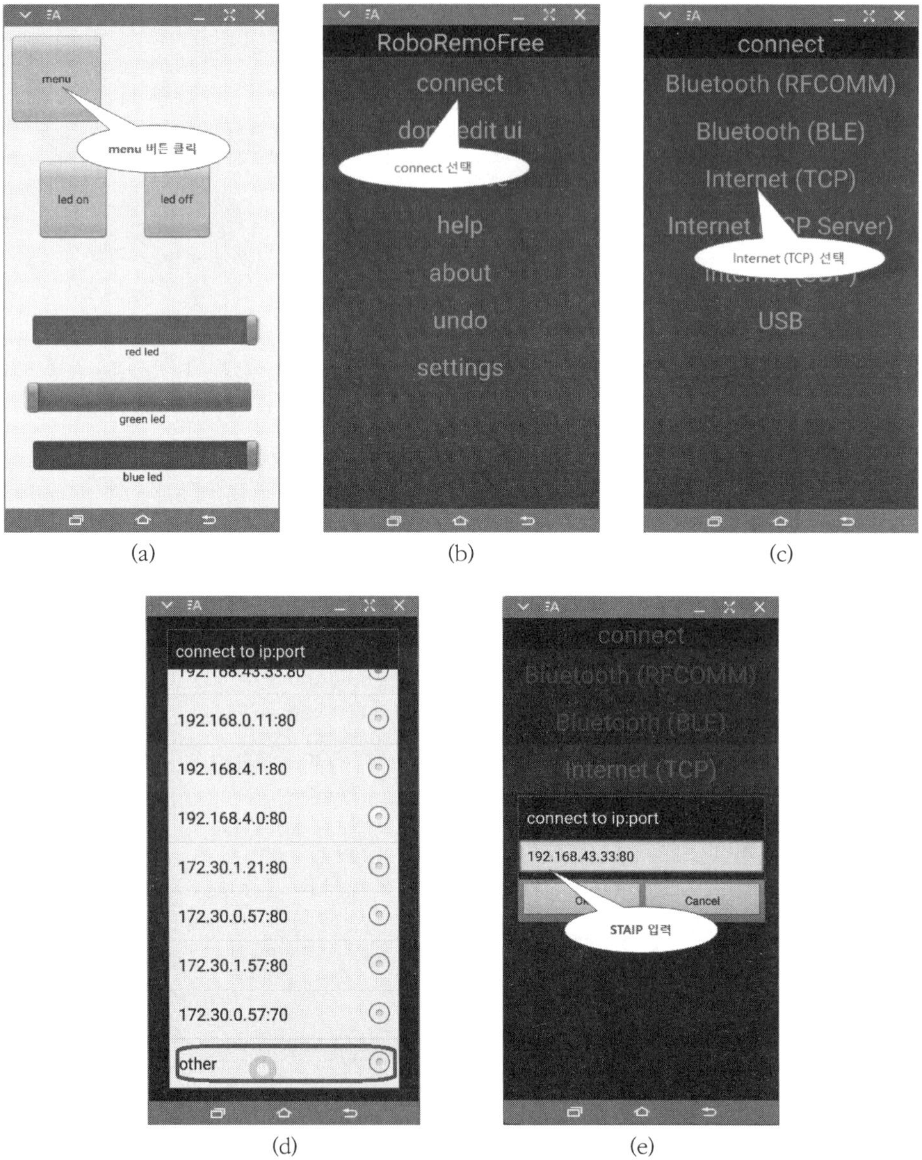

그림 17.6

5) 제어 수행 결과

- 완성된 RoboRemo 제어 앱에서 [그림 17.7] (a)와 같이 LED ON 버튼을 누르면 LED가 켜지며 LED OFF 버튼을 누르면 LED가 꺼지는 것을 확인 할 수 있음
- [그림 17.7] (b)와 같이 Red 슬라이드, Green 슬라이드, Blue 슬라이드를 이동시키면 색이 변화하는 것을 확인할 수 있음

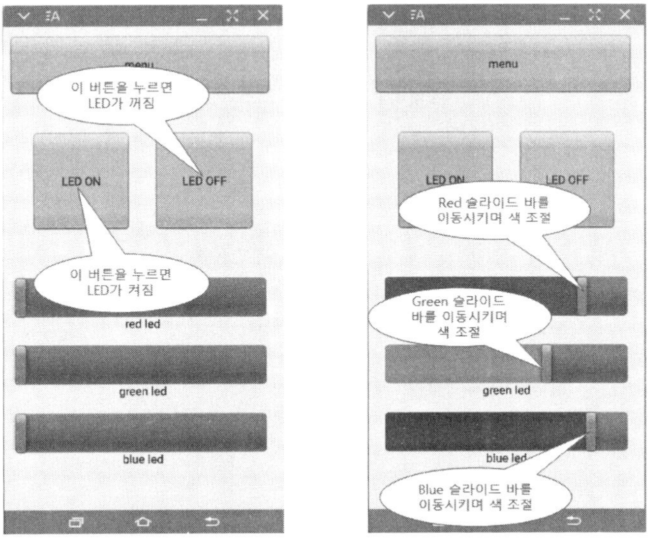

(a) (b)

그림 17.7

실험 17-2

RoboRemo 앱에서 WiFi 통신을 통해 조도 값을 1초 간격으로 읽어와 여러 가지 방법으로 표시

- [실험 16-2]의 과정을 통하여 [그림 16.16]과 같은 RoboRemo 제어 앱이 완성 되었고 이 앱을 이용하고 WiFi 통신을 통해 조도 값을 1초 간격으로 읽어와 여러 가지 방법으로 표시

1) 스마트 폰 모바일 핫스팟 기능을 이용한 지역 네트워크에 아두이노를 연결

- [실험 17-1]의 1)과 동일

2) [그림 17.8]과 같이 회로를 연결하고 아래의 스케치 프로그램을 업로드

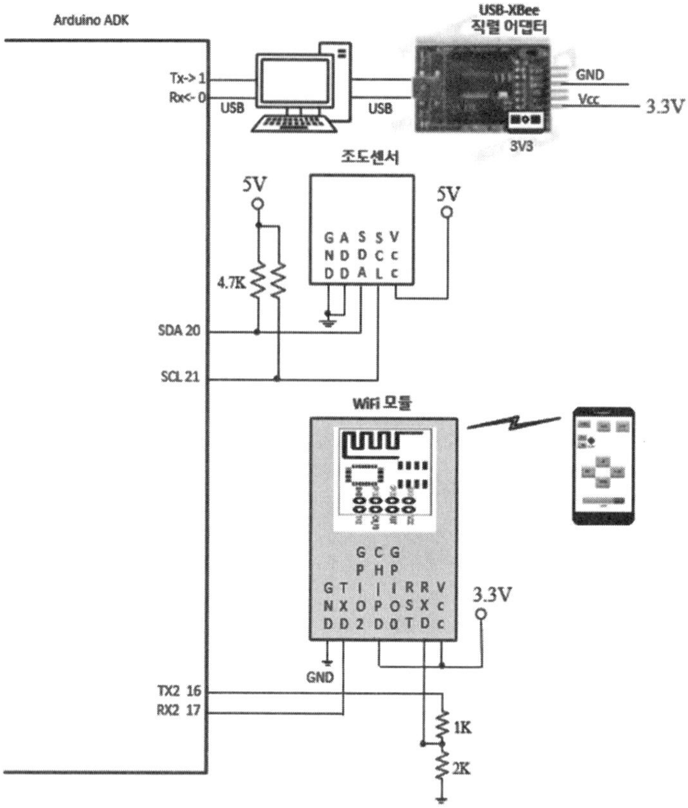

그림 17.8

소스 프로그램

```
#include <Wire.h> //I2C 라이브러리 삽입

byte lightSensorAddress=0x23; //7비트 조도센서 주소(0x00100011)
byte lightSensorCmd=0x10; //continously H-resolution mode 지정

#define DEBUG true // ESP8266 응답 디버깅 용도

String getRequest; // 클라이언트가 요청한 Get Request를 저장할 변수 선언
int connectionId; // 연결 ID를 저장할 변수 선언
```

```
byte readByte[2];  // 슬레이브 장치로부터 읽을 바이트를 저장할 변수 선언(최대2바이트)
byte numReadByte; // 슬레이브 장치로부터 읽을 바이트 수를 저장하는 변수 선언

void wireSensorCtrl(byte SensorAddress, byte SensorCmd, byte numByte, byte *dataByte)
// 지정된 슬레이브로부터 바이트 수 만큼 데이터를 읽어오기 위한 함수
{
  Wire.beginTransmission(SensorAddress); //슬레이브 7비트 주소에 0(쓰기)을 붙인 값을
                                    //슬레이브에 전달
  Wire.write(SensorCmd); //커맨드를 슬레이브에 전달하기 위해 큐(버퍼)에 쓰기
  Wire.endTransmission(); //write() 함수에 의해 버퍼에 저장된 바이트를 전송

  Wire.requestFrom(SensorAddress, numByte); //마스터가 슬레이브에 numByte 수
                                        //만큼의 데이터 요청
  int i=0; // 반복해서 데이터를 저장하기 위한 변수 초기값
  while(Wire.available()) { // 슬레이브로부터 온 데이터가 있는지 확인
    *(dataByte+i)=Wire.read(); // 슬레이브로부터 온 데이터를 읽음
    i++; // 다음번 데이터를 저장하기 위해 1증가
  }
}

void setup() {
  Serial.begin(9600); // 시리얼 모니터와 시리얼 개방, 통신속도 설정
  Serial2.begin(115200); // WiFi와 시리얼 개방, 통신속도는 초기값(115200)으로 설정
  Wire.begin(); //I2C 객체 시작

  sendData("AT+RST\r\n",2000,DEBUG); // 모듈리셋
  // 연결할 AP 네트워크(공유기, 라우터) 이름 및 비밀번호 입력 (***** 부분에 비밀번호 입력)
  sendData("AT+CWJAP=\"AndroidHotspot1183\",\"********\"\r\n",3000,DEBUG);
  delay(5000);
  sendData("AT+CWMODE=3\r\n",3000,DEBUG); // AP+Station 모드 설정
  sendData("AT+CIFSR\r\n",3000,DEBUG); // AP IP와 Station IP 주소를 가져옴
  sendData("AT+CIPMUX=1\r\n",3000,DEBUG); // 다중연결이 가능하도록 설정
  sendData("AT+CIPSERVER=1,80\r\n",3000,DEBUG); // 서버생성, 포트번호 80 설정 (웹서버로 설정)
  Serial.println("Server ready !!!"); // 문자열 출력
}

void loop() {

 if(Serial2.find("+IPD,")) //수신버퍼에서 문자열을 찾고 문자열 다음으로 위치
   {
```

```
      delay(100); // 다음 문자가 버퍼에 채워지기 위해 대기
      getRequest=""; //  Get Request를 문자열을 저장할 변수 초기화

      connectionId = Serial2.read()-48; // 클라이언트와 연결ID 축출(읽어들인 값이 아스
                                    // 키값이므로 48('0')을 뺌)

      Serial.print("Get into +IPD : Connection Id ="); // 연결 ID 출력
      Serial.println(connectionId);

      if(Serial2.find(":")) { //수신버퍼에서 콜론(:) 문자를 찾고 다음으로 위치
        char c=Serial2.read(); //버퍼에서 1바이트 읽음
        while ( c != '\n') {    //수신문자가 커맨드 종료 문자인지 확인
          getRequest+=c;   //수신문자를 문자열에 추가
          c=Serial2.read(); //버퍼에서 1바이트 읽음
        }
        parseGetRequest(); //수신문자열을 해석하고 기능 수행 함수 호출
      }
    }
}

String sendData(String command, const int timeout, boolean debug)
{
    String response = ""; //esp8266으로부터 온 응답문자열 초기화

    Serial2.print(command); // esp8266에 커맨드 전송

    long int time = millis(); // 현재시간을 저장

    while( (time+timeout) > millis()) //타임아웃기간동안 처리
    {
      while(Serial2.available())  // WiFi 모듈이 보낸 포트2 수신버퍼에 수신 데이터가 있는지 확인
      {
        char c = Serial2.read(); //버퍼에서 1바이트 읽어 오기
        response+=c; //응답문자열 만들기
      }
    }

    if(debug) //디버그가 참이면
    {
      Serial.print(response); // 응답문자열을 시리얼 모니터에 출력
```

```
    }
    return response; // 응답문자열 반환
}

void parseGetRequest()
{
  Serial.println("----parseGetRequest Routine----"); // 시리얼 모니터에 문자열 출력
  Serial.println(getRequest); // 시리얼 모니터에 수신문자열 출력

  if (getRequest.indexOf("heartBeat") > -1) //수신문자열에 heartBeat가 있는지 확인
  {
    Serial.println("heatBeat----"); // 시리얼 모니터에 문자열 출력

    numReadByte=2; // 슬레이브 장치로부터 읽을 바이트 수 설정
    wireSensorCtrl(lightSensorAddress, lightSensorCmd, numReadByte, readByte); // 조도센서
                                                    // 로부터 조도 값을 읽어 오기 위한 함수 호출
    float lux = (readByte[0]*256 + readByte[1])/1.2; // 조도 값 계산
    Serial.print("illumination value : "); // 시리얼 모니터에 문자열 출력
    Serial.println(lux); // 시리얼 모니터에 조도 값 출력
    Serial.println(); // 한줄 띄우기

    luxValue="Light "+(String)lux+"\n"; // 문자열 합성

    String cipSend = "AT+CIPSEND=";   //AT+CIPSEND커맨드만들기
    cipSend += connectionId; // 연결ID 추가
    cipSend += ",";  // 콤마 추가
    cipSend +=luxValue.length(); // 문자열 길이 추가
    cipSend +="\r\n"; // AT 커맨드 끝을 알림

    sendData(cipSend,1000,DEBUG); //AT+CIPSEND커맨드를 통해 전송바이트 수를 전송
    sendData(luxValue,1000,DEBUG); //데이터 문자열 전송

    return;
  }
}
```

3) 웹 서버인 아두이노가 AP IP(APIP)와 Station IP(STAIP) 받기

- [실험 17-1]의 3)과 동일

4) Roboremo 제어 앱에서 아두아노와 WiFi 연결

- [실험 17-1]의 4)와 동일

5) 제어 수행 결과

- [그림 17.9]와 같이 1초 간격으로 조도 값을 가져와 다양한 방법으로 표시

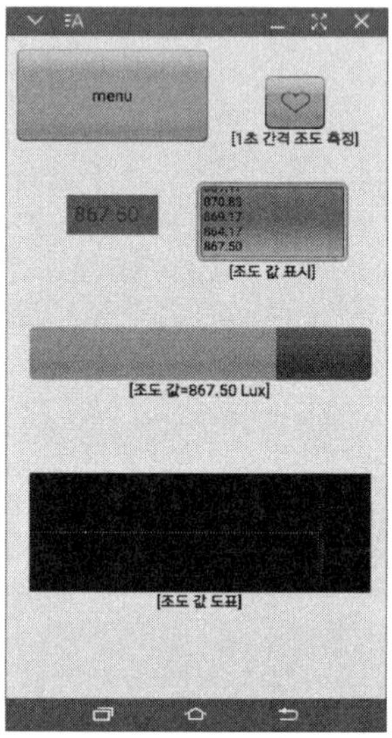

그림 17.9

제18장 하드웨어 인터럽트를 활용한 센서 제어

실험에 필요한 부품

자석스위치	터치스위치 IM120710023	캐소드 공통형 3색 RGB LED	LED	1KΩ 저항
1개	1개	1개	1개	4개

18.1 인터럽트

- 외부 입력 변화를 인지하고 그 처리를 수행하는 프로그램을 작성할 때 폴링(polling) 방식 또는 인터럽트(interrupt) 방식으로 작성
- 다음의 예를 생각해 보자. TV를 시청하고 있는 음식점 주인이 손님이 들어오는 것(외부 입력 변화)을 알아내는 방법으로 다음의 두 가지를 쓸 수 있음. 하나는 TV를 시청하면서 수시로 문 쪽을 보면서 손님이 들어오는지를 점거하는 것이고, 다른 방법은 [그림 18.1]과 같이 문에 종을 달아 종이 울리면 문을 점검하는 방법으로 종이 울리기 전 까지는 TV를 계속해서 시청할 수 있음. 전자의 방법을 폴링방식이라 하고 후자의 방법을 인터럽트 방식이라 함

그림 18.1 종 달린 문

• 지금까지 [그림 18.2]와 같이 폴링방식을 이용하여 digitalRead() 함수나 analogRead() 함수로 디지털과 아날로그 입력 값을 읽어와 처리를 수행 함

```
void loop() {

    boolean doorStatus=digitalRead(doorPin); // 자석스위치 상태를 읽음 (폴링방식)

    if(doorStatus) { // 자석스위치가 떨어져 있으면
          digitalWrite(ledPin,HIGH); // LED(3번)에 HIGH 출력(LED 켜기)
          Serial.println("Door is open !!!");
    }
    else // 자석스위치가 붙어 있으면
    {
          digitalWrite(ledPin,LOW); // LED(3번)에 LOW 출력(LED 끄기)
          Serial.println("Door is closed !!!");
    }
}
```

그림 18.2 폴링 방식

• 마이크로프로세서(CPU)에서 인터럽트란 마이크로프로세서가 프로그램을 실행하고 있을 때, 내 · 외부의 어떤 변화에 의한 예외상황이 발생하여 처리가 필요할 경우에 마이크로프로세서에게 알려 프로그램의 실행을 일시 정지하고 변화에 대응하는 다른 프로그램을 처리할 수 있도록 하는 것을 말함

- 인터럽트를 발생시키는 사건은 언제 발생할지 모르는 불확정적 즉, 비동기적으로 발생
- [그림 18.3]과 같이 프로그램이 수행 도중에 비동기적으로 인터럽트가 발생하면 미리 지정된 위치로 분기하여 인터럽트 처리
- 이때 인터럽트를 처리하는 코드를 "**인터럽트 서비스루틴(ISR)**"이라 하고 처리가 끝나면 인터럽트 서비스루틴으로 분기하기 전의 위치로 복귀하여 작업을 계속적으로 수행

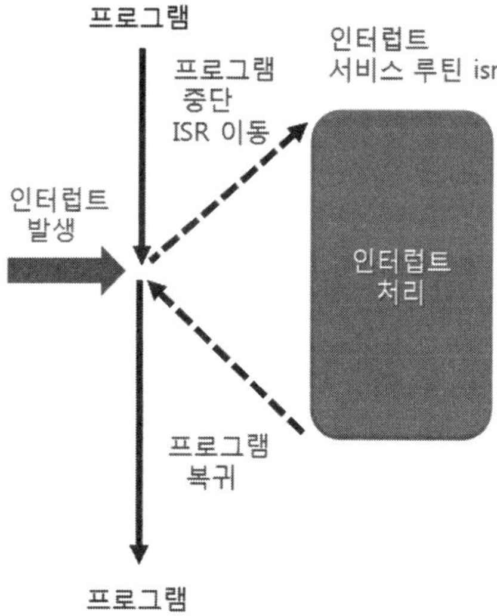

그림 18.3 인터럽트 처리 과정

- [그림 18.2]의 폴링 방식을 인터럽트 방식으로 대체한다면 [그림 18.4]와 같은 형태가 될 것 임. 즉, digitalRead() 함수로 자석스위치 상태를 읽을 필요가 없으며 자석스위치가 연결된 핀에 상태 변화가 생기면(자석스위치가 떨어지면) 자동으로 **인터럽트 서비스루틴(ISR)**으로 분기하여 프로그램을 처리하는데 이러한 하드웨어 인터럽트에 대해서 다음 장에서 자세히 설명

[인터럽트 서비스 루틴(ISR)]
상태 변화가 발생되면 ISR으로
분기하여 처리

```
void doorChange(void){
   .........
}

void loop() {

   boolean doorStatus=digitalRead(doorPin); //자석스위치 상태를 읽음

   if(doorStatus) { // 자석스위치가 떨어져 있으면
      digitalWrite(ledPin,HIGH); // LED(3번)에 HIGH 출력(LED 켜기)
      Serial.println("Door is open !!!");
   }
   else // 자석스위치가 붙어 있으면
   {
      digitalWrite(ledPin,LOW); // LED(3번)에 LOW 출력(LED 끄기)
      Serial.println("Door is closed !!!");
   }
}
```

읽어올 필요가 없음

그림 18.4 인터럽트 방식

18.2 하드웨어 인터럽트

- 하드웨어 인터럽트는 특정 입출력(I/O) 핀에 입력 상태 변화가 있을 때 이를 감지하고 인터럽트를 발생시키는 것으로 외부 입력에 대하여 인터럽트가 발생되는 것을 말 함. 그래서 하드웨어 인터럽트를 외부 인터럽트라고도 함
- 아두이노 보드에 따라 이용 가능한 외부 인터럽트 수는 상이하며 메가 ADK 보드에는 6개의 외부 하드웨어 인터럽트가 있고 각 인터럽트에 대한 인터럽트 ID 번호 및 인터럽트 핀은 [표 18.1]과 같음

표 18.1 메가 ADK 하드웨어 인터럽트

인터럽트 종류	interrupt0	interrupt1	interrupt2	interrupt3	interrupt4	interrupt5
인터럽트 ID 번호	0	1	2	3	4	5
핀 번호	2	3	21	20	19	18

- 인터럽트가 발생되면 **인터럽트 서비스 루틴**(ISR)으로 분기되는데 인터럽트 서비스 루틴에서는 delay() 함수가 작동하지 않기 때문에 주의. 그리고 인터럽트 서비스 루틴은 대부분 다른 기능이 없고 제한된 기능을 가지는 특별한 종류이므로 매개 변수를 가질 수 없고 반환되는 것도 없음
- 일반적으로 인터럽트 서비스 루틴은 가능한 짧고 빠르게 처리해야 함. 또한 인터럽트 서비스 루틴에서 값이 변경되는 변수가 있는 경우 컴파일러에게 이를 알려주기 위해 변수는 반드시 volatile 형식으로 선언

18.2.1 하드웨어 인터럽트 처리 함수들

■ attachInterrupt() 함수

- 인터럽트가 발생할 때 호출할 인터럽트 서비스 루틴(ISR)을 지정
- 3개의 인자를 가지며 첫 번째 인자는 인터럽트 ID 번호이고 두 번째 인자는 분기될 인터럽트 서비스 루틴(ISR)이며 세 번째 인자는 인터럽트 발생 모드(mode)인데 아래와 같은 5가지 발생 모드를 지원
  - LOW - 핀이 LOW일 때 인터럽트 발생
  - RISING - 핀이 LOW에서 HIGH로 변경될 때 즉, 상승에지에서 인터럽트 발생
  - FALLING - 핀이 HIGH에서 LOW로 변경될 때 즉, 하강에지에서 인터럽트 발생
  - CHANGE - 핀의 값이 변경될 때 즉, 상승에지와 하강에지 모두에서 인터럽트 발생
  - HIGH - 핀이 HIGH 일 때 인터럽트 발생(Arduino Due 보드만 지원)

- 아래의 표는 attachInterrupt() 함수 사용 방법

void attachinterrupt(digitalPinToInterrupt(pin), ISR, mode) (추천) void attachinterrupt(interrupt, ISR, mode) (비추천) void attachinterrupt(pin, ISR, mode) (비추천 아두이노 Due, Zero only)		
기능	특정 인터럽트가 발생할 때 호출할 인터럽트 서비스 루틴(ISR)을 지정	
매개변수	interrupt	인터럽트 ID 번호 (0~5)
	pin	핀 번호
	ISR	인터럽트 발생 시 호출되는 인터럽트 서비스 루틴 함수

매개변수	mode	인터럽트 발생 모드 정의 - **LOW** : 해당 핀이 Low level - **CHANGE** : 값이 변할 때(LOW to HIGH, HIGH to LOW) - **RISING** : 상승에지(LOW to HIGH) - **FALLING** : 하강에지(HIGH to LOW)
리턴 값	void	없음

■ detachInterrupt() 함수

- 지정된 인터럽트를 해제하는 함수

void detachinterrupt(interrupt) void detachinterrupt(digitalPinToInterrupt(pin)) void detachinterrupt(pin) → (아두이노 Due, Zero only)		
기능	지정된 인터럽트를 해제	
매개변수	interrupt	인터럽트 ID 번호 (0~5)
	pin	핀 번호
리턴 값	void	없음

■ interrupts() 함수

void interrupts()		
기능	전체 인터럽트를 활성화 시키는 함수 noInterrupt()로 비활성화된 인터럽트를 다시 활성화 시킴	
매개변수	void	없음
리턴 값	void	없음

■ noInterrupts() 함수

void noInterrupts()		
기능	전체 인터럽트를 비활성화 시키는 함수	
매개변수	void	없음
리턴 값	void	없음

실험 18-1

터치스위치를 이용하여 3색 RGB LED를 순차적으로 켜기(하드웨어 인터럽트 이용)

- 캐소드 공통형 3색 RGB LED를 연결하고 터치스위치 입력이 발생할 때 마다 끄기→ 빨간색→초록색→파란색→끄기→빨간색→.... 순서로 순차적으로 반복
- 터치스위치 입력은 HIGH에서 LOW로 변할 때 발생한 것으로 간주
- [실험 4-2]에서는 폴링 방식으로 프로그램 하였고 이번에는 인터럽트 방식으로 프로그램
- 인터럽트 방식으로 프로그램하기 위해서 터치스위치 출력을 인터럽트1 (핀 3)에 연결
- 터치센서 출력 신호는 [그림 18.5]와 같이 터치 입력이 발생하면 HIGH에서 LOW로 떨어지므로 인터럽트 발생 모드를 "**FALLING**"에서 발생하도록 함

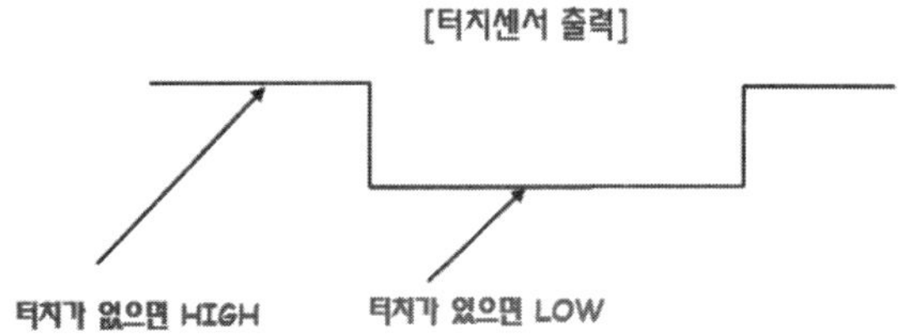

그림 18.5

- [그림 18.6]과 같이 회로를 연결하고 아래의 스케치 프로그램을 업로드
- [실험 4-2]의 폴링 방식 프로그램과 비교하여 무엇이 어떻게 바뀌었는지 확인 필요

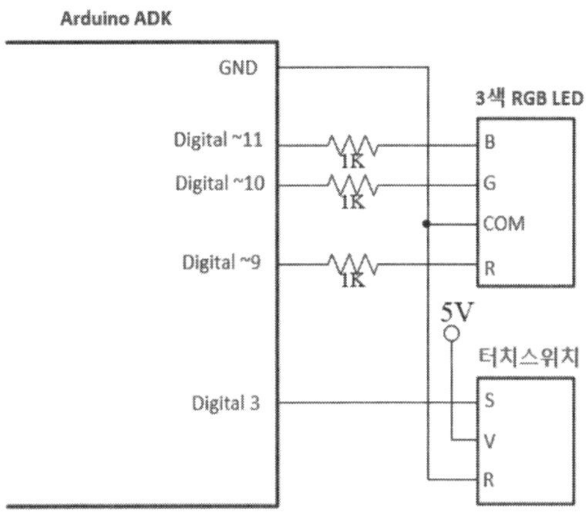

그림 18.6 실험 18-1 회로 연결

소스 프로그램 RGBLED_TouchSensor_INT

```
const int touchSensorPin=3; // 터치센서에 연결된 핀 번호 변수 정의 (인터럽트 이용)
const int rLedPin = 9; //3색 LED 중 빨간색 LED와 연결된 핀 번호 변수 정의
const int gLedPin = 10; //3색 LED 중 초록색 LED와 연결된 핀 번호 변수 정의
const int bLedPin = 11; //3색 LED 중 파란색 LED와 연결된 핀 번호 변수 정의

volatile int touchInputNum=0; //터치센서 입력 횟수를 저장하는 변수 선언

void setup() {
  pinMode(rLedPin, OUTPUT); // rLED를 출력으로 설정
  pinMode(gLedPin, OUTPUT); // gLED를 출력으로 설정
  pinMode(bLedPin, OUTPUT); // bLED를 출력으로 설정

  digitalWrite(rLedPin, LOW);  //rLED에 LOW 출력(rLED 끄기)
  digitalWrite(gLedPin, LOW);  //gLED에 LOW 출력(gLED 끄기)
  digitalWrite(bLedPin, LOW);  //bLED에 LOW 출력(bLED 끄기)

  pinMode(touchSensorPin, INPUT); // 터치센서를 입력으로 설정
  attachInterrupt(digitalPinToInterrupt(touchSensorPin), touchOccur,FALLING); //인터럽
트1(핀3) 사용, ISR 지정, 하강에지에서 인터럽트 발생
}

void touchOccur(void){ // 인터럽트 서비스 루틴
  touchInputNum++;
  if(touchInputNum == 4) touchInputNum=0; // 터치입력이 4의 배수이면 초기화
}

void RGBLED_Display(int Num){

  switch (Num) {
    case 0 :
        digitalWrite(rLedPin, LOW);  //rLED 끄기
        digitalWrite(gLedPin, LOW);  //gLED 끄기
        digitalWrite(bLedPin, LOW);  //bLED 끄기
      break;
    case 1 :
        digitalWrite(rLedPin, HIGH);  //rLED 켜기
        digitalWrite(gLedPin, LOW);  //gLED 끄기
        digitalWrite(bLedPin, LOW);  //bLED 끄기
      break;
```

```
    case 2 :
        digitalWrite(rLedPin, LOW);  //rLED 끄기
        digitalWrite(gLedPin, HIGH);  //gLED 켜기
        digitalWrite(bLedPin, LOW);  //bLED 끄기
      break;
    case 3 :
        digitalWrite(rLedPin, LOW);  //rLED 끄기
        digitalWrite(gLedPin, LOW);  //gLED 끄기
        digitalWrite(bLedPin, HIGH);  //bLED 켜기
      break;
  }
}

void loop() {

  RGBLED_Display(touchInputNum); //RGB LED에 순차적으로 HIGH 출력(0:끄기, 1:빨간색, 2:초록색,
3:파란색)

}
```

실험 18-2

터치스위치를 이용하여 누르고 있는 동안 만 LED를 켜기 (하드웨어 인터럽트 이용)

- 터치스위치를 누르고 있는 동안 만 LED를 켜고 터치스위치를 띠면 LED를 끄기
- [실험 4-1]에서는 폴링 방식으로 프로그램 하였고 이번에는 인터럽트 방식으로 프로그램
- 인터럽트 방식으로 프로그램하기 위해서 터치스위치 출력을 인터럽트1 (핀 3)에 연결
- 터치센서 출력 신호는 [그림 18.5]와 같이 터치 입력이 발생하면 HIGH에서 LOW로 떨어지므로 인터럽트 발생 모드를 "FALLING"에서 발생하고, 터치스위치에서 손을 떼면 출력이 LOW에서 HIGH로 올라가므로 인터럽트 발생 모드를 "RISING"에서도 발생하도록 해야 함
- 그러므로 인터럽트 발생 모드를 "CHANGE"에서 발생하도록 설정 필요
- 인터럽트 발생 모드를 "CHANGE"로 설정하면 인터럽트가 "FALLING"에서 발생한 것인지 "RISING"에서 발생한 것인지 알아내야 하는데 인터럽트가 발생 후 3번 핀의 값을 읽어 LOW이면 하강에지에서 발생한 것이므로 LED를 켜고 HIGH 이면 상승에지에서 발생한 것으로 LED를 끔

- [그림 18.7]과 같이 회로를 연결하고 아래의 스케치 프로그램을 업로드
- [실험 4-1]의 폴링 방식 프로그램과 비교하여 무엇이 어떻게 바뀌었는지 확인 필요

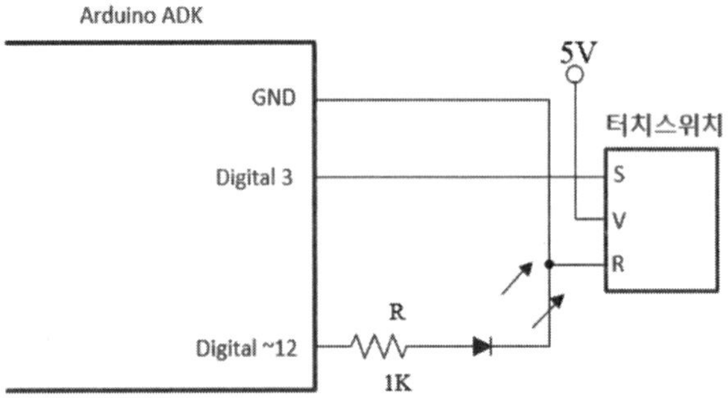

그림 18.7 실험 18-2 회로 연결

소스 프로그램 TouchSensor_INT

```
const int touchSensorPin=3; // 터치센서에 연결된 핀 번호 변수 정의 (인터럽트 이용)
const int ledPin=12; // LED에 연결된 핀 번호 변수 정의

volatile boolean touchInput = HIGH ; // 인터럽트 발생 후 값을 저장하는 변수 선언, 초기값 HIGH
volatile boolean touchStatus = false; // 인터럽트가 발생을 저장하는 변수 선언, 초기값 false (인터
럽트 미발생)

void setup()
{
   pinMode(touchSensorPin, INPUT); // 터치센서를 입력으로 설정
   pinMode(ledPin, OUTPUT); // LED를 출력으로 설정
   attachInterrupt(digitalPinToInterrupt(touchSensorPin), touchOccur,CHANGE); //인터럽
트1(핀3) 사용, ISR 지정, 상승 및 하강에지에서 인터럽트 발생
}

void touchOccur(void){ // 인터럽트 서비스 루틴
  touchInput = digitalRead(touchSensorPin); // 인터럽트 발생 후 값을 읽어 저장
  touchStatus = true; // 인터럽트 발생
}

void loop()
{
```

```
  if (touchStatus) { // 인터럽트가 발생하였다면
    if(touchInput) // 핀 값이 HIGH 이면 즉, 상승에지에서 인터럽트 발생
    {
      digitalWrite(ledPin, LOW); // LED 끄기
    }
    else  // 핀 값이 LOW 이면 즉, 하강에지에서 인터럽트 발생
    {
      digitalWrite(ledPin, HIGH); // LED 켜기
    }
    touchStatus = false;
  }
}
```

실험 18-3

터치스위치를 이용하여 누르고 있는 동안 만 LED를 켜기 (하드웨어 인터럽트 이용)

- 터치스위치를 누르고 있는 동안 만 LED를 켜고 터치스위치를 띠면 LED를 끄기
- [실험 18-2]에서는 인터럽트 발생 모드를 "**CHANGE**"로 설정하여 인터럽트가 "**FALLING**"에서 발생하면 LED를 켜고 인터럽트가 "**RISING**"에서 발생하면 LED를 끄도록 프로그램 함
- [그림 18.5]와 같이 터치스위치에 터치가 있으면 LOW이므로 이 번 실험에서는 인터럽트 발생 모드를 "**LOW**" 레벨에서 발생도록 프로그램
- [그림 18.7]의 회로를 사용하고 아래의 스케치 프로그램을 업로드
- [실험 18-2]의 프로그램과 비교하여 무엇이 어떻게 바뀌었는지 확인 필요

소스 프로그램 TouchSensor_INT_Level

```
const int touchSensorPin=3; // 터치센서에 연결된 핀 번호 변수 정의 (인터럽트 이용)
const int ledPin=12; // LED에 연결된 핀 번호 변수 정의

volatile boolean touchStatus = false; // 인터럽트가 발생을 저장하는 변수 선언, 초기값 false (인터
럽트 미발생)

void setup()
{
```

```
   pinMode(touchSensorPin, INPUT); // 터치센서를 입력으로 설정
   pinMode(ledPin, OUTPUT); // LED를 출력으로 설정
   attachInterrupt(digitalPinToInterrupt(touchSensorPin), touchOccur,LOW); //인터럽트
1(핀3) 사용, ISR 지정, LOW 레벨에서 인터럽트 발생
}

void touchOccur(void){ // 인터럽트 서비스 루틴
  touchStatus = true; // 인터럽트 발생
}

void loop()
{
  if (touchStatus)  // 인터럽트가 발생하였다면
  {
    digitalWrite(ledPin, HIGH); // LED 켜기
    touchStatus = false;
  }
  else {
    digitalWrite(ledPin, LOW); // LED 끄기
  }
}
```

실험 18-4

자석스위치를 사용하여 문의 개폐여부를 출력 (하드웨어 인터럽트 이용)

- 자석스위치 출력 신호는 [그림 18.8]과 같이 자석스위치가 붙어 있으면 내부적으로 ON이 되어 LOW가 출력되고 자석스위치가 떨어져 있으면 내부적으로 OFF가 되어 HIGH가 출력 되는 자석스위치를 이용

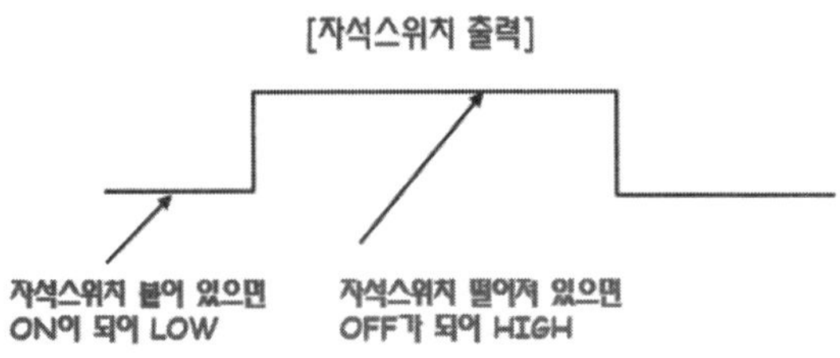

그림 18.8

- 자석스위치가 붙어있는 문의 개폐(ON, OFF) 상태는 인터럽트0 (핀2)를 사용하여 처리
- 문의 개폐 상태를 확인하기 위해 인터럽트 발생 모드를 **"CHANGE"**에서 발생하도록 설정
- 인터럽트 발생 모드를 **"CHANGE"**로 설정하면 인터럽트가 **"FALLING"**에서 발생한 것인지 **"RISING"**에서 발생한 것인지 알아내야 하는데 인터럽트가 발생 후 2번 핀 값을 읽어 LOW이면 하강에지(문이 붙음)에서 발생한 것이며 HIGH 이면 상승에지(문이 열림)에서 발생한 것 임
- 문의 상태 변화를 시리얼 모니터에 출력
- [그림 18.9]과 같이 회로를 연결하고 아래의 스케치 프로그램을 업로드

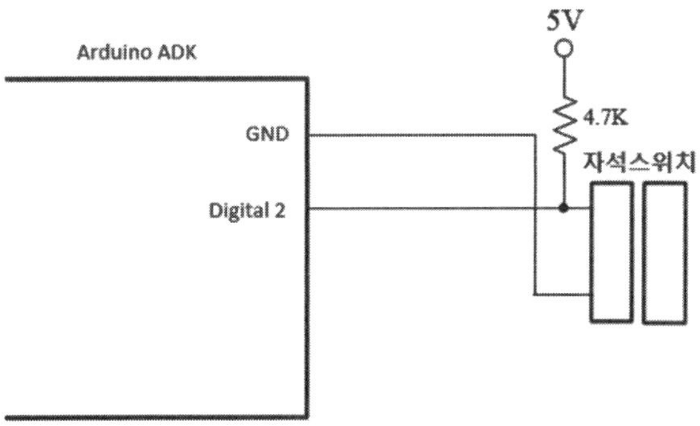

그림 18.9 실험 18-4 회로 연결

소스 프로그램 Door_Read_INT

```
const int doorPin=2; // 자석스위치에 연결된 핀 번호 변수 정의, 인터럽트0(핀2) 사용

volatile boolean doorInput = LOW; // 문의 개폐 여부를 저장하는 변수 선언, 초기값 붙어 있음
volatile boolean doorStatus = false; // 문의 상태 변화를 저장하는 변수 선언, 초기값 false

void setup() {

  Serial.begin(9600); // 시리얼 개방, 통신속도 설정
  pinMode(doorPin, INPUT); // 자석스위치를 입력으로 설정
  attachInterrupt(digitalPinToInterrupt(doorPin), doorChange,CHANGE); //인터럽트0(핀2)
사용, ISR 지정, 값이 변할 때 인터럽트 발생
```

```
}

void doorChange(void){
  doorInput = digitalRead(doorPin); // 문의 상태 변화가 발생 후 핀 값을 읽어 개폐 여부를 저장
  doorStatus = true; // 문의 상태 변화가 발생
}

void loop() {
  if (doorStatus) {  // 문의 상태 변화가 발생하였는지 확인

    if (doorInput) //  문이 열려 있는지 확인
    {
      Serial.println("Door is open   !! "); // 문자열 출력
    }
    else // 문이 닫혀 있다면
    {
      Serial.println("Door is closed !! "); // 문자열 출력
    }
    doorStatus = false; // 문의 상태를 초기화
  }
}
```

제19장 타이머 인터럽트를 활용한 센서 제어

실험에 필요한 부품

자석스위치	온도센서 (LM35DZ)	16×2 문자LCD	피에조부저	캐소드 공통형 3색 RGB LED
1개	1개	1개	1개	1개
			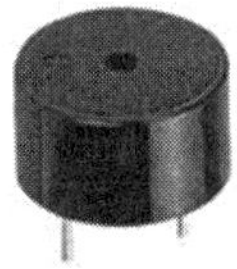	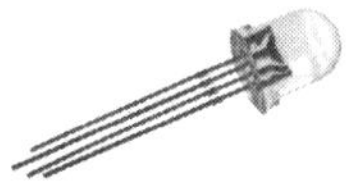

LED	10KΩ 가변저항	1KΩ 저항		
1개	1개	4개		

19.1 인터럽트

• 앞 장에서 학습한 인터럽트에 대하여 간단히 요약을 하면 다음과 같음

19.1.1 인터럽트

• 외부 장치(하드웨어 인터럽트)나 내부의 어떤 변화(타이머인터럽트)에 의해 예외상황이 발생되면 프로그램의 실행을 정지하고 변화에 대응하는 다른 프로그램을 처리할 수 있도록 하는 것

19.1.2 인터럽트 처리 과정

- [그림 19.1]과 같이 프로그램이 수행 도중에 인터럽트가 발생하면 미리 지정된 위치로 분기하여 인터럽트 처리
- 인터럽트를 처리하는 코드를 "**인터럽트 서비스루틴(ISR)**"이라 하고 처리가 끝나면 인터럽트 서비스루틴으로 분기하기 전의 위치로 복귀하여 작업을 계속적으로 수행

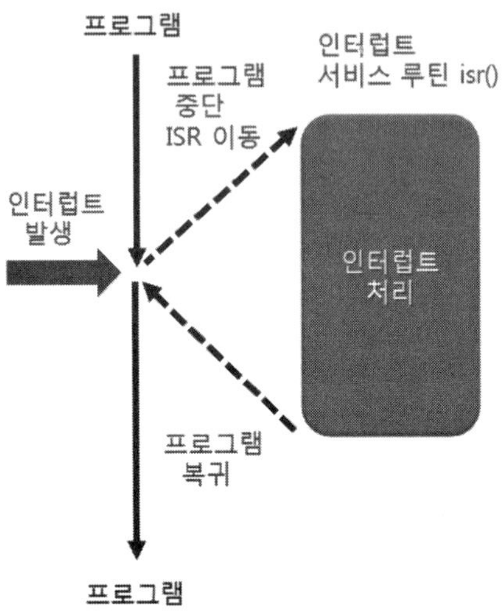

그림 19.1 인터럽트 처리 과정

19.2 타이머 인터럽트

19.2.1 타이머

- 타이머(timer) : 시계와 같이 시간을 측정하여 원하는 시간에 원하는 동작을 할 수 있게 해줌
- 타이머(timer)를 사용하는 이유 : [그림 19.2] (a)에서와 같이 delay() 함수를 사용하면 delay() 함수에서 정의한 시간동안 프로그램 동작이 멈추게 됨. 반면 [그림 19.2] (b)와 같이 millis() 타이머 함수를 사용하면 타이머가 호출될 때 마다 아두이노 프로그램이 시

작한 이후 지나간 시간을 ms 단위로 알려 줌. 즉, 따로 타이머/카운터 로직이 동작하여 프로그램에 영향을 주지 않고도 원하는 시간에 원하는 동작을 할 수 있게 해줌

```
void loop() {
    digitalWrite(ledPin, HIGH);
    delay(1000); .
}
```

(a)

타이머/카운터 이용

```
void loop() {
    if(millis()-time>2000) { //millis()함수가 리턴한 시간과
                               이전시간의 차가 2초이상이면

    time=millis(); // 현재시간을 이전시간에 저장
    ........
}
```

(b)

그림 19.2

19.2.2 타이머 인터럽트

- 아두이노에서는 하드웨어 인터럽트 외에도 내부 클럭(16MHz)을 사용한 타이머를 동작시켜 원하는 시간에 **인터럽트 서비스루틴(ISR)**으로 분기하도록 하는 타이머 인터럽트도 호출할 수 있음
- 아두이노 메가 보드에는 6개의 타이머와 15개의 PWM 출력 핀을 가지고 있는데 아두이노에서 각 타이머는 PWM을 출력하는 용도로 사용하도록 설계되어 있음. 즉, 용도가 정해져 있음
- 6개의 타이머와 15개의 PWM 출력 핀 간의 관계를 [표 19.1]에 나타냄

표 19.1 6개의 타이머와 15개의 PWM 출력 핀 간의 관계

PWM 출력 핀 번호	타이머 명칭	비트	사용 함수
4, 13	Timer0	8비트 타이머	delay(), millis(), micros()
11, 12	Timer1	16비트 타이머	
9, 10	Timer2	8비트 타이머	tone(), noTone()
2, 3, 5	Timer3	16비트 타이머	
6, 7, 8	Timer4	16비트 타이머	
44, 45, 46	Timer5	16비트 타이머	Servo library

- 아두이노에서 각 타이머는 PWM을 출력하는 용도로 사용하도록 되어 있기 때문에 우리는 3rd party 라이브러리인 TimerOne과 TimerThree 라이브러리를 사용
- [표 19.2]에 나타낸 것과 같이 TimerOne과 TimerThree는 내장 16비트 타이머를 사용하는 것으로 0~$2^{16}-1$ (=65535)까지 카운터를 할 수 있으며 16MHz 클럭을 사용하여 타이머로 동작을 할 수 있음. TimerOne, TimerThree 라이브러리를 사용하는 경우 Timer1과 Timer3용으로 지정된 핀에서 PWM이 정상적으로 동작하지 않을 수 있음

표 19.2 TimerOne과 TimerThree

PWM 출력 핀 번호	타이머	3rd party 라이브러리	비고
4, 13	Timer0 (8비트 타이머)		TimerOne, TimerThree 라이브러리를 사용하는 경우 PWM이 정상적으로 동작하지 않을 수 있음
11, 12	Timer1 (16비트 타이머)	TimerOne	
9, 10	Timer2 (8비트 타이머)		
2, 3, 5	Timer3 (16비트 타이머)	TimerThree	
6, 7, 8	Timer4 (16비트 타이머)		
44, 45, 46	Timer5 (16비트 타이머)		

19.2.3 TimerOne과 TimerThree 라이브러리 설치

- 아래의 사이트에서 TimerOne과 TimerThree 라이브러리를 다운받아 압축을 풀고
  - http://www.pjrc.com/teensy/td_libs_TimerOne.html
- 폴더 그대로 아래의 아두이노 라이브러리 폴더로 복사하고 아두이노 IDE를 재 시작해야 설치한 라이브러리를 사용할 수 있음
  - 문서₩Arduino₩libraries

19.2.4 TimerOne과 TimerThree 라이브러리에서 제공하는 함수 들

- 타이머는 us 단위로 시간 주기를 반복적으로 측정하여 주기에 도달하면 인터럽트 함수로 분기

- 아래는 TimerOne이 제공하는 라이브러리 제공 함수 임(TimerThree 라이브러리 제공 함수를 사용하고 싶으면 Timer1을 Timer3으로 바꾸면 됨)

void Timer1.initialize(long period)		
기능	Timer1을 초기화. Timer1 객체가 지원하는 메소드(함수)들을 사용하기 위해서는 먼저 이 함수를 호출해야 함. us 단위로 타이머의 주기를 지정할 수 도 있으나 미 지정시 디폴트 값으로 1초가 설정 됨	
매개변수	period	us 단위 주기 값 (long type)
리턴 값	void	없음

void Timer1.attachInterrupt(ISR)		
기능	us 단위로 지정된 시간마다 인터럽트 서비스 루틴(ISR)을 호출	
매개변수	ISR	인터럽트 서비스 루틴(ISR)
리턴 값	void	없음

void Timer1.detachInterrupt()		
기능	Timer1 인터럽트를 해제	
매개변수	void	없음
리턴 값	void	없음

void Timer1.start()		
기능	Timer1 카운터 시작	
매개변수	void	없음
리턴 값	void	없음

void Timer1.stop()		
기능	Timer1 카운터 정지	
매개변수	void	없음
리턴 값	void	없음

void Timer1.resume()		
기능	Timer1 정지된 타이머를 재개	
매개변수	void	없음
리턴 값	void	없음

void Timer1.restart()		
기능	Timer1 카운터 값을 0으로 설정	
매개변수	void	없음
리턴 값	void	없음

unsigned long Timer1.read()		
기능	us 단위 시간 값을 읽음	
매개변수	void	없음
리턴 값	unsigned long	us 단위 시간 값

void Timer1.setPeriod(long period)		
기능	us 단위로 새로운 주기를 설정. 이 라이브러리가 지원하는 최소 주기 또는 최대 주파수는 1us 또는 1MHz. 최대 주기는 약 8.3초 임	
매개변수	period	us 단위 주기 값 (long type)
리턴 값	void	없음

실험 19-1

3색 RGB LED 제어하기(타이머 인터럽트 이용)

- 3색 RGB LED로 캐소드 공통형을 사용
- 3색 RGB LED에 연결하고 꺼짐 → 빨간색 → 초록색 → 파란색 → 꺼짐 → 빨간색 → .... 순서로 1초 간격으로 순차적으로 반복
- [실험 3-5]에서는 폴링 방식으로 프로그램 하였고 이번에는 타이머 인터럽트를 사용하여 인터럽트 방식으로 프로그램
- TimerThree 라이브러리를 사용하며 타이머의 **발생 주기를 1초로 설정**
- [그림 19.3]과 같이 회로를 연결하고 아래의 스케치 프로그램을 업로드

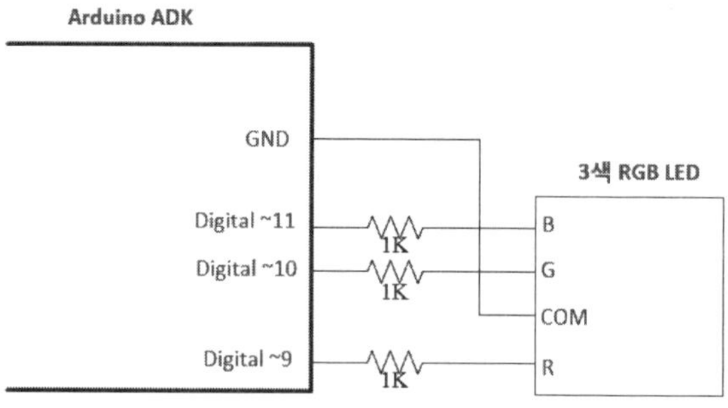

그림 19.3 실험 19-1 회로 연결

소스 프로그램 RGBLED_Ctrl_INT

```
#include <TimerThree.h> // timer3 라이브러리 삽입

const int rLedPin = 9; //3색 LED 중 빨간색 LED와 연결된 핀 번호 변수 정의
const int gLedPin = 10; //3색 LED 중 초록색 LED와 연결된 핀 번호 변수 정의
const int bLedPin = 11; //3색 LED 중 파란색 LED와 연결된 핀 번호 변수 정의

volatile int colorSelect=0; //타이머 인터럽트발생 색선택을 저장하는 변수 선언

void setup() {
 pinMode(rLedPin, OUTPUT); // rLED를 출력으로 설정
 pinMode(gLedPin, OUTPUT); // gLED를 출력으로 설정
 pinMode(bLedPin, OUTPUT); // bLED를 출력으로 설정

 digitalWrite(rLedPin, LOW);  //rLED에 LOW 출력(rLED 끄기)
 digitalWrite(gLedPin, LOW);  //gLED에 LOW 출력(gLED 끄기)
 digitalWrite(bLedPin, LOW);  //bLED에 LOW 출력(bLED 끄기)

 Timer3.initialize(1000000); // timer3 타이머를 1초로 설정
 Timer3.attachInterrupt(colorChange); // 타이머 인터럽트 발생시 인터럽트 서비스 루틴 colorChange() 실행
 Timer3.stop(); // 타이머 정지
 Timer3.start(); // 타이머 동작
}

void colorChange() // 인터럽트 서비스 루틴
{
 colorSelect++;
 if(colorSelect == 4) colorSelect=0; // 4의 배수이면 초기화
}

void RGBLED_Display(int Num){

 switch (Num) {
  case 0 :
      digitalWrite(rLedPin, LOW);  //rLED 끄기
      digitalWrite(gLedPin, LOW);  //gLED 끄기
      digitalWrite(bLedPin, LOW);  //bLED 끄기
    break;
  case 1 :
      digitalWrite(rLedPin, HIGH);  //rLED 켜기
```

```
        digitalWrite(gLedPin, LOW);  //gLED 끄기
        digitalWrite(bLedPin, LOW);  //bLED 끄기
      break;
    case 2 :
        digitalWrite(rLedPin, LOW);  //rLED 끄기
        digitalWrite(gLedPin, HIGH);  //gLED 켜기
        digitalWrite(bLedPin, LOW);  //bLED 끄기
      break;
    case 3 :
        digitalWrite(rLedPin, LOW);  //rLED 끄기
        digitalWrite(gLedPin, LOW);  //gLED 끄기
        digitalWrite(bLedPin, HIGH);  //bLED 켜기
      break;
  }
}

void loop() {

   RGBLED_Display(colorSelect); // RGB LED 색 표시(0:끄기, 1:빨간색, 2:초록색, 3:파란색)
}
```

실험 19-2

3색 RGB LED 제어하기 (타이머 인터럽트 이용)

- [실험 19-1]과 동일하나 이번에는 타이머의 **발생 주기를 0.1초로 설정**
- 3색 RGB LED에 연결하고 꺼짐 → 빨간색 → 초록색 → 파란색 → 꺼짐 → 빨간색 → .... 순서로 **1초 간격**으로 순차적으로 반복
- [그림 19.3]의 회로를 사용하며 아래의 스케치 프로그램을 업로드

소스 프로그램 RGBLED_Ctrl_INT_DiffPeriod

```
#include <TimerThree.h> // timer3 라이브러리 삽입

const int rLedPin = 9; //3색 LED 중 빨간색 LED와 연결된 핀 번호 변수 정의
const int gLedPin = 10; //3색 LED 중 초록색 LED와 연결된 핀 번호 변수 정의
const int bLedPin = 11; //3색 LED 중 파란색 LED와 연결된 핀 번호 변수 정의
```

```
volatile int colorSelect=0; //타이머 인터럽트발생 색선택을 저장하는 변수 선언
volatile int intCount=0; //인터럽트 발생회수를 저장하는 변수

void setup() {
  pinMode(rLedPin, OUTPUT); // rLED를 출력으로 설정
  pinMode(gLedPin, OUTPUT); // gLED를 출력으로 설정
  pinMode(bLedPin, OUTPUT); // bLED를 출력으로 설정

  digitalWrite(rLedPin, LOW);  //rLED에 LOW 출력(rLED 끄기)
  digitalWrite(gLedPin, LOW);  //gLED에 LOW 출력(gLED 끄기)
  digitalWrite(bLedPin, LOW);  //bLED에 LOW 출력(bLED 끄기)

  Timer3.initialize(100000); // timer3 타이머를 0.1초로 설정
  Timer3.attachInterrupt(colorChange); // 타이머 인터럽트 발생시 인터럽트 서비스 루틴 colorChange() 실행
  Timer3.stop(); // 타이머 정지
  Timer3.start(); // 타이머 동작
}

void colorChange() // 인터럽트 서비스 루틴
{
  intCount++; // 0.1초 마다 인터럽트 회수 증가
  if(intCount == 10) { //1초에 도달했는지 확인
    colorSelect++;  // 색 선택 값 증가
    if(colorSelect == 4) colorSelect=0; // 4의 배수이면 초기화
    intCount=0; //인터럽트 회수를 초기화
  }
}

void RGBLED_Display(int Num){

  switch (Num) {
    case 0 :
        digitalWrite(rLedPin, LOW);  //rLED 끄기
        digitalWrite(gLedPin, LOW);  //gLED 끄기
        digitalWrite(bLedPin, LOW);  //bLED 끄기
      break;
    case 1 :
        digitalWrite(rLedPin, HIGH);  //rLED 켜기
        digitalWrite(gLedPin, LOW);  //gLED 끄기
        digitalWrite(bLedPin, LOW);  //bLED 끄기
```

```
      break;
    case 2 :
        digitalWrite(rLedPin, LOW);  //rLED 끄기
        digitalWrite(gLedPin, HIGH);  //gLED 켜기
        digitalWrite(bLedPin, LOW);  //bLED 끄기
      break;
    case 3 :
        digitalWrite(rLedPin, LOW);  //rLED 끄기
        digitalWrite(gLedPin, LOW);  //gLED 끄기
        digitalWrite(bLedPin, HIGH);  //bLED 켜기
      break;
  }
}

void loop() {

   RGBLED_Display(colorSelect); // RGB LED 색 표시(0:끄기, 1:빨간색, 2:초록색, 3:파란색)
}
```

실험 19-3

온도센서 값을 LCD 및 시리얼 모니터에 출력 (타이머 인터럽트 이용)

- LM35 온도센서를 아날로그 입력단자 A0에 연결
- 3초마다 온도 값을 읽어 LCD 및 시리얼 모니터에 출력
- LCD에 다음과 같이 표시

T	e	m	p	.		:		2	6	°	C				

- LCD에 표시할 사용자 정의문자로 섭씨온도 단위의 (°) 문자를 생성하여 사용자 정의 문자 ID 0에 할당
- 시리얼 모니터에 다음과 같이 출력
  Current Temp. : 온도값 C
- [실험 6-2]에서는 delay(3000) 함수를 사용하여 3초를 지연시키며 온도값을 읽어 왔으나 이번에는 타이머 인터럽트를 사용하여 인터럽트 방식으로 프로그램

- TimerThree 라이브러리를 사용하며 타이머의 **발생 주기를 1초**로 설정하고 3초마다 온도센서 값을 읽어 문자 LCD 및 시리얼 모니터에 출력
- [그림 19.4]와 같이 회로를 연결하고 아래의 스케치 프로그램을 업로드

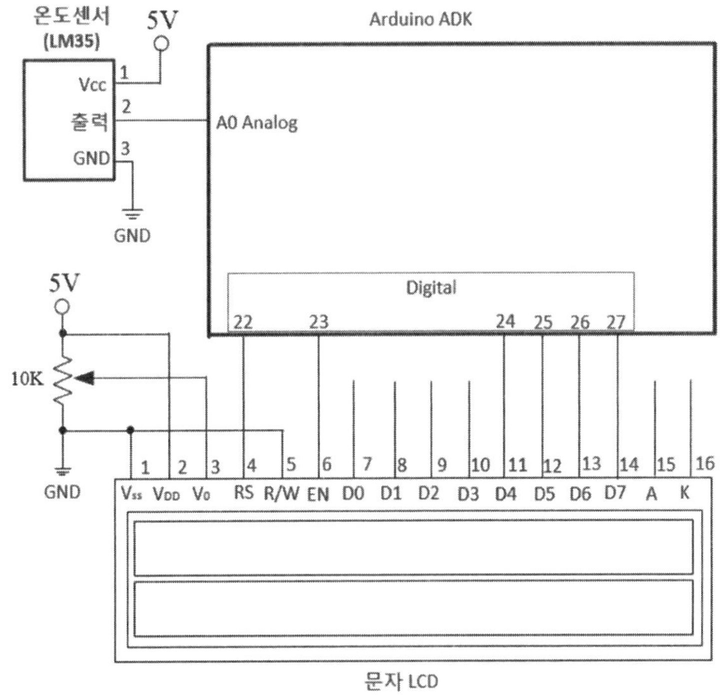

그림 19.4 실험 19-3 회로 연결

소스 프로그램 LM35_LCD_Timer

```
#include <LiquidCrystal.h>  //LCD 라이브러리 삽입
#include <TimerThree.h> // timer3 라이브러리 삽입

const int tempPin=0; //온도센서와 연결된 핀 번호 변수 정의

// 회로에 연결된 핀 번호를 사용하여 lcd 객체 생성
LiquidCrystal lcd(22,23,24,25,26,27);
```

```
int tempC; //온도 값을 저장하는 변수 선언

byte degree[]={  //5×8 온도 ( ° ) 문자 생성
  0b00110,
  0b01001,
  0b01001,
  0b00110,
  0b00000,
  0b00000,
  0b00000,
  0b00000};

volatile int intCount=0; //1초마다 발생하는 인터럽트 발생회수를 저장하는 변수
volatile boolean fixedTimeStatus = false; // 3초 도달을 저장하는 변수 선언, 초기값 false


void setup() {
  lcd.begin(16,2);  //2행 16열 설정
  lcd.print("Temp. : "); // LCD에 초기메시지 문자열 출력
  lcd.createChar(0, degree); // 온도 ( ° )를 정의문자 ID 0에 할당
  Serial.begin(9600); // 시리얼 개방, 통신속도 설정
  Timer3.initialize(1000000); // timer3 타이머를 1초로 설정
  Timer3.attachInterrupt(timeChangeInt); // 타이머 인터럽트 발생시 ISR timeChangeInt() 실행
  Timer3.start(); // 타이머 동작
}

void timeChangeInt() // 인터럽트 서비스 루틴
{
  intCount++;  // 1초마다 인터럽트 회수 증가
  if(intCount == 3) { // 3초에 도달했는지 확인
    intCount=0; // 인터럽트 회수를 초기화
    fixedTimeStatus = true ;  // 3초에 도달했음을 나타냄
  }
}

void loop() {

  if (fixedTimeStatus) {
    int getTempC=analogRead(tempPin); //아날로그 입력 핀의 값 읽음
    tempC=(int) ((5.0*getTempC*100.0)/1023.0); // 값을 온도로 환산
```

```
    Serial.println("Current Temp. : "+(String)tempC+" C"); // 온도를 출력

    lcd.setCursor(8,0); // 커서를 1행 9열로 이동
    lcd.print(tempC); // 온도를 LCD에 출력
    lcd.write((byte)0); // 온도 ( ° )를 출력
    lcd.write('C');  // 문자 C를 출력

    fixedTimeStatus = false ;  // 3초 도달을 저장하는 변수 초기화
  }
}
```

실험 19-4

자석스위치를 사용하여 문의 개폐여부를 출력(하드웨어 인터럽트 + 타이머 이용)

- [실험 18-4]에서 자석스위치 및 하드웨어 인터럽트를 사용하여 문의 개폐여부를 출력하는 실험을 수행하였으며 추가적으로 문이 열려있는 동안만 LED를 점멸하고 소리를 출력
- 자석스위치가 붙어있는 문의 개폐(ON, OFF) 상태는 인터럽트0(핀2)를 사용
- 문의 개폐 상태를 확인하기 위해 인터럽트 발생 모드를 **"CHANGE"**에서 발생하도록 설정
- 인터럽트 발생 모드를 **"CHANGE"**로 설정하므로 인터럽트가 **"FALLING"**에서 발생한 것인지 **"RISING"**에서 발생한 것인지 알아내야 하는데 인터럽트가 발생 후 2번 핀 값을 읽어 LOW이면 하강에지(문이 붙음)에서 발생한 것이며 HIGH 이면 상승에지(문이 열림)에서 발생한 것 임
- 문이 열려 있을 때 만 0.5 간격으로 LED를 점멸(Timer3 이용) 및 1000Hz의 소리 출력
- 문이 닫혀 있을 때는 LED OFF 및 소리 출력 중지
- [그림 19.5]와 같이 회로를 연결하고 아래의 스케치 프로그램을 업로드

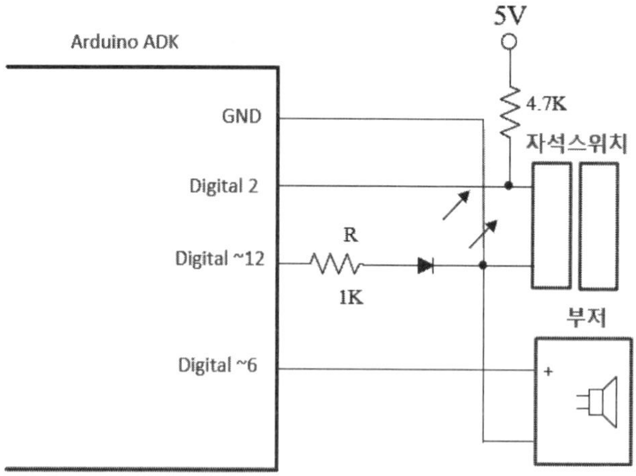

그림 19.5 실험 19-4 회로 연결

소스 프로그램 Door_Read_INT_Timer3_LED_Buzzer

```
#include <TimerThree.h> // timer3 라이브러리 삽입

const int doorPin=2; // 자석스위치에 연결된 핀 번호 변수 정의, 인터럽트0(핀2) 사용
const int ledPin=12; //LED에 연결된 핀 번호 변수 정의
const int speakerPin=6; //부저와 연결된 핀 번호 변수 정의

volatile boolean doorInput = LOW; // 문의 개폐 여부를 저장하는 변수 선언, 초기값 붙어 있음
volatile boolean doorStatus = false; // 문의 상태 변화를 저장하는 변수 선언, 초기값 false
int freq=1000; // 출력 소리 주파수를 저장하는 변수

void setup() {

  Serial.begin(9600); // 시리얼 개방, 통신속도 설정
  pinMode(doorPin, INPUT); // 자석스위치를 입력으로 설정
  attachInterrupt(digitalPinToInterrupt(doorPin), doorChange,CHANGE); //인터럽트0(핀2)
사용, ISR 지정, 값이 변할 때 인터럽트 발생

  pinMode(ledPin, OUTPUT); // LED를 출력으로 설정
  digitalWrite(ledPin, LOW);  // LED를 OFF
  pinMode(speakerPin,OUTPUT); // 부저를 출력으로 설정
```

```
  Timer3.initialize(500000); // timer3 타이머를 0.5초로 설정
  Timer3.attachInterrupt(blinking); // 타이머 인터럽트 발생시 blinking() 실행
  Timer3.stop(); // 타이머 정지
}

void doorChange(void){
  doorInput = digitalRead(doorPin); // 문의 상태 변화가 발생 후 핀 값을 읽어 개폐 여부를 저장
  doorStatus = true; // 문의 상태 변화가 발생
}

void blinking()
{
  digitalWrite(ledPin, !digitalRead(ledPin));  // LED 출력 반전
}

void loop() {
  if (doorStatus) { // 문의 상태 변화가 발생하였는지 확인

    if (doorInput)  //  문이 열려 있는지 확인
    {
      Serial.println("Door is open   !! "); // 문자열 출력
      tone(speakerPin, freq);  // 지정된 주파수로 소리 출력
      Timer3.restart(); // 타이머 값을 0으로 설정
      Timer3.start(); // 타이머 동작
    }
    else
    {
      Serial.println("Door is closed !! "); // 문자열 출력
      digitalWrite(ledPin, LOW); // LED를 OFF
      noTone(speakerPin); // 소리 발생 정지
      Timer3.stop(); // 타이머 정지
    }
    doorStatus = false; // 문의 상태를 초기화
  }
}
```

저자소개

김한종(KIM HAN JONG)

1982~1986 : 한양대학교 전자공학과 공학사

1986~1988 : 연세대학교 전자공학과 공학석사

1988~1994 : 연세대학교 전자공학과 공학박사

1994~현재 : 한국기술교육대학교 전기전자통신공학부 교수

관심분야 : IoT, 이동통신, 방송통신, 부호이론, 변복조기술, 디지털신호처리, 마이크로 프로세서 응용 등

본 저작물은 교육부의 대학특성화(CK-1)사업 사업비를 지원받아 수행한 연구결과입니다.

아두이노를 활용한 공학 심화 다루기

발행	2019년 1월 31일
저자	김한종
발행인	윤태건
펴낸 곳	도서출판 가람
편집디자인	아트기획
주소	경기도 파주시 성재길 1-40 2층
전화	031) 948-0336~7
팩스	031) 948-0338
등록번호	406-2016-000141
E-mail	garam3322@naver.com
ISBN	979-11-89819-01-9

정가 27,000원